工程训练虚拟仿真实践

○ 朱文华 主 编
○ 高 琪 顾鸿良 蔡 宝 孙张驰 副主编

中国教育出版传媒集团
高等教育出版社·北京

内容简介

工程实践教学是高等教育的重要组成部分，工程训练作为重要的实践教学环节，在提高大学生工程实践能力和科技创新能力方面，具有其他课程不可替代的作用。随着现代化技术的不断发展，尤其是信息技术的飞速发展，教育发生了重大变化，虚拟现实正在强势渗透到教育领域，最突出的特征是虚拟仿真与工程实践相融合。

本书根据《上海市普通高等学校工程实践教学规程》，并结合高等学校工程训练的新发展和课程教学改革实践编写而成。全书除绪论、结束语外，分为四个单元，共 15 个模块。第一单元为制造技术基础实践，主要内容包括普通车削加工训练、普通铣削加工训练、钳工训练三个模块。第二单元为先进制造技术实践，主要内容包括快速成型技术训练、激光雕刻加工训练、CAD/CAM 训练、工业机器人训练、数控加工训练五个模块。第三单元为电工电子基础实践，主要内容包括电工工具使用和照明线路实训、电子技能实训两个模块。以上每个模块都包含 2 ~5 个实训项目，每个项目都有相关知识介绍及常见问题与分析等内容。第四单元为综合创新实践，包括五个模块，主要是国家级大学生创新创业训练项目、上海市虚拟仿真实验教学项目等有关获奖典型项目，采用项目驱动的教学方法，以小组为单位完成。本书内容具有综合性、实践性、先进性的特点。另外，为便于教师教学及学生自学，本书配有丰富的数字化资源，包括教学课件、演示视频等，可通过扫描书中二维码或登陆网站浏览。

本书结构清晰、合理，内容新颖、丰富，既可作为应用型高等院校本科生工程训练通识课程的教材和机械大类专业高年级本科生和研究生的综合工程实践教材，也可作为从事工程实践的科技人员和高等职业院校老师的技术参考书籍。

图书在版编目（CIP）数据

工程训练虚拟仿真实践/朱文华主编；高琪等副主编.--北京：高等教育出版社，2023.6

ISBN 978-7-04-059771-4

Ⅰ.①工… Ⅱ.①朱… ②高… Ⅲ.①机械制造工艺-计算机仿真-高等学校-教材 Ⅳ.①TH16

中国国家版本馆 CIP 数据核字（2023）第 011026 号

Gongcheng Xunlian Xuni Fangzhen Shijian

策划编辑 李文婷　　责任编辑 李文婷　　封面设计 张申申　　版式设计 杨　树
责任绘图 邓　超　　责任校对 窦丽娜　　责任印制 刘思涵

出版发行	高等教育出版社	网　　址	http://www.hep.edu.cn
社　　址	北京市西城区德外大街 4 号		http://www.hep.com.cn
邮政编码	100120	网上订购	http://www.hepmall.com.cn
印　　刷	佳兴达印刷（天津）有限公司		http://www.hepmall.com
开　　本	787mm×1092mm 1/16		http://www.hepmall.cn
印　　张	22.5		
字　　数	490 千字	版　　次	2023年 6 月第 1 版
购书热线	010-58581118	印　　次	2023年 6 月第 1 次印刷
咨询电话	400-810-0598	定　　价	44.80 元

物 料 号　59771-00

工程训练
虚拟仿真实践

朱文华 主 编
高 琪 顾鸿良
蔡 宝 孙张驰 副主编

1 计算机访问http://abook.hep.com.cn/1263652，或手机扫描二维码，下载并安装Abook应用。

2 注册并登录，进入"我的课程"。

3 输入封底数字课程账号（20位密码，刮开涂层可见），或通过Abook应用扫描封底数字课程账号二维码，完成课程绑定。

4 单击"进入课程"按钮，开始本数字课程的学习。

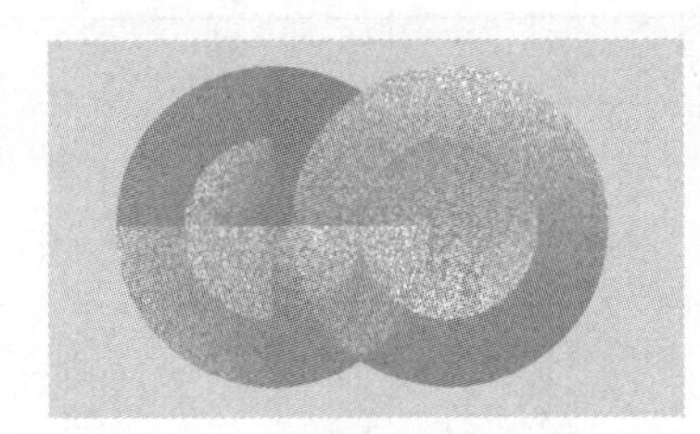

工程训练
虚拟仿真实践

朱文华 主 编
高 琪 顾鸿良 蔡 宝 孙张驰 副主编

工程训练虚拟仿真实践数字课程与纸质教材一体化设计，紧密配合。数字课程资源包括全部教学课件以及虚拟演示视频、实际操作演示视频等，极大地丰富了知识的呈现形式，拓展了教材内容。在提升课程教学效果的同时，为学生学习提供思维与探索的空间。

课程绑定后一年为数字课程使用有效期。受硬件限制，部分内容无法在手机端显示，请按提示通过计算机访问学习。

如有使用问题，请发邮件至abook@hep.com.cn。

http://abook.hep.com.cn/1263652

前言

本书是为适应高层次应用型人才对实践应用能力和创新能力的培养需求，根据《上海市普通高等学校工程实践教学规程》，并结合高等学校工程训练的新发展和课程教学改革的实践而编写的一本工程训练虚拟仿真实践教材。

本书主要侧重于工程实践虚实结合新模式的融合，反映了工程实践教学改革的新成果，是传统工程实践教材的延续与发展。本书具有以下主要特色与创新：

1. 内容丰富，实用性强。本书内容包括制造技术基础实践、先进制造技术实践、电工电子基础实践和综合创新实践，全书遵循实践教学规律，密切结合各教学环节，以实用为原则进行内容组织，图文并茂，形象直观，可操作性强。

2. 虚拟仿真，虚实结合。全书融合课程教学改革的新成果，采用虚实分段、虚实交替、虚实融合三种模式实现虚拟仿真、实践教学与信息物理融合应用的“三位一体”无缝连接，学生沉浸于虚拟实训场景，反复进行训练，更好地增强了实践性。

3. 项目驱动，工程导入。全书以项目引导工程实践教学过程，倡导“做中学、学中做”的教育理念，全书共有15个模块，每个模块都引入了典型的工程实践项目，便于组织教学与学生训练。综合创新实践工程项目的导入将机电与虚拟仿真有机结合，引导学生用多学科交叉融合的视角独立思考，起到锻炼学生综合实践创新能力的作用。

本书由朱文华任主编，高琪、顾鸿良、蔡宝、孙张驰任副主编，绪论由朱文华编写，第一单元由朱文华、高琪、蔡宝、顾鸿良编写，第二单元由朱文华、高琪、蔡宝、孙张驰、蓝雪、严建刚编写，第三单元由顾鸿良、黄瑞、李铁柱编写，第四单元由朱文华、顾鸿良、蔡宝、孙张驰、张绪乾编写，结束语由朱文华编写，史秋雨、陶涵、王佳、左懿、刘欣进行了插图绘制及整理工作，张绪乾、白彬、邹鹏程等参与了书稿的整理和部分研究工作，在此表示衷心感谢。另外，为便于教师教学及学生自学，本书配有丰富的数学化资源，包括教学课件、演示视频等，可通过扫描书中二维码或登陆网站浏览。

上海大学胡庆夕教授审阅了本书，并提出许多宝贵建议与意见，在此表示衷心的感谢。在编写本书的过程中，得到诸多同事的关心和支持，也得到了各方面的大力支持和帮助，在此深表感谢。

由于工程训练新技术的应用发展极为迅速，加之作者的水平有限，时间仓促，书中有错漏和不尽妥当之处在所难免，恳请读者批评指正，以使本书日臻完善。

编　者

2022年4月

目录

绪论

一、工程训练虚实结合新模式概述

工程实践教学是高等教育的重要组成部分,工程训练作为重要的实践教学环节,在提高大学生工程实践能力和科技创新能力方面,具有其他课程不可替代的作用。

随着现代化技术的不断推陈出新,尤其是信息技术的飞速发展,教育信息化发生了重大变化,虚拟现实(Virtual Reality,简称 VR)正在强势渗透到教育领域,最突出的特征是虚拟仿真与工程实践相融合。近年来,虚拟仿真技术给工程实践教学带来了深刻的变化,使原来传统的工程实践教学扩展为虚实结合的、物理与信息相融合的大工程训练,提高了学生的工程素养和工程实践创新能力,显著增强了学校的实践教学能力和办学实力。

1. 工程训练实践教学现状

工程训练实践教学包括制造技术基础、先进制造技术、电工电子基础、综合创新实践等训练模块,涉及面广,需要各种仪器设备,但很多先进设备价格昂贵、占据空间大、使用和维护成本高、功能单一固定、投入大、效率低,而且工程训练又面向全校各院系学生开展,实习人数众多,因此学生多、空间小、设备不足等问题比较突出。引入虚拟仿真技术可将传统的硬件实验软件化,使上述问题得到较好的解决。

另外,在传统的工程训练实践教学中,学生在动手操作前,只有理论方面的抽象概念,基本上没有工程实践经验,对实践内容缺乏具体的认识,导致学生进入实训现场后无从下手,只能依靠教师的反复讲解示范,实验效率低,仪器设备的操作安全也难以保证,很多实践环节甚至出现了学生走马观花走过场的现象。引入虚拟仿真实验,可使理论概念与实物实验较好地衔接起来。

2. 虚拟仿真实验优势

虚拟仿真实验借助于虚拟仿真技术以及相关专业技术,在抽象的相关数学模型的基础上,通过构建高仿真度的虚拟环境与物体,使实验者可以运用各种逼真的虚拟仪器和设备完成相关的实验项目,基本达到跟真实实验一样的效果。在工程训练实践教学中开展虚拟仿真实验具有以下优势。

(1) 不受场地、仪器设备数量和实验项目的限制,学生做实验不再局限于实验室,可根据个人时间、兴趣自主进行实验，有效解决了目前实践教学学生多、空间小、设备昂贵的问题。

（2）可实现在实际实验环境高危或极端、系统超大型且复杂等的情况下，开展可靠、安全、经济的实验。

（3）不消耗实际设备器材，不存在设备的损坏问题，学生可以重复进行实验，可节约实验成本，提高实验效率。

（4）自由度大，容易开展设计性及探索性实验，激发学生的学习兴趣。

（5）解决了学生在复杂生产实践过程中走马观花、不能深入学习、收不到实效的问题。

3. 工程训练虚实结合新模式

虚拟仿真实验大大拓展了工程训练的范畴，能达到传统实训模式无法达到的效果，有利于学生的个性化培养与创造力开发，工程训练虚实结合是工程训练由传统的“金工实习”单一封闭式训练向多种教学模式结合的现代工程实践训练方式转变的有效途径。

在虚实结合的工程训练实践教学中，需坚持“以实为本，虚实结合，优势互补”的原则，实际训练是最重要的环节，虚拟仿真实验是实际训练的有效补充。在虚实结合的工程训练实践教学中，既要重视传统实际训练的内容，又要突出虚拟的优势和特色，要充分利用虚拟仿真实验与实际训练的互补性，发挥各自优点，互相促进，实现虚拟仿真与实际操作的有机结合、理论与实践的有机融合、知识与能力的同步培养。

虚实结合的教学设计建立在动手实践的基础上，以理论与实际相结合解决相关问题为出发点，以全面提高学生创新意识和实践能力为宗旨，以“开放式、情景式、交互式、虚实循序交替”为特征，为学生的创造性学习提供充分的空间。虚实结合工程训练实践教学融合了大量技术领域，这也对教师提出了更高的要求，要求教师具有扎实的理论基础和较高的综合能力，能够不断改进教学方法和手段，适应现代化科学技术的发展步伐。

虚拟仿真实验是传统工程训练模式的一种有效补充，虚实结合开展工程训练可丰富实践教学内容、提高教学能力和实践效率、降低成本和风险，有利于学生将理论与实际相结合解决相关问题。

二、虚拟现实技术

从理论上来讲，虚拟现实技术是一种可以创建和体验虚拟世界的计算机仿真系统，它利用计算机生成一种模拟环境，使用户沉浸到该环境中。虚拟现实技术就是利用现实生活中的数据，通过计算机技术产生电子信号，将其与各种输出设备结合使其转化为能够让人们感受到的现象，这些现象可以是现实中真真切切的物体，也可以是我们肉眼所看不到的物质，通过三维模型将它们表现出来。因为这些现象不是我们直接所能看到的，而是通过计算机技术模拟现实创造的世界，故将其称为虚拟现实。

1. 虚拟现实的概念

随着科学技术的发展,人们为了适应未来信息社会的需要,不仅要求能通过打印输出或显示屏幕的窗口去观察信息处理的结果,而且希望能通过视觉、听觉、触觉以及形体、手势参与到信息处理的环境中,通过建立一个多维化的综合信息集成环境而获得身临其境的体验,而虚拟现实技术就是支撑这个多维化综合信息集成环境的关键技术。与“虚拟现实”这一术语同义的还有“虚拟环境(Virtual Environment,简称 VE)”“人工现实(Artificial Reality)”“赛博空间(Cyberspace)”等名词。1992 年 3 月,美国国家科学基金会邀请专家研讨这一领域的研究方向,其总结报告建议使用“虚拟环境”代替“虚拟现实”,虽然这一建议具有权威性,但是时至今日,学术界仍普遍采用“虚拟现实”这一术语。

1989 年,美国 VPL Research 公司创始人杰伦·拉尼尔(Jaron Lanier)提出了“虚拟现实”的概念,并对虚拟现实的内容作了研究与定义。“虚拟”表明这个世界或环境是虚拟的,不是真实的,这个世界或环境是人工构造的,是存在于计算机内部的。用户应该能够“进入”这个虚拟的环境中,即用户以自然的方式与这个环境交互(包括感知环境并干预环境),从而产生置身于相应的真实环境中的沉浸感。虚拟现实通常是指通过采用数据手套、头盔显示器等一系列新型交互设备构造出用以体验或感知虚拟世界的一种计算机软、硬件环境,用户使用这些高级设备以及自然的技能(如头的转动、身体的运动等)向计算机发出各种指令,并得到环境对用户视觉、听觉等多种感官的实时反馈,其概念模型如图 1 所示。从本质上说,虚拟现实就是一种先进的计算机用户接口,它通过给用户同时提供诸如视、听、触等各种直观而又自然的实时感知交互手段,最大限度地方便用户的操作,从而减轻用户的负担,提高整个系统的工作效率。

虚拟现实是多媒体技术发展的更高境界,由于它在应用领域的广阔前景,一经问世就立即受到人们的高度重视。

虚拟现实是一门崭新的综合性信息技术,它实时的三维空间表现能力、人机交互式的操作环境以及给人带来的身临其境的感受,将一改人与计算机之间枯燥、生硬和被动的互动现状。它不但为人机交互界面开创了新的领域、为智能工程应用提供了新的界面工具、为各类工程的大规模数据可视化提供了新的描述方法,同时,它还能为人们探索宏观世界和微观世界以及由于种种原因不便于直接观察的事物的运动规律,提供了极大的便利。

虚拟现实技术又称灵境技术,是 20 世纪发展起来的一项全新的实用技术。虚拟现实技术囊括计算机、电子信息、仿真技术于一体,其基本实现方式是利用计算机创建一个模拟现实的虚拟环境,从而给人以环境沉浸感,如图 1 所示。随着社会生产力和科学技术的不断发展,各行各业对虚拟现实技术的需求日益旺盛。虚拟现实技术也取得了巨大进步,并逐步成为一个新的科学技术领域。

2. 虚拟现实的特点

构建虚拟现实系统,使人们能在虚拟环境中观察、聆听、触摸、漫游、闻赏,并与虚拟环境中的实体进行交互,首先需要学习抽象和复杂的人类感知特性。根据科学分析和统计,在人的感知系统中,通过视觉获取的信息占 60%以上,由听觉获取的信息占 20%以上,另外还有

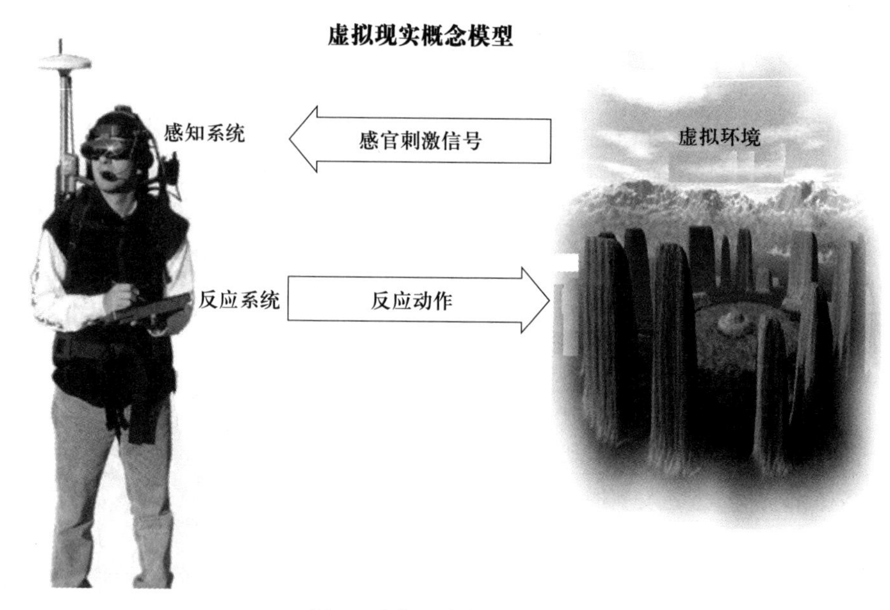

图 1　虚拟现实的概念模型

触觉、嗅觉、味觉、面部表情、手势等构成其他信息获取源。开发符合人类生理感知属性的计算机虚拟环境，使人们既能听其声，又能观其行、触其身、嗅其味，实现千里之外却近在咫尺的结果，这正是虚拟现实提供给人们的美好环境。

G.Burdea 和 P.Coiffet 在《虚拟现实技术》一书中，提出“虚拟现实技术金字塔”的概念，比较简洁地说明了虚拟现实系统的三个基本特征，即沉浸性（Immersion）、交互性（Interaction）、构想性（Imagination），简称“3I”特征，如图 2 所示。这三个特征是虚拟现实系统的基本特征，也强调了在虚拟现实系统中人的主导作用，即使用者是浸入到这样一个由计算机软硬件构成的系统所产生的虚拟世界之中，通过系统软、硬件所提供的交互手段可以与该系统进行交互作用，能满足使用者的真实构想，同时引发使用者的虚拟构想。

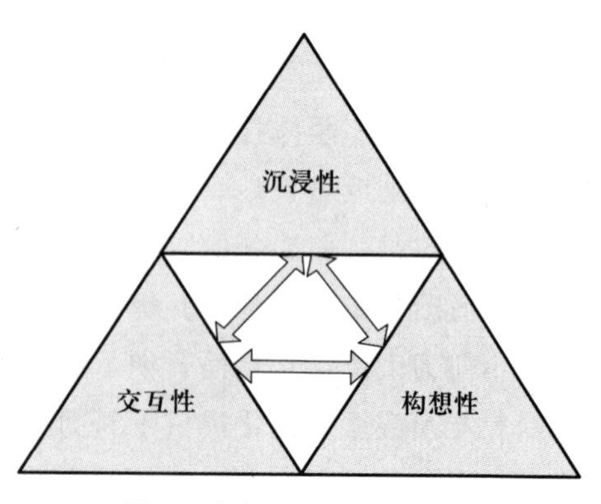

图 2　虚拟现实系统的特征

沉浸性是指使用户在计算机所创造的三维虚拟环境中处于一种“全身心投入”的状态，有身临其境的感觉。该环境中的一切，看上去像是真的、听起来像是真的、动起来也像是真的，一切和真实环境一样逼真。用户觉得自己是虚拟环境中的一部分，而不是旁观者，会感到自己被虚拟的景物所包围，可以在这一环境中左顾右盼、自由走动、与物体相互作用，如同在已有经验的现实世界一样。

交互性是指用户可对虚拟环境内的物体进行操作并能从环境中得到反馈（包括实时性）。例如，用户可以用手去直接抓取虚拟环境中的物体，其实这时手里并没有实物，但手却有握着东西的感觉,并可以感觉物体的重量,视场中被抓的物体也随着手的移动而移动。

构想性又称想象性、创造性。虚拟环境并不是一种媒介或一个高层终端用户界面,它的应用能解决工程、医学、军事等方面的一些问题,这些应用是由虚拟现实与设计者并行操作,为发挥它们的创造性而设计的,这极大地依赖于人的想象力,而虚拟现实系统所能给予使用者的构想能力就称为虚拟现实的构想性。

除了上述的三个特征外,虚拟现实系统还具有多感知性。所谓多感知性是指除了一般计算机技术所具有的视觉感知之外,还有听觉感知、力觉感知、触觉感知、运动感知,甚至包括味觉感知、嗅觉感知等。

普通意义上的虚拟现实需要通过一系列传感辅助设备来实现三维现实。目前,虚拟现实的内涵已经大大扩展,虚拟现实的研究领域包括一切具有自然模拟、逼真体验的技术与方法,根本目标是达到真实体验和基于自然技能的人机交互。鉴于人类通过视觉和听觉获取的信息占全部获取信息的绝大部分,视觉和听觉信息的获取成为首先重点研究的目标。从目前虚拟现实技术的发展情况看,信息的触觉、味觉和嗅觉感知在技术上是可以实现的,但由于其复杂性和难度,往往需要比较昂贵的硬件设备和复杂的软件支持,对于一般用户而言,可能是难以承受的。由于对虚拟现实中信息的视觉和听觉进行研究和处理,已经可以覆盖大部分虚拟现实所包含的信息量,因此,对于一般用户来说,在力所能及的经济条件下,在个人计算机(简称 PC 机)上或网络上开发虚拟现实系统无疑是一种可行的选择。

3. 虚拟现实系统的分类

沉浸性和交互性是虚拟现实系统最重要的两个特征,根据虚拟现实系统所倾向的特征的不同,可将目前的虚拟现实系统划分为四类:桌面式、沉浸式、增强式和分布式虚拟现实系统。

(1) 桌面式虚拟现实系统

桌面式 VR 系统是以 PC 机或中低档工作站作为虚拟环境产生器,以计算机屏幕或单投影墙作为参与者观察虚拟环境的窗口,参与者通过各种输入设备实现与虚拟现实世界的充分交互,这些外部输入设备包括鼠标、追踪球、力矩球等。此类 VR 系统要求参与者使用输入设备,通过计算机屏幕或单投影墙观察 360°范围内的虚拟境界,并操纵其中的物体,但这时参与者缺少完全的沉浸感,因为它仍然会受到周围现实环境的干扰。桌面式 VR 系统最大的特点是缺乏真实的现实体验,但是成本也相对较低,因而应用比较广泛。常见的桌面式 VR 系统有基于静态图像的 QuickTime VR、虚拟现实造型语言 VRML、桌面三维虚拟现实、MUD 等。图 3 是桌面式 VR 系统示意图。

zSpace 系统(图 4)是整合现实世界工作环境的桌面式 VR 系统,它是一款基于 3D 虚拟现实呈现和交互的桌面式产品,可实现现实与虚拟世界的自由穿越。该系统的技术核心是高保真的立体显示系统、低延迟的跟踪系统和软件系统。

zSpace 是 VR 一体机系统,在一台设备中包含显示器和计算机,包含触控笔、3D 眼镜、2D 眼镜等,zSpace 系统的显示器具备头部跟踪功能,还能够显示左眼和右眼立体图像。图像随着眼睛在跟踪区域内的位置变化而调节,从而确保眼睛的舒适度,追踪摄像头使触控笔能够与追踪区域内任意位置的虚拟物体进行交互。自然的人机交互方式、六自由度的触控

图 3 桌面式 VR 系统

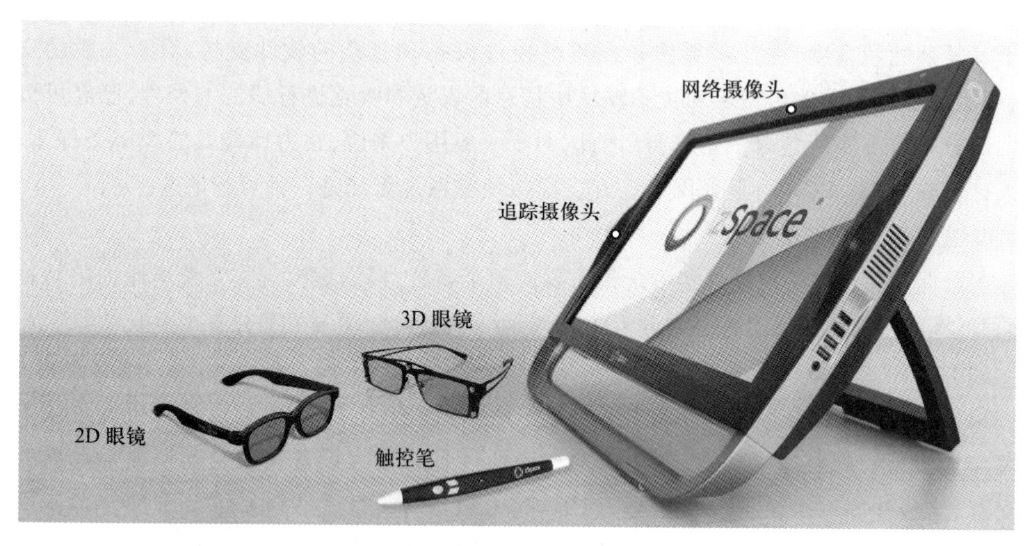

图 4 zSpace 的部件组成

笔和沉浸式的桌面给用户极致的虚拟现实体验,交互眼镜非常轻便,佩戴者甚至都感觉不到其存在。

zSpace 系统的优势是立体视觉、直接交互,另外还支持跨屏扩展立体显示,如图 5 所示。其核心技术是包括一台用于立体显示并可发射红外线的主机、一副接收红外线的立体眼镜、一支与虚拟世界交互的触控笔。裸眼立体显示设备可播放立体画面,播放格式为左右格式或者上下格式,分辨率一般为 4k。桌面式 VR 系统适用于个人学习,其画面内容受到屏幕尺寸影响,因此沉浸感不强,且不能用于多人同时学习或体验。而裸眼立体显示设备的尺寸较大,观看时无需佩戴眼镜等设备,能让更多的人体验虚拟现实世界。将 zSpace 虚拟现实系统与裸眼立体显示设备结合,通过创建用于扩展屏幕显示的相机,接受 Unity3D 的渲染纹理,将设置好的扩展屏幕显示相机绑定在 zCore 开发包的立体相机中,最后调整具体开发场景的相机参数，就可将 zSpace 系统中的立体场景画面扩展至裸眼立体显示设备中，形成双立体扩展屏幕显示。

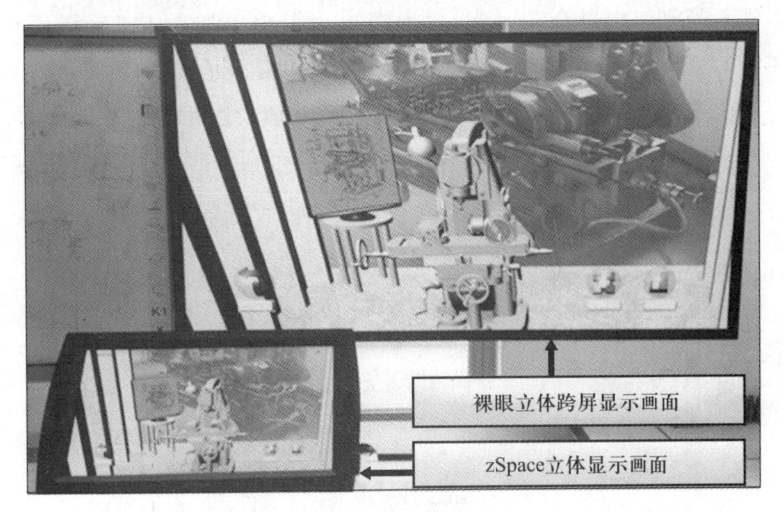

图 5　zSpace 系统跨屏立体显示

（2）沉浸式虚拟现实系统

沉浸式 VR 系统提供完全沉浸的体验，使用户有一种置身于虚拟世界之中的感觉。它主要利用各种高档工作站、高性能图形加速卡和交互设备，通过视觉、听觉、力觉与触觉等方式，并且有效屏蔽周围现实环境（如利用头盔显示器、三面或五面投影墙等），把参与者的视觉、听觉和其他感觉封闭起来，并提供一个新的、虚拟的感觉空间，利用位置跟踪器、数据手套、其他手控输入设备、声音等使参与者产生一种身临其境、全身心投入和沉浸其中的感觉。常见的沉浸式 VR 系统有：基于头盔式显示器的 VR 系统、投影式 VR 系统。图 6 是沉浸式 VR 系统示意图。

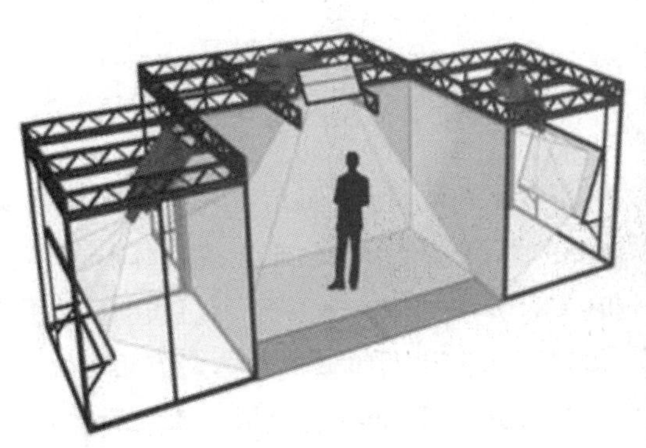

图 6　沉浸式 VR 系统

五通道沉浸式 VR 系统是一种大型的基于投影的沉浸式 VR 系统，系统由投影系统（三折幕+投影机）、交互追踪系统（投影幕布上方的追踪相机+手柄+主视角眼镜）、图形处理系统（工作站集群）、虚拟现实软件引擎系统，以及其他辅助设备（如机械结构、音响、交换机等）组成，其系统拓扑图如图 7 所示。其工作原理是以计算机图形学为基础，把高分辨率的立体投影显示技术、多通道视景同步技术、三维计算机图形技术、音响技术、传感器技术等完美地融合在一起，从而产生一个被三维立体投影画面包围的供多人使用的完全沉浸式的虚拟环境。图形处理系统配合虚拟现实软件引擎系统对内容资源进行处理，处理好的资源通过主动立体投影机投射到投影幕布，通过交互追踪系统之间的配合就可以和虚拟场景进行交互操作。其特点是分辨率高、沉浸感强、交互性好。

五通道沉浸式 VR 系统拓扑图

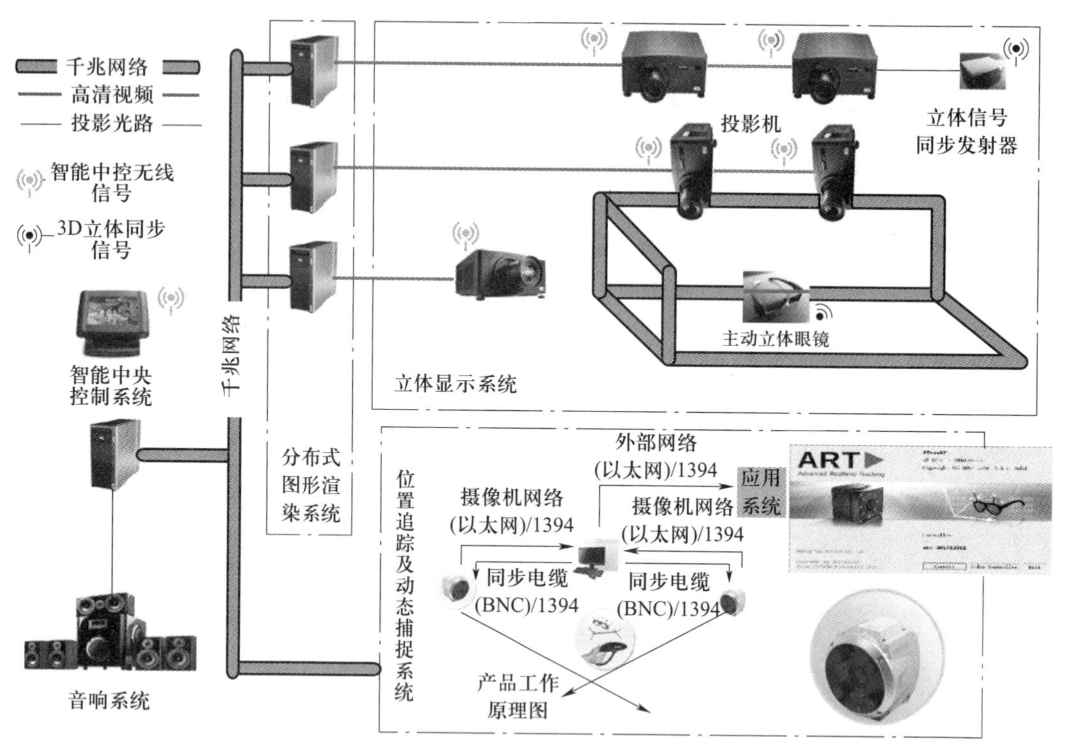

图 7　五通道沉浸式 VR 系统拓扑图

（3）增强式虚拟现实系统

增强式 VR 系统不仅利用虚拟现实技术来模拟、仿真现实世界，而且要利用它来增强参与者对真实环境的感受。该系统对原本在现实世界的空间范围中比较难以进行体验的实体信息实施虚拟仿真处理，将虚拟信息内容叠加到真实世界中加以有效应用，并且在这一过程中被人类感官所感知，从而实现超越现实的感官体验。真实环境和虚拟物体之间重叠之后，能够在同一个画面以及空间中同时存在。增强式 VR 系统不仅能够有效体现真实世界的内容，也能够促使虚拟的信息内容显示出来，这些细腻内容相互补充和叠加。在视觉化的增强式 VR 系统中，用户需要在头盔显示器的基础上，促使真实世界与计算机图形重合在一起，重合之后计算机图形与真实世界融为一体。增强式 VR 系统中主要有多媒体和三维建模以及场景融合等新的技术和手段，所提供的信息内容和人类能够感知的信息内容之间存在着明显不同。图 8 是增强式 VR 系统。

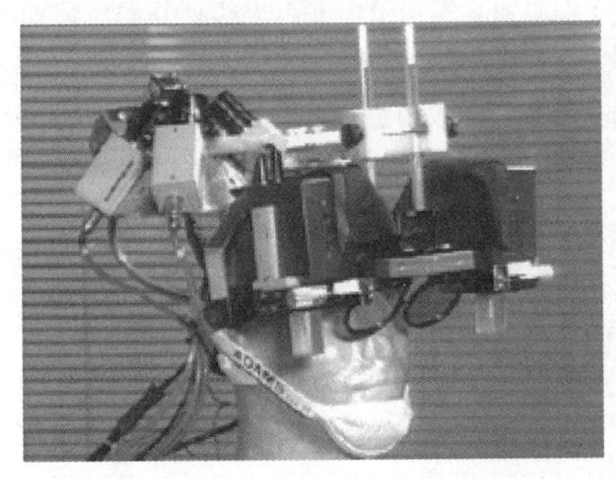

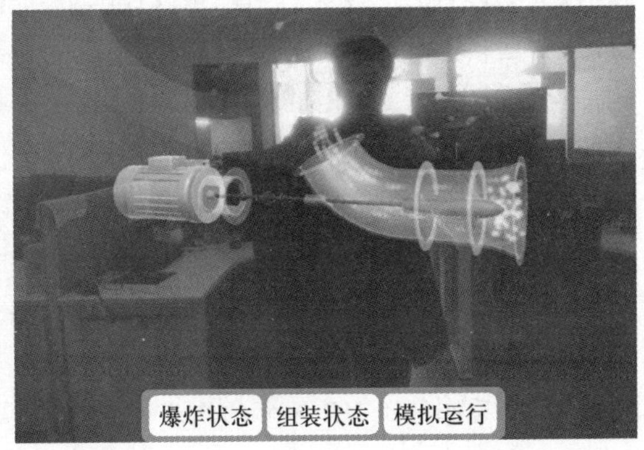

图 8　增强式 VR 系统

(4) 分布式虚拟现实系统

如果多个用户通过计算机网络连接在一起，同时参与一个虚拟空间，共同体验虚拟经历，那么虚拟现实则提升到了一个更高的境界，这就是分布式 VR 系统所能实现的应用。分布式 VR 系统是将虚拟环境运行在通过网络连接在一起的多台 PC 机或工作站上，多个用户可通过网络对同一虚拟环境进行观察和操作，以达到协同工作的目的。参与者通过使用这些计算机，可以不受时空限制实现实时交互，协同工作，共享同一个虚拟环境，共同完成复杂的任务。目前最典型的分布式 VR 系统是 SIMNET，SIMNET 由坦克仿真器通过网络连接而成，用于部队的联合训练。通过 SIMNET，位于德国的仿真器可以和位于美国的仿真器一样运行在同一个虚拟环境，参与同一场作战演习。图 9 是分布式 VR 系统示意图。

图 9　分布式 VR 系统

4. 混合现实技术与元宇宙

虚拟现实是利用虚拟现实设备模拟产生一个三维的虚拟空间，提供视觉、听觉、触觉等感官的模拟，让使用者如同身临其境一般。简而言之，就是“无中生有”。在虚拟现实中，用户只能体验到虚拟世界，无法看到真实环境。

增强现实(Augmented Reality，简称 AR)技术是 VR 技术的延伸，能够把计算机生成的虚拟信息(物体、图片、视频、声音、系统提示信息等)叠加到真实场景中并与人实现互动。简而言之,就是“锦上添花”。在 AR 中,用户既能看到真实世界,又能看到虚拟事物。

混合现实(Mixed Reality,简称 MR)技术是虚拟现实技术的进一步发展,是增强现实技术的升级,该技术通过在现实场景呈现虚拟场景信息,在现实世界、虚拟世界和用户之间搭起一个交互反馈的信息回路,以增强用户体验的真实感,具有真实性、实时互动性以及构想性等特点。在混合现实中,用户难以分辨真实世界与虚拟世界的边界。

在 20 世纪七八十年代,为了增强简单自身视觉效果,让眼睛在任何情境下都能够“看到”周围环境,“智能硬件之父”多伦多大学教授史蒂夫·曼(Steve Mann)设计出可穿戴智能硬件,这被看作是对 MR 技术的初步探索。

根据 Steve Mann 的理论,智能硬件最后都会从 AR 技术逐步向 MR 技术过渡。MR 技术结合了 VR 与 AR 的优势,能够更好地将 AR 技术体现出来。著名学者保罗·米尔格拉姆(Paul Milgram)和岸野文郎(Fumio Kishino)提出了一种分类学方法——虚实统一体(Virtual Continuum,简称 VC)的概念,可用图 10 加以表述并定义如下:

真实环境(Real Environment,简称 RE):指真实存在的现实世界;

虚拟环境(Virtual Environment,简称 VE):指由计算机生成的虚拟世界;

增强现实(Augmented Reality,简称 AR):指在现实世界中叠加上虚拟对象;

增强虚拟(Augmented Virtuality,简称 AV):指在虚拟世界中叠加上现实对象;

混合现实(Mixed Reality,简称 MR):由 AR 和 AV 组成;

虚实统一体(Virtual Continuum,简称 VC):由 RE、VE、AR 和 AV 组成。真实环境和虚拟环境分别作为虚实统一体的两端,位于它们中间的被称为混合现实。其中靠近真实环境的是增强现实,靠近虚拟环境的则是增强虚拟。

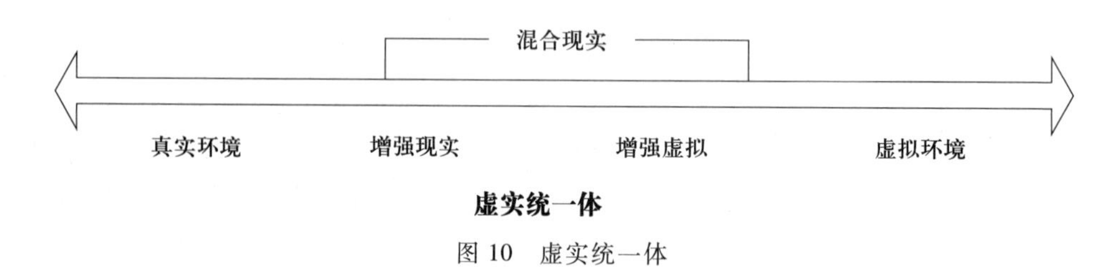

图 10 虚实统一体

元宇宙(Metaverse)的概念最早出现于 1992 年出版的科幻小说《雪崩》,元宇宙是一个平行于现实世界的虚拟世界,戴上类似于 VR 眼镜的头显设备,就可以通过终端连接网络进入一个虚拟的网络世界。

元宇宙是利用科技手段进行连接与创造的、与现实世界映射和交互的虚拟世界。它基于扩展现实技术提供沉浸式体验,它基于数字孪生技术生成现实世界的镜像,基于区块链技术搭建经济体系,元宇宙是具备新型社会体系的数字生活空间。

5. 虚拟现实技术的应用领域

虚拟现实技术由于能够逼真再现真实的物理场景,作为一种新型的人机交互手段,人们可以沉浸其中进行人机交互,因此虚拟现实技术在许多方面得到广泛应用。随着虚拟现实技术与其他各种技术的相互融合、相互促进,虚拟现实技术在教育与培训、工业仿真、游戏娱乐、建筑与室内设计、军事国防、医疗健康等领域的应用都有了很好的发展。

(1) 教育与培训

虚拟现实技术能将三维空间的事物清楚地表达出来,能使学习者直接、自然地与虚拟环境中的各种对象进行交互作用。并通过多种形式参与到事件的发展变化过程中去,从而获得最大的控制和操作整个环境的自由度。这种呈现多维信息的虚拟学习和培训环境,将为学习者掌握一门新知识、新技能提供最直观、最有效的方式,在很多教育与培训领域,诸如虚拟实验室、生态教学、立体场景、仿真实验、专业领域的训练等应用中具有明显的优势和特征。例如学生学习某种机械装置如机床的组成、结构、工作原理时,传统教学方法都是通过图示或者播放视频的方式向学生进行展示,但是这种方法难以使学生对装置的运行过程、状态及内部原理有一个明确的了解。而虚拟现实技术就可以充分显示其优势:它不仅可以直观地向学生展示出机床的复杂结构、工作原理以及工作时各个零件的运行状态,而且还可以模仿出各部件在出现故障时的表现和原因,向学生提供对虚拟事物进行全面考察、操纵乃至维修的模拟训练机会,从而使教学和实验效果事半功倍。

(2) 工业仿真

虚拟现实技术已广泛应用于工业仿真领域。对汽车工业而言,虚拟现实技术既是一个最新的技术开发方法,更是一个复杂的仿真工具,它旨在建立一种人工环境,人们可以在这种环境中以一种自然的方式从事驾驶、操作和设计等实时活动。并且虚拟现实技术也可以广泛用于汽车设计、实验和培训等方面。例如,在产品设计中借助虚拟现实技术建立的三维汽车模型,可显示汽车的悬挂部件、底盘部件、内饰直至每个焊接点,设计者可确定每个部件的质量,了解各个部件的运行性能。这种三维数据准确性高,汽车制造商可按得到的计算机数据直接进行大规模生产。虚拟现实技术在很多工业仿真领域,诸如产品开发阶段的虚拟原型设计、工程分析可视化、生产加工过程可视化及检测、工厂设计和规划、设备操作及维修培训、并行工程等应用中具有很好的应用。

(3) 游戏娱乐

由于游戏娱乐方面对虚拟现实技术的要求不是太高,故近几年来 VR 在该方面发展得最为迅速,成为虚拟现实技术应用的活跃领域。采用虚拟现实技术开发的游戏主要包括驾驶类游戏、格斗类游戏和情报类游戏等。虚拟现实技术应用于游戏娱乐,有利于提高游戏的交互性与真实性,人机交互技术保障人和游戏之间能够不断互动,仿真技术给人以身临其境之感,虚拟现实技术的出现改变了游戏行业发展的方向。在传统的游戏过程中,人如同游客般参与某个设置的游戏场景,然而在虚拟现实游戏中,娱乐者变为游戏的主动参与者甚至参与游戏场景的设置。

(4) 建筑与室内设计

在建筑行业中,通过虚拟现实技术可以对那些制作精良的建筑效果图作更进一步的拓展。通过虚拟现实技术可以构建交互性强的三维建筑场景,人们可以在建筑物内自由的行走,可以操作和控制建筑物内的设备和房间装饰。一方面,设计者可以从对场景的感知中了解、发现设计上的不足；另一方面，用户可以在虚拟环境中感受到真实的建筑空间，从而做出自己评判。

在室内设计中运用虚拟现实技术，设计者可以完全按照自己的构思去构建、装饰“虚拟”的房间，并可以任意变换自己在房间中的位置，去观察设计的效果，直到满意为止。

（5）军事国防

在军事国防上，虚拟现实的最新技术成果往往被率先应用于军事训练和航天飞行方面，利用虚拟现实技术可以模拟新式武器如导弹、飞机的操纵和训练，以取代危险的实际操作。利用虚拟现实技术仿真实际环境，可以在虚拟战场系统中进行大规模的军事实战演习模拟。通过虚拟现实技术创建的模拟场景如同真实战场一样，操作人员可以体验到真实的攻击和被攻击的感觉。这将有利于顺利地从虚拟武器及战场环境过渡到真实武器和战场环境，将对各种军事活动产生极为深远、广泛的影响。迄今，虚拟现实技术在军事国防中发挥着越来越重要的作用。

（6）医疗健康

在虚拟的环境中，可以建立虚拟的人体和手术工具等设备，从而直观地了解人体的各个器官和结构，比现在所采用的教科书方便、有效得多。医生在做真正的手术之前，可以通过虚拟现实技术在显示器上重复地模拟手术，提高手术的熟练度。在远距离遥控外科手术、手术过程中的信息指导、手术后果预测及改善残疾人生活状况乃至新药研制等方面，虚拟现实技术都能发挥十分重要的作用。

虚拟现实技术和医疗健康相结合将产生奇特的化学反应，能够帮助改善人类的生活质量，我们可以从中获得很多有益的启示，从而使得医疗过程更加便利，这无疑也是虚拟现实技术给我们带来的全新价值。

此外，虚拟现实技术在文化旅游、商业购物、艺术文物、会议广告等方面也有很好的应用，随着科技的进一步发展，虚拟现实技术会有更加广泛的应用。

第一单元
制造技术基础实践

模块一　普通车削加工训练

1.1　训练模块简介

训练模块简介

本模块主要介绍车床结构及其主要加工技术，并通过虚拟仿真技术展现车床的结构和主要的加工方法。

1.1.1　车床结构

车床是主要采用车刀对旋转的工件进行车削加工的机床，在车床上还可用钻头、扩孔钻、铰刀、丝锥、板牙和滚花刀等工具进行相应的加工，普通车床如图 1-1-1 所示。

图 1-1-1　普通车床

车床基本组成部分如下：

（1）主轴箱　主轴箱又称床头箱，其主要任务是将主电动机传来的旋转运动经过一系列的变速机构使主轴得到所需的正、反两种转向的不同转速，同时主轴箱分出部分动力将运动传给进给箱。主轴箱中的主轴是车床的关键零件。主轴在轴承上运转的平稳性直接影响工件的加工质量，一旦主轴的旋转精度降低，则机床的使用价值就会降低。

(2) 进给箱　进给箱又称走刀箱，其中装有进给运动的变速机构，调整变速机构，可得到所需的进给量或螺距，并通过光杠或丝杠将运动传至刀架以进行切削。

(3) 光杠与丝杠　丝杠与光杠用以连接进给箱与溜板箱，并把进给箱的运动和动力传给溜板箱，使溜板箱获得纵向直线运动。丝杠是专门用来车削各种螺纹而设置的，在进行工件的其他表面车削时，只需用到光杠，不必用到丝杠。操纵者要注意结合溜板箱的内容区分光杠与丝杠。

(4) 溜板箱　溜板箱是车床进给运动的操纵箱，其中装有将光杠和丝杠的旋转运动变成刀架直线运动的机构，通过光杠传动实现刀架的纵向进给运动、横向进给运动和快速移动，通过丝杠带动刀架作纵向直线运动，以便车削螺纹。

(5) 刀架　刀架由两层滑板(中、小滑板)、床鞍与刀架体共同组成。用于安装车刀并带动车刀作纵向、横向或斜向运动。

(6) 尾架　尾架安装在床身导轨上，并沿此导轨纵向移动，以调整其工作位置。尾架主要用来安装后顶尖，以支承较长工件，也可安装钻头、铰刀等进行孔加工。

(7) 床身　床身是车床上带有精度要求很高的导轨(山形导轨和平导轨)的一个大型基础部件。用于支承和连接车床的各个部件，并保证各部件在工作时有准确的相对位置。

(8) 冷却装置　冷却装置冷却装置主要通过冷却水泵将水箱中的切削液加压后喷射到切削区域，从而降低切削温度、冲走切屑、润滑加工表面，以提高刀具使用寿命和工件的表面加工质量。

1.1.2　车床发展过程

古代的车床是靠手拉或脚踏，通过绳索使工件旋转并手持刀具进行切削的。1797 年，英国机械发明家莫兹利创制了用丝杠传动刀架的现代车床，并于 1800 年采用交换齿轮改变进给速度和被加工螺纹的螺距。1817 年，另一位英国人罗伯茨采用了四级带轮和背轮机构来改变主轴转速。为了提高机械化、自动化程度，1845 年，美国的菲奇发明转塔车床。1848 年，美国出现了回轮车床。1873 年，美国的斯潘塞制成一台单轴自动车床，不久他又制成三轴自动车床。

20 世纪初出现了由单独电动机驱动的带有齿轮变速箱的车床。第一次世界大战后，由于军工、汽车和其他机械工业的需要，各种高效自动车床和专门化车床迅速发展。为了提高小批量工件的生产率，20 世纪 40 年代末，带液压仿形装置的车床得到推广，与此同时，多刀车床也得到发展。20 世纪 50 年代中，发展了带穿孔卡、插销板和拨码盘等的程序控制车床。数控技术于 20 世纪 60 年代开始用于车床，70 年代后得到迅速发展。

1.1.3 普通车床操作方法

(1) 车床开机前,首先应检查油路和转动部件是否灵活、正常。开机时要穿紧身工作服,扣紧袖口,长发者需佩戴防护帽,禁止戴手套,切削工件和磨刀时必须戴防护眼镜。

(2) 开机时要观察设备是否正常,车刀要装夹牢固,背吃刀量不能超过设备本身的负荷,刀头伸出部分不能超出刀体高度的 1.5 倍;转动刀架时要将大刀退回到安全位置,防止车刀碰撞卡盘;上装大工件时,床面上要垫保护木板;用吊车配合装卸工件的情况下,在夹盘未夹紧工件时不允许卸下吊具,并且要将吊车的全部控制电源断开,工件夹紧后,须将吊具卸下才能开动机床。

(3) 使用砂布磨削工件时,砂布要用硬木垫,车刀要移到安全位置,刀架面上不准放置工具和零件,划针盘要放置稳当。

车床操作演示

(4) 应停止车床转动后方可变换车床转速,以免碰伤齿轮。开车时,车刀要慢慢接近工件,以免屑沫崩伤人或损坏工件。

(5) 车床工作时间不能随意离开工作岗位,禁止玩笑打闹,有事离开前必须停机断电,工作时要集中注意力,车床运转中不能测量工件,不能在运转中的车床附近更换衣物,未能取得上岗证的人员不能单独操作车床。

1.1.4 虚拟加工技术的发展

虚拟加工(Virtual Machining)技术整合了虚拟现实系统及机床的制造系统,在制造和生产上可配合不同的计算机以及软件,目的是在虚拟现实系统的环境下仿真机床加工的特性、误差,并进行建模。通过虚拟加工技术,可以在生产线没有经过实际测试的情形下,让产品可以正常生产。

虚拟加工使原来需要在数控设备上才能完成的大部分加工可以在这个虚拟制造环境中实现,由于使用了仿真软件,可大大减少工件材料和能源的消耗,从而可以降低成本。虚拟加工不仅能对编制的数控程序进行自动检测、指出具体的错误原因,还具有在真实设备上无法实现的三维测量功能。仿真技术是利用模型复现实际系统中发生的本质过程,并通过对系统模型的实验来研究存在的或设计中的系统,又称模拟。这里所指的模型包括物理的和数学的、静态的和动态的、连续的和离散的各种模型。所指的系统也很广泛,包括电气、机械、化工、水力、热力等系统,也包括社会、经济、生态、管理等系统。当所研究的系统造价昂贵、实验的危险性大或需要很长的时间才能了解系统参数变化所引起的后果时,仿真是一种特别有效的研究手段。仿真的重要工具是计算机。仿真与数值计算、求解方法的区别在于它首先是一种实验技术,仿真过程包括建立仿真模型和进行仿真实验两个主要步骤。

虚拟加工技术是由多学科先进知识形成的综合系统技术,是以计算机仿真技术为前提,对设计、制造等生产过程进行统一建模，在产品设计阶段，实时、并行地模拟出产品未来制造的全过程及其对产品设计的影响，预测产品性能、产品制造成本、产品制造性，从而更有效、经济、灵活地组织制造生产，使工厂和车间的资源得到合理配置，以达到产品开发周期和成本最小化、产品设计质量最优化、生产效率最高化的目的。

1.2 安全技术操作规程

车床虚拟仿真实验主要在机房进行，该节主要介绍机房的安全技术操作规程：

1. 使用者双手应保持洁净，不得有油污、水分等。

2. 沉积在显示器屏幕、顶部以及键盘的灰尘、碎屑等，宜采用干净的湿软布（不得出现明水）轻轻擦拭，尽可能避免使用吹风机，最好使用键盘吸尘器清理键盘。

3. 坚持认真查杀病毒，及时更新病毒库。不要轻易使用来历不明的光盘、U 盘以及移动硬盘等。

4. 按正确的操作顺序关机。在应用软件未正常结束运行前，勿关闭电源。

5. 定时清理系统，整理磁盘。

6. 交换机配置要有两处以上的备份。

7. 保证机柜内服务器、交换机有足够的散热环境。

8. 不要随意插拔光纤跳线，跳线做好标签，保证交换机尾纤的弯曲半径。

9. 交换机的开启和关闭必须遵守交换机操作手册。

10. 在机房内使用梯子、高凳时，应将其放置牢靠平稳，并有专人扶持。

11. 严禁在机房内饮食和存放食物，以防发生鼠害。

12. 非专业人员禁止操作配电柜以及机房空调。

13. 非专业人员禁止操作机房空调。

1.3 问题与思考

1. 虚拟仿真按表现形式主要有哪些分类？

2. 简单阐述虚拟仿真实验的必要性。

3. 虚拟车削工艺的特点有哪些？

4. 简单举例说明车床的加工范围。

5. 谈谈对虚拟现实的看法。

6. 简单谈一谈生活中常见的虚拟现实场景。

7. 举例阐述虚拟加工和虚拟制造的工业应用场景。

8. 简单阐述虚拟车床工程训练系统的使用流程。

1.4 实践训练

虚拟车床工程训练系统主要由车床结构认识、车床工作原理学习、车床切削加工指导和车床加工实例四大模块组成,其系统主界面见图 1-4-1。

图 1-4-1 系统主界面

1.4.1 项目一:车床结构认识虚拟仿真

车床结构认识

图 1-4-2 所示为“车床结构认识”界面,将车床分为 10 个主要部件分别进行介绍,单击界面上“床头箱”“进给箱”“导轨”“床身”“光杠丝杠”“主轴箱”“溜板”“尾椎”“三爪卡盘”“刀架”十个按钮可分别显示零件结构,如图 1-4-3 所示。单击“结构爆炸”按钮可显示车床零件的爆炸图,单击“重置场景”按钮可将场景还原至最初状态,单击“返回上一级”按钮可返回至系统主界面。

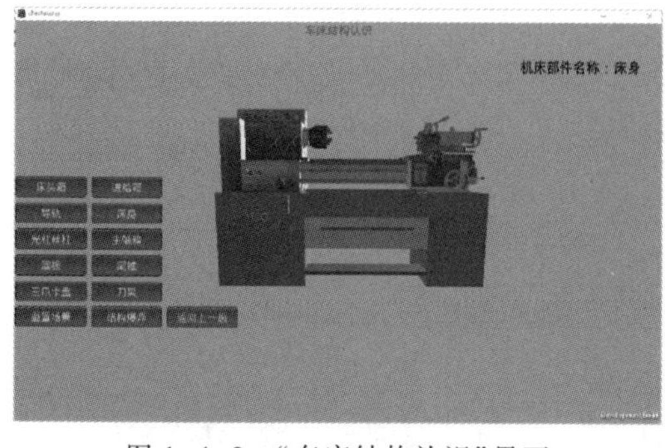

图 1-4-2 “车床结构认识”界面

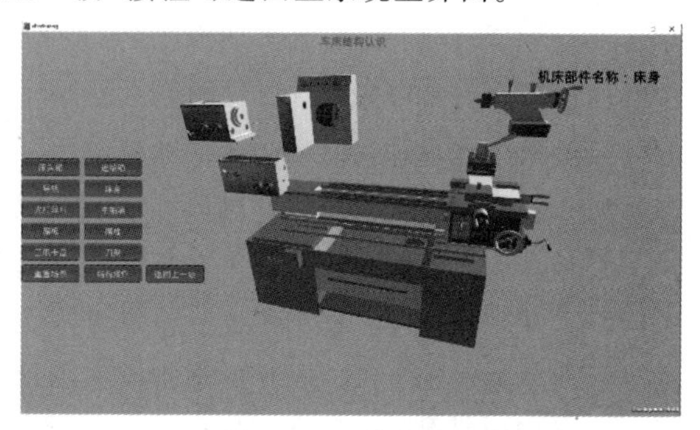

图 1-4-3 结构爆炸

1.4.2 项目二：车床工作原理虚拟仿真

车床工作原理

在图 1-4-1 所示系统主界面中单击“车床工作原理学习”按钮，进入如图 1-4-4 所示界面。分别单击“主轴正向转动 385”“主轴反向转动 385”按钮，车床主轴可分别按照转速 385 r/min 逆时针、顺时针转动；分别单击“主轴正向转动 260”“主轴反向转动 260”按钮，车床主轴可分别按照转速 260 r/min 逆时针、顺时针转动；单击“转动停止”按钮，车床主轴停止转动；分别单击“大溜板正向运动”“大溜板反向运动”按钮，车床大溜板可分别沿导轨向正方向、反方向平移；分别单击“中溜板正向运动”“中溜板反向运动”按钮，车床中溜板可分别沿导轨向前、向后平移，单击“平动停止”按钮，车床溜板平移停止；分别单击“小溜板正向运动”“小溜板反向运动”按钮，车床小溜板可分别沿导轨向正方向、反方向平移；单击“重置场景”按钮可将场景还原至最初状态，单击“返回上一级”按钮可返回至系统主界面。

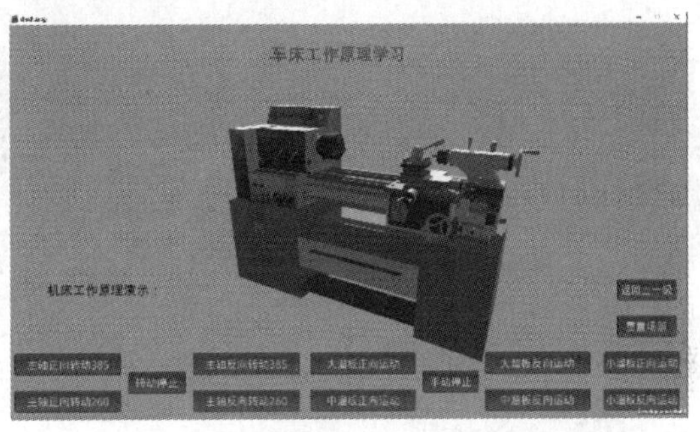

图 1-4-4 “车床工作原理学习”界面

1.4.3 项目三：车床切削加工指导虚拟仿真

车床切削加工指导

在图 1-4-1 所示系统主界面中单击“车床切削加工指导”按钮，进入如图 1-4-5 所示界面。单击“1. 车削外圆”按钮，进入“车床切削加工指导-车削外圆”界面，如图 1-4-6 所示，在该界面分别单击“手动进刀”“自动进刀”按钮可分别实现手动和自动切削。通过该界面还可以更换观察视角，单击“工件视角”按钮可切换为工件视角(图 1-4-7)，单击“溜板视角”按钮可切换为溜板视角(图 1-4-8)，场景默认视角为刀具视角。单击“重置场景”按钮可将场景还原至最初状态，单击“返回上一级”按钮可返回“车床切削加工指导”界面。

单击图 1-4-5 中的“2. 车削端面”按钮，进入“车床切削加工指导-车削端面”界面，如图 1-4-9所示。分别单击界面上的“手动进刀”“自动进刀”按钮可分别实现手动切削和自动切削。通过图 1-4-9 所示界面可更换观察视角。分别单击“工件视角”“溜板视角”按钮可切换为工件视角(图 1-4-10)和溜板视角(图 1-4-11)，默认视角为刀具视角。单击“重置场景”按钮可将场景还原至最初状态，单击“返回上一级”按钮可返回至“车床切削加工指导”界面。

单击图 1-4-5 中的“3. 打中心孔”按钮，进入“车床切削加工指导-打中心孔”界面，如图 1-4-12 所示。单击界面上的“打中心孔”按钮可实现打中心孔操作。单击“工件视角”按钮可切换为工件视角(图 1-4-13)，默认视角为刀具视角。单击“重置场景”按钮可将场景还原至最初状态，单击“返回上一级”按钮可返回至“车床切削加工指导”界面。

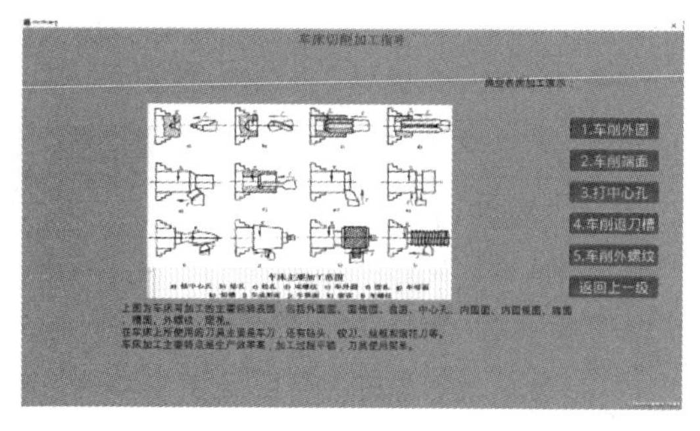

图 1-4-5　“车床切削加工指导”界面

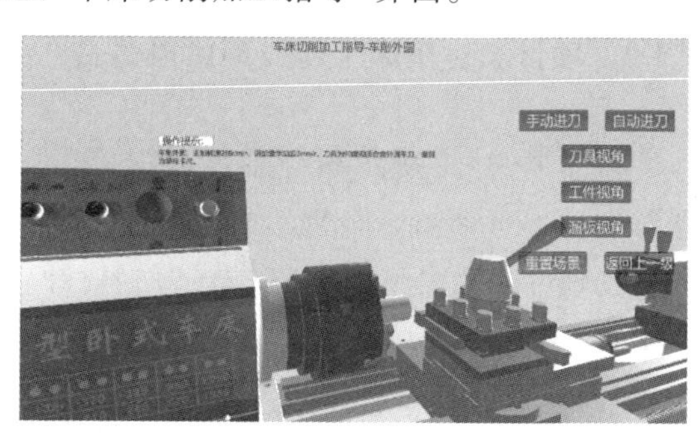

图 1-4-6　“车床切削加工指导-车削外圆”界面

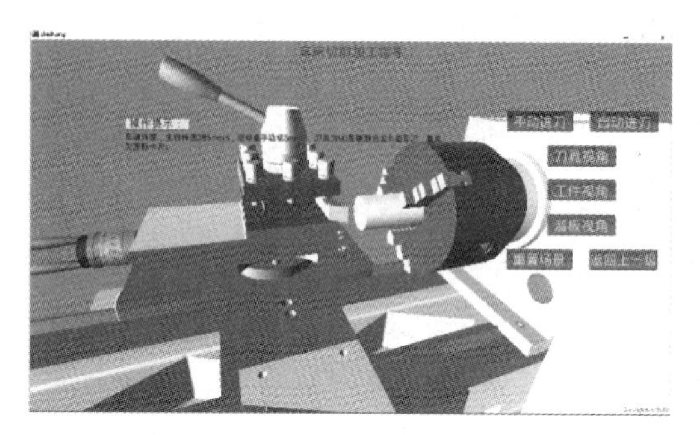

图 1-4-7　工件视角

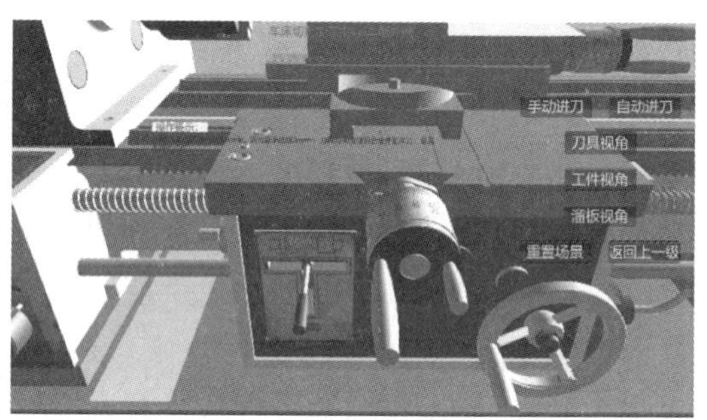

图 1-4-8　溜板视角

图 1-4-9　“车床切削加工指导-车削端面”界面

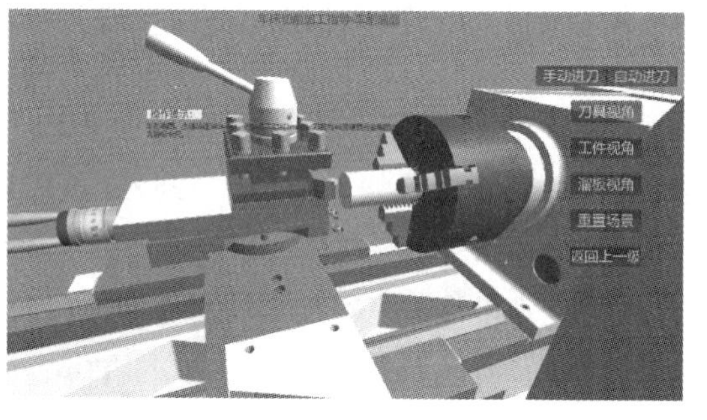

图 1-4-10　工件视角

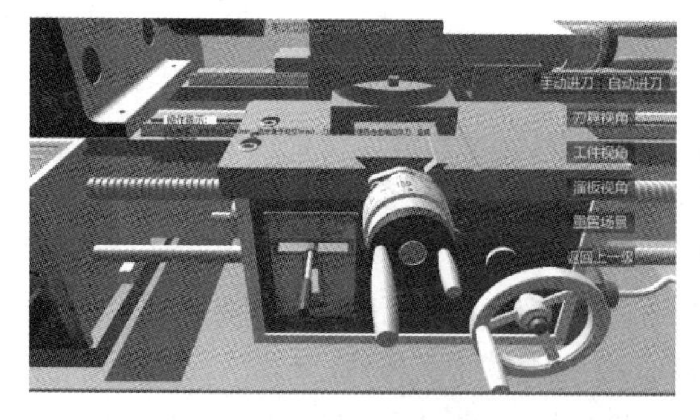

图 1-4-11　溜板视角

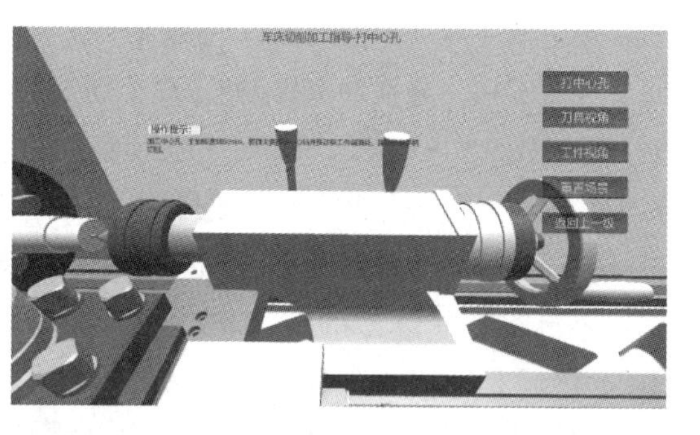

图 1-4-12　“车床切削加工指导-打中心孔”界面

单击图 1-4-5 中的“4. 车削退刀槽”按钮，进入“车床切削加工指导-车削退刀槽”界面，如图 1-4-14 所示。单击界面上“更换切断刀”按钮可旋转刀架换刀，分别单击“手动进给”和“自动进给”按钮可实现手动和自动切削。分别单击“工件视角”和“溜板视角”按钮可切换为工件视角（图 1-4-15）和溜板视角（图 1-4-16），默认视角为刀具视角。单击“重置场景”按钮可将场景还原至最初状态，单击“返回上一级”按钮可返回至“车床切削加工指导”界面。

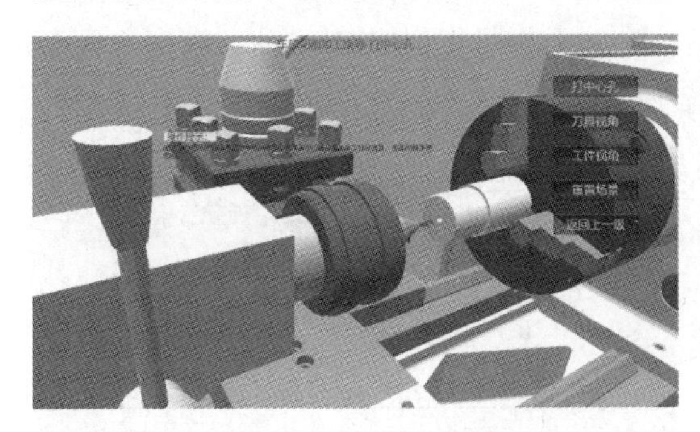

图 1-4-13　工件视角

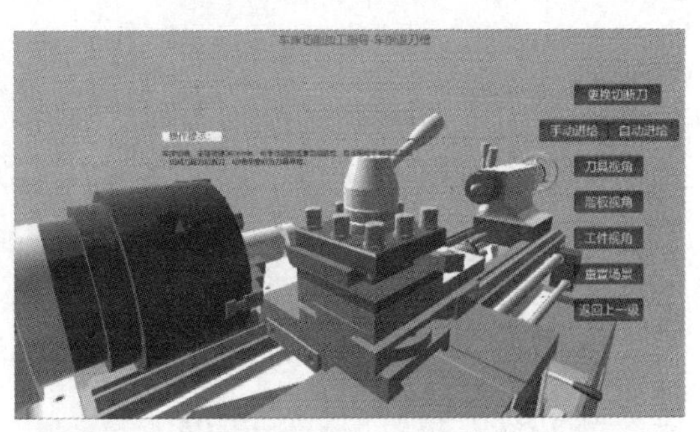

图 1-4-14　“车床切削加工指导-车削退刀槽”界面

图 1-4-15　工件视角

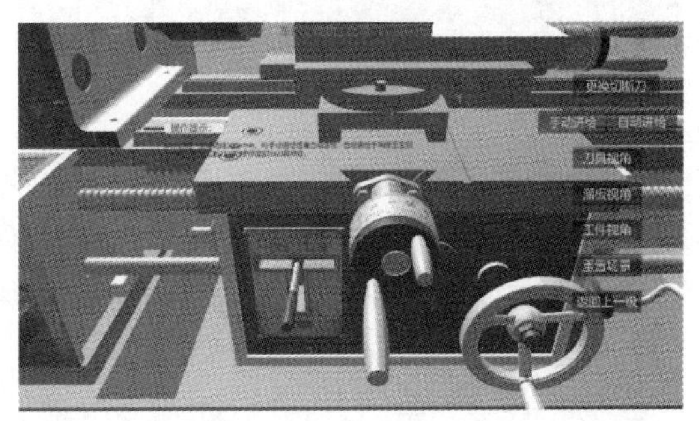

图 1-4-16　溜板视角

单击图 1-4-5 中的“5. 车削外螺纹”按钮，进入“车床切削加工指导-车削外螺纹”界面，如图 1-4-17 所示。分别单击“手动进刀”和“自动进刀”按钮可实现手动和自动切削，分别单击“工件视角”和“溜板视角”按钮可切换为工件视角（图 1-4-18）和溜板视角（图 1-4-19），默认视角为刀具视角。单击“重置场景”按钮可将场景还原至最初状态，单击“返回上一级”按钮可返回至“车床切削加工指导”界面。

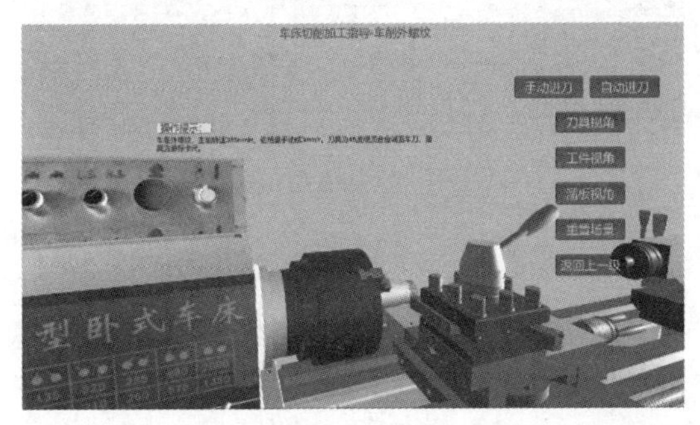

图 1-4-17　“车床切削加工指导-车削外螺纹”界面

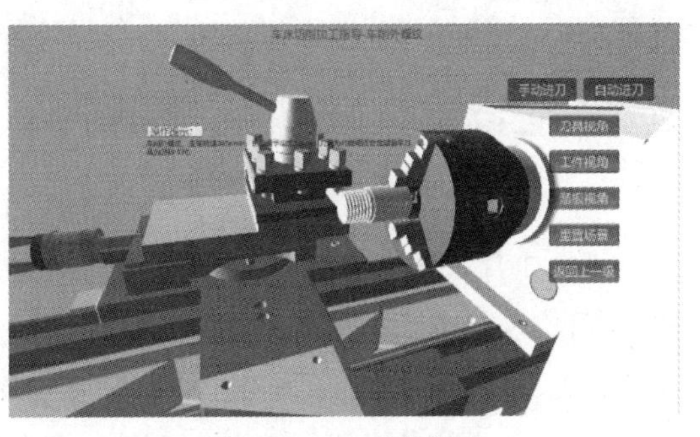

图 1-4-18　工件视角

1.4.4　项目四：车床加工实例虚拟仿真

车床加工实例

在图 1-4-1 所示系统主界面中单击“车床加工实例”按钮，进入“螺母车削部分指导”界面，如图 1-4-20 所示。单击“第一页”按钮，可显示工序 1～3，单击“第二页”按钮，可显示工序 4～6。单击“进入螺母车削”按钮可进入工序 1 界面，单击“返回上一级”按钮可返回系统主界面。

图 1-4-19　溜板视角

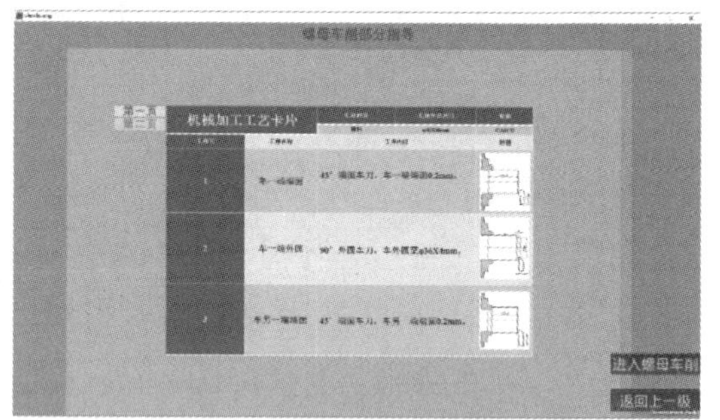

图 1-4-20　“螺母车削部分指导”界面

单击“进入螺母车削”按钮进入工序 1 界面后，单击“1. 车削端面”按钮，可实现端面车削，如图 1-4-21 所示。默认视角为刀具-工件视角，分别单击“中溜板”和“小溜板”按钮可切换为中溜板视角和小溜板视角(图 1-4-22)，单击“全局视角”按钮可切换为全局视角(图 1-4-23)，默认视角为刀具-工件视角(图 1-4-24)。单击“重置场景”按钮可将场景还原至最初状态，单击“返回上一级”按钮可返回图 1-4-20 所示界面，单击“进入下一步”按钮可进入工序 2 界面(图 1-4-25)。

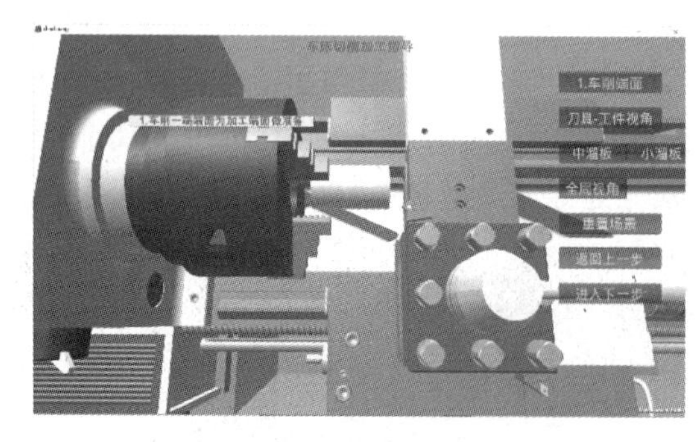

图 1-4-21　工序 1 界面

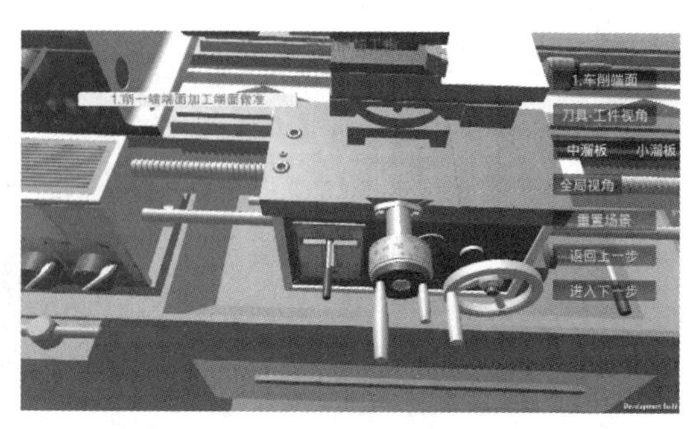

图 1-4-22　小溜板视角

进入工序 2 界面后，单击“第一次车削”按钮，可实现外圆一次车削，单击“第二次车削”按钮，可实现外圆二次车削，单击“测量工件”按钮，可测量外圆直径，如图 1-4-25 所示。默认视角为刀具-工件视角，单击“进给视角”按钮可切换为进给视角即中溜板视角(图 1-4-26)，单击“车床全局视角”按钮可切换为全局视角(图 1-4-27)。单击“重置场景”按钮可将场景还原至最初状态，单击“返回上一步”按钮可返回工序 1 界面，单击“进入下一步”按钮可进入工序 3 界面(图 1-4-28)。

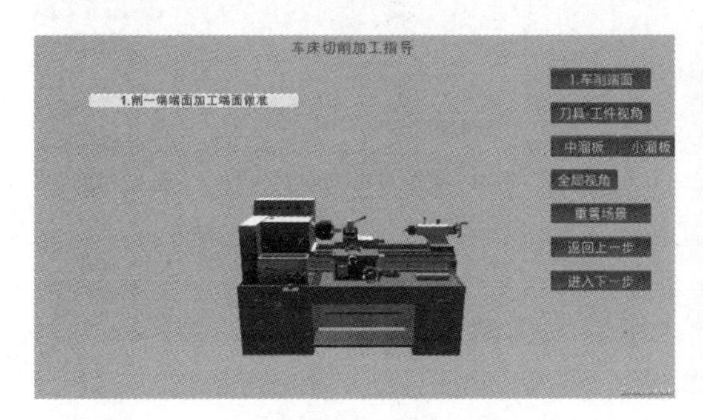

图 1-4-23　全局视角

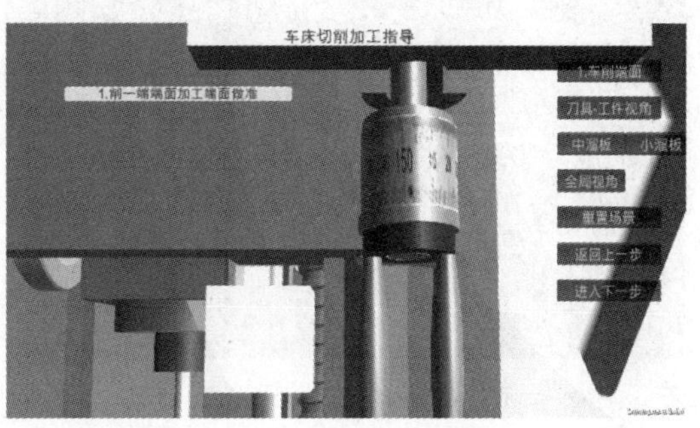

图 1-4-24　刀具-工件视角

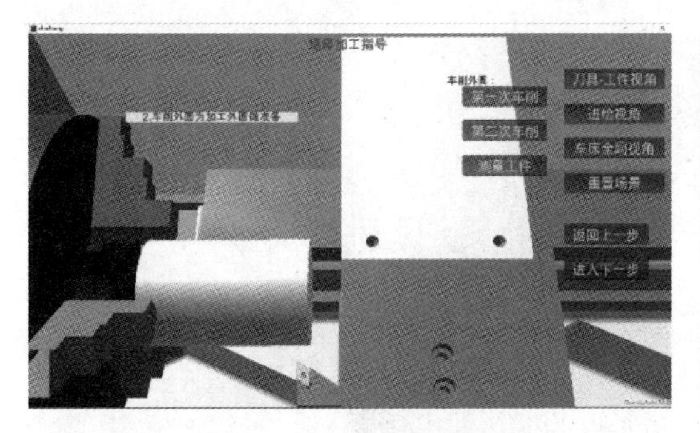

图 1-4-25　工序 2 界面

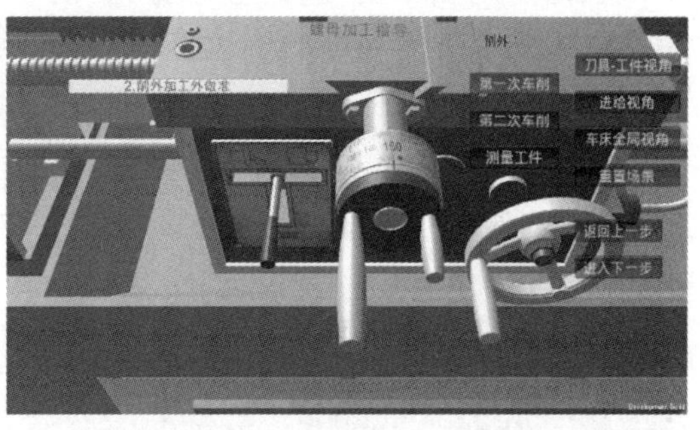

图 1-4-26　进给视角(中溜板视角)

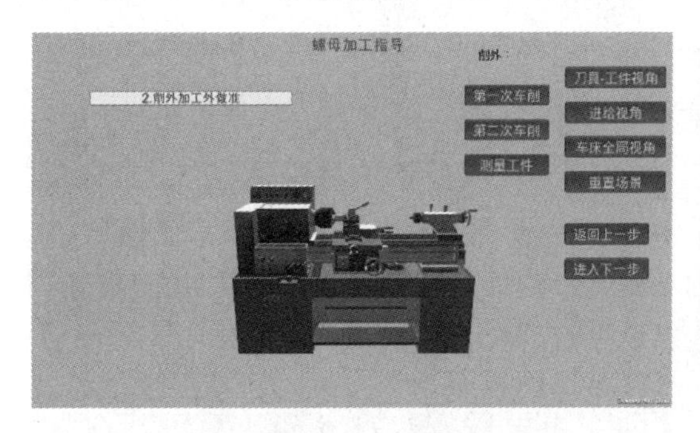

图 1-4-27　全局视角

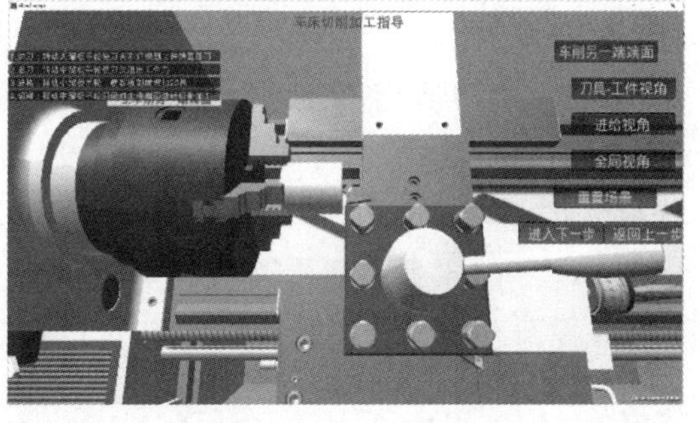

图 1-4-28　工序 3 界面

进入工序 3 界面后,单击“车削另一端端面”按钮,可实现端面车削,如图 1-4-28 所示。默认视角为刀具-工件视角,单击“进给视角”按钮可切换为进给视角即中溜板视角(图 1-4-29),单击“全局视角”按钮可切换为全局视角(图 1-4-30)。单击“重置场景”按钮可将场景还原至最初状态,单击“返回上一步”按钮可返回工序 2 界面,单击“进入下一步”按钮可进入工序 4 界面(图 1-4-31)。

进入工序 4 界面后,单击“第一次车削”按钮,可实现外圆一次车削,单击“第二次车削”按钮,可实现外圆二次车削,单击“测量工件”按钮,可测量外圆直径,如图 1-4-31 所示。默认视角为刀具-工件视角,单击“进给视角”按钮可切换为进给视角即中溜板视角(图 1-4-32),

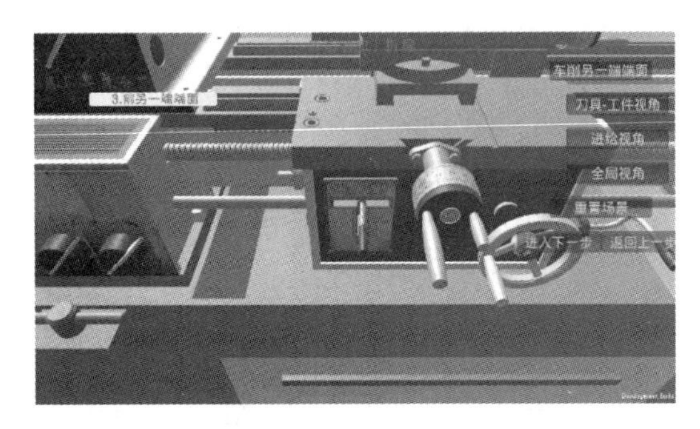

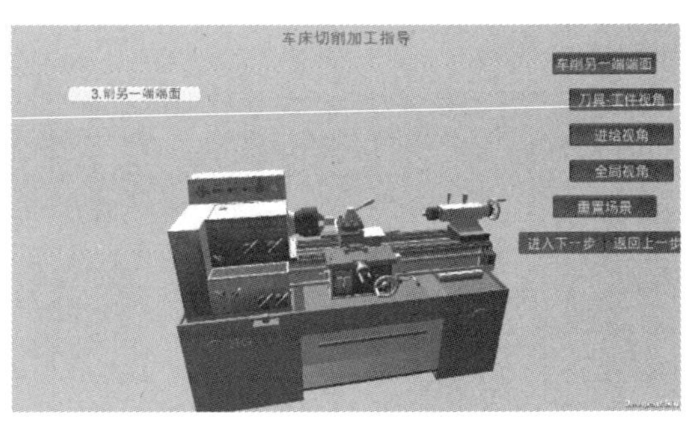

图 1-4-29　进给视角(中溜板视角)　　　　图 1-4-30　全局视角

单击“车床整体视角”按钮可切换为全局视角(图 1-4-33)。单击“重置场景”按钮可将场景还原至最初状态,单击“返回上一步”按钮可返回工序 3 界面,单击“进入下一步”按钮可进入工序 5 界面(图 1-4-34)。

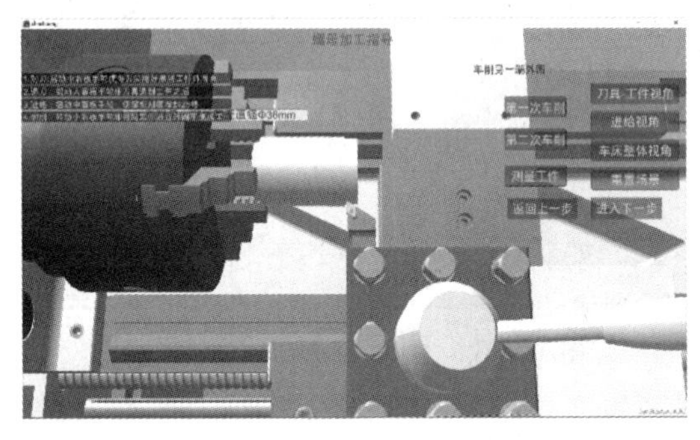

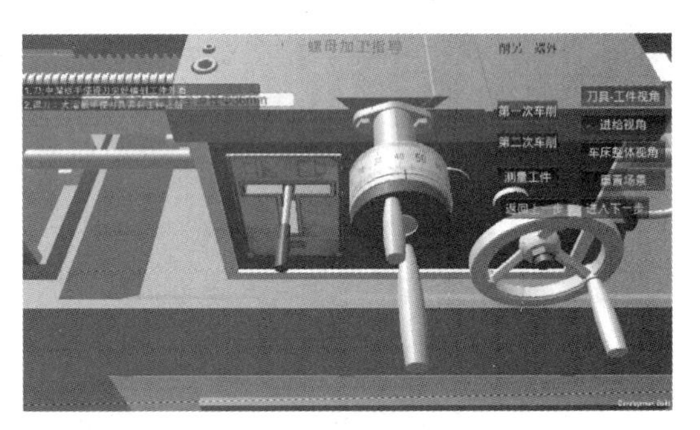

图 1-4-31　工序 4 界面　　　　图 1-4-32　进给视角(中溜板视角)

进入工序 5 界面后,单击“更换切断刀”按钮可旋转刀架更换车刀。分别单击“手动进给”和“自动进给”按钮可实现手动和自动切削,如图 1-4-34 所示。默认视角为刀具视角,分别单击“溜板视角”和“工件视角”按钮可切换为溜板视角(图 1-4-35)和工件视角(图 1-4-36)。单击“重置场景”按钮可将场景还原至最初状态,单击“返回上一步”按钮可返回工序 4 界面,单击“进入下一步”按钮可进入工序 6 界面(图 1-4-37)。

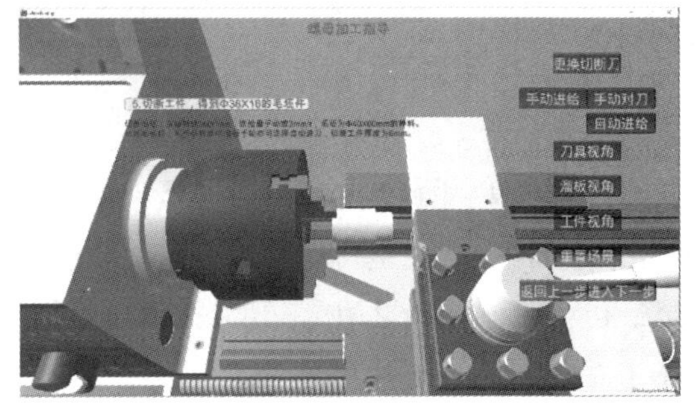

图 1-4-33　全局视角　　　　图 1-4-34　工序 5 界面

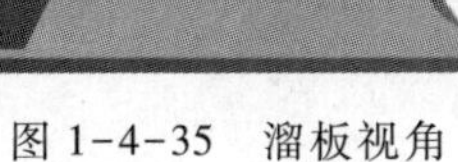
图 1-4-35 溜板视角

图 1-4-36 工件视角

进入工序 6 界面后，单击“第一次车端面”按钮，可实现端面一次车削，单击“第二次车端面”按钮，可实现端面二次车削，单击“测量工件”按钮，可测量工件厚度，如图 1-4-37 所示。默认视角为刀具-工件视角，分别单击“进给视角”和“全局视角”按钮可切换为进给视角即中溜板视角(图 1-4-38)和全局视角(图 1-4-39)。单击“重置场景”按钮可将场景还原至最初状态，单击“返回上一步”按钮可返回工序 5 界面，单击“返回上一级”按钮可返回图 1-4-20 所示界面。

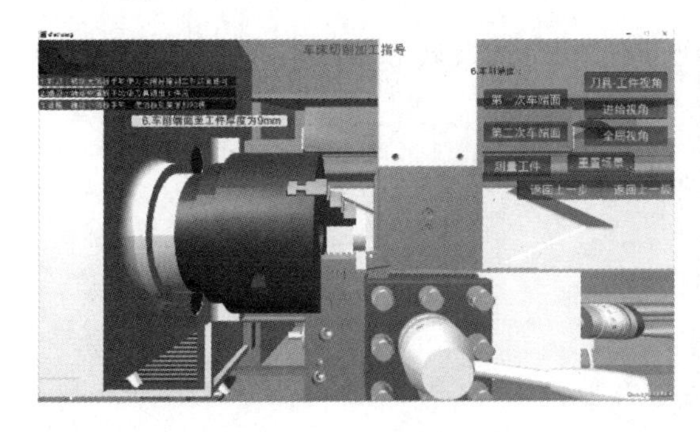

图 1-4-37 工序 6 界面

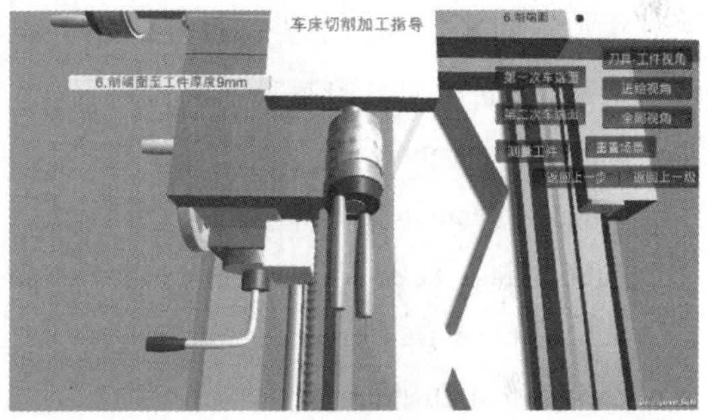

图 1-4-38 进给视角(中溜板视角)

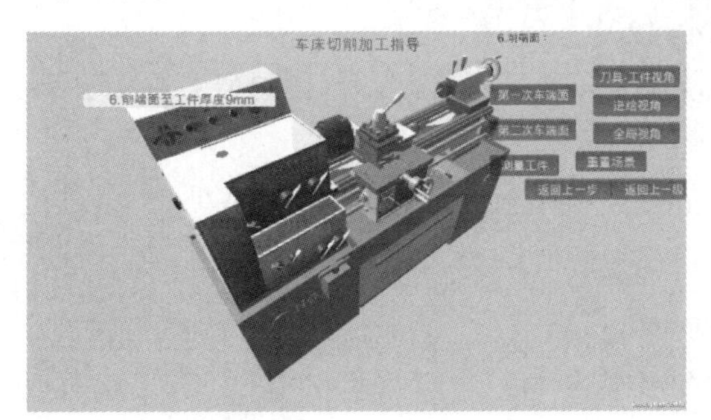

图 1-4-39 全局视角

1.4.5 项目五：虚拟车床工程训练系统开发方法

如图 1-4-40 所示为虚拟车床工程训练系统开发流程。首先根据车床出厂 CAD 图样进行三维建模,采用数据转换技术转换模型格式,运用 3ds Max、Photoshop 软件进行模型贴图或者渲染,将处理好的模型导入 Unity 3D 虚拟仿真开发软件中进行虚拟车床学习场景设计,下面详述其中关键流程的开发过程。

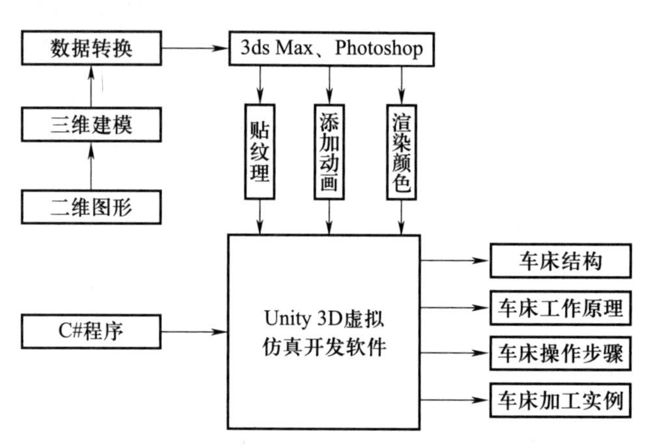

图 1-4-40 虚拟车床工程训练系统开发流程

1. 虚拟车间场景漫游

虚拟车间场景漫游主要通过控制相机实现,通过相机的旋转和缩放可以实现场景的旋转和缩放,下面对相机控制脚本进行解释。

```
using UnityEngine;
using System.Collections;
public class NoLockViewCamera:MonoBehaviour {
public transform Target;
public float Distance;
private float SpeedX = 240;
private float SpeedY = 120;
private float mX = 0.0f;
private float mY = 0.0f;
private float mZ = 0.0f;
public float MaxDistance;
public float MinDistance;
private float ZoomSpeed = 0.08f;
public bool isNeedDamping = false;
public float Damping = 15f;
private Quaternion mRotation;
// Use this for initialization
void Start () {
    mX = transform.eulerAngles.x;
```

```
        mY = transform.eulerAngles.y;
        mZ = transform.eulerAngles.z;
        }
        // Update is called once per frame
        void LateUpdate ( ) {
            mRotation = transform.rotation;
            if ( Target ! = null && Input.GetMouseButton ( 1) ) {
                mY+ = Input.GetAxis ( " Mouse X" ) * SpeedX * 0.02f;
                mX- = Input.GetAxis ( " Mouse Y" ) * SpeedY * 0.02f;
                mRotation = Quaternion.Euler ( mX, mY, mZ) ; }
                if ( isNeedDamping) {
                    transform.rotation = Quaternion.Lerp ( transform.rotation, mRotation, Time.
deltaTime * Damping) ;
                } else {
                    transform.rotation = mRotation;
                }
            }
                Distance- = Input.GetAxis ( " Mouse ScrollWheel" ) * ZoomSpeed;
                Distance = Mathf.Clamp ( Distance, MinDistance, MaxDistance) ;
                Vector3 mPosition = mRotation * new Vector3 ( 0.0f, 0.0f, -Distance) +Target.
position;
                if ( isNeedDamping) {
                    transform.position = Vector3.Lerp ( transform.position, mPosition, Time.
deltaTime * Damping) ;
                } else {
                    transform.position = mPosition;
                }
        private float ClampAngle ( float angle, float min, float max)
        {
            if ( angle<-360) angle+ = 360;
            if ( angle>360) angle- = 360;
            return Mathf.Clamp ( angle, min, max) ;
        }
    }
```

下面对上述语句进行逐句注释。

```
using UnityEngine;
```

using System.Collections;

进行 Unity 3D 开发时，一般 C#自带的两个 using 命名空间在打开 C#脚本时，脚本内就会自动出现这两个命名空间，而不需要再进行命名空间的编写。

public class NoLockViewCamera:MonoBehaviour{}

NoLockViewCamera 表示一个公共的类(class)，类的名称与 C#脚本名称必须相同。而 Unity3D 开发中所有的类都继承自 MonoBehaviour，类中所有要执行的语句都编写在{}内。

public transform Target;

Target 表示变量名称，public 表示该变量为共有变量，Transform 说明该变量类型为游戏对象。

public float Distance;

Distance 表示变量名称，public 表示该变量为共有变量，float 说明该变量类型为游戏对象。

private float SpeedX = 240;

private float SpeedY = 120;

SpeedX、SpeedY 表示变量名称，变量初始值分别为 240、120，private 表示该变量为私有变量，float 说明该变量类型为游戏对象。

private float mX = 0.0f;

private float mY = 0.0f;

private float mZ = 0.0f;

mX、mY、mZ 表示变量名称，变量初始值都为 0.0f，private 表示该变量为私有变量，float 说明该变量类型为游戏对象。

public float MaxDistance;

public float MinDistance;

MaxDistance、MinDistance 表示变量名称，public 表示该变量为共有变量，float 说明该变量类型为游戏对象。

private float ZoomSpeed = 0.08f;

ZoomSpeed 表示变量名称，变量初始值为 0.08f，private 表示该变量为私有变量，float 说明该变量类型为游戏对象。

public bool isNeedDamping = false;

isNeedDamping 表示变量名称，public 表示该变量为共有变量，bool 说明该变量类型为游戏对象。

public float Damping = 15f;

Damping 表示变量名称，变量初始值为 15f，public 表示该变量为共有变量，float 说明该变量类型为游戏对象。

private Quaternion mRotation;

mRotation 表示变量名称，private 表示该变量为私有变量，Quaternion 说明该变量类型为游戏对象。

一个变量只是一个供程序操作的存储区的名字。在 C#中,每个变量都有一个特定的类型,类型决定了变量的内存大小和布局。在一定范围内的值可以存储在内存中,可以对变量进行一系列操作。

```
void Start( )
{ mX = transform.eulerAngles.x;
mY = transform.eulerAngles.y;
mZ = transform.eulerAngles.z; }
```

void 表示没有返回值的函数,Start 表示{ }内的语句计算机只会执行一次。

旋转角度为欧拉角度,“z”“x”“y”代表按顺序绕 *z* 轴旋转 z 度,绕 *x* 轴旋转 x 度,绕 *y* 轴旋转 y 度。

```
mRotation = transform.rotation;
```

获取真实的旋转数据并将其赋值给变量 mRotation。

```
if( Target ! =null && Input.GetMouseButton (1)) {
mY+=Input.GetAxis( " Mouse X" ) * SpeedX * 0.02f;
mX-=Input.GetAxis( " Mouse Y" ) * SpeedY * 0.02f;
mRotation = Quaternion.Euler( mX, mY, mZ) ; }
```

Input.GetMouseButton 表示当鼠标按键被按下时,返回一次 true,按下左键返回 0,按下右键返回 1,按下中键返回 2。GetAxis 获取鼠标输入,mY、mX、mRotation 表示获取鼠标输入坐标轴的输入数据。

```
transform.rotation = Quaternion.Lerp ( transform.rotation, mRotation, Time.deltaTime * Damping);
```

四元数 Quaternion 是简单的超复数。复数由实数加上虚数单位 i 组成,其中 $i^2=-1$。相似地,四元数由实数加上三个虚数单位 i、j、k 组成,而且它们有如下的关系:$i^2=j^2=k^2=-1$,$i^0=j^0=k^0=1$,每个四元数都是 1、i、j 和 k 的线性组合,即四元数一般可表示为 $a+b\mathrm{k}+c\mathrm{j}+d\mathrm{i}$,其中 a、b、c、d 是实数。

```
Distance-=Input.GetAxis( " Mouse ScrollWheel" ) * ZoomSpeed;
Distance = Mathf.Clamp( Distance, MinDistance, MaxDistance) ;
Vector3 mPosition = mRotation * new Vector3( 0.0f, 0.0f, -Distance) +Target.position;
```

获取鼠标滚轮信息,得到最大和最小距离,并将计算完成的数值赋值给变量 mPosition。

```
if( angle<-360) angle+=360;
if( angle>360) angle-=360;
return Mathf.Clamp( angle, min, max) ;
```

判断相机旋转角度是否大于 360°,并将旋转角度与规定的最大和最小值进行比较。

2. 车床模型贴图

贴图(map)其实包含了另一层含义“映射”,其功能就是把纹理通过 *UV* 坐标映射到 3D

物体表面。贴图包含了除了纹理以外的其他很多信息,例如 *UV* 坐标、贴图输入输出控制等。材质是一个数据集,主要功能就是给渲染器提供数据和光照算法。

(1) 漫反射贴图(diffuse map)

采用漫反射贴图可在虚拟场景中表现出物体表面的反射状态和表面颜色,即可以表现出物体在光照下显示出的颜色和强度。我们通过颜色和明暗来绘制一幅漫反射贴图,在这张贴图中,吸收较多光线的部分比较暗,而表面反射较强的部分吸收的光线较少。

在虚拟场景中,物体具有固有色、纹理以及贴图上的光影。固有色和纹理容易设置,而贴图上的光影则需要根据不同情况分别设置。例如在虚拟场景中构建一堵墙,若墙上的每一块砖都是一个独立的模型,那么就无需绘制砖缝,因为可以通过灯光照射来识别出砖块。若只用一个模型构建起一堵墙,则墙上的砖块是采用贴图方式实现的,那么就要求绘制出砖缝。从美术的角度而言,砖缝除了体现单独的材质外,也是用于承接投影的,所以在漫反射贴图上绘制出投影很有必要。没有物体能够完全反射照到它身上的光线,因此,可以将漫反射贴图设置得稍暗。通常,光滑表面只会散射少量光线,此时漫反射贴图可以设置得较亮。漫反射贴图应用到材质中去是直接通过“DiffuseMap”函数实现的。通常在文件末尾加上“_d”来标示该文件为漫反射贴图。

(2) 高度贴图(height map)

高度贴图实际上就是一个 2D 数组。在创建地形时需要高度贴图,因为地形实际上就是一系列高度不同的网格,这样数组中每个元素的索引值刚好可以用来定位不同的网格(x, y),而所存储的值就是网格的高度(z)。

我们在这里叙述高度贴图,其实也是为了更好地绘制法线贴图,在很多情况下法线贴图只能将已有的漫反射贴图作为素材来进行绘制,因此存在一个将高度贴图转换成法线贴图的过程。

高度贴图是一种黑白的图像,它通过像素来定义模型表面的高度。越亮处高度就越高,画面越白处越高,越黑处越低,灰色的位于中间位置,从而表现不同的地形。使用高度贴图仅仅是为了适应简单的工作流程。高度贴图通常通过“HeightMap”函数调用到 3D 软件中,通常在文件名后加一个"_h"标示高度贴图。

(3) 高光贴图(specular map)

光线照射到模型表面的情况可采用高光贴图来表现,从而表现出模型的表面属性(如金属、皮肤、布、塑料会反射不同量的光),从而区分不同的材质。高光贴图在引擎中表现为镜面反射和物体表面的高光颜色。

建立高光贴图时,可使用 solid value 来表现普通表面的反射,而暗的地方则会给人一种侵蚀风化的反射效果。

在高光贴图中可定义高光的颜色,砖是由沙子组成的,因此会反射微小的具有质感的光。有很多丰富高光贴图的方法,如做局部高光的细微变化、添加纹理(这个纹理要与材质本身的纹理有所区分)以及叠加彩色图层(慎用)。高光贴图通过“Specularmap”函数调用到 3D 软件中,通常在贴图文件名后加一个"_s"标示它。要注意的是,仅凭借高光贴图无法充分表现材质特性，只有漫反射贴图、法线贴图和高光贴图配合使用才能充分地表现材质特性。

(4) 环境阻塞贴图(ambient occlusiont map)

环境阻塞贴图是一种目前次世代游戏中常用的贴图技术，环境阻塞贴图的计算是不受任何光线影响的，仅计算物体间的距离，并根据距离产生一个 8 位的通道。计算物体的环境阻塞贴图时，根据物体的法线，程序从每个像素发射出一条光线，这个光线碰触到物体时会产生反馈，标记附近有物体，从而物体呈现黑色。而球上方的像素所发射的光线没有碰触到任何物体，因此没有被光线触碰的部分标记为白色。简单了解算法后可知，全局光的烘焙师模拟全局光所呈现的阴影效果，而采用环境阻塞贴图时则是模拟模型各个面之间的距离。二者性质完全不同。

在 Unity3D 中有两处可以对环境阻塞贴图进行设置及调整。一是可在光照贴图渲染器中设置及调整环境阻塞贴图的参数，但前提是确实已为模型渲染了一层环境阻塞贴图；另外可通过摄影机特效设置屏幕空间环境阻塞特效。

(5) 环境贴图(cube map)

环境贴图技术即用一个虚拟的立方体包围物体，由眼睛到物体某处所建立的向量经过反射(以该处的法线为对称轴)所得的反射向量射到立方体上，就在该立方体上获得一个纹素。

(6) 光照贴图(light map)

可把物体光照的明暗信息保存到贴图得到光照贴图，实时绘制时不再进行光照计算，而是采用预先生成的光照贴图来表示明暗效果。其优点为：由于省去了光照计算，因此可以提高绘制速度。对于一些过度复杂的光照(如光线追踪、辐射度、环境阻塞等算法)，进行实时计算不太现实。如果预先计算好并保存到贴图上，可以大大提高模型的光影效果。保存下来的光照贴图还可以进行二次处理，如进行模糊处理，使阴影边缘更加柔和。其缺点为：模型额外多了一层贴图，这样相当于增加了资源的管理成本(异步装载、版本控制、文件体积等)。当然，也可以选择把明暗信息附到原贴图上，但限制较多，如贴图坐标范围、物体实例个数等。而且，静态光影效果与动态光影效果无法很好地结合，如果改变光照方向，静态光影效果是无法进行变换的，因此静态阴影无法直接影响动态模型。

(7) 锥形贴图(mip map)

把一张贴图按 2 的倍数进行缩小，直到 1×1。把缩小的图存储起来，在对模型进行渲染时，根据像素与眼睛之间的距离从一个合适的图层中取出纹理元素(texel)颜色赋值给该像素。

通过其工作原理可以发现，硬件总是根据眼睛与目标间的距离来选择最适合当前屏幕像素分辨率的图层。假设一张尺寸为 256×256 的锥形贴图，当前屏幕分辨率为 1 024×1 024。当眼睛距离物体比较近时，锥形贴图最大也只可能从 1 024×1 024 的锥形贴图图层中选取纹理元素。另外，当使用三线性过滤时，最大也只能从 2 048×2 048 的图层中选取纹理元素，来和 1 024×1 024 图层中的像素进行线性插值。

(8) 细节贴图(detail map)

细节贴图其实就是图层的叠加与混合。细节贴图的关键点,一个是细节的 Tiling 值,一个是在导入细节贴图时需将其设置为锥形贴图。

(9) 法线贴图(normal map)

法线贴图是凸凹贴图(bump mapping)的一种常见形式。简单说就是在不增加模型多边形数量的前提下,通过渲染暗部和亮部的不同颜色深度来为原来的贴图和模型增加视觉细节和真实效果。其原理即在普通贴图的基础上,再另外提供一张对应原来贴图的、可以表示渲染浓淡的贴图。通过将这张附加的表示表面凸凹状况的贴图与实际的原贴图进行运算后,可以得到细节更加丰富、富有立体感的渲染效果。法线贴图多用在 CG 动画渲染以及游戏画面的制作上,将具有高细节的模型通过映射烘焙出法线贴图,贴在低端模型的法线贴图通道上,使之拥有法线贴图的渲染效果。采用此种方式可以大大降低渲染时需要处理的面数和计算内容,而达到优化动画渲染和游戏渲染效果的目的。法线贴图记录了一个需要进行光影变换的贴图上的各个点的凹凸情况,显示芯片根据这个贴图的内容来实时生成新的有光影变化的贴图,从而实现立体效果。

法线贴图其实并不是真正的贴图,所以也不会直接贴到模型的表面,它所起的作用就是记录每个点上的法线方向,因此法线贴图看起来比较诡异,外观呈现偏蓝紫色。

图 1-4-41 所示为车床表面贴图效果。

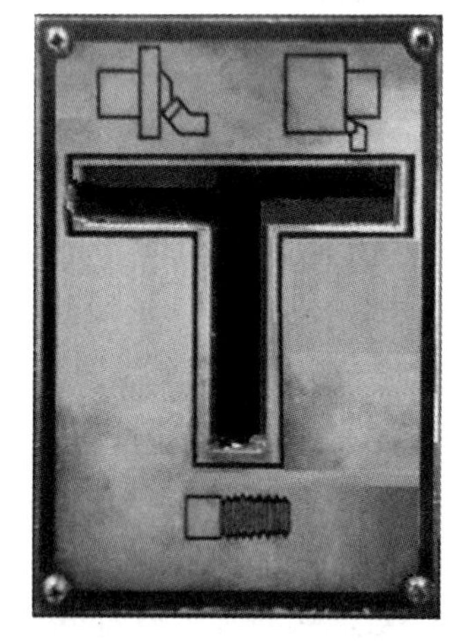

图 1-4-41 车床表面贴图效果

3. 虚拟车床切削程序

虚拟车床切削程序主要通过“iTween”和“Collider”函数实现。

(1) iTween 是一个动画库,创建它的目的就是以最小的投入实现最大的产出。通过该动画库可以轻松实现各种动画、晃动、旋转、移动、褪色、上色、控制音频等。

(2) iTween 的核心是数值插值,简单说就是给 iTween 两个数值(开始值,结束值),它会自动生成一些中间值,大概过程为:开始值→中间值→中间值→…→结束值。这里的数值可以理解为:数字,坐标点,角度,物体大小,物体颜色,音量大小等。

(3) 将 iTween. cs 文件从网站下载下来之后就可将其加入项目中。加入项目的方法为:在项目中建立 Plugins 目录,然后将下载的 iTween.cs 放到 Plugins 目录即可。如果需要编辑路径,使用 import package→custom package 菜单功能加入 iTweenPath.unitypackage。

(4) 设置演示效果的代码如下:① 物体移动 iTween.MoveTo(target,iTween.Hash("position",destPos,"easetype",easeType));② 数值过渡 iTween.ValueTo(gameObject,iTween.Hash("from",y,"to",toY,"easetype",easeType,"loopType",loopType,"onupdate","onupdate","time",tm));③ 振动 iTween.ShakePosition(target,Vector3(0,0.1,0),1);④ 按路径移动 var path = GameObject.Find("Plane").GetComponent("iTweenPath").GetPath("myPath");

iTween.MoveTo(gameObject, iTween.Hash(//"position", Vector3(0,0,0),"path", path, "time",20,"easetype","linear"))。

（5）编辑路径。将 iTweenPath.cs 拖至某个对象上，这个对象就会多出属性。

虚拟车床切削加工主要通过刀具运动实现，运动程序主要通过以下 iTween 函数实现。

iTween.MoveBy(daojia,iTween.Hash("z",0.006655,"easeType","iTween.EaseType.linear","speed",0.0005f,"loopType","none","delay",0.1));

iTween.MoveBy(liuban,iTween.Hash("z",0.006655,"easeType","iTween.EaseType.linear","speed",0.0005f,"loopType","none","delay",0.1));

iTween.MoveBy(SlipboardMiddle,iTween.Hash("z",0.006655,"easeType","iTween.EaseType.linear","speed",0.0005f,"loopType","none","delay",0.1));

iTween.RotateBy(SlideboxSolidWheel, iTween.Hash("y",-2,"easeType","iTween.EaseType.linear","time",11f,"loopType","none","delay",.1));

Slideboxlever1.SetActive(true);

Slideboxlever.SetActive(false);

移动模型用到的几个核心方法如下：

iTween.MoveTo()：让模型移动到一个位置，其底层函数是通过动态修改模型每一帧的 transform.position 完成的，所以模型会精确到达目标点，不会出现误差。

iTween.MoveFrom()：同上面一样，iTween.MoveTo()是将模型移动到目标位置，而 iTween.MoveFrom()则是将模型从目标位置移动到原始位置。

iTween.MoveAdd()和 iTween.MoveBy()：二者的底层实现一样。

iTween.MoveUpdate()：同 iTween.MoveTo()相似，只是需要将其放在循环或者 Update()中。

了解了核心的移动方法后，下面介绍 iTween 强大的核心参数，其与事件移动方法的参数类似，这里以 MoveTo 为例，通过下列代码将 Move.cs 绑定在需要移动的模型对象上。

```
using UnityEngine;
using System.Collections;
public class Move:MonoBehaviour
{
    void Start()
    {
        //args 变量可保存 iTween 所用到的参数
        Hashtable args=new Hashtable();
        //设置类型，iTween 类型有很多种，在源码中的枚举 EaseType 中，例如移动的
          特效、先振动再移动、先后退再移动、先加速再变速等
        args.Add("easeType",iTween.EaseType.easeInOutExpo);
        //移动的速度
```

```
args.Add("speed",10f);
//移动的整体时间。如果与 speed 共存那么优先 speed
args.Add("time",1f);
//处理颜色,可以看源码的枚举
args.Add("NamedValueColor","_SpecColor");
//延迟执行时间
args.Add("delay",0.1f);
//移动的过程中面朝一个点
args.Add("looktarget",Vector3.zero);
//三个循环类型,"none""loop""pingPong"分别表示一般、循环、来回
args.Add("loopType","none");
args.Add("loopType","loop");
args.Add("loopType","pingPong");
//处理移动过程中的事件
//开始发生移动时调用 AnimationStart 方法,5.0 表示其参数
args.Add("onstart","AnimationStart");
args.Add("onstartparams",5.0f);
//设置接收方法的对象,默认是自身接受,这里也可以改成别的对象接收,那
  么就得在接收对象的脚本中实现 AnimationStart 方法。
args.Add("onstarttarget",gameObject);
//移动结束时调用,参数和上面类似
args.Add("oncomplete","AnimationEnd");
args.Add("oncompleteparams","end");
args.Add("oncompletetarget",gameObject);
//移动中调用,参数和上面类似
args.Add("onupdate","AnimationUpdate");
args.Add("onupdatetarget",gameObject);
args.Add("onupdateparams",true);
//"x""y""z"标示移动的位置
args.Add("x",5);
args.Add("y",5);
args.Add("z",1);
//也可以写 Vector3
//args.Add("position",Vector3.zero);
//最终让对象开始移动
iTween.MoveTo(gameObject,args);
```

```
    }
    //在对象移动中调用
    void AnimationUpdate(bool f)
    {
        Debug.Log("update:"+f);
    }
    //在对象开始移动时调用
    void AnimationStart(float f)
    {
        Debug.Log("start:"+f);
    }
    //在对象移动时调用
    void AnimationEnd(string f)
    {
        Debug.Log("end:"+f);
    }
}
```

最后把 Path.cs 绑在模型上,代码如下:

```
using UnityEngine;
using System.Collections;
public class Path:MonoBehaviour {
    //路径寻路中的所有点
    public Transform [] paths;
    void Start ()
    {
        Hashtable args=new Hashtable();
        //设置路径的点
        args.Add("path",paths);
        //设置类型为线性,线性效果较好
    args.Add("easeType",iTween.EaseType.linear);
        //设置寻路的速度
        args.Add("speed",10f);
        //是否先从原始位置走到路径中第一个点的位置
        args.Add("movetopath",true);
        //是否让模型始终面朝当前目标的方向,拐弯处会自动旋转模型,如果模型在
          寻路时始终朝向一个方向,必须开启该功能
```

```
        args.Add("orienttopath",true);
        //让模型开始寻路
        iTween.MoveTo(gameObject,args);
    }
    void OnDrawGizmos()
    {
        //在视图中绘制出路径与线
        iTween.DrawLine(paths,Color.yellow);
        iTween.DrawPath(paths,Color.red);
    }
}
```

4. 机床切削虚拟仿真

机床切削虚拟仿真采用 Unity 3D 碰撞检测方法实现。当刀具与加工工件发生碰撞时，可检测到发生碰撞的工件名称，碰撞过程即相当于实际切削过程，碰撞后的工件立即消失，加工后的工件立即显示，达到虚拟仿真的效果。关键程序如下：

```
void OnTriggerEnter(Collider cutting){
if (cutting.gameObject.CompareTag("Subcomponents "))
{
cutting.gameObject.SetActive(false);
}
}
```

在 Unity 3D 中参与碰撞的物体分为两部分：发起碰撞的物体和接收碰撞的物体。发起碰撞的物体包括刚体(Rigodbody)和任务控制器(CharacterController)，接收碰撞的物体包括所有的碰撞控件(Collider)。碰撞检测的原理如下：发生碰撞的物体中必须要有发起碰撞的物体，否则碰撞不响应。在所有 delCollider 上有一个“IsTrigger”的 boolean 型参数，当发生碰撞反应时，会先检查此属性。当激活此选项时，会调用碰撞双方的脚本 OnTrigger；反之脚本方面没有任何反应。当激活此选项时，不会发生后续的物理反应；反之会发生后续的物理反应。在 Unity 3D 物理引擎中，当一个任务控制器不发生位置变化，但碰撞控件发生位置变化后，也会产生碰撞。

碰撞器的由来：

(1) 系统默认会给每个对象添加一个碰撞组件，对一些背景对象可以取消该组件。

(2) 在 Unity 3D 中，能检测碰撞发生的方式有两种。一种是利用碰撞器，另一种是利用触发器。这两种方式的应用非常广泛。为了完整了解这两种方式，必须先理解以下概念：

1) 碰撞器是一群组件，它包含了很多种类，比如 Box Collider，Capsule Collider 等，这些碰撞器应用的场合不同，但都必须加到对象上。

2) 只需要在检视面板中的碰撞器组件中勾选 IsTrigger 属性选择框，即可开启触发器功能。

3）在 Unity 3D 中，主要由以下接口函数来处理触发信息检测和碰撞信息检测。

触发信息检测：

① MonoBehaviour.OnTriggerEnter(Collider other)/MonoBehaviour.OnTriggerEnter2D(Collider2D other)进入触发器。

② MonoBehaviour.OnTriggerExit(Collider other)/MonoBehaviour.OnTriggerExit2D(Collider2D other)退出触发器。

③ MonoBehaviour.OnTriggerStay(Collider other)/MonoBehaviour.OnTriggerStay2D(Collider2D other)逗留触发器。

碰撞信息检测：

① MonoBehaviour.OnCollisionEnter(Collision collisionInfo)/MonoBehaviour.OnCollisionEnter2D(Collision2D collisionInfo)进入碰撞器。

② MonoBehaviour.OnCollisionExit(Collision collisionInfo)/MonoBehaviour.OnCollision Exit2D(Collision2D collisionInfo)退出碰撞器。

③ MonoBehaviour.OnCollisionStay(Collision collisionInfo)/MonoBehaviour.OnCollision Stay2D(Collision2D collisionInfo)逗留碰撞器。

5. 资源打包

资源打包步骤如下：

（1）打开 Unity 3D 的打包设置界面，将需要打包的工程场景添加到场景打包框内。

（2）将需要打包的工程场景切换到对应的平台下，例如需要在 PC 平台下打包，就切换到 PC 平台下。

（3）打包命名。Product Name 表示应用程序的名字，Default Icon 表示应用程序安装时的显示图标，当设置好图标后会自动生成各个尺寸的图标。

（4）Splash Image 用于设置公司 logo 的图片样式。

（5）在 otherSettings 模块中，Version 表示打包资源的版本号，Package Name 表示资源包的名称，它相当于资源包的身份证，同一台设备只能安装一次该资源包，可通过这个身份证进行检测，Scripting Define Symbol 表示应用程序宏定义，在代码中可以选择性执行宏代码。

模块二　普通铣削加工训练

2.1　训练模块简介

普通铣削加工是以铣刀的旋转运动作为主运动,以工件的直线运动作为进给运动,用铣刀对工件进行切削的加工方法。铣削是平面加工的主要方法之一。常用的57-3C万能升降台铣床如图2-1-1所示。

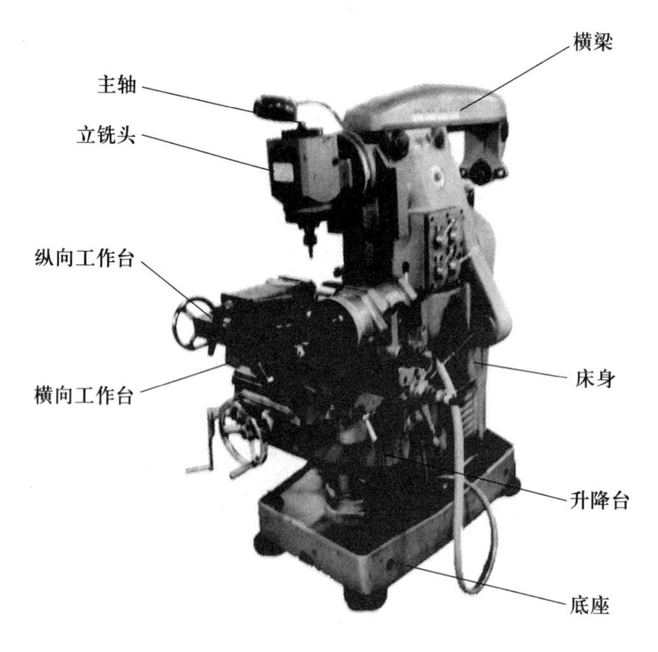

图2-1-1　57-3C万能升降台铣床

如图2-1-1所示,万能升降台铣床的基本组成如下:

(1) 床身　床身用来固定和支承铣床各部件。顶面上有供横梁移动用的水平导轨;前壁有燕尾形的垂直导轨,供升降台上下移动;内部装有主电动机、变速机构、主轴、电气设备及润滑液压泵等部件。

(2) 横梁　横梁一端装有吊架,用以支承刀杆,以减少刀杆的弯曲与振动。横梁可沿床身的水平导轨移动,其伸出长度由刀杆长度来进行调整。

(3) 主轴　主轴用来安装刀杆并带动铣刀旋转。主轴为空心轴,前端带锥度为 7 : 24 的精密锥孔,其作用是安装铣刀刀杆锥柄。

(4) 立铣头　立铣头可以沿前后左右方向旋转一定角度,但功率和刚性都比较差。一般立铣床上的立铣头只能左右旋转,且旋转角度范围比较小。

(5) 纵向工作台　纵向工作台由纵向丝杠带动从而在转台的导轨上作纵向移动,以带动台面上的工件作纵向进给。台面上的 T 形槽用以安装夹具或工件。

(6) 横向工作台　横向工作台位于升降台上的水平导轨上,可带动纵向工作台一起作横向进给。

(7) 升降台　升降台可以带动整个工作台沿床身的垂直导轨上下移动,以调整工件与铣刀的距离。

(8) 底座　底座用以支承床身和升降台,内盛切削液。

铣削加工的主要特点为:用多刀刃的铣刀来进行切削,效率较高;加工范围广,可以加工各种形状较复杂的零件,主要用于铣削平面、台阶面、键槽、成形面、齿面,还可以加工孔及进行切断加工,如图 2-1-2 所示。铣削加工尺寸公差等级一般为 IT8~IT9,表面粗糙度 *Ra* 值为 1.6~6.3 μm。通过本模块实践训练,学生能够了解普通铣削加工的原理和应用。

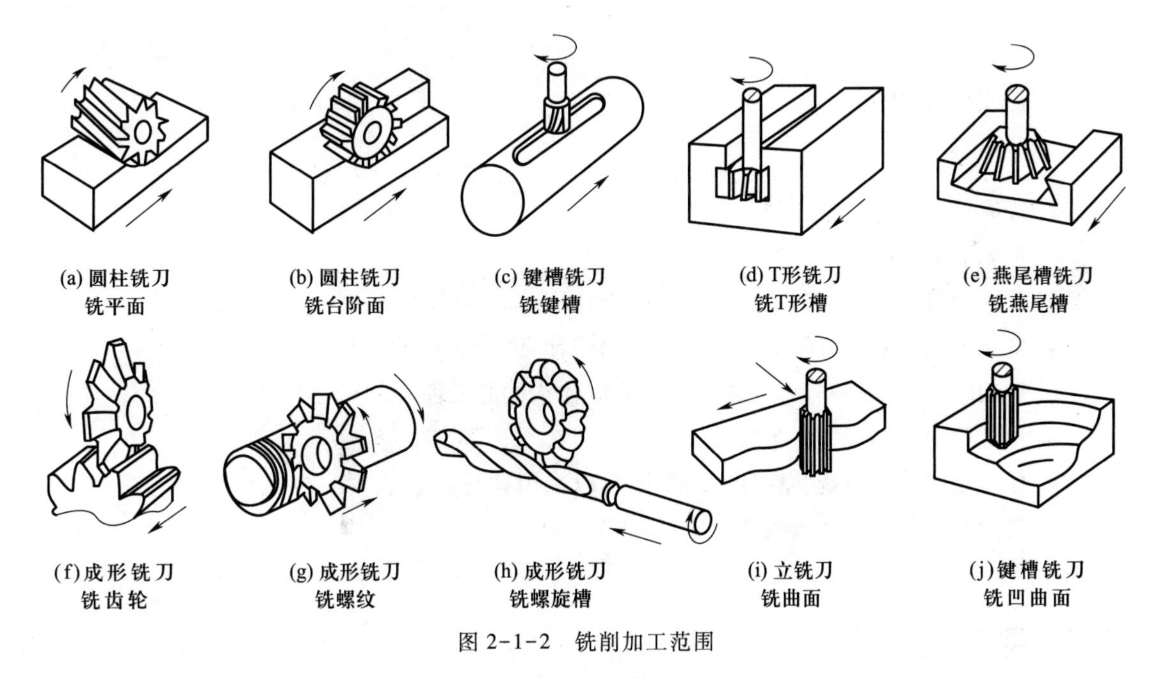

图 2-1-2　铣削加工范围

2.2 安全技术操作规程

1. 实训时应身着工作服、工作鞋,长发者应佩戴工作帽,严禁戴手套进行操作。

2. 装拆铣刀时要使用布衬,应轻拿轻放,不准直接用手握住铣刀,以免铣刀割伤手指。

3. 操作前检查万能升降台铣床各部位手柄是否正常,按规定加注润滑油,并低速试运转1~2分钟后,方能操作。

4. 切削过程中不得用手去触摸工件,铣刀未完全停止前不可用手去减速制动,以免被铣刀割伤手指。

5. 操作者不要站在切屑流出的方向,要使用毛刷清除切屑,不可用手直接抹去,不可用嘴吹除切屑。

6. 不得在机床运转时变换主轴转速和进给量。

7. 高速铣削或铣削铸铁等脆性金属时,为防止切屑飞散,必须佩戴防护镜或采取其他安全措施。

8. 铣刀未离开工件时不得停止主轴旋转,主轴未停止时不准测量工件。

9. 使用自动进给装置时,手柄上的离合器必须脱开,否则易钩住衣服,发生危险。

10. 工件装夹一定要牢固可靠,避免发生砸伤事故。

11. 工作台上禁止放置工量具、工件及其他杂物。

12. 实训结束后须关闭总电源,将手柄置于空位,工作台移至正中,认真清扫机床,打扫卫生,工量具归位。

2.3 问题与思考

1. 普通铣床主要由哪几部分组成?各部分的主要作用是什么?
2. 铣床能加工哪些表面?各用什么刀具?
3. 铣削用量由哪几部分组成?
4. 铣床的主要附件有哪些?其主要作用是什么?
5. 铣削时,安装工件有哪些方法?各适应什么样的工件?
6. 什么是周铣和端铣?各有什么特点?
7. 什么是顺铣和逆铣?在什么情况下可以采用顺铣?
8. 铣削时为什么振动及噪声大?

2.4 实践训练

2.4.1 项目一:铣削加工虚拟仿真训练

1. 训练目的和要求

(1) 了解卧式万能铣床的基本结构。

（2）掌握虚实结合的铣床工程训练系统的操作方法。

（3）了解铣削加工工艺特点及应用范围。

（4）掌握万能铣床的操作方法。

（5）能够按照要求铣削平面、六角螺母坯料。

（6）掌握相关工量具的正确使用方法。

（7）熟悉铣削加工的安全技术操作规范。

2. 训练内容

（1）采用虚拟仿真软件（虚实结合的铣床工程训练系统）进行铣削加工。

（2）训练件：在圆饼类零件上铣平面，尺寸要求如图 2-4-1 所示。

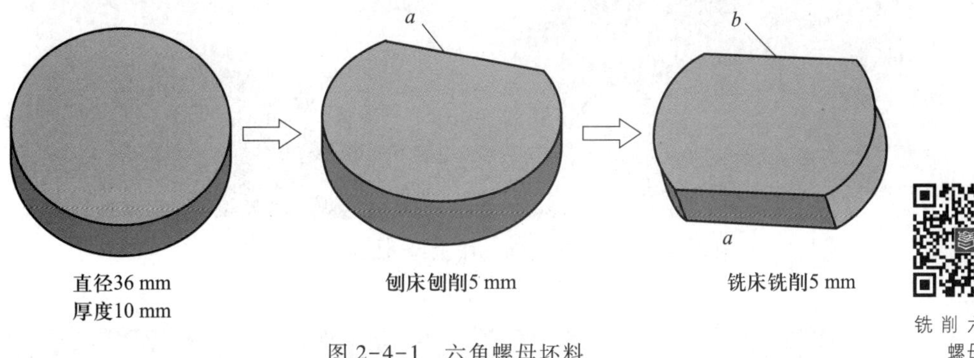

图 2-4-1　六角螺母坯料

铣削六角螺母

（3）设备：57-3C 万能升降台铣床。

（4）刀具与夹具：ϕ20 立铣刀，虎口钳，游标卡尺，高度卡尺。

（5）毛坯材料：铝材；尺寸：ϕ36 mm×10 mm。

3. 实践步骤

铣床结构认识

铣床是机械加工中最常用的设备之一，由于操作该设备有一定的危险性，所以在实际使用该设备之前，采用虚拟仿真的方式进行讲解和演示。虚实结合的铣床工程训练系统主界面如图 2-4-2 所示，主要由铣床结构认识、铣床工作原理学习、铣床铣削加工指导和铣床加工实例四大模块组成，下面逐一进行介绍。

（1）铣床结构认识虚拟仿真

铣床结构认识界面如图 2-4-3 所示，界面中展示了一台万能铣床模型，按住鼠标右键并且拖动鼠标，铣床会跟着旋转，这样可以清晰地从 360°观察铣床结构，滑动鼠标滚轮可对铣床进行缩放。屏幕左上角会显示当前鼠标所在的铣床部件的名称。单击“结构爆炸”按钮后会显示铣床的分解结构。铣床一般由 9 大部件组成，现在按照从上到下的顺序逐一讲解各个部件的名称及作用。

1）横梁　万能铣床的横梁一端装有吊架，用以支承刀杆，以减少刀杆的弯曲与振动。横梁的另一端装有立铣头（本次训练采用立铣方式）。横梁可沿床身的水平导轨移动，其伸出长度由刀杆长度来进行调整。

2）立铣头　立铣头可以沿前后左右方向旋转一定角度，但功率和刚性都比较差。一般

图 2-4-2　虚实结合的铣床工程训练系统主界面

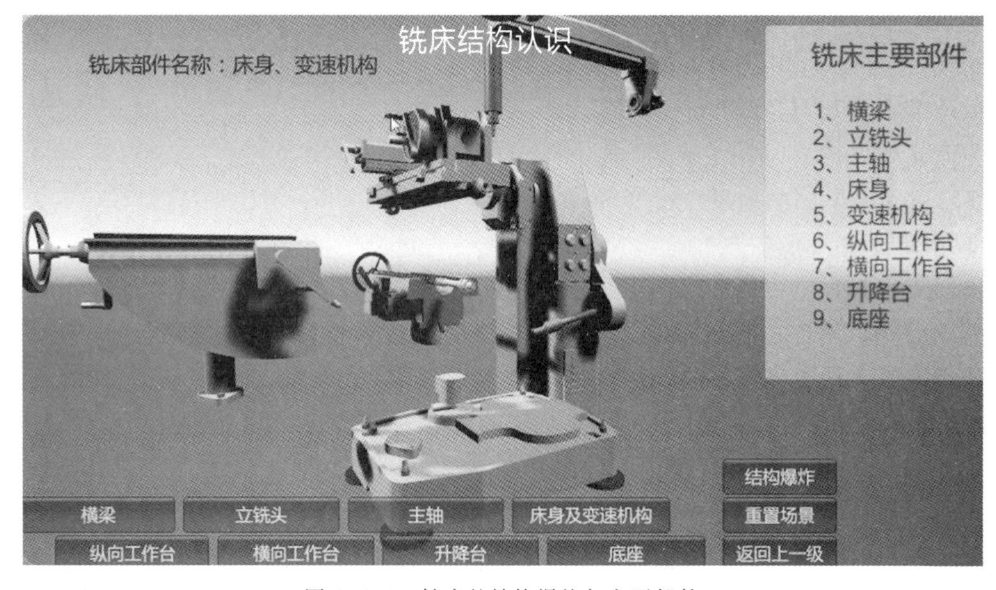

图 2-4-3　铣床的结构爆炸与主要部件

立铣床上的立铣头只能沿左右方向旋转一定角度，且旋转角度范围比较小。

3）主轴　用来安装刀杆并带动铣刀旋转。主轴为空心轴，前端带锥度为 7∶24 的精密锥孔，其作用是安装铣刀刀杆锥柄。图 2-4-3 所示爆炸图中显示的是安装了铣刀的主轴。

4）床身及变速机构　变速机构装在床身内部，故一起介绍。床身用来固定和支承铣床各部件。顶面上有供横梁移动用的水平导轨；前壁有燕尾形的垂直导轨，供升降台上下移动;内部装有主电动机、主轴变速机构、主轴、电气设备及润滑液压泵等部件。如图 2-4-4 所示。

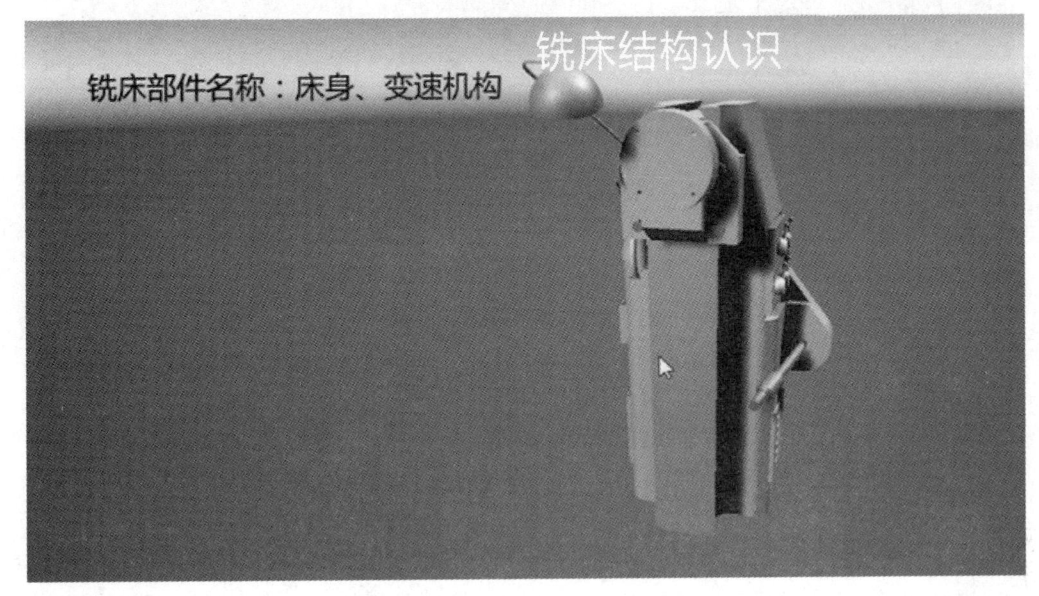

图 2-4-4　铣床的床身及变速机构

5) 纵向工作台　纵向工作台由纵向丝杠带动从而在转台的导轨上作纵向移动,以带动台面上的工件作纵向进给。台面上的 T 形槽用以安装夹具或工件。图 2-4-3 所示爆炸图中显示该 T 形槽上安装的夹具是虎口钳、分度头。其中,虎口钳用于固定和夹紧工件,分度头用于加工对角度有一定要求的工件。

6) 横向工作台　横向工作台位于升降台上的水平导轨上,可带动纵向工作台一起作横向进给。

7) 升降台　升降台可以带动整个工作台沿床身的垂直导轨上下移动,以调整工件与铣刀的距离。

8) 底座　底座用以支承床身和升降台。

(2) 铣床工作原理虚拟仿真

铣床工作原理

返回图 2-4-2 所示主界面,单击“铣床工作原理学习”按钮,显示图 2-4-5 所示“铣床工作原理”界面。和车床类似,铣床的运动主要分为转动和平动。但是铣床和车床最主要的区别为:铣床是铣刀旋转、工件平动,而车床是车刀平动、工件旋转。单击“主轴正向转动 310”按钮,主轴以 310 r/min 的转速旋转。为避免在变速过程中打坏齿轮,一定要在主轴停止转动时才能变换转速。单击“转动停止”按钮,然后单击“主轴反向转动 31”按钮,这时主轴换向并以转速 31 r/min 低速旋转。正转和反转可分别实现顺铣和逆铣两个工作过程。

铣床的平动从上到下分为纵向工作台运动、横向工作台运动和升降台运动。纵向工作台运动分为自动控制和手动控制,自动控制时只需要将自动走刀手柄向右旋转即可。

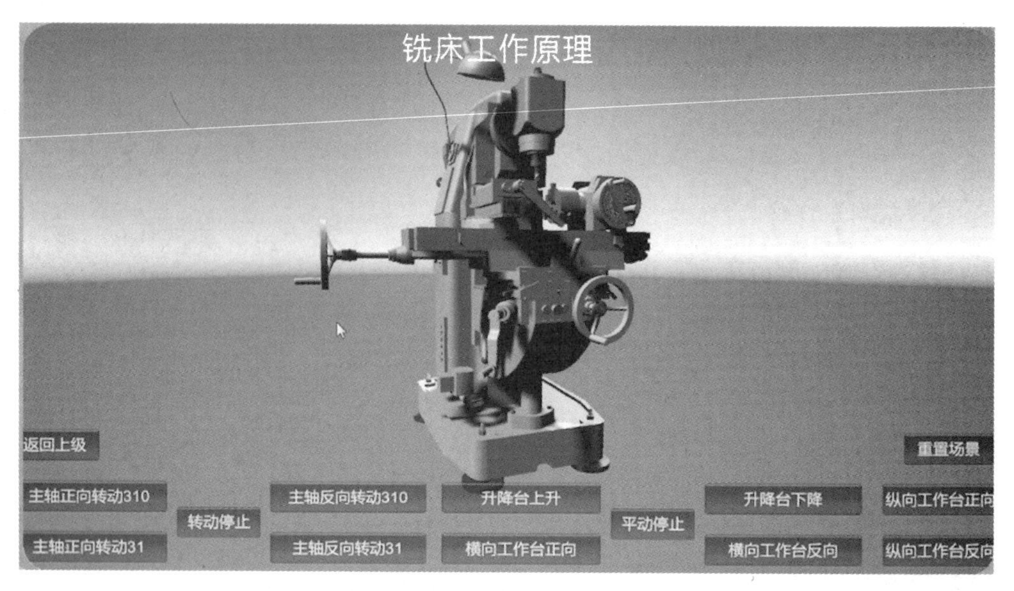

图 2-4-5　“铣床工作原理”界面

铣床工作时，工件装在工作台上或分度头等附件上，铣刀旋转为主运动，辅以工作台或铣头的进给运动，工件即可获得所需的加工表面。铣床是用铣刀对工件进行铣削加工的机床，生产率比刨床高，在机械制造和修理部门得到广泛应用。

（3）铣床铣削加工指导和铣床加工实例虚拟仿真

铣床加工实例

下面用一个铣床加工实例来介绍铣床的具体操作方法。如图 2-4-6 所示，首先用车床加工出一个 $\phi36\times10$（直径为 36 mm，厚度为 10 mm）的圆饼坯料，然后用刨床刨去 5 mm，刨削得到的面记为 a 面，将工件旋转 180°后安装到铣床上，铣削掉 5 mm，铣削得到的面称为 b 面。最后采用锯削和锉削加工方法将其他面加工成六角螺母。下面用铣削 b 面的例子来讲解铣削平面的基本加工步骤。

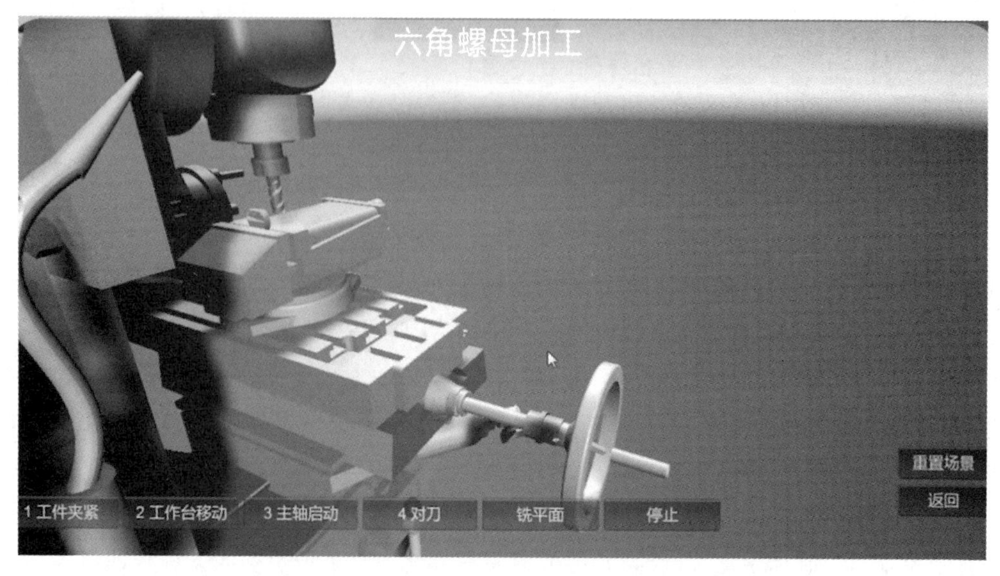

图 2-4-6　六角螺母铣削加工实例

① 用虎口钳将工件夹紧,将工作台移动到铣刀附近,开启铣床,进行对刀工作。首先摇动竖直向移动手柄,然后摇动横向移动手柄和纵向移动手柄,使工件和铣刀相接触,此时对刀完成,并记录竖直向移动手柄的位置。

② 旋转纵向移动手柄,退出工件。竖直向手柄旋转一格,升降台沿竖直方向移动 0.02 mm,由于需切掉 5 mm,由计算可知,要转动 250 格。旋转竖直向移动手柄 250 格后,反向旋转纵向移动手柄进行铣削。然后用游标卡尺进行测量,旋转竖直向移动手柄和纵向移动手柄反复修正平面误差。这样就完成了平面的铣削操作。

4. 容易产生的问题和注意事项

(1) 为保证对称度要求,铣削第一面即 a 面时,应先试切,然后确定铣削深度。

(2) 在铣床上进行竖直向进给时,必须思想集中,以防铣刀及工作台面或虎口钳相撞。

(3) 平行度误差较大的原因可能是工件没夹紧等。

(4) 为了保证安全,调整工件时,一定要使工件离开刀具范围。

(5) 主轴未停稳时,不得测量工件与触摸工件表面。

2.4.2 项目二:铣削六面体

1. 训练目的和要求

(1) 了解铣床的设备组成和铣削的加工特点。

(2) 掌握铣床的操作技能。

(3) 掌握铣刀和工件的正确安装方法。

(4) 掌握铣削平面的基本操作方法。

(5) 掌握相关工量具的正确使用方法。

(6) 熟悉铣削加工的安全技术操作规范。

2. 训练内容

(1) 训练件:铣削六面体,达到如图 2-4-7 所示尺寸要求。

(2) 设备:57-3C 万能升降台铣床(立铣),如图 2-1-1 所示。

(3) 刀具:ϕ60 面铣刀。

(4) 毛坯材料:铝合金;尺寸:85 mm×40 mm×20 mm(长度×宽度×高度)。

3. 实践步骤

铣削六面体参考工序见表 2-4-1。

4. 容易产生的问题和注意事项

(1) 装夹工件时,要注意加工顺序。当工件的一面是已加工面,而另一面是粗糙的毛坯表面时,应以工件的已加工面为基准面,将其紧贴于固定钳口,并在活动钳口与毛坯表面之间辅以一根圆棒,这样可使工件装夹得更为稳固,而且易保证铣削出的平面与基准面垂直。

(2) 使用平口钳装夹工件时,必须使工件的加工余量高出钳口,必要时可在工件下面垫放适当厚度的平行垫铁,垫铁要有精度要求。

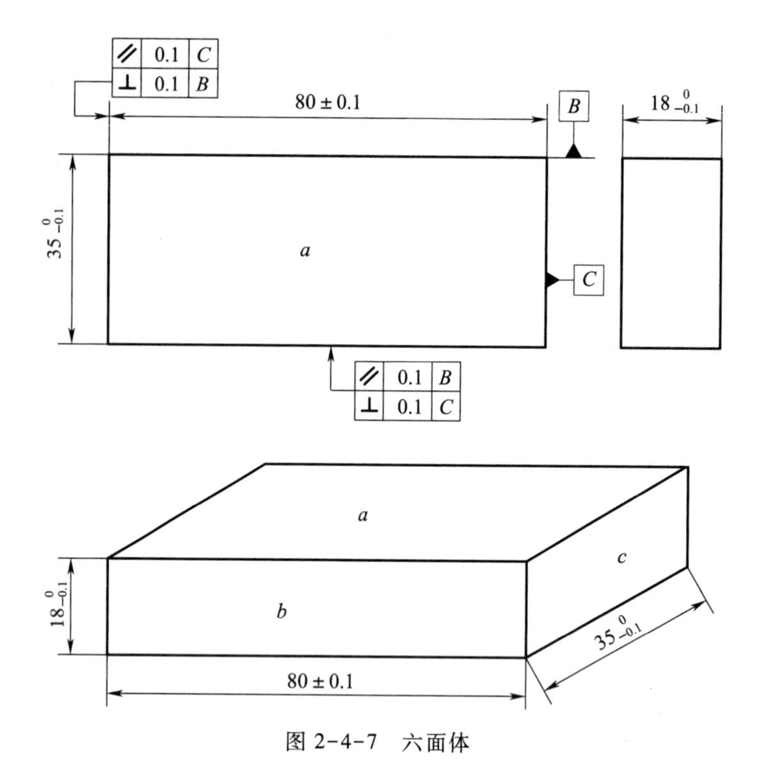

图 2-4-7 六面体

表 2-4-1 铣削六面体参考工序

序号	工序	加工简图	加工内容	工量具
1	铣削 *a* 面	40 固定钳口 *a* 活动钳口 19 平行垫铁	用平口钳夹持工件，铣削工件上表面即 *a* 面至高度尺寸为 19 mm	深度游标卡尺
2	铣削 *b* 面	*b* *a* 37 19	将铣削出的 *a* 面紧贴平口钳的固定钳口，夹紧工件，铣削工件 *b* 面至宽度尺寸为 37 mm	深度游标卡尺

续表

序号	工序	加工简图	加工内容	工量具
3	铣削 *b* 面的对面	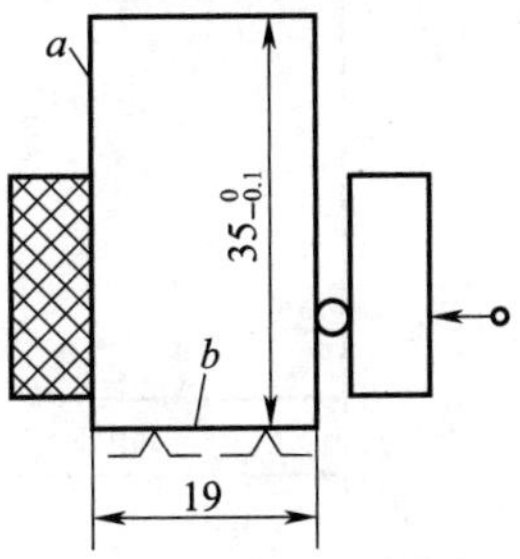 a　$35_{-0.1}^{0}$　b　19	转换装夹方向，将 *a* 面紧贴固定钳口，*b* 面紧贴垫块，铣削 *b* 面的对面至宽度尺寸为 $35_{-0.1}^{0}$ mm	深度游标卡尺
4	铣削 *a* 面的对面及 *c* 面	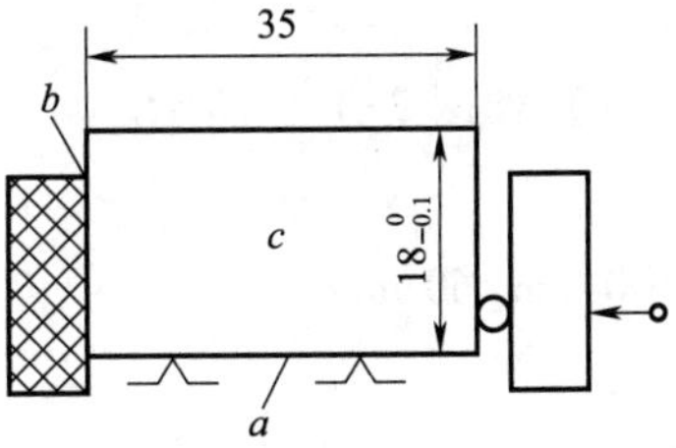 35　b　c　$18_{-0.1}^{0}$　a	将 *b* 面紧贴固定钳口，*a* 面紧贴垫块，将工件 *c* 面伸出平口钳端面约 10 mm，夹紧并铣削 *a* 面的对面至宽度尺寸为 $18_{-0.1}^{0}$ mm，铣削 *c* 面（铣出即可）	游标卡尺
5	铣削 *c* 面的对面	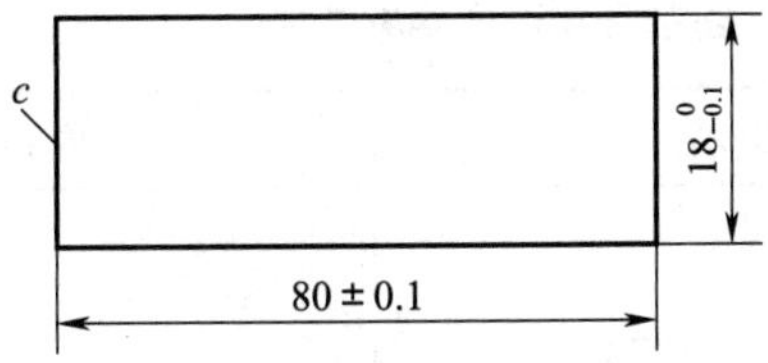 c　$18_{-0.1}^{0}$　80±0.1	将 *c* 面的对面伸出平口钳端面约 10 mm，铣削 *c* 面对面至长度尺寸为 (80±0.1) mm	游标卡尺

（3）及时用锉刀修整工件上的毛刺和锐边，注意不要挫伤工件的已加工表面。

（4）应将工件夹持于平口钳的中间部位，不应夹持于平口钳的两端。否则，久而久之，会降低平口钳的夹持精度。

2.4.3　项目三：铣削直角沟槽

1. 训练目的和要求

（1）了解铣削加工工艺特点及应用范围。

（2）掌握铣床的操作技能。

（3）掌握铣刀和工件的正确安装方法。

（4）掌握铣削直角沟槽，以及保证对称度的铣削方法。

（5）掌握相关工量具的正确使用方法。

（6）熟悉铣削加工的安全技术操作规范。

2. 训练内容

（1）训练件：铣削直角沟槽，达到如图 2-4-8 所示的尺寸要求。

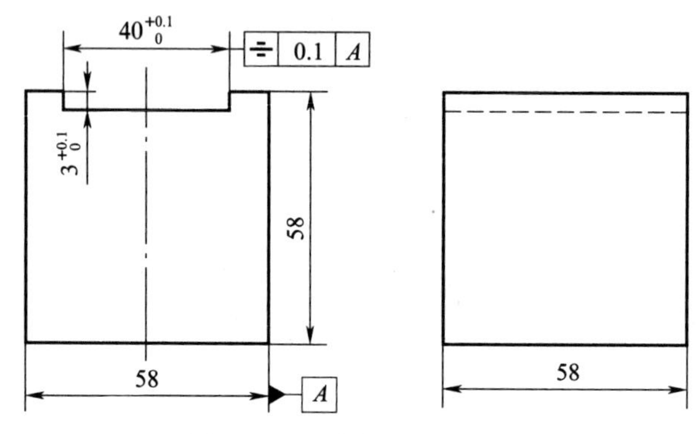

图 2-4-8　直角沟槽(通槽)

(2) 设备:57-3C 万能升降台铣床(立铣),如图 2-1-1 所示。

(3) 刀具:ϕ16 键槽铣刀。

(4) 毛坯材料:铝合金;尺寸:60 mm×60 mm×60 mm。

3. 实践步骤

铣削直角沟槽参考工序见表 2-4-2。

表 2-4-2　铣削直角沟槽参考工序

序号	工序	加工简图	加工内容	工量具
1	铣削平面	59 59	用平口钳夹持工件,铣削 3 个相邻面至尺寸 59 mm	深度游标卡尺
2	铣削平面	58 59	铣削三个相邻面的对面至尺寸 58 mm	深度游标卡尺

续表

序号	工序	加工简图	加工内容	工量具
3	铣削沟槽	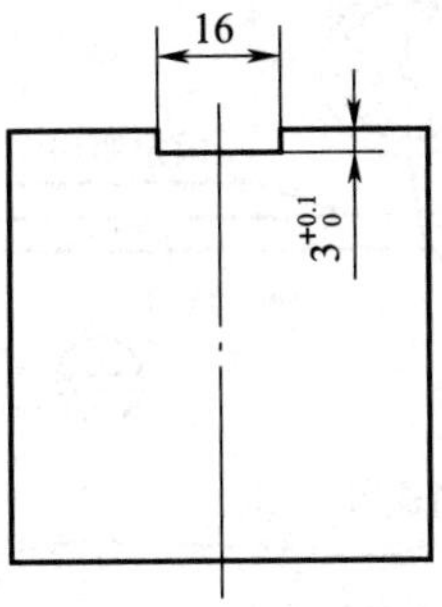 16 $3^{+0.1}_{0}$	用 ϕ16 键槽铣刀在工件中间铣削出宽度为 16、深度为 $3^{+0.1}_{0}$ 的沟槽（铣削沟槽时的对刀方法参见图 2-4-10 或采用划线对刀法）	深度游标卡尺
4	铣削沟槽的一个侧面	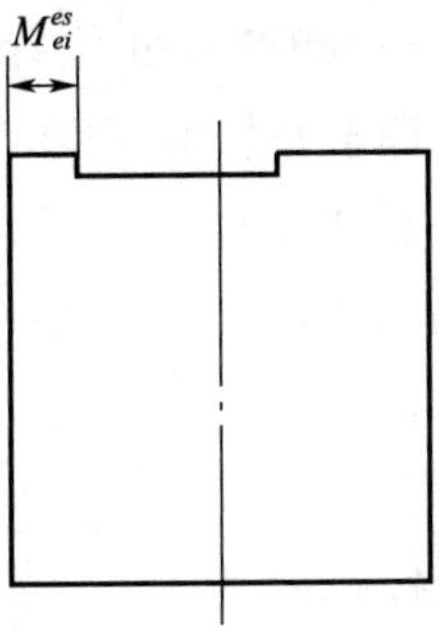 M^{es}_{ei}	用顺铣的方法铣削沟槽的一个侧面，保证尺寸 $M^{es}_{ei}=9^{\ 0}_{-0.05}$	游标卡尺
5	铣削沟槽的另一个侧面	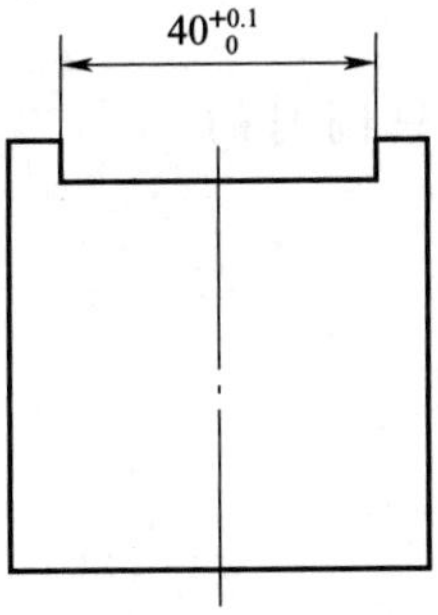 $40^{+0.1}_{0}$	用顺铣的方法铣削沟槽的另一个侧面，保证沟槽宽度尺寸 $40^{+0.1}_{0}$	游标卡尺

4. 容易产生的问题和注意事项

（1）保证对称度的中间尺寸的计算方法和步骤。

（2）注意平口钳的校正方法及工件的装夹方法。

1）校正平口钳。将平口钳安放在工作台的中间部位，利用百分表校正，使固定钳口与工作台纵向进给方向平行并紧固，如图 2-4-9 所示。

2）装夹工件。工件放入平口钳后，将基准面紧贴固定钳口，然后夹紧工件。

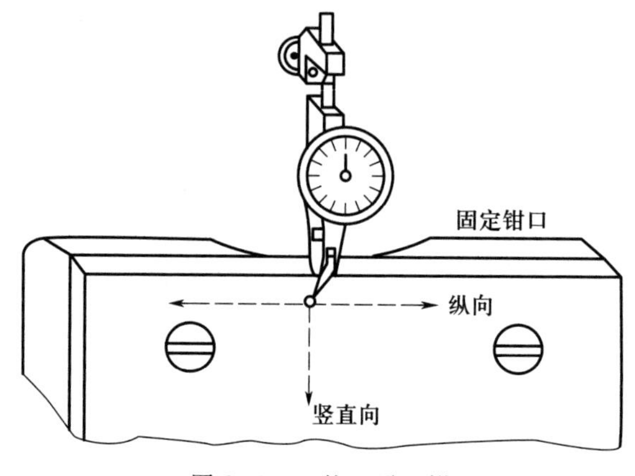

图 2-4-9　校正平口钳

（3）铣削沟槽时的对刀方法。

1）划线对刀法。在工件加工部位划出直角沟槽的尺寸位置线，装夹、校正工件后调整机床，使铣刀端面刃对准工件上所划的宽度线，调整好切削深度，分次纵向进给铣削出沟槽。

2）侧面对刀法。如图 2-4-10 所示，装夹、校正工件后调整机床，使铣刀侧面刃轻轻与工件侧面接触，下降工作台，使工作台横向移动距离 $S=B/2+D/2$，调整好切削深度，分次纵向进给铣削出沟槽。

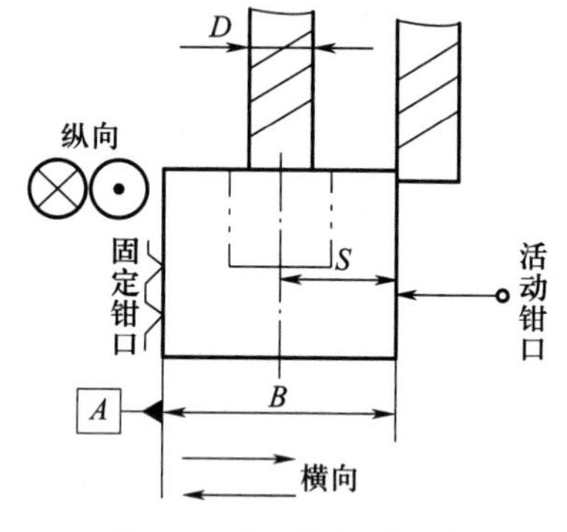

图 2-4-10　侧面对刀法

（4）调整切削深度时，应注意消除丝杠和螺母间的间隙，以免铣削尺寸错误。

（5）铣削沟槽时，要注意铣刀的轴向摆差问题，因为铣刀产生轴向摆差时，会将沟槽的宽度铣大。

（6）分次铣削沟槽时，要注意铣刀单面铣削时的让刀。

（7）在铣削过程中，不能中途停止进给。

（8）注意测量前用锉刀去除零件上的毛刺。

2.4.4　项目四：铣削内外 T 形槽

1. 训练目的和要求

（1）了解铣削加工工艺的基本知识。

（2）了解铣削加工方法及所用刀具种类、用途和安装方法，以及工件装夹方法。

（3）掌握内 T 形槽、外 T 形块的铣削及配合的加工方法。

（4）掌握相关工量具的正确使用方法。

（5）熟悉铣削加工的安全技术操作规范。

2. 训练内容

（1）训练件：内 T 形槽与外 T 形块，如图 2-4-11 所示，要求内 T 形槽与外 T 形块配合，配合间隙小于 0.5 mm，错边量小于 1 mm。

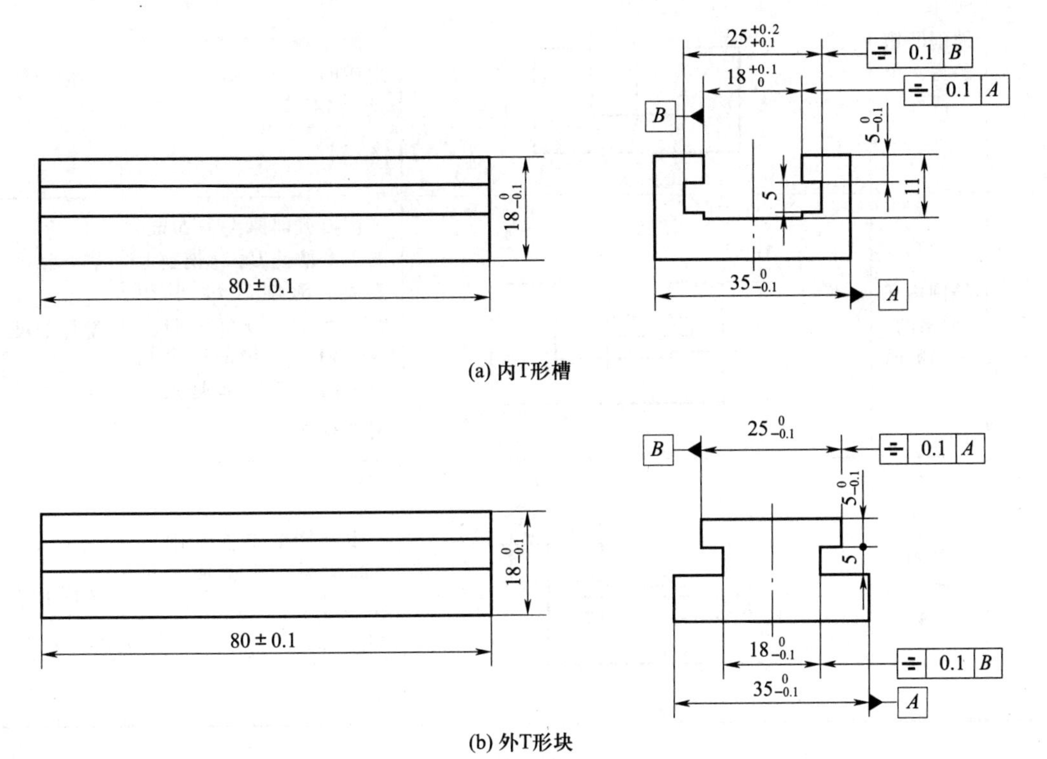

图 2-4-11　内 T 形槽与外 T 形块

（2）设备：57-3C 万能升降台铣床（立铣），如图 2-1-1 所示。

（3）刀具：ϕ16 立铣刀；T 形槽铣刀（切削部分直径 $D=\phi20$ mm，刃部厚度 $T=5$ mm）。

（4）毛坯材料：铝合金；尺寸：（80±0.1）mm×（$35^{\ 0}_{-0.1}$）mm×（$18^{\ 0}_{-0.1}$）mm（两块）。

注：该坯料为 2.4.2 铣削六面体的训练件。

3. 实践步骤

（1）铣削内 T 形槽，如图 2-4-11a 所示，参考工序见表 2-4-3。

表 2-4-3　铣削内 T 形槽参考工序

序号	工序	加工简图	加工内容	工量具
1	铣削凹槽的一个侧面	M^{es}_{ei}　11　$35^{\ 0}_{-0.1}$	用顺铣的方法铣削凹槽的一个侧面，保证尺寸 11 和 $M^{es}_{ei}=8.5^{\ 0}_{-0.05}$	游标卡尺，深度游标卡尺

续表

序号	工序	加工简图	加工内容	工量具
2	铣削凹槽的另一个侧面	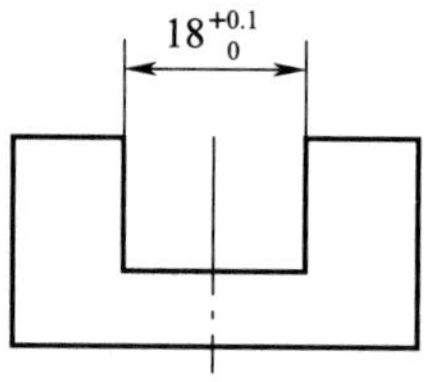	用顺铣的方法铣削凹形槽的另一个侧面，保证尺寸 $18^{+0.1}_{0}$	游标卡尺
3	铣削内 T 形槽的一个侧面	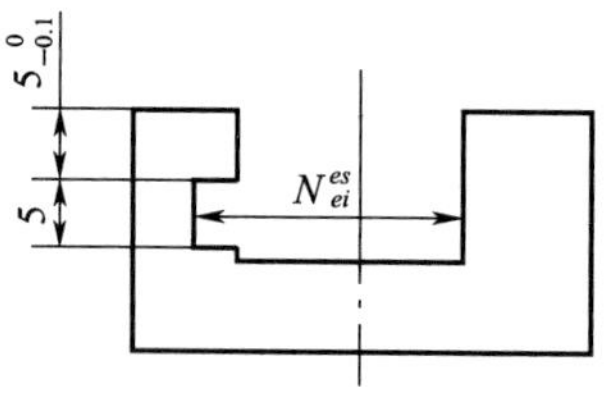	调换刃部厚度为 5 mm 的 T 形槽铣刀：① 铣削上表面，铣削尺寸小于 0.1 mm；② 用顺铣的方法铣内 T 形槽的一个侧面至尺寸 $5^{0}_{-0.1}$，保证尺寸 $N^{es}_{ei}=21.5^{+0.1}_{+0.05}$	游标卡尺
4	铣削内 T 形槽的另一个侧面	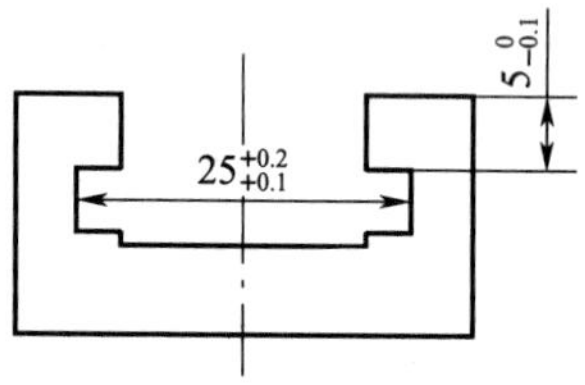	用顺铣的方法铣削内 T 形槽另一个侧面至尺寸 $5^{0}_{-0.1}$，并得到尺寸 $25^{+0.2}_{+0.1}$ mm	游标卡尺

（2）铣削外 T 形块，如图 2-4-11b 所示，参考工序见表 2-4-4。

表 2-4-4 铣削外 T 形块参考工序

序号	工序	加工简图	加工内容	工量具
1	铣削凸台的一个侧面	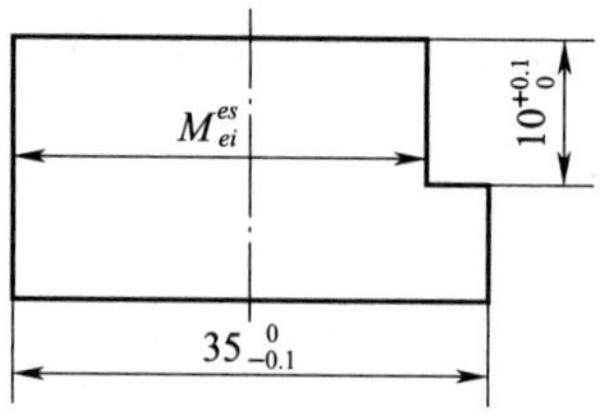	用顺铣的方法铣削凸台的一个侧面，保证尺寸 $M^{es}_{ei}=30^{0}_{-0.05}$ 和 $10^{+0.1}_{0}$	游标卡尺，深度游标卡尺
2	铣削凸台的另一个侧面	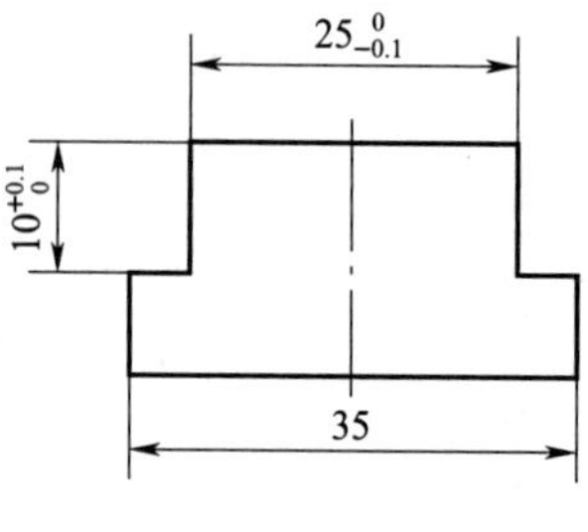	用顺铣的方法铣削凸台的另一个侧面，保证尺寸 $25^{0}_{-0.1}$ 和 $10^{+0.1}_{0}$	游标卡尺

续表

序号	工序	加工简图	加工内容	工量具
3	铣削外T形块的一个侧面	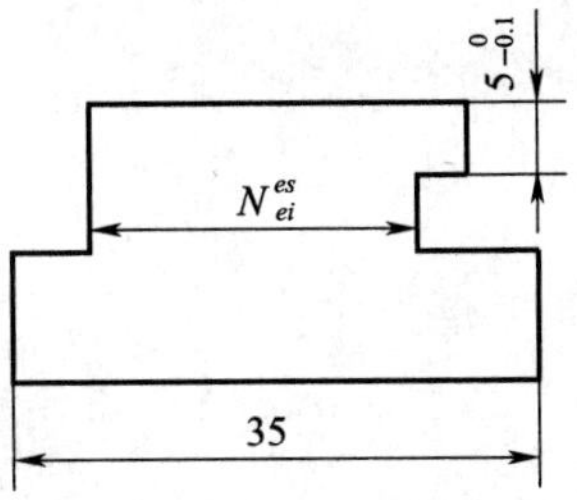 $5_{-0.1}^{0}$ N_{ei}^{es} 35	调换刃部厚度为5 mm的T形槽铣刀：① 铣削上表面，铣削尺寸小于0.1 mm。② 用顺铣方法铣削外T形块的一个侧面至尺寸 $N_{ei}^{es}=21.5_{-0.05}^{0}$，并得到尺寸 $5_{-0.1}^{0}$	游标卡尺
4	铣削外T形块的另一个侧面	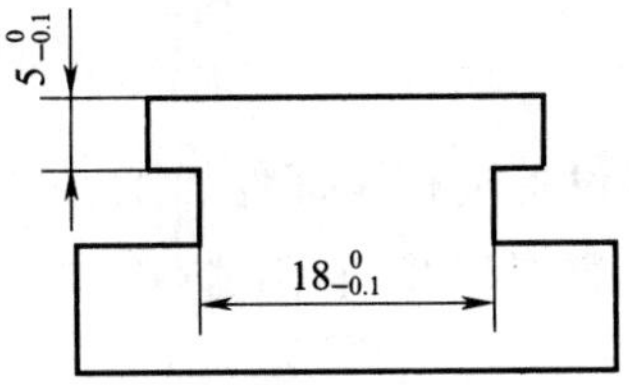 $5_{-0.1}^{0}$ $18_{-0.1}^{0}$	用顺铣方法铣外T形块的另一个侧面至尺寸 $18_{-0.1}^{0}$ 和 $5_{-0.1}^{0}$	游标卡尺

4. 容易产生的问题和注意事项

(1) 保证内T形槽与外T形块对称度的中间尺寸值的计算方法应正确无误。

(2) 满足内T形槽与外T形块配合要求的关键点：① 保证配合面之间的平行度要求；② 保证内T形槽与外T形块5 mm和 $5_{-0.1}^{0}$ mm的尺寸要求；③ 保证外T形块 $10_{0}^{+0.1}$ mm的尺寸要求；④ 保证内T形槽和外T形块对称度的要求。

(3) 加工时，T形槽铣刀的上、下切削刃和圆周面同时进行切削，因此摩擦力大，宜采用较小的进给量和较低的铣削速度。

(4) 铣削T形槽时切屑排出非常困难，由于切屑容易导致堵塞而使铣刀失去切削能力，所以在加工中应经常清除切屑。

(5) T形槽铣刀的颈部细、强度低，要防止铣刀因受到过大的铣削阻力或突然出现冲击力而使铣刀折断。

模块三 钳工训练

3.1 训练模块简介

钳工是使用各种手用工具和一些机械设备进行零部件加工、机械装配、维修、调试以及检测等工作的加工方法。其基本的操作内容有划线、錾削、锯削、锉削、铆接、研磨、刮削、钻孔、扩孔、铰孔、攻螺纹、套螺纹和装配等。

钳工按工种可分为普通钳工、工具钳工、模具钳工、装配钳工、钣金钳工和机修钳工等。在实践过程中学生应灵活应用所学到的钳工知识和技能，正确使用钳工设备、工量具等，独立完成考核件的加工或者创新件的设计与制作。

3.2 安全技术操作规程

1. 实训时须按规定穿戴劳防用品，在指定的工作位置进行实训。

2. 工件必须牢固地装夹在台虎钳上，装夹小工件时需防止钳口夹伤手指。

3. 锉刀里的碎屑应用专用的刷子清除，不得用手挖剔或用嘴吹，以免飞扬进入鼻眼。

4. 锤击錾子时，视线应集中于錾子处。錾削工件最后部分时应轻轻锤击，注意断片飞出的方向，避免伤人。

5. 铰孔或者攻螺纹时应用力适度，避免用力过猛折断铰刀和丝锥。

6. 禁止用扳手代替手锤，用钢尺代替螺丝刀，用管子接长扳手手柄，用划针代替样冲打眼。

7. 进行锉削作业时，工件的表面必须高于钳口。禁止用钳口面作为基准来加工平面，以免磨损锉刀或损坏台虎钳。

8. 发现工具损坏时，要停止使用，及时报告指导老师进行修理或更换。

9. 进行锯削作业时，锯条松紧要适当，防止锯条折断时从锯弓上弹出伤人。工件被锯断时，要防止锯削下的部分跌落砸在脚上。

10. 使用钻床进行作业时，要严格遵守相关安全操作规程。严禁戴手套操作，不准多人同时操作。操作结束后，须关闭开关，并切断电源。

11. 使用砂轮机时必须戴好防护眼镜，磨削时不能用力过猛，以免出现伤害事故。

12. 实训结束后须对实训场地进行全面清扫，整理管好自己使用过的材料、工具等。

3.3 问题与思考

1. 钳工主要包含哪些基本操作？
2. 用来划线的常用工具主要有哪些？
3. 划线基准通常是如何设定的？
4. 安装手锯锯条时，锯齿的安装方向朝向何方？
5. 锯条齿纹的粗细应根据什么来选择？为什么？
6. 锯削钢坯料时，提高锯削速度是否可以提高锯削效率？
7. 常见的锯条折断的原因有哪些？
8. 锉刀是使用何种钢制成的？经热处理后切削部分的硬度（HRC）是多少？
9. 锉削较硬材料时，应选用何种锉刀？锉削铜、铝等软金属时，应选用何种锉刀？
10. 锉削外圆、弧面时，锉刀需要同时完成哪两种运动？
11. 在钻床上钻孔时，钻床的主运动和进给运动分别是什么？
12. 钻通孔作业中，当钻头要钻通时，为何必须减少走刀量？
13. 加工韧性及脆性材料时，如何确定内螺纹底孔与钻头直径？
14. 用于攻螺纹和套螺纹的工具有哪些？怎样区别头锥、二锥？
15. 在钻孔作业中，麻花钻的两条螺旋槽起什么作用？

3.4 实践训练

3.4.1 项目一：熟悉钳工实训场地与常用设备

1. 钳工实训场地

钳工实训场地通常分为工作区、划线区、台钻区和刀具刃磨区等区域。区域之间留有安全通道。图 3-4-1 为钳工实训场地的三维虚拟场景。

钳工实训场地虚拟场景漫游

2. 钳工实训场地中的主要设备

钳工实训场地中的主要设备有（回转式）台虎钳、钳工台、台式钻床和砂轮机，如图 3-4-2 所示。

图 3-4-1 钳工实训场地的三维虚拟场景

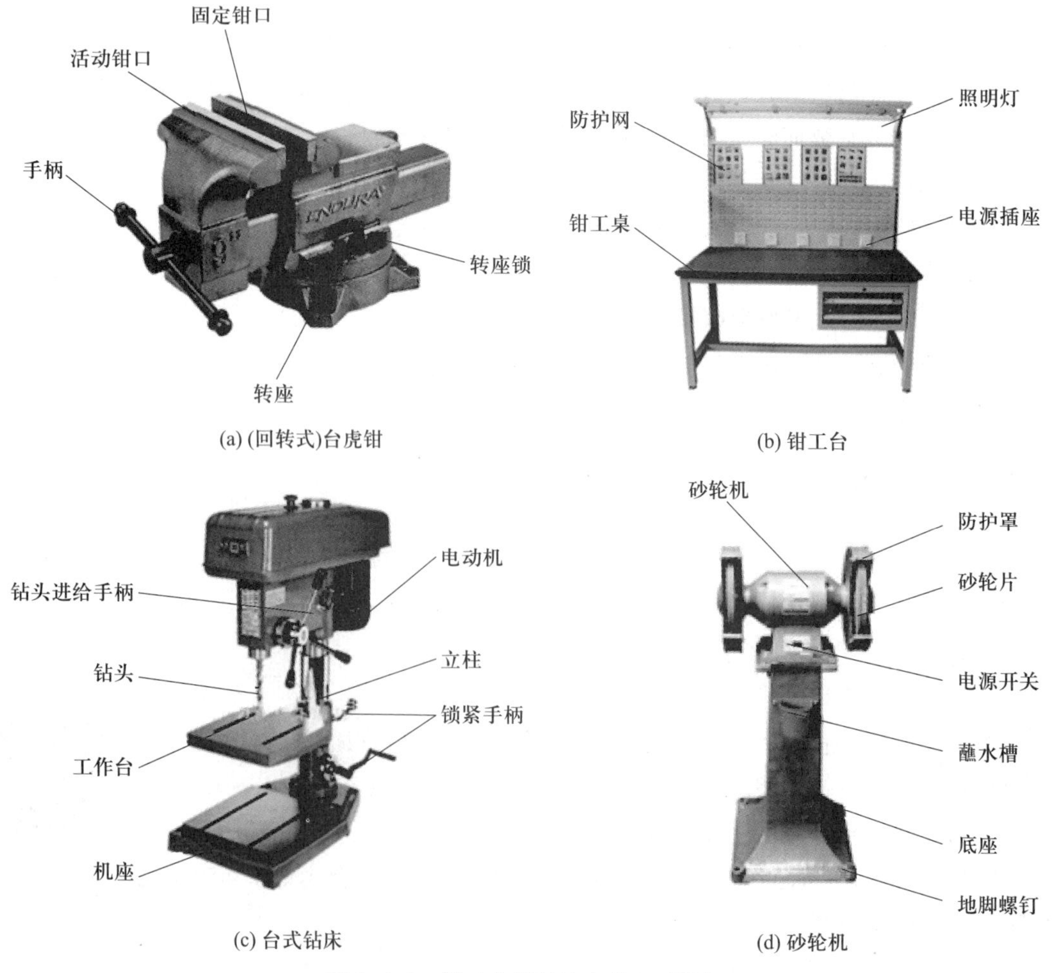

图 3-4-2 钳工实训场地中的主要设备

3. 钳工工具和量具的摆放

工作时,钳工工具一般都放置在台虎钳的右侧,量具则放置在台虎钳的正前方,具体要求如下:

(1) 工具平行摆放,并留有一定间隙。

(2) 工作时,量具平放在量具盒上。

(3) 工具、量具不得混放。

(4) 摆放时,工量具的任何部位均不得超出钳工台面,以免跌落砸伤人员或损坏工量具。

(5) 使用工量具时要轻拿轻放,用完后擦拭干净,做到文明生产。

图 3-4-3 所示为工具和量具摆放示意图。

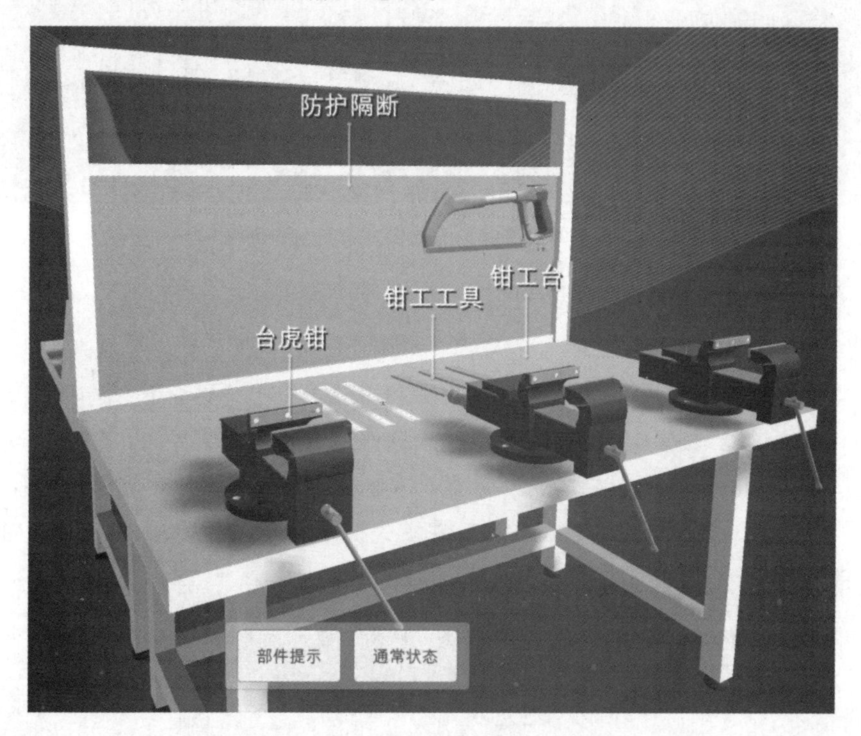

图 3-4-3　工具和量具摆放示意图

3.4.2　项目二:学习钳工基本知识和常用工量具的使用方法

1. 训练目的

(1) 在虚拟场景中,熟悉钳工常用设备与工量具的使用方法。

(2) 通过虚拟仿真训练,掌握钳工主要工具的基本操作方法。

(3) 应知应会、安全文明生产。

2. 进行虚拟仿真训练

(1) 启动钳工虚拟仿真系统

打开钳工虚拟仿真系统所在文件夹,运行文件夹中的可执行文件 Fitter.exe。系统主界面如图 3-4-4 所示。

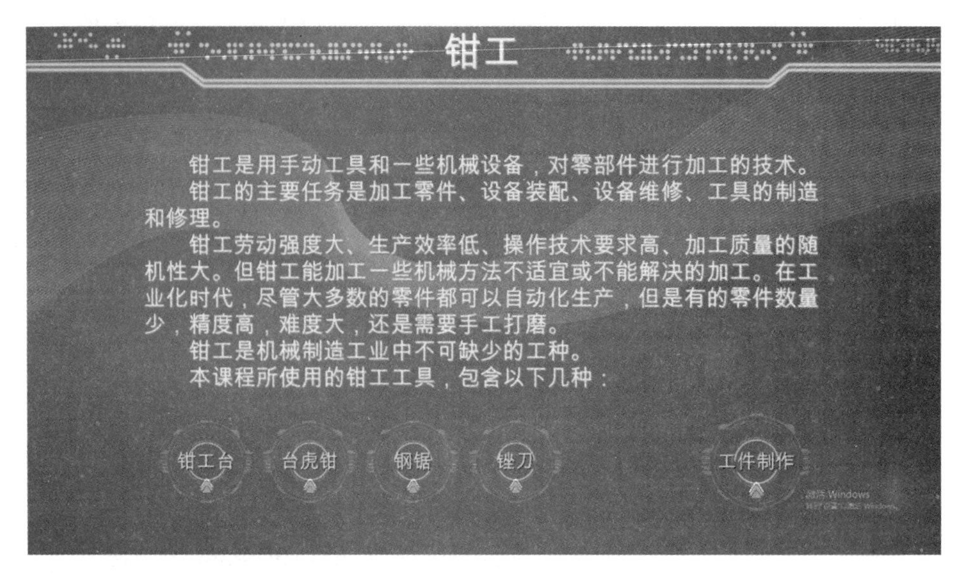

图 3-4-4 钳工虚拟仿真系统主界面

（2）熟悉钳工的常用工具及操作方法

钳工常用工具虚拟演示

在钳工虚拟仿真系统的基本知识模块中，介绍了本次实习过程中钳工常用的四种工量具：钳工台、台虎钳、钢锯和锉刀。单击主界面下方的“钳工台”“台虎钳”“钢锯”“锉刀”等按钮，可以进入这些工量具的介绍界面。

图 3-4-5 所示是“钢锯”界面。在此界面中，屏幕中央会显示当前工具的三维模型。用户可以通过按住鼠标左键拖拽来旋转此工具，从多个视角进行观察。在不同方向拖拽鼠标时，工具会绕不同的旋转轴旋转。

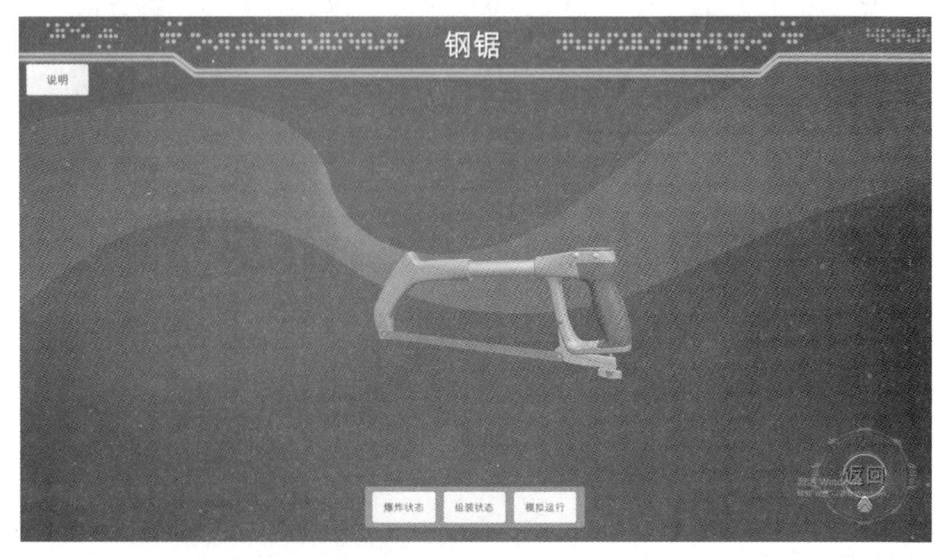

图 3-4-5 “钢锯”界面

在每个钳工工具的介绍界面下方，分别有“爆炸状态”“组装状态”和“模拟运行”三个按钮。进入工具介绍界面时，工具默认处于“组装状态”。单击“爆炸状态”按钮，可以对工具进行分解，并分别显示每个部件的名称。表 3-4-1 中列出了不同工具在“爆炸状态”下的演示部件。

表 3-4-1　工具在“爆炸状态”下的演示部件

工具	演示部件
台虎钳	固定钳口、活动钳口、丝杠
钢锯	锯弓、锯条、手柄
锉刀	锉刀边、锉刀面、锉刀尾、手柄

图 3-4-6 所示为钢锯在“爆炸状态”下的分解状态和各演示部件名称。

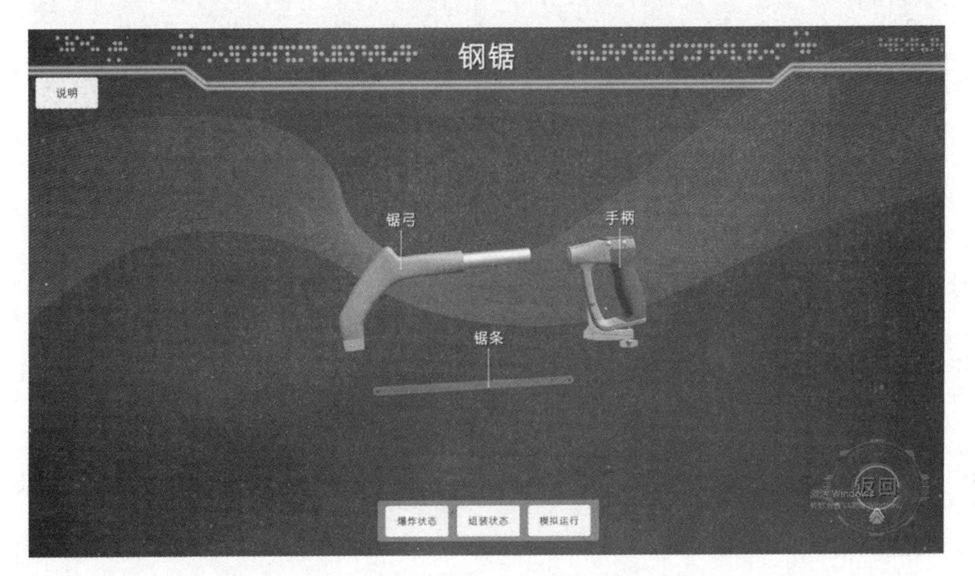

图 3-4-6　钢锯的爆炸状态和各部件名称

单击“组装状态”按钮，可以令分解的工具组装回（初始）完整的状态。

单击“模拟运行”按钮，可以观看该工具的虚拟操作演示。表 3-4-2 中列出了不同工具“模拟运行”时的演示内容。

表 3-4-2　工具“模拟运行”时的演示内容

工具	演示内容
台虎钳	台虎钳手柄的转动和钳口夹持工件
钢锯	钢锯锉削钢铁棒料
锉刀	锉刀锉削钢铁棒料

单击工具介绍界面左上方的“说明”按钮，会显示当前工具的相关介绍和知识点。单击

“×”按钮，可以关闭此说明界面。

图 3-4-7 所示是在“模拟运行”界面中所显示的钢锯的相关知识点。

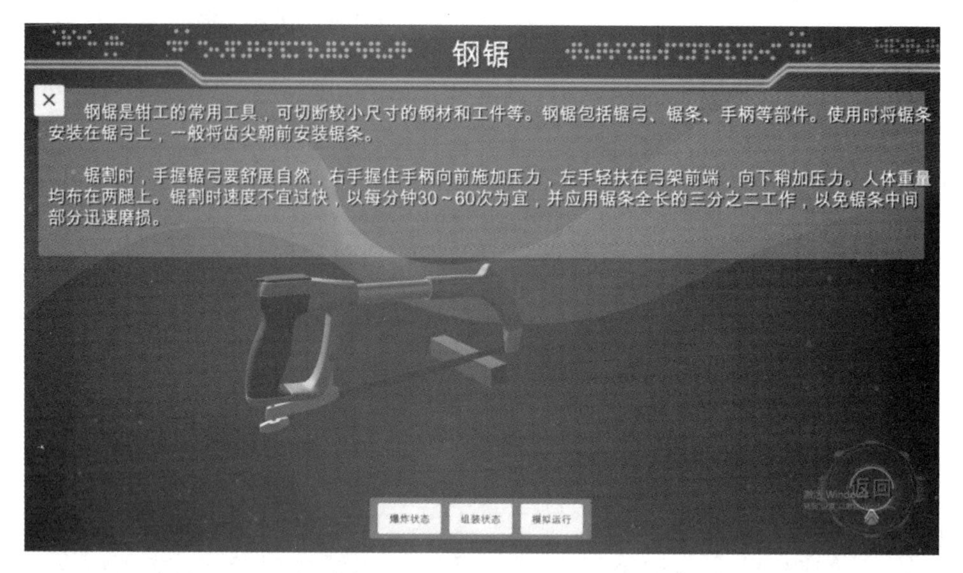

图 3-4-7 在“模拟运行”界面中所显示的钢锯的相关知识点

3.4.3 项目三：钳工基本操作训练

1. 训练目的

(1) 熟悉钳工常用设备与工量具的使用方法。

(2) 掌握钳工主要工具的基本操作方法。

(3) 应知应会、安全文明生产。

2. 实践训练

(1) 钳工基本操作训练之一：常见划线工具及其应用方法

常见划线工具及其应用方法见表 3-4-3。

表 3-4-3 常见划线工具及其应用方法

名称	简图	应用
划线平板		划线平板是用作划线工作基准面的工具，表面平直、光洁、水平安放。 划线平板一般用铸铁制作，也有用大理石制作的。使用时严禁撞击及敲打，使用后应擦拭干净并涂油防锈

续表

名称	简图	应用
划针	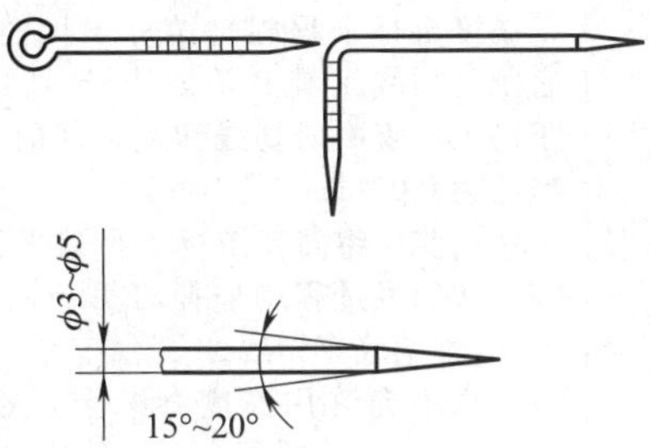	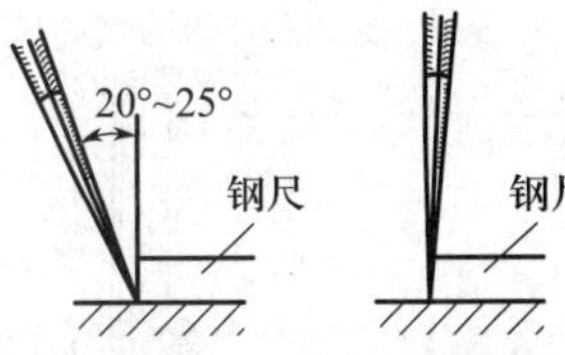 (a) 正确　(b) 错误 划针是用来在工件表面上划线的工具。 划针常用高速钢或钢丝制作，使用中应经常修磨，以保持针尖锐利。 图 a 所示为正确的使用方法，图 b 所示为错误的使用方法
划针盘	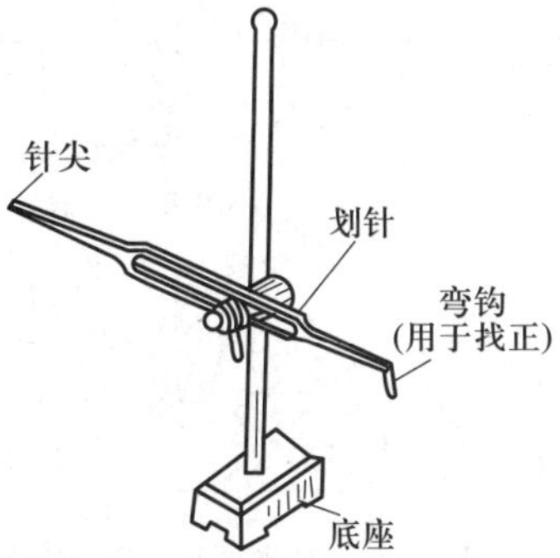	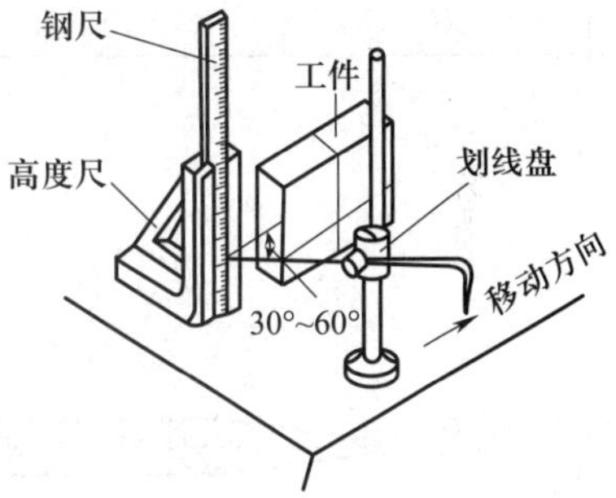 应用方法见上图
划规	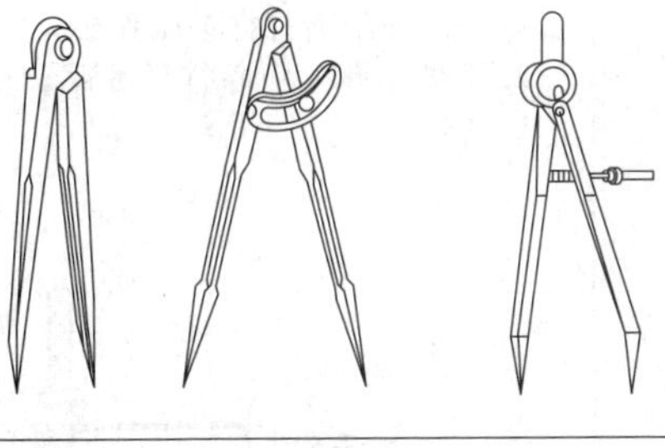	划规用碳素工具钢制作，尖部焊高速钢或硬质合金，两尖合拢时的锥角为 50°～60°。 划规的作用为：等分线段和角度；截取尺寸；在平板上划圆弧和圆
直角尺	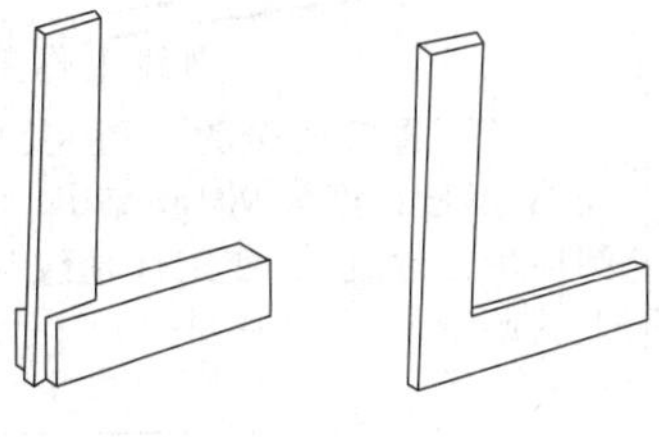	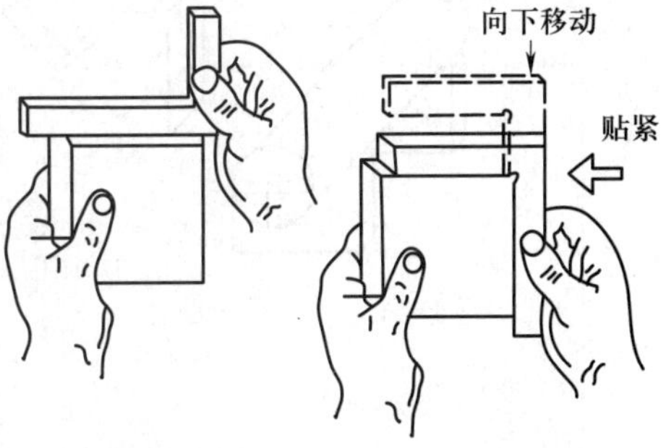 直角尺用来划一条垂直于加工面的线，或用来检查两个面的垂直度与平面度等

续表

名称	简图	应用
高度游标卡尺	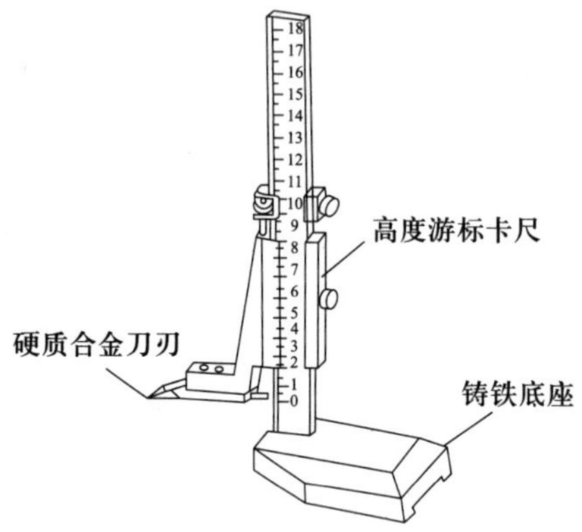 高度游标卡尺 硬质合金刀刃 铸铁底座	高度游标卡尺根据游标卡尺的原理制作，它既是划线工具又是划线量具，广泛地应用于已加工表面的划线和较精密的划线。一般精度为 0.02 mm。 使用前应将高度游标卡尺以平板为基准校零。在划线过程中应使刀刃一侧呈 45°接触工件，移动底座划线。 注意不允许用高度游标卡尺在毛坯上划线；要防止碰坏硬质合金划线脚；除了前部的斜面，其他面不能重新研磨
样冲	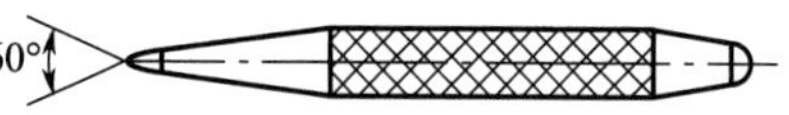 60°	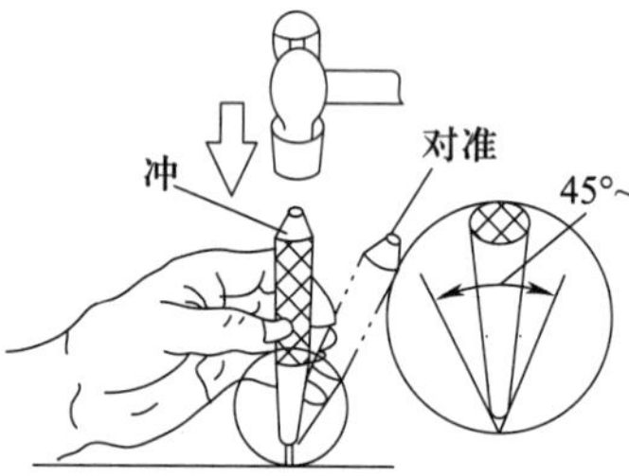 冲　对准　45°~60° 样冲用工具钢制成，尖端被淬硬。作用为： 1. 为避免划出的线被擦掉，要在划出的线上以一定的距离打样冲眼作标记。 2. 给要钻孔的中心打样冲眼。使用方法如上图所示
V 形块	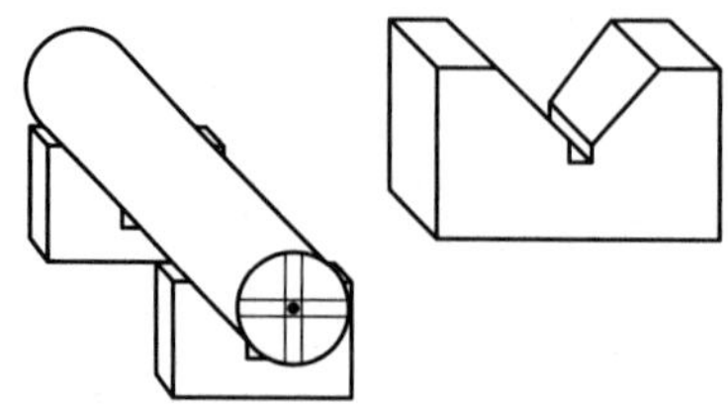	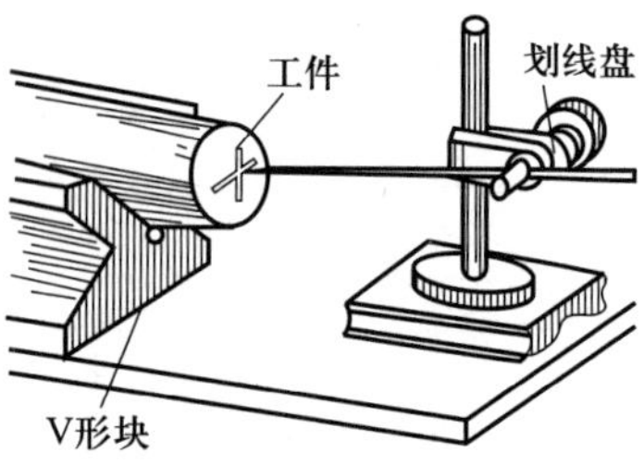 工件　划线盘　V形块 V 形块通常两个为一组，其形状和大小相同，V 形槽角度为 90°或 120°。主要用来支承圆柱形工件或轴，使工件轴线与平板平行，如上图所示

续表

名称	简图	应用
千斤顶	丝杠 扳手孔 千斤顶座	千斤顶通常三个为一组，高度可以通过螺母调整，主要作用为： 1. 支承毛坯或不规则的工件。 2. 调整工件的水平位置，如上图所示
方箱	固定手柄 压紧螺栓 工件 方箱 借助方箱划出的水平线 翻转方箱可划出相互垂直的线	方箱上各相邻的两面均互相垂直，通过翻转方箱，便可以在工件表面上划出相互垂直的线。方箱的作用为： 1. V 形槽可放置圆形工件。 2. 可划 3 个互成 90°的直线。 3. 在方箱下方垫角度垫板，可方便地划出各种角度的斜线。 4. 用于夹持较小的工件进行划线

（2）钳工基本操作训练之二：平面锉削训练

1）锉刀的握法

锉刀的正确握法如图 3-4-8 所示。

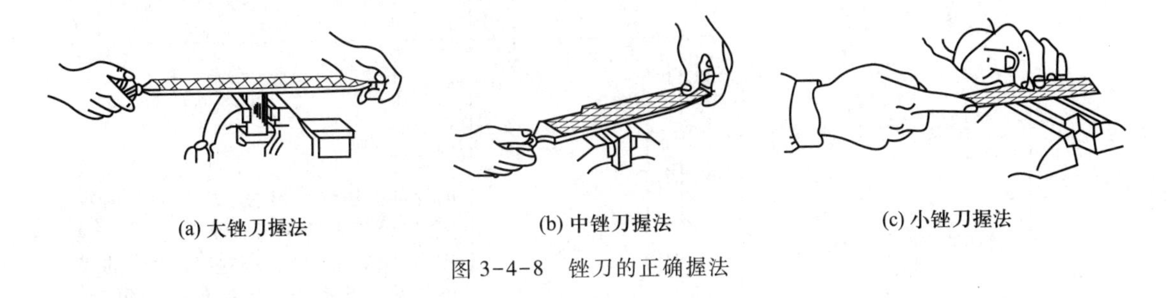

(a) 大锉刀握法　(b) 中锉刀握法　(c) 小锉刀握法

图 3-4-8　锉刀的正确握法

2）锉削运动

锉刀进行平直运动是锉削的关键。锉削时两手施力是变化的，如图 3-4-9 所示，使两手对工件施加的力矩相等是保持锉削平直运动的关键。若锉刀运动轨迹不平直，工件中间会产生凸起或鼓形面。

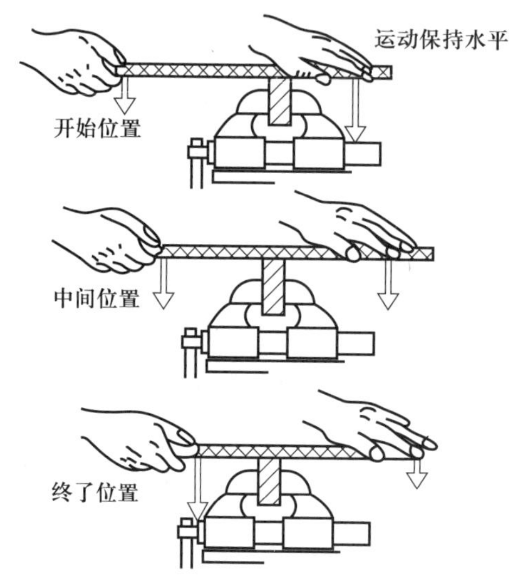

图 3-4-9　锉削时施力的变化

3）常用平面锉削方法

常用平面锉削方法见表 3-4-4。

表 3-4-4　常用平面锉削方法

序号	项目	图示	说明
1	交叉锉法	逐次自左向右锉削 第一锉向　第二锉向	第一遍锉削和第二遍锉削交叉进行的锉削方法称交叉锉法。由于锉痕是交叉的，通过表面所显出的高低不平的痕迹可判断锉削面的平整程度。锉削时锉刀运动方向与工件夹持方向成 50°～60°角。交叉锉法一般适用于粗锉，精锉时必须采用顺锉法，以使锉痕变直，纹理一致
2	顺锉法		锉刀运动方向与工件夹持方向一致的锉削方法称顺锉法。当锉削平面较宽时，为使整个加工表面能被均匀地锉削，每次退回锉刀时应作适当的横向移动。顺锉法的锉纹整齐一致，比较美观，适用于精锉

续表

序号	项目	图示	说明
3	推锉法	推锉方向	推锉法效率不高，适用于加工余量小、表面精度要求高或窄平面的锉削及修光，能获得平整光洁的加工表面

4）锉刀的选用

锉刀的选用方法见表 3-4-5。

表 3-4-5　锉刀的选用方法

锉刀类型	齿数/每 10 mm	特点和应用	加工余量 /mm	表面粗糙度 *Ra* 值/μm
粗齿	4~12	适合粗加工或锉削铜、铝等有色金属	0.5~1	12.5~50
中齿	13~24	半精加工，适宜于粗锉后的加工	0.2~0.5	3.2~6.3
细齿	30~40	精加工或锉削硬度较高的金属（钢、铸铁等）	0.05~0.23	1.6~6.3
油光齿	50~62	适用于精加工时修光表面	0.05 以下	0.8

（3）钳工基本操作训练之三：锯削训练

1）手锯握法

手锯握法如图 3-4-10 所示。

2）起锯

保留划线，目测确定起锯位置，使其到划线的距离为一合适数值，一般以 0.3~0.5 mm 为宜。起锯方式有远起锯和近起锯两种，如图 3-4-11 所示，一般采用远起锯方式。

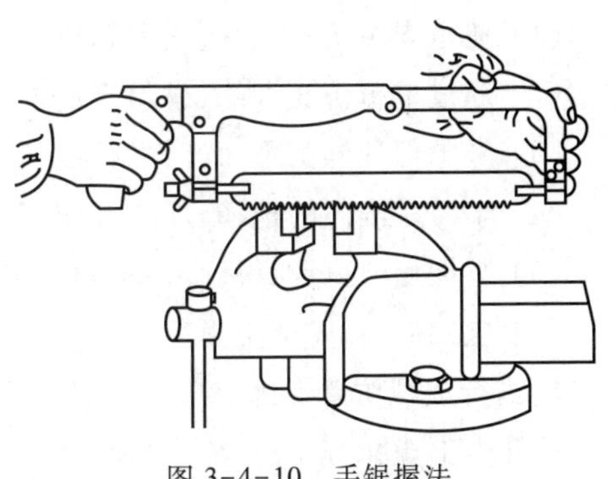

图 3-4-10　手锯握法

3）锯条的选用和安装

锯条的选用方法见表 3-4-6。安装锯条时，锯齿须向前。

4）锯削时的注意事项

① 锯削时要保持锯弓与台虎钳的轴线平行。

② 在锯削单个面的过程中，操作者的站立位置不应发生改变。

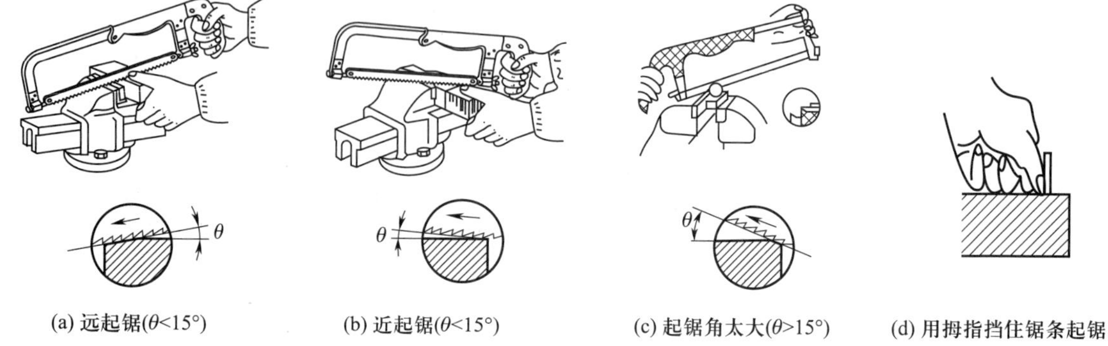

(a) 远起锯(θ<15°)　(b) 近起锯(θ<15°)　(c) 起锯角太大(θ>15°)　(d) 用拇指挡住锯条起锯

图 3-4-11　起锯

表 3-4-6　锯条的选用方法

锯齿类型	齿数/每 25mm	应用
粗齿	14~18	适用于锯削软钢、铸铁、紫铜及人造胶质材料
中齿	22~24	适用于锯削中等硬度钢及中等壁厚的钢管、铜管或中等厚度普通钢材、铸铁等
细齿	32	适用于锯削硬钢等硬度高的材料、薄形金属、薄壁管子、电缆等
细变中	32~20	适用于一般工厂,易于起锯

③ 需要严格控制锯削过程中的速度。

④ 在锯削过程中要经常检查锯缝,发现偏斜要及时纠正。

3.4.4　项目四: 虚拟工件的制作

1. 训练目的和要求

(1) 通过虚拟仿真训练,学习钢锯的使用以及锯削的方法及操作要领。

(2) 通过虚拟仿真训练,学习平面锉削的方法及要领,初步掌握平面锉削的技能。

(3) 熟悉保证锉削平面度、平行度、垂直度的方法。

(4) 学习基准面的选择、加工及作用;掌握正确的锉削姿势和动作。

(5) 掌握用刀口形直尺(或钢直尺)检查平面度的方法。

(6) 应知应会、安全文明生产。

2. 进行虚拟仿真训练

打开钳工虚拟仿真系统所在文件夹,运行文件夹中的可执行文件 Fitter.exe。单击图 3-4-4 所示主界面右下方的“工件制作”按钮,进入“工件制作”模块。

“工件制作”模块的初始界面中,介绍了本次实习所使用的工具、技术要求以及实习要求。图 3-4-12 是“钳工实例:立方体工件制作”界面。

立方体工件制作虚拟仿真训练,要求学生在虚拟环境中使用钳工工具从长方体棒料上

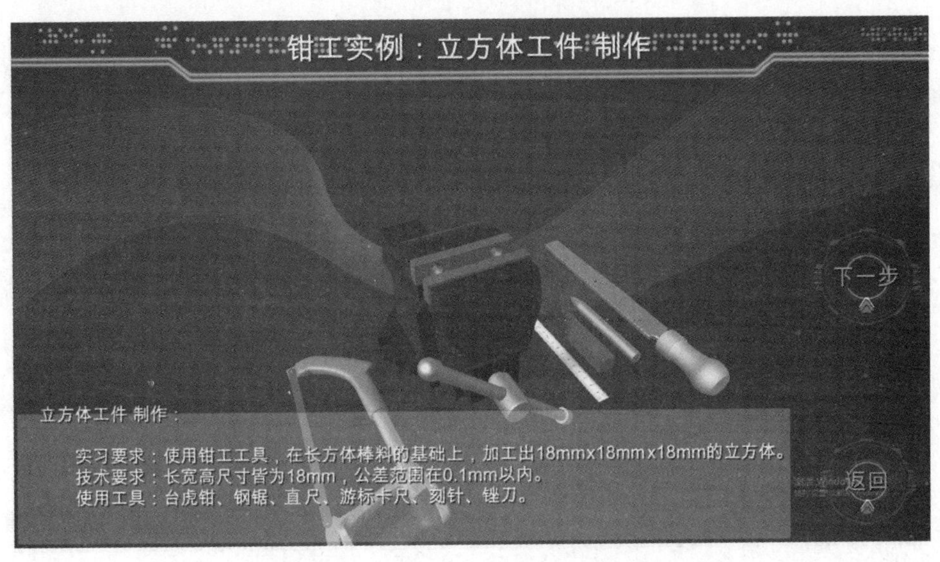

图 3-4-12　“钳工实例:立方体工件制作”界面

锯割下一段坯料,并将其加工成 18 mm×18 mm×18 mm 的立方体工件。工件长、宽、高尺寸皆为 18 mm,尺寸公差范围在 0.1 mm 以内。使用到的工具为台虎钳、钢锯、直尺、游标卡尺、刻针和锉刀。

单击“下一步”按钮,进入如图 3-4-13 所示“步骤 1:夹持工件”界面。在“步骤 1:夹持工件”界面中,虚拟演示了台虎钳夹持工件的过程。台虎钳的手柄带动丝杠旋转,令活动钳口靠近固定钳口,进而夹持住工件。工件伸出钳口的长度为 10~20 mm。在此界面中,单击“上一步”按钮,可以回到“钳工实例:立方体工件制作”界面;单击“下一步”按钮,则可以进入图 3-4-14 所示“步骤 2:锉削基准面”界面。

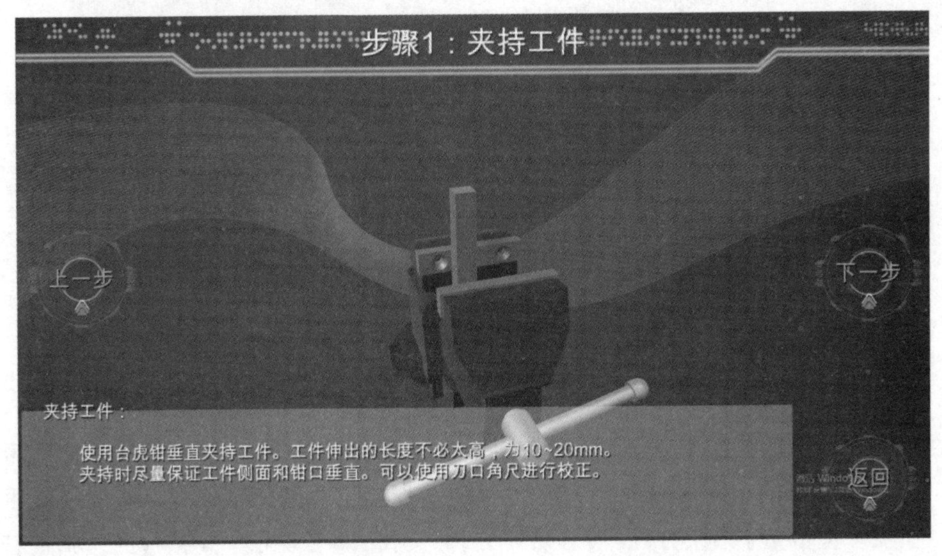

图 3-4-13　“步骤 1:夹持工件”界面

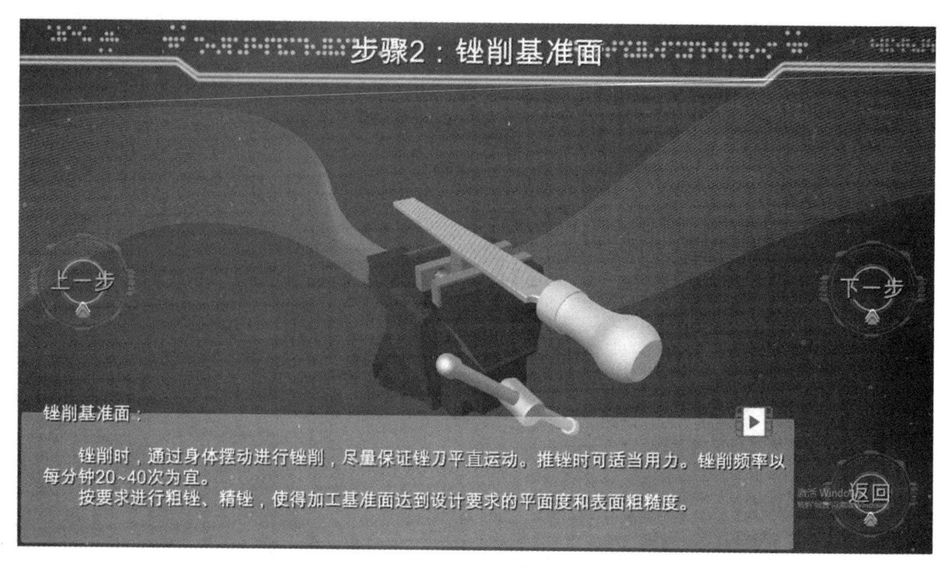

图 3-4-14　“步骤 2:锉削基准面”界面

在“步骤 2:锉削基准面”界面中,虚拟演示了使用锉刀从原始棒料上锉削出基准面的过程。界面下方的文字部分介绍了锉削中的动作要领、锉削频率以及注意事项。单击文字右上方的“演示视频”图标按钮,即可观看实景拍摄的教师进行基准面锉削操作的演示视频,如图 3-4-15 所示。在“步骤 2:锉削基准面”界面中,单击“上一步”按钮可以回到“步骤 1:夹持工件”界面;单击“下一步”按钮则可以进入图 3-4-16 所示“步骤 3:测量并划线”界面。

图 3-4-15　教师进行基准面锉削操作的演示视频

在“步骤 3:测量并划线”界面中,虚拟演示了使用直尺,从原始棒料的基准面上量出需要加工的长度,并使用刻针划线进行标记的过程。界面下方的文字部分介绍了划线中需要注意的事项。单击文字右上方的“演示视频”图标按钮,即可观看实景拍摄的教师进行测量和划线操作的演示视频,如图 3-4-17 所示。在“步骤 3:测量并划线”界面中,单击“上一

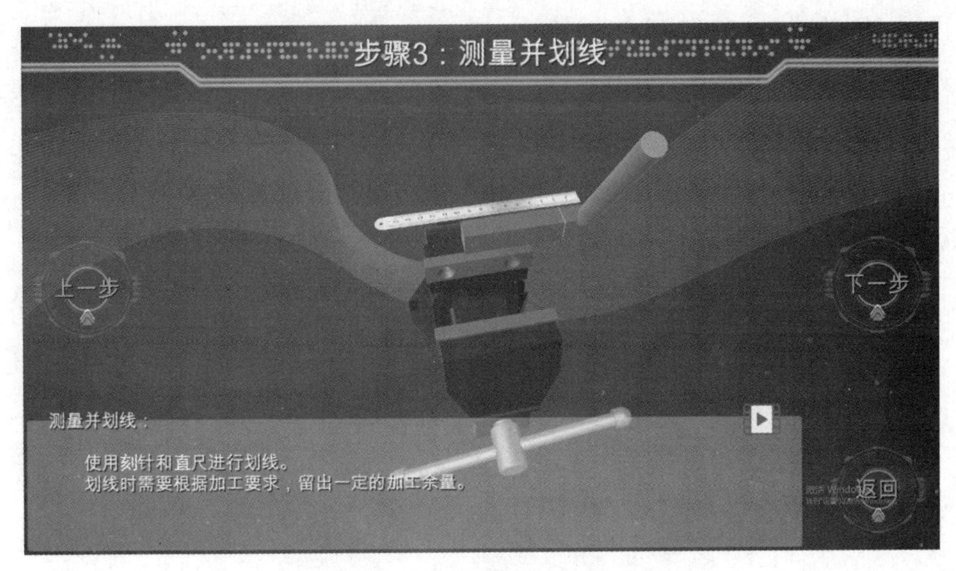

图 3-4-16 “步骤 3:测量并划线”界面

步”按钮,可以返回“步骤 2:锉削基准面”界面;单击“下一步”按钮,则可以进入图 3-4-18 所示“步骤 4:锯割工件”界面。

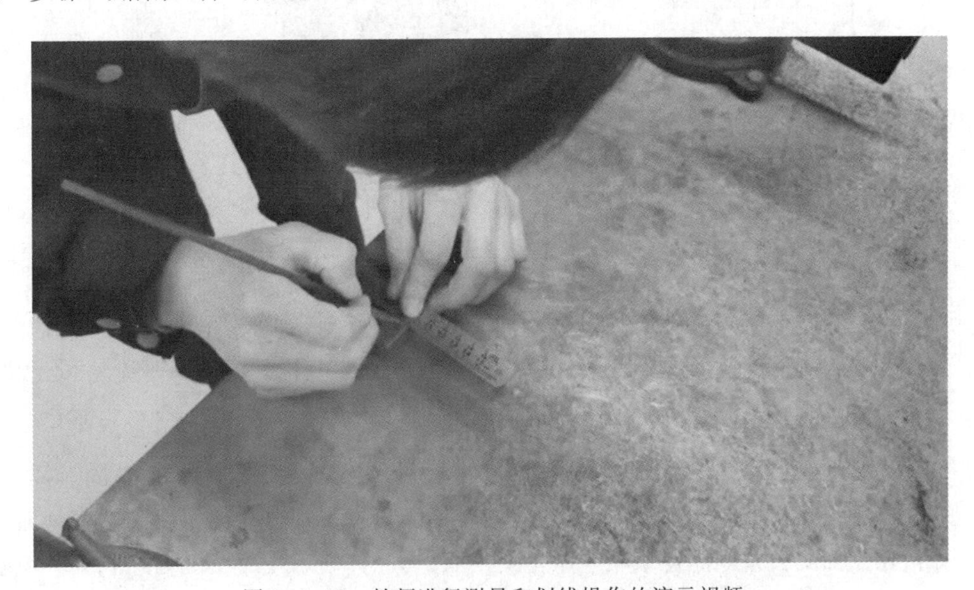

图 3-4-17 教师进行测量和划线操作的演示视频

在“步骤 4:锯割工件”界面中,虚拟演示了使用台虎钳横向夹持棒料,并根据上一步划出的线,用钢锯进行锯割的过程。界面下方的文字部分介绍了锯割前对钢锯进行检查时的注意事项,以及锯割时的动作要领和锯割频率。单击文字右上方的“演示视频”图标按钮,即可观看实景拍摄的教师进行锯割操作的演示视频,如图 3-4-19 所示。在“步骤 4:锯割工件”界面中,单击“上一步”按钮,可以返回“步骤 3:测量并划线”界面;单击“下一步”按钮,则可以进入如图 3-4-20 所示“步骤 5:锉削锯割面”界面。

图 3-4-18 “步骤 4:锯割工件”界面

图 3-4-19 教师进行锯割操作的演示视频

在“步骤 5:锉削锯割面”界面中,虚拟演示了使用台虎钳夹持锯割下的棒料(锯割面朝上),使用锉刀对锯割面进行锉削加工的过程。界面下方文字部分介绍了在锉削锯割面的过程中,如何控制加工公差等注意事项。单击文字右上方的“演示视频”图标按钮,即可观看实景拍摄的教师对锯割面进行锉削操作的演示视频,如图 3-4-21 所示。在“步骤 5:锉削锯割面”界面中,单击“上一步”按钮,可以返回“步骤 4:锯割工件”界面;单击“下一步”按钮,则可以进入图 3-4-22 所示“步骤 6:砂纸抛光”界面。

在“步骤 6:砂纸抛光”界面中,虚拟演示了用砂纸(垫在锉刀下)从多个角度对工件进行抛光的过程。单击文字右上方的“演示视频”图标按钮,即可观看实景拍摄的教师对锉削后的锯割面进行抛光操作的演示视频,如图 3-4-23 所示。

图 3-4-20　“步骤 5:锉削锯割面”界面

图 3-4-21　教师对锯割面进行锉削操作的演示视频

3.4.5　项目五：加工立方体

立方体制作
虚拟演示

立方体制作
实操演示

1. 训练目的和要求

(1) 了解平面锉削的方法及要领,初步掌握平面锉削的技能。

(2) 掌握保证锉削平面度、平行度、垂直度的方法。

(3) 掌握正确的锉削姿势和动作;学习基准面的选择、加工方法及作用。

(4) 掌握用直角尺(或钢直尺)检查平面度的方法。

(5) 掌握正确使用直角尺检查工件垂直度的方法。

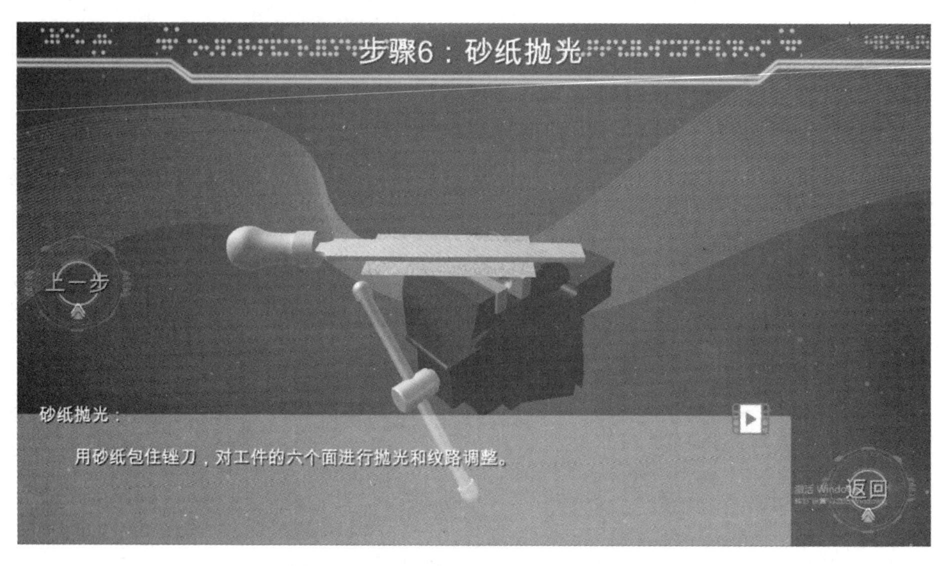

图 3-4-22　“步骤 6:砂纸抛光”界面

图 3-4-23　教师进行抛光操作的演示视频

（6）应知应会、安全文明生产。

2. 训练内容

（1）训练件:锉削立方体,如图 3-4-24 所示。

（2）技术要求:立方体边长为(18±0.1)mm、(18±0.1)mm、(18±0.1)mm。各锐边倒角 0.5×45°;表面粗糙度 *Ra* 值为 12.5 μm。

（3）毛坯材料:Q235 钢棒料,棒料横截面为 18 mm×18 mm 正方形。

3. 训练器材

台虎钳、外卡钳、钢锯、粗齿平锉、细齿平锉、砂纸、直角尺、钢板尺、游标卡尺、高度游标卡尺、毛刷、锉刀刷、划针、划线平板。

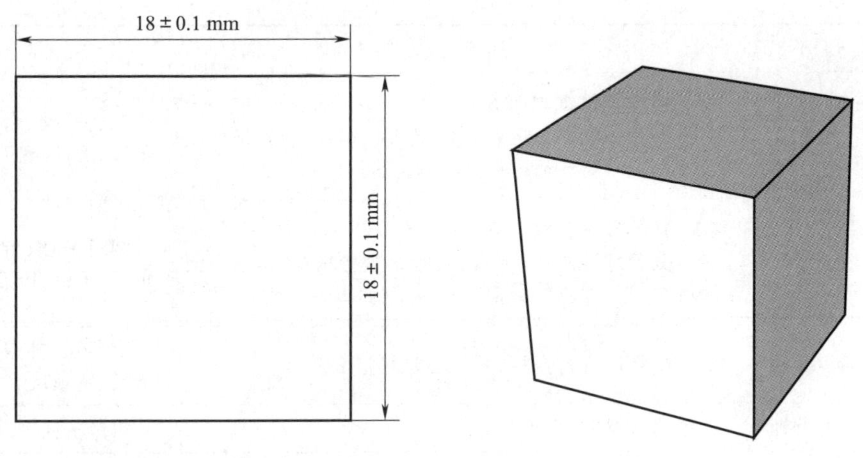

图 3-4-24　立方体

4. 实践步骤

(1) 锉削立方体

加工步骤见表 3-4-7。

表 3-4-7　锉削立方体步骤(参考)

序号	工序	加工内容	工量具
1	检查备料	加工前,应对毛坯进行全面检查:① 了解误差及加工余量情况。② 选择棒料较平整且与轴线垂直的端面为基准面	游标卡尺
2	锉削基准面	锉削零件基准面: 对基准面进行粗锉、精锉,达到平面度和表面粗糙度要求,并作好标记,作为基准面 *A*	粗齿平锉、台虎钳、直角尺、毛刷、锉刀刷
3	锯割棒料	(1) 划线 使用高度游标卡尺,以基准面 *A* 上的四条边为基准边,在棒料上垂直于基准面的四个面上划线,使所划线与基准边间的距离为 19 mm	划线平板、高度游标卡尺
		(2) 锯割 以上一步中划的线为基准,使用远起锯方式,对棒料进行锯割,锯割形成的面称锯割面 *B*	台虎钳、钢锯
		(3) 检查和调整 在锯割过程中,需要经常对锯割路径进行检查。当发现锯割路径偏离划线时,要及时对锯割方向进行调整。 当棒料快要锯断时,要适当放慢锯割速度。避免锯断时锯条弹起伤人,或锯断部分掉落砸伤操作者	台虎钳、钢锯

续表

序号	工序	加工内容	工量具
4	锉削锯割面	(1) 粗锉零件锯割面 B 对上一步中锯割好的锯割面 B 进行粗锉,达到平面度和尺寸(18±0.1)mm 要求	粗齿平锉、台虎钳、直角尺、毛刷、锉刀刷
		(2) 精锉零件锯割面 B 对达到尺寸要求的零件锯割面 B 进行精锉,达到表面粗糙度要求。并作好标记,记为锯割面 B	细齿平锉、台虎钳、直角尺、毛刷、锉刀刷
5	精度复检	对全部精度进行复检,并作必要的修整锉削	直角尺、外卡钳、游标卡尺、钢板尺
6	锐边倒钝	各锐边作 0.5×45°倒角	粗齿平锉
7	抛光	使用砂纸对工件各个面进行抛光	台虎钳、粗齿平锉、砂纸

(2) 容易出现的问题与注意事项

1) 合理安排加工顺序。加工基准面的平行面,必须在基准面达到平面度要求后进行;加工基准面的垂直面,必须在基准面的平行面加工好后进行。这样在加工各相关面时才具有准确的测量基准。

2) 工件装夹牢靠。进行任何加工操作前,工件要敲实夹紧。进行锯割操作时,工件以伸出钳口约 10 mm 为宜,不宜过长,避免加工过程中工件松动,以免对加工结果造成干扰。

3) 保证几何公差。用台虎钳夹持棒料对基准面和锯割面进行加工前,需要用直角尺对棒料夹持面相对于台虎钳口的垂直度进行校正。在加工过程中,也要经常用直角尺检测加工面相对于棒料侧面的垂直度。

4) 平面度误差过大的形式及产生原因见表 3-4-8,在加工中要注意避免。

表 3-4-8 平面度误差过大的形式及产生原因

形式	产生原因
平面中凸	1) 锉削时双手用力控制不佳,导致锉刀无法保持平衡。 2) 锉刀在开始推出时,右手压力太大,导致锉刀被压下,锉刀推到前面时,左手压力太大,导致锉刀被压下,从而导致锉削面前、后部分锉削过多。 3) 锉削姿势不正确。 4) 锉刀中部凹陷
对角扭曲或塌角	1) 左手或右手施加压力时重心偏向锉刀一侧。 2) 工件未正确装夹。 3) 锉刀本身扭曲
平面横向中凸或中凹	锉削时锉刀左右移动不均匀

第二单元
先进制造技术实践

模块四　快速成形技术训练

4.1　训练模块简介

快速成形（Rapid Prototyping，简称 RP）技术，是基于材料堆积法的一种新型制造技术。简单地说，RP 技术就是通过软件将三维模型数据离散化（将三维模型逐层切片，再将三维模型数据转换为二维簇），再根据离散数据进行材料逐层堆积建立三维实体（二维簇到三维实体）的工作过程，如图 4-1-1 所示。它集机械工程、CAD、逆向工程、分层制造、数控、材料科学、激光加工等多学科技术于一体，可以自动、直接、快速、精确地将设计思想转变为具有一定功能的原型件或直接制造零件，从而为零件原型制作、新设计的快速验证等方面，提供了一种高效且低成本的实现手段。

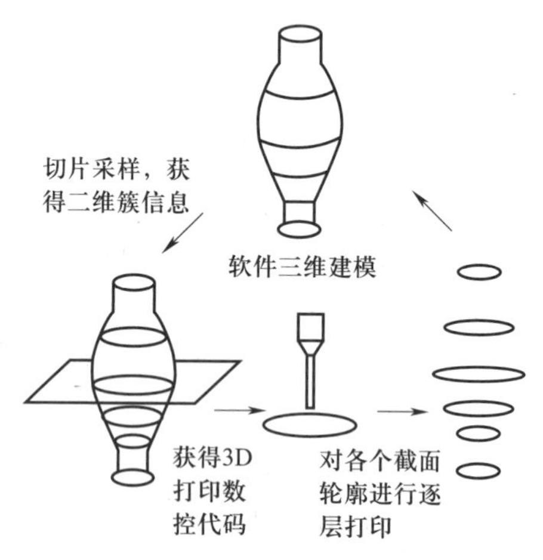

图 4-1-1　快速成形原理示意图

通过本模块实践训练，使学生能够了解快速成型技术的基本原理和基本应用，从而为以后的工作和学习打下一定的基础。

4.2　安全技术操作规程

1. 保持工作区域干净、干燥、整洁。

2. 在加载模型或进行其他数据传输操作时，不得关闭电源或者拔出数据线，避免模型数据丢失。

3. 当 3D 打印机工作时，禁止用手触摸模型、喷嘴、打印平台或机身其他部分，以免烫伤。

4. 取出托盘、样件以及处理样件支撑时，需佩戴专用手套。

4.3　问题与思考

1. 说明快速成形技术的原理及其特点。
2. 说出几种典型的快速成形技术。
3. 简述快速成形的基本工艺流程。
4. 在进行 3D 打印之前,为什么要进行数据前处理?
5. 三维模型有哪些常见的构造方法?
6. 3D 打印技术与传统加工方法相比,主要优势是什么? 有什么技术局限和缺点?
7. 3D 打印技术和快速模具技术的应用领域有哪些?
8. 为什么说快速模具技术是 3D 打印技术的补充和延伸?

4.4　实践训练

4.4.1　项目一:了解虚拟 3D 打印机

1. 训练目的

(1) 了解快速成形技术的发展、特点及应用。

(2) 了解 3D 打印机的基本结构和功能。

(3) 了解熔丝沉积成形打印零件的基本原理和过程。

3D打印机虚拟演示

2. 进行虚拟仿真训练

(1) 启动 3D 打印虚拟仿真系统

打开 3D 打印虚拟仿真系统所在文件夹,运行文件夹中的 3DPrinter.exe 可执行文件,出现如图 4-4-1 所示 3D 打印虚拟仿真系统主界面。

(2) 了解 3D 打印技术并熟悉 3D 打印机的主要结构和功能

单击图 4-4-1 所示主界面左上角的“介绍”按钮,即可弹出如图 4-4-2 所示三维打印技术相关知识点界面。单击此界面上的“三维打印技术”“前景和展望”“特点和优势”按钮,即可查看三维打印技术的相关知识点。

单击图 4-4-1 所示主界面左上角的“整体结构”按钮,即可弹出如图 4-4-3 所示三维打印机整体结构相关知识点界面,单击该界面上的相应按钮,即可查看相关知识点。三维打印机部件包括外壳、打印平台和打印机构等。同时虚拟三维打印机模型外面板会打开,展示其内部结构,并且相关部件也会作出相应动作,向用户展示这些部件的运动原理。

单击图 4-4-1 所示主界面左上角的“打印平台”按钮,即可弹出如图 4-4-4 所示三维打印机打印平台相关知识点界面,打印平台部件包括平台基座、辅热板、高度调整机构等。同

图 4-4-1 3D 打印虚拟仿真系统主界面

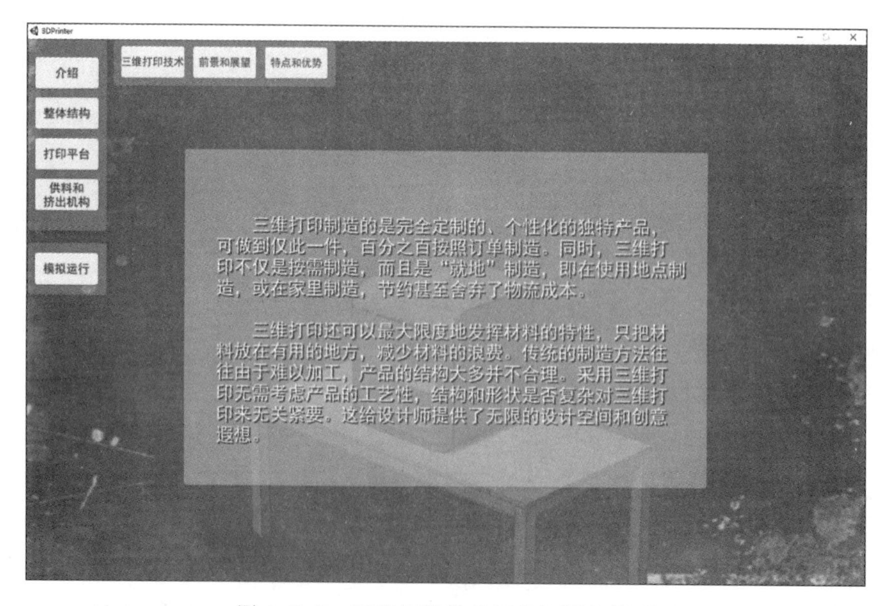

图 4-4-2 三维打印技术相关知识点界面

时在虚拟三维打印机模型中的打印平台上会显示出各个部件的细节名称，打印平台相关部件也会作出相应动作，向用户展示这些部件的运动原理。

单击图 4-4-1 所示主界面左上角的“供料和挤出机构”按钮，即可弹出图 4-4-5 所示三维打印机供料和挤出机构相关知识点界面。供料和挤出机构包括打印用的线材、供料支架、挤出机构、加热喷嘴等。同时虚拟三维打印机模型中会显示出各个部件的细节名称，相关部件也会作出相应动作，向用户展示这些部件的运动原理。

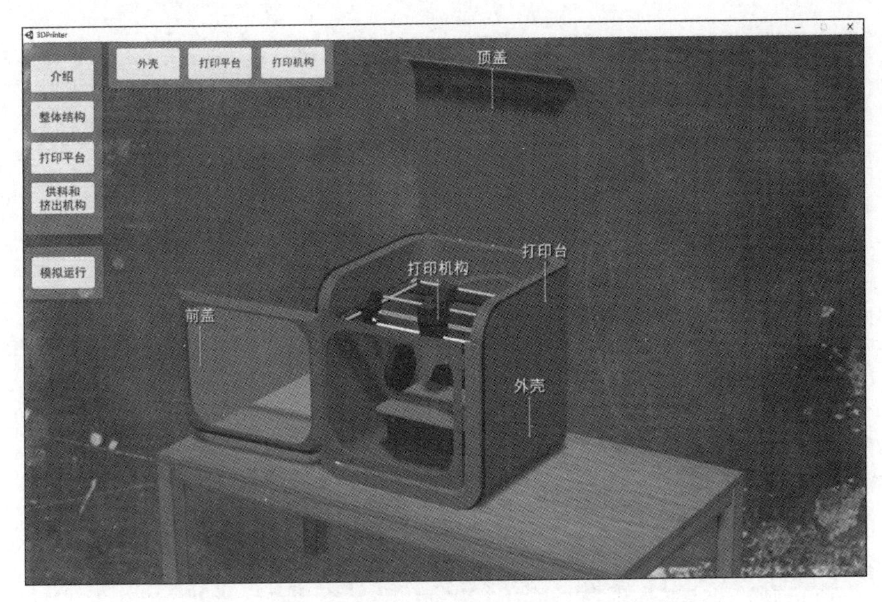

图 4-4-3　三维打印机整体结构相关知识点界面

图 4-4-4　三维打印机打印平台相关知识点界面

单击图 4-4-1 所示主界面左上角的“模拟运行”按钮，即可进入图 4-4-6 所示三维打印机的模拟运行界面。在模拟运行界面中，虚拟三维打印机装置会模仿现实中材料熔融堆积的方式，在打印平台上往复运动，逐层打印出工件。

为了便于用户观察，在虚拟三维打印机内部设置了观察视角。该视角观察画面显示在屏幕右下角，便于用户观察工件被逐层打印的过程细节。

同时，在界面左下角有三个时间流速设置按钮。在现实中打印一个三维工件往往需要十几到几十分钟。在 3D 打印虚拟仿真系统中，用户可以选择 1 倍速、4 倍速、16 倍速，便于

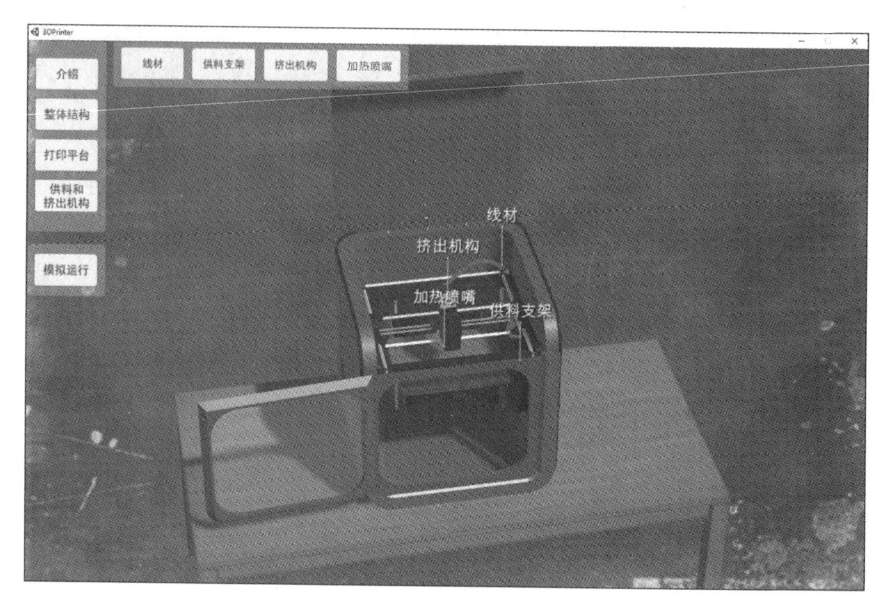

图 4-4-5 三维打印机供料和挤出机构相关知识点界面

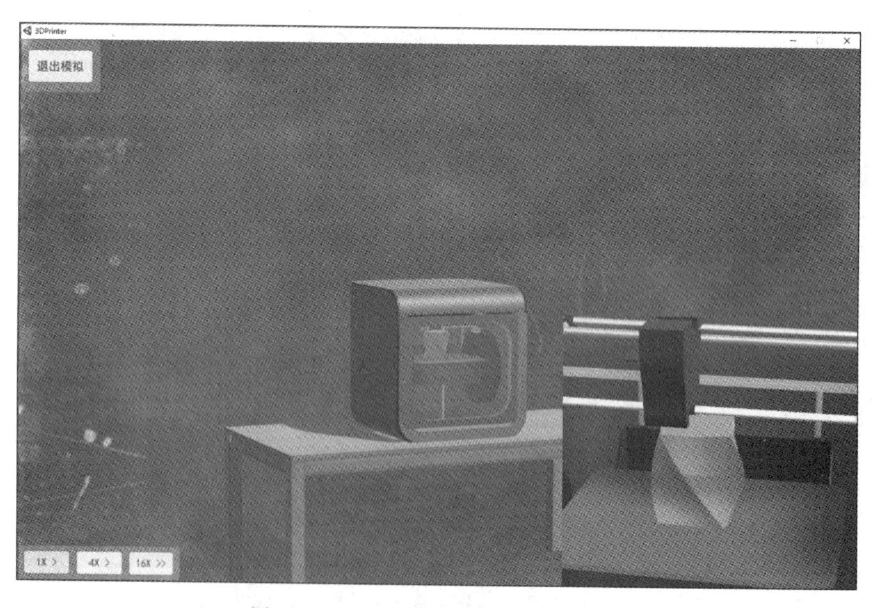

图 4-4-6 三维打印机模拟运行界面

直观且快速地观察工件成形过程。

4.4.2 项目二：数据处理训练

1. 训练目的

（1）了解不同快速成形工艺软件的基本功能，以及处理模型数据的基本方法。

（2）熟悉 NX 8.0 三维建模软件的操作方法，完成单个零件模型的数据修复处理。

（3）熟悉 STL 三维模型文件格式，以及该类型文件的导出方法。

2. 训练内容与要求

（1）熟悉 NX 8.0 三维建模软件的基本操作与使用方法。

（2）使用 NX 8.0 三维建模软件绘制“高脚杯”三维模型。

（3）将“高脚杯”三维模型文件转换为 STL 格式并保存。

3. 训练设备

设备：计算机，NX 8.0 软件。NX 8.0 三维建模软件主界面如图 4-4-7 所示。

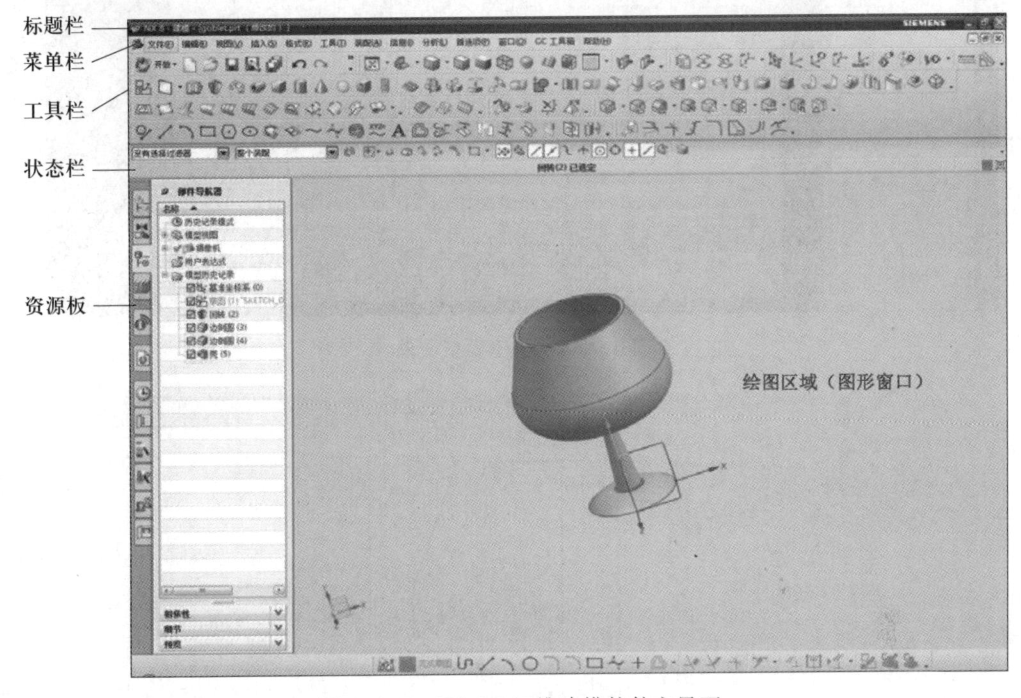

图 4-4-7　NX 8.0 三维建模软件主界面

4. 训练步骤

（1）新建三维模型文件

双击桌面 NX 8.0 软件图标，打开软件并新建模型文件，如图 4-4-8 所示。注意模型文件名中不能有非英文字符，文件保存位置和路径中也不能带有非英文字符。

（2）绘制草图

在 NX 8.0 软件的菜单栏中选择“插入”→“任务环境中的草图”命令，选择 *XY* 平面为草图绘制平面，并绘制如图 4-4-9 所示草图。草图中各轮廓线应封闭，多余的线条可单击工具栏中“快速修剪”图标按钮予以剪掉。

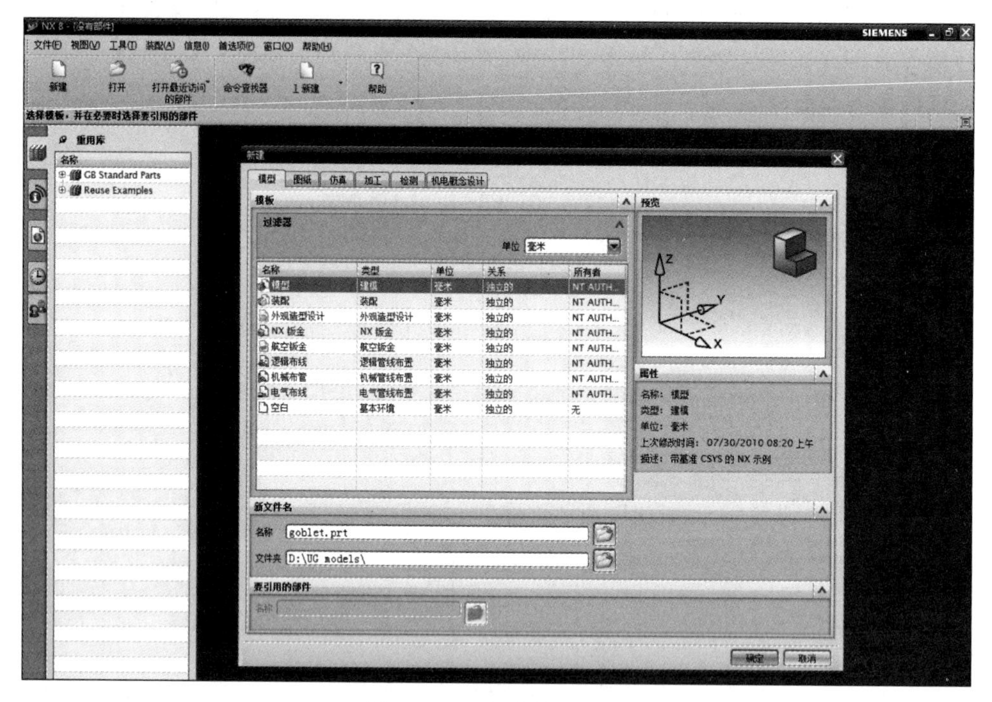

图 4-4-8　新建模型文件

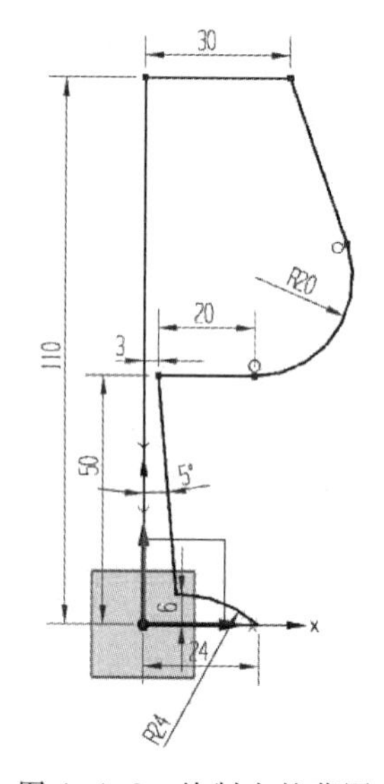

图 4-4-9　绘制出的草图

(3) 创建回转体

在“建模”工具栏中单击“回转”图标按钮，系统弹出图 4-4-10a 所示“回转”对话框。选取已绘制的草图，指定旋转轴，通过回转生成高脚杯三维模型。结果如图 4-4-10b 所示。

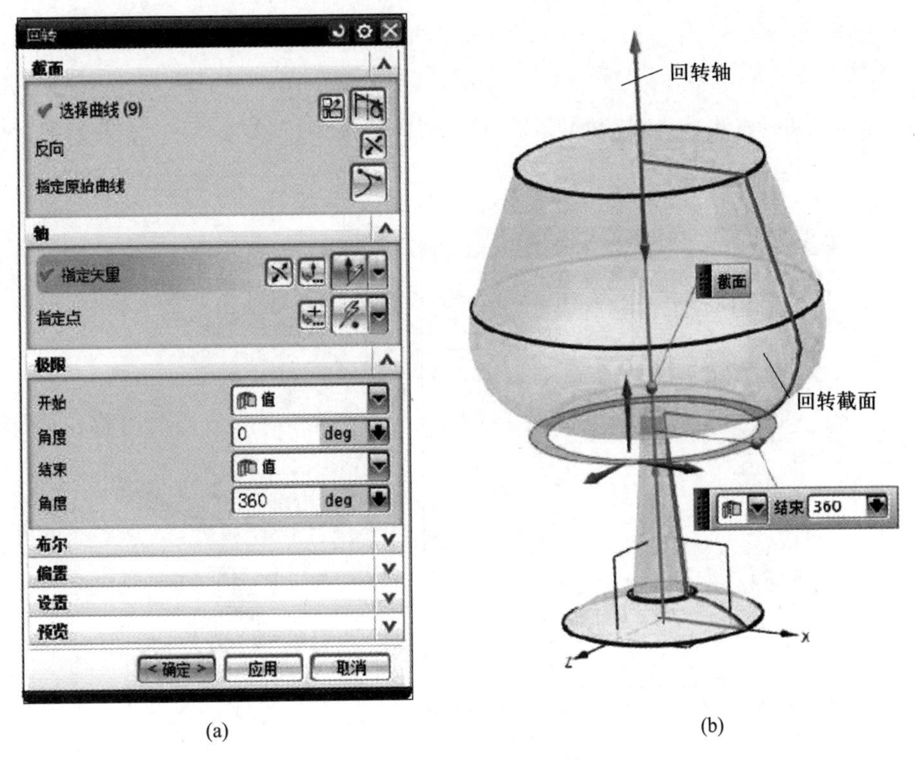

(a)　　(b)

图 4-4-10　创建回转体

（4）边缘倒圆

在“建模”工具栏中单击“边倒圆”图标按钮，系统弹出图 4-4-11a 所示“边倒圆”对话框。用鼠标选取要倒圆角的边，分别输入倒圆角半径值 1 和 0.5 后单击“确定”按钮，完成高脚杯模型的倒圆角操作，结果如图 4-4-11b 所示。

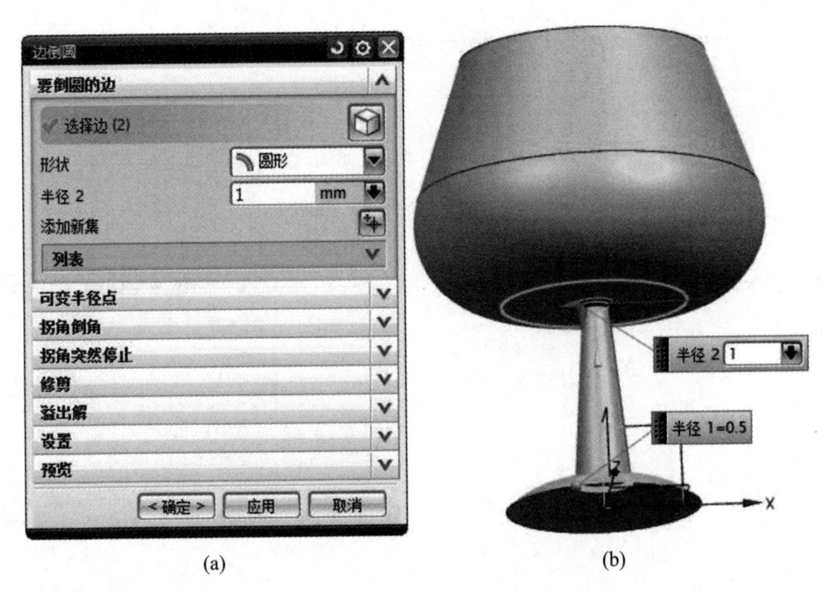

(a)　　(b)

图 4-4-11　创建边倒圆

（5）设置杯壁厚度

在“建模”工具栏中单击“抽壳”图标按钮，系统弹出图 4-4-12a 所示“抽壳”对话框。选取要设置壁厚的面，再输入抽壳厚度 2，完成高脚杯模型的抽壳操作，结果如图 4-4-12b 所示。

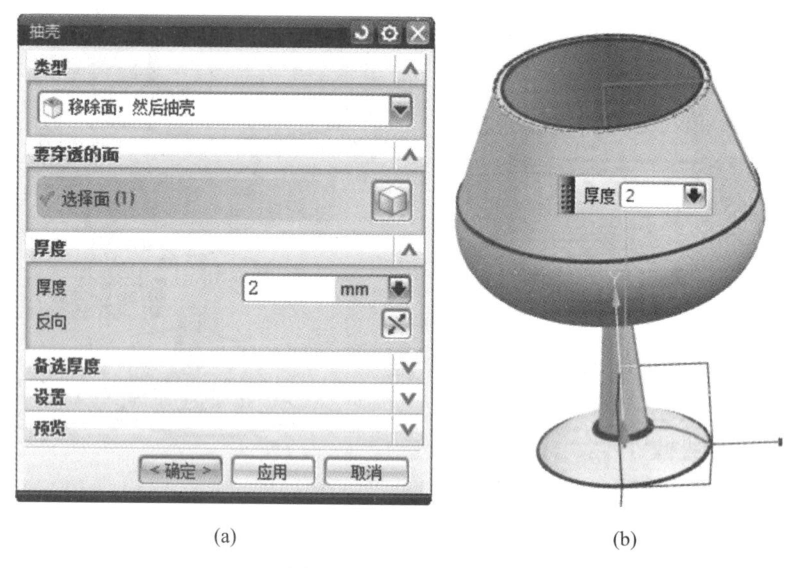

(a)　　　　(b)

图 4-4-12　创建抽壳

（6）导出三维模型为 STL 格式文件

在菜单栏中选择“文件”→“导出”→“STL...”命令，设置输出类型和公差，选择保存路径，输入目标文件名，再选择导出对象，即可将三维模型导出为 STL 格式文件。请注意输入的目标文件名不能带有非英文字符。保存过程如图 4-4-13 所示。

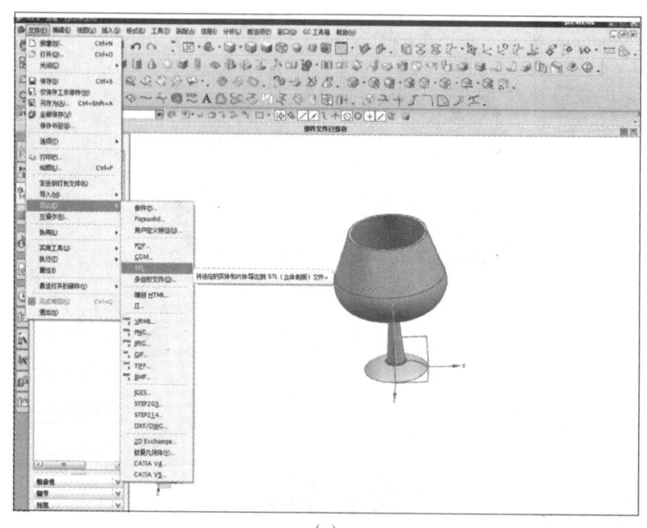

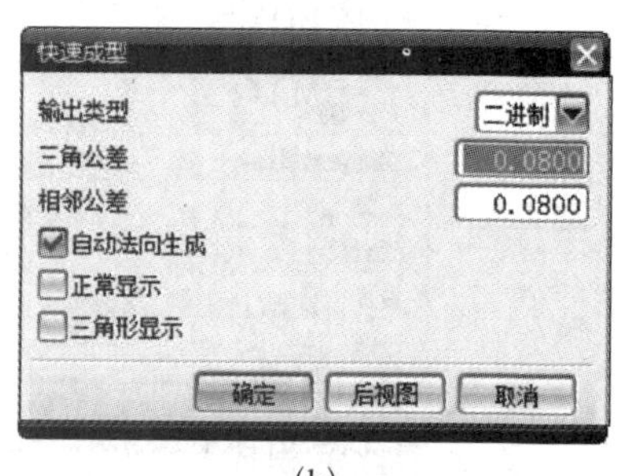

(a)　　　　(b)

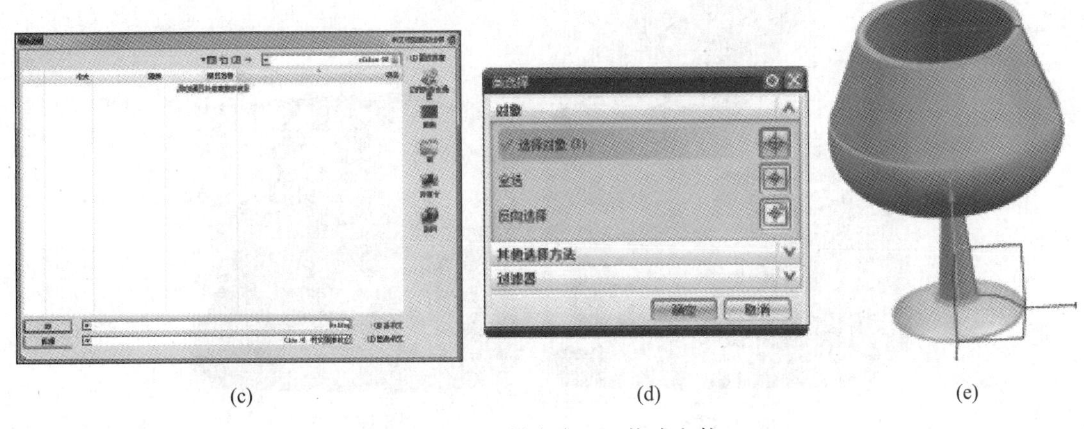

(c) (d) (e)

图 4-4-13 导出为 STL 格式文件

5. 操作中常见问题与思考

(1) 生成三维模型后，如果操作者觉得草图中的尺寸不合适，如何返回草图进行修改？

(2) 创建回转体时，若软件无法完成回转操作，并提示“无法添加至截面”，导致这种情况发生的原因是什么？该如何进行处理？

(3) 如何进一步完善本案例中的模型，比如添加杯垫、刻字等？

4.4.3 项目三：3D 打印

1. 训练目的

(1) 了解常见的快速成形技术基本工艺原理。

(2) 熟悉不同种类的快速成形设备的基本结构及工作原理。

(3) 掌握“UP BOX”3D 打印机的工艺准备、加工、零件后处理等操作。

2. 训练内容及要求

通过本次训练，熟悉“UP BOX”3D 打印机制作样件的整个过程，掌握“UP BOX”3D 打印机的基本操作与应用，以及熔丝沉积成形（FDM）技术的原理，能够完成图 4-4-14 所示样件的快速成形加工。

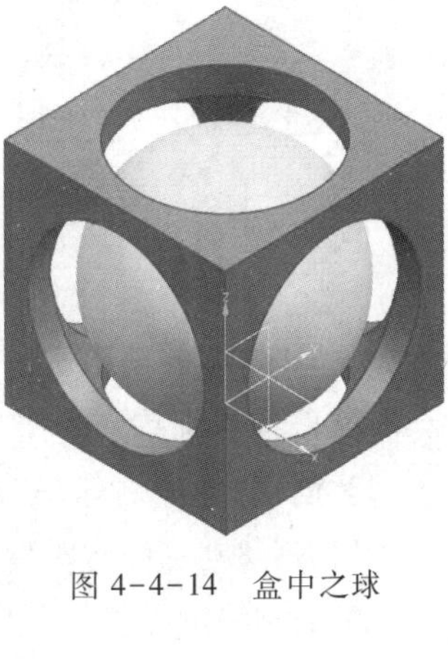

图 4-4-14 盒中之球

3. 训练设备和材料

(1) 设备：“UP BOX”3D 打印机（图 4-4-15）、计算机。

(2) 材料：ABS 丝材。

4. 熟悉熔丝沉积成形技术制造样件的原理及工艺流程

(1) 熔丝沉积成形的原理如图 4-4-16 所示，热塑性丝状原料在打印头中一边进给一边

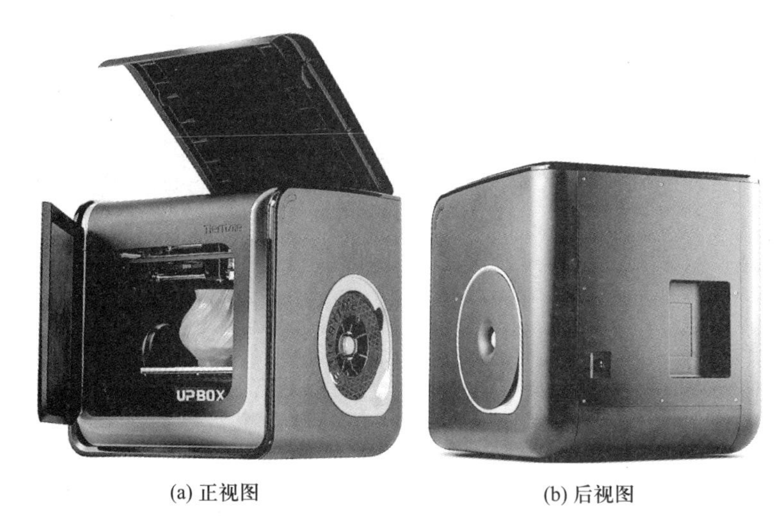

(a) 正视图 (b) 后视图

图 4-4-15 “UP BOX”3D 打印机基本组成结构

熔化,熔化后的材料在打印头移动的过程中被匀速挤压出来,通过逐层堆积冷却,最终凝固成目标零件的形状。

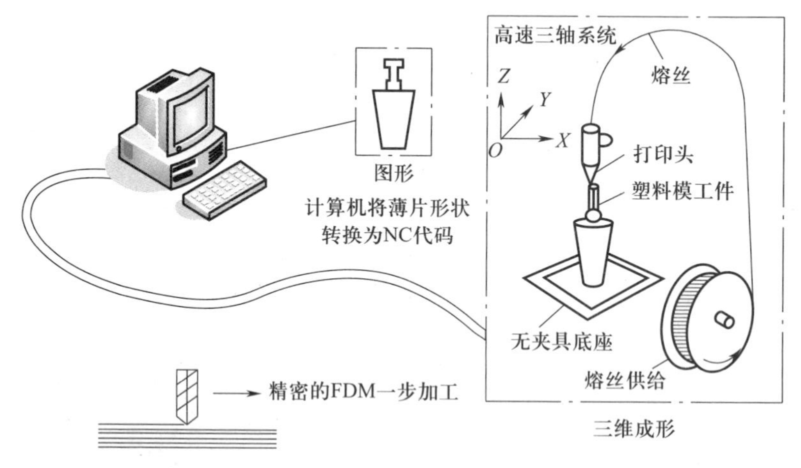

图 4-4-16 熔丝沉积成形原理示意图

(2) 3D 打印的基本工艺流程如图 4-4-17 所示。

5. 实践操作训练

(1) 创建“盒中之球”三维模型

采用 NX 8.0 三维建模软件创建“盒中之球”三维模型,并将其命名为“ball in box.prt”。

(2) 处理模型数据

将绘制的三维模型导出为 STL 格式文件,并命名为“ball in box.stl”。如果转换后的 STL 格式模型出现破面、法线翻转等错误,可以在“UP!”软件中选择模型的错误表面,并选择“编辑”→“修复”命令,即可进行一键简单修复,如图 4-4-18 所示。也可通过专业的数据处理软件进行修复,如 MeshLab 和 Netfabb 等。

（3）打印模型

1）准备工作

清理并装好3D打印机的托盘，检查成形丝材，确保打印机准备就绪。

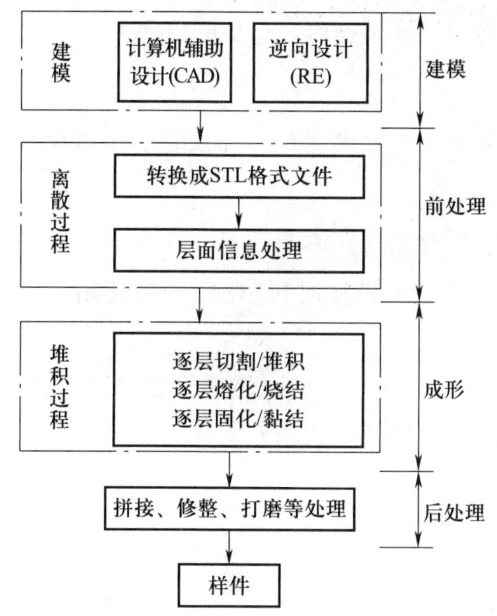

图4-4-17　3D打印的基本工艺流程

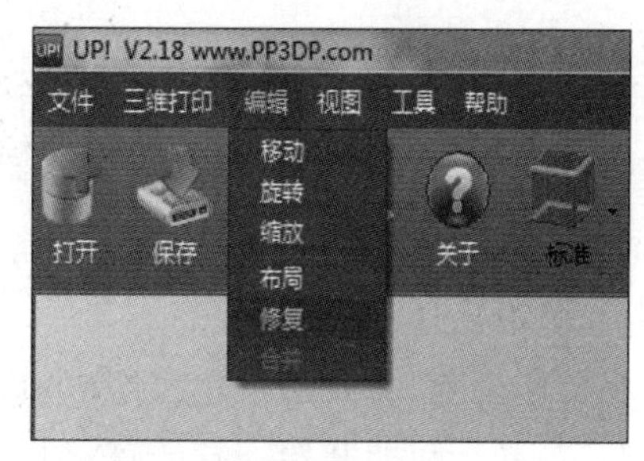

图4-4-18　STL文件的修复

2）开机操作

① 打开总电源开关后，再打开打印机电源开关。

② 启动和打印机相连的计算机，单击桌面上的图标，运行“UP！”软件。

③ 单击图标或选择菜单栏“文件”→“打开...”命令，载入需要打印的模型文件“ball in box.stl”至计算机中。将鼠标移动到模型上，单击左键，会显示模型的详细数据，如图4-4-19所示。

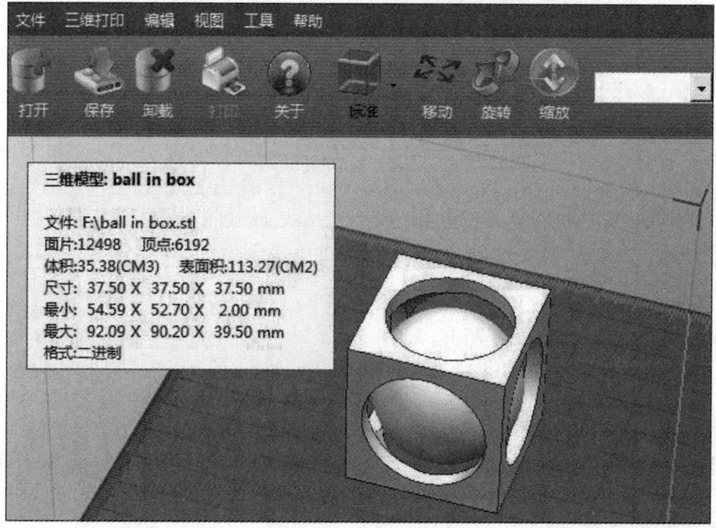

图4-4-19　载入模型

3）模型预处理

① 虚拟模型大小和位置的变换

通过选择菜单栏“编辑”→“移动”/“旋转”/“缩放”等命令，或者通过工具栏上的相应图标按钮，可将模型移动、旋转或缩放到操作者想要的位置、方位和大小。

② 将虚拟模型放置到打印平台上

将虚拟模型放置于打印平台的适当位置，有助于提高实物的打印质量。虚拟模型在打印平台上有以下两种布局方式：

自动布局：单击工具栏最右边的“自动布局”图标按钮，通过软件自动计算并将待打印模型调整到平台上的合适位置。当平台上不止一个模型时，建议操作者使用自动布局方式。

手动布局：当操作者对自动布局结果不满意，或者希望手动设置模型位置时，可以用鼠标左键选择目标模型，同时按住<Ctrl>键移动鼠标，将模型拖动到操作者指定的位置。

（4）打印机的设备检验和准备

1）初始化打印机

在打印之前，需要初始化打印机。选择菜单栏“三维打印”→“初始化”命令，打印机发出蜂鸣声，初始化即开始。打印喷头和打印平台将移动数次进行自检，自检完成后会返回它们的初始位置，自检和准备完成后打印机会再次发出蜂鸣声。

2）维护操作

选择菜单栏“三维打印”→“维护”命令，可以按照图 4-4-20 所示对话框中的设置进行材料的更换以及手动校准喷嘴高度等操作。

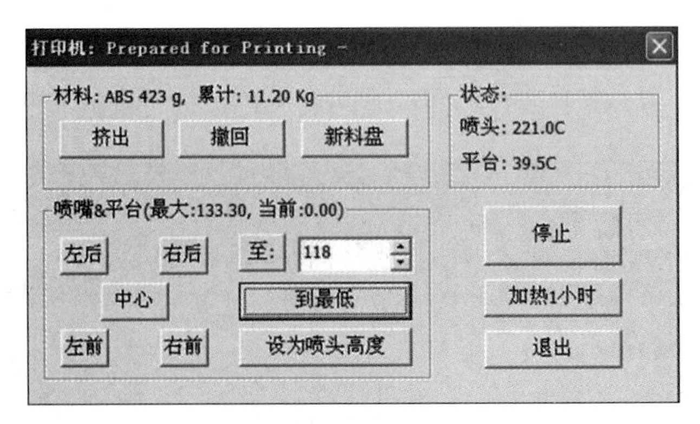

图 4-4-20 打印机维护

3）打印参数设置

选择菜单栏“三维打印”→“设置”命令，打开如图 4-4-21 所示的打印参数设置对话框，从中进行打印参数设置。对话框中主要参数的含义如下：

① 层片厚度：表示每次堆积的材料厚度，厚度越薄，打印成品表面越光滑，但打印耗时会越长。

② 填充:设置成品内部的填充密度,密度越大,成品的强度越高,但打印耗时越长且材料消耗量会变大。

③ 密封表面:设置成品表面(外壳)密封的材料堆积层数,以及最大密封角度。大于这个角度的面,需要额外打印支撑结构。

④ 支撑:对支撑结构进行相关设置。

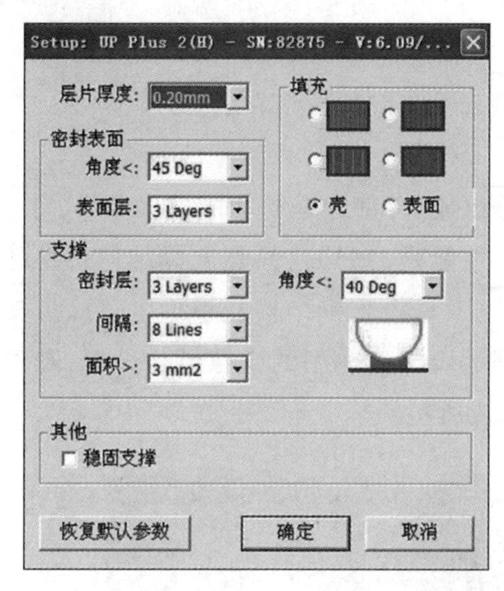

图 4-4-21　打印参数设置对话框

4）模型打印

选择“三维打印”→“打印预览”命令,在“打印”对话框中设置打印参数如质量等。单击“确定”按钮后,软件将自动计算打印所用耗材质量以及打印时间,并显示在弹出的对话框中,如图 4-4-22 所示。之后模型开始打印。

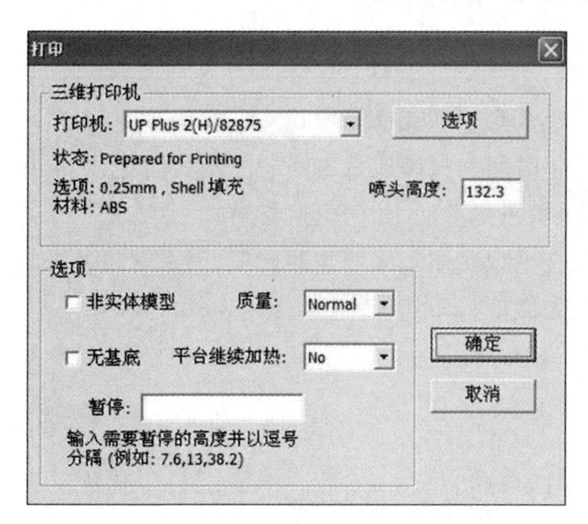

图 4-4-22　“打印”对话框和耗材质量、打印时间计算

5）打印后撬取成品

图 4-4-23　成品的撬取

当模型打印完成后，打印机会发出蜂鸣声，喷嘴和打印平台停止加热。操作者需打开打印平台弹簧，从打印机上撤下打印托盘，然后慢慢将铲刀滑动到成品下面，来回缓慢用力撬松成品，最终在不损伤成品的前提下，将成品从打印托盘上铲下，如图 4-4-23 所示。取下成品后，操作者需将托盘清理干净并装回打印平台。切记在撬取模型时要佩戴手套以防烫伤和划伤。

（5）成品的后处理

打印后的成品由两部分组成，一部分是打印的模型本身，另一部分是支撑结构。支撑结构材料和模型主材料的物理性能是一样的，只是支撑结构材料的密度远小于模型主材料的密度，所以可以很容易地通过工具将支撑结构从模型上移除。支撑结构可以使用多种工具来拆除，一部分可以徒手拆除，而接近模型的支撑结构部分，则建议使用钢丝钳或尖嘴钳等工具进行拆除。如图 4-4-24 所示。

(a) 带支撑结构的模型

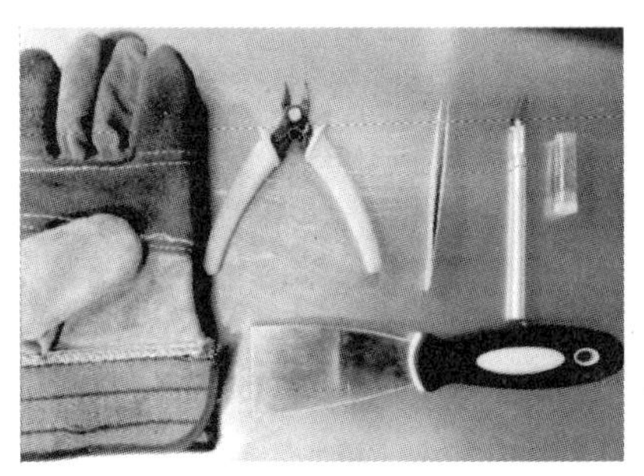

(b) 后处理常用工具

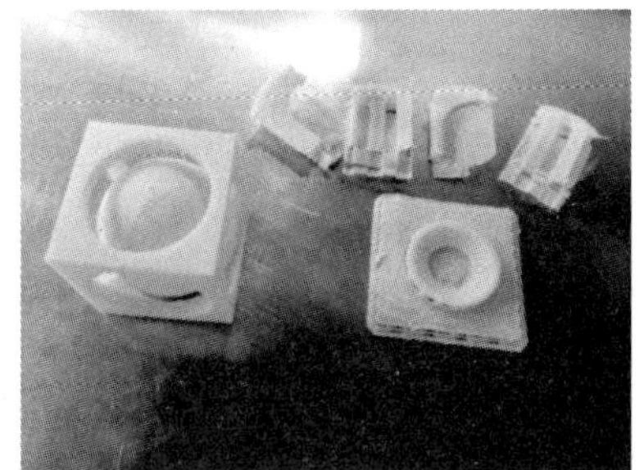

(c) 移除支撑结构完成

图 4-4-24　移除支撑材料

6. 常见问题与分析

（1）在逐层堆积的成形过程中，为什么必须加支撑结构？

（2）打印层片厚度、填充类型与打印时间和打印质量之间的关系如何？

（3）是否可以打印彩色模型？打印机工作期间，如何更换材料？

（4）在打印较大尺寸模型时，有时会出现底座边缘翘起的情况，怎么解决？

（5）在撬取模型之前，为什么要求先撤下打印托板？

模块五　激光雕刻加工训练

5.1　训练模块简介

激光雕刻加工是利用高功率密度的聚焦激光光束作用在材料表面,通过控制激光的能量、光斑大小、光斑运动轨迹和运动速度等相关参量,使材料形成要求的立体图形图案。本模块介绍激光雕刻虚拟仿真技术,通过激光雕刻虚拟仿真训练,结合实际的实验内容,做到“虚实结合”。同时通过本模块实践训练,使学生能够加深对激光加工技术的理解和认识,从而为以后的工作和学习打下一定的基础。

为了更好地完成激光雕刻加工训练,为本模块开发了激光雕刻机虚拟仿真实验系统。该实验系统开发流程为:首先采用 Unity 3D 搭建虚拟场景,包括设计了虚拟场景组成结构,解决了激光雕刻机模型导入的关键问题并设计了场景光照;为了使虚拟场景更加逼真,对物体进行了实时碰撞检测;接着实现 UGUI 界面屏幕自适应;最后设计 UI 操控界面,主要包括虚拟场景手动漫游、自动漫游、文字提示、测试功能、仿真动画以及场景跳转设计。

5.2　激光加工技术

激光加工技术是利用激光束与物质相互作用的特性,对材料(包括金属与非金属)进行切割、焊接、表面处理、打孔及微加工等的一门加工技术,图 5-2-1 所示为激光加工原理。激光加工作为先进制造技术已广泛应用于汽车、电子、电气、航空、冶金、机械制造等国民经济重要部门,对提高产品质量、劳动生产率和自动化程度、减少污染和材料消耗等起到越来越重要的作用。

5.2.1　激光雕刻

激光雕刻是以数控技术为基础,以激光为加工媒介,使加工材料在激光的照射下瞬间熔化和汽化而达到加工目的的。激光镌刻就是运用激光技术在物体上刻写文字,采用这种技

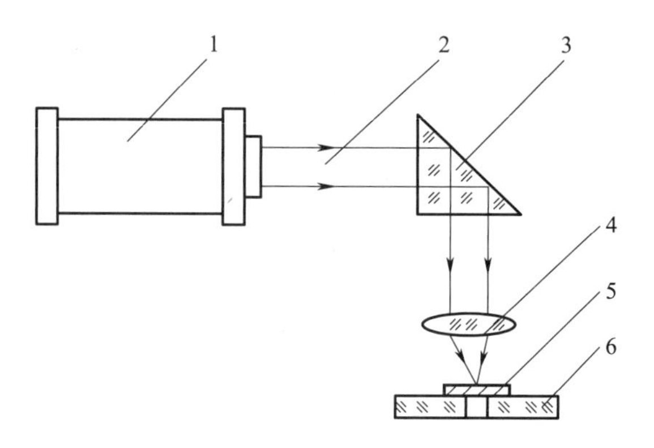

1—激光器;2—激光束;3—全反射棱镜;
4—聚焦物镜;5—工件;6—工作台
图 5-2-1　激光加工原理示意图

术刻出来的字不带刻痕,物体表面依然光滑,字迹也不会因磨损而消失。图 5-2-2 所示为 R60 激光雕刻机。

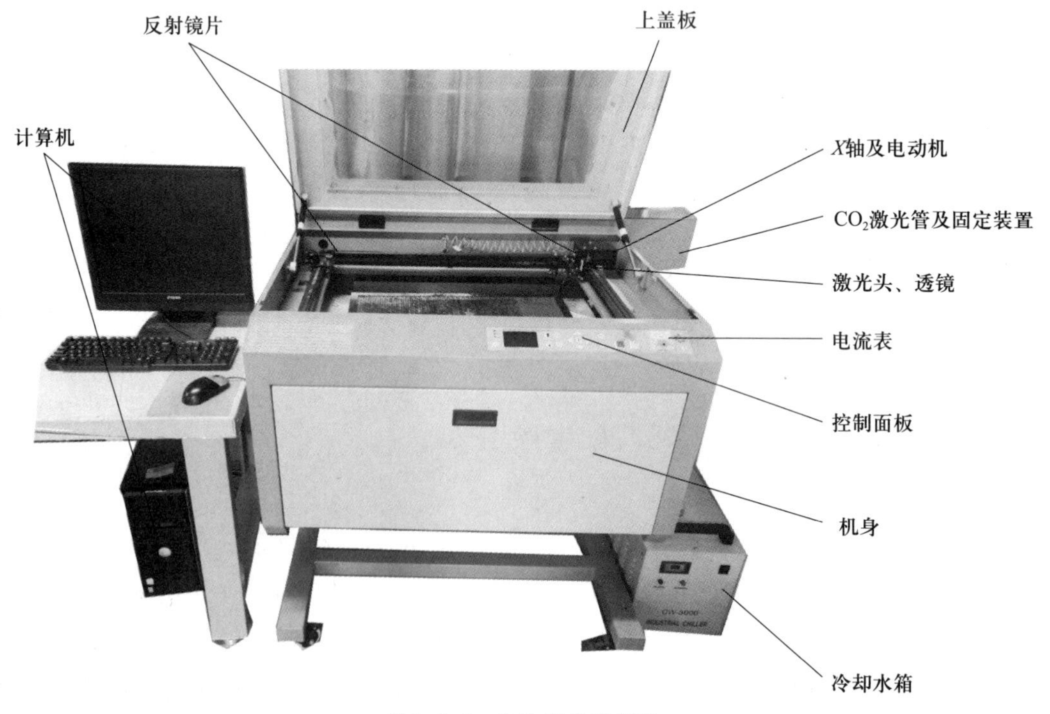

图 5-2-2　R60 激光雕刻机

下面以激光雕刻铜板过程为例介绍激光雕刻过程。首先在铜辊上电镀一薄层镍,然后在其表面镀上铜和锌,锌可吸收激光能量并蒸发,下层的铜也会一起蒸发,从而生成载墨的网穴,最后在铜辊上镀上一层坚硬的铬。功率为 500 W 的 YAG 激光器每秒能雕刻 7 万个网穴。激光雕刻系统主要由 3 部分组成:高功率的激光器、激光传输系统和光学系统,可通过调节焦距来调节单位面积上的能量。使用激光进行雕刻和切割,其过程非常简单,如同使用计算机和打印机在纸张上打印。在 Windows 操作系统环境下利用多种图形处理软件如 CorelDraw 等进行设计、扫描的图形,矢量化的图文及多种 CAD 文件都可轻松地通过激光雕刻机雕刻出来。其与打印机打印的不同之处为,打印是将墨粉喷涂到纸张上,而激光雕刻是将激光照射到木制品、亚克力、塑料板、金属板、石材等几乎所有的材料之上。

5.2.2　激光打标

激光打标是激光加工技术最大的应用领域之一。激光打标是利用高功率密度的激光对工件进行局部照射,使表层材料汽化或发生颜色变化的物理或化学反应,从而留下永久性标记的一种打标方法。激光打标可以打出各种字符和图案等,字符和图案尺寸大小可以从毫米到微米量级,这对产品的防伪有特殊的意义。聚焦后的极细的激光束如同刀具,可将物体表层材料逐点去除,其先进性在于打标过程为非接触性加工,不产生挤压或应力,因此不会损坏被加工物品。由于激光聚焦后的尺寸很小,热影响区域小,加工精细,因此可以完成一些常规方法无法实现的工艺。

激光打标使用的“刀具”是聚焦后的光点,不需要额外增添其他设备和材料,速度快,成本低,只要激光器能正常工作,就可以长时间连续加工。激光打标过程由计算机自动控制,生产时不需人为干预。

5.2.3　激光切割

激光切割是应用激光聚焦后产生的高功率密度能量来实现的。在计算机的控制下,通过脉冲使激光器放电,从而输出受控的、重复的、高频率的脉冲激光,形成一定频率、一定脉宽的激光束,该脉冲激光束经过光路传导及反射并通过聚焦透镜组聚焦在加工物体的表面上,形成一个个细微的、高能量密度光斑,光斑位于待加工面附近,瞬间使被切割材料高温熔化或汽化,高能量的激光脉冲瞬间就可将物体表面溅射出一个细小的孔。在计算机的控制下,激光加工头按预先绘好的图形在被切割材料上进行连续相对运动打点,这样就会把物体加工成想要的形状。切割时,一股与激光束同轴的气流由切割头喷出,将熔化或汽化的材料由切口的底部吹出(注:如果吹出的气体和被切割材料产生热效反应,则此反应将提供切割所需的附加能源;气流还有冷却已切割面,减少热影响区和保证聚焦镜不受污染的作用)。与传统的板材加工方法相比,激光切割具有高的切割质量(切口宽度窄、热影响区小、切口光洁)、高的切割速度、高的柔性(可随意切割任意形状)、广泛的材料适应性等优点。

激光切割技术广泛应用于金属和非金属材料的加工中,可大大减少加工时间,降低加工成本,提高工件质量。现代的激光成了人们所幻想追求的“削铁如泥”的“宝剑”。以 CO_2 激光切割机为例,其整个系统由控制系统、运动系统、光学系统、水冷系统、排烟和吹气保护系统等组成,采用最先进的数控模式实现多轴联动及激光不受速度影响的等能量切割,同时支持 DXP、PLT、CNC 等图形格式并强化界面图形绘制处理能力,采用性能优越的进口伺服电动机和传动导向结构实现在高速状态下良好的运动精度。

5.2.4 技术发展与应用

作为 20 世纪科学技术发展的主要标志和现代信息社会光电子技术的支柱之一,激光技术和激光产业的发展受到世界先进国家的高度重视。

激光加工是国外激光应用中最大的领域,也是对传统产业改造的重要手段,主要是通过功率为千瓦到十千瓦级 CO_2 激光器和百瓦到千瓦级 YAG 激光器实现对各种材料的切割、焊接、打孔、刻划和热处理等。

在激光加工应用领域中,CO_2 激光器以切割和焊接应用最广,分别占到 CO_2 激光器全部应用的 70%和 20%,在表面处理方面的应用则不到 10%。而 YAG 激光器的应用是以焊接、标记(50%)和切割(15%)为主。在美国和欧洲 CO_2 激光器的应用占到了所有激光器应用的 70%~80%。我国以切割为主的激光加工占全部激光加工领域的 10%,其中 98%以上使用功率为 1.5~2 kW 的 CO_2 激光器。而以热处理为主的激光加工约占全部激光加工领域的 15%,大多数是通过激光处理汽车发动机的气缸套。激光加工技术的经济性和社会效益都很高,故有很大的市场前景。

在汽车工业中,激光加工技术充分发挥了其先进、快速、灵活的加工特点。如在汽车样机和小批量生产中大量使用三维激光切割机,不仅节省了样板及工装设备,还大大缩短了生产准备周期;通过激光束在高硬度材料和复杂而弯曲的表面打小孔,速度快而不产生破损;激光焊接在汽车工业中已成为标准工艺,日本丰田汽车公司已将激光用于车身面板的焊接,将不同厚度和不同表面涂敷的金属板焊接在一起,然后再进行冲压;虽然激光热处理不如激光焊接和激光切割应用得普遍,但在汽车工业中仍得到较多应用,如用于缸套、曲轴、活塞环、换向器、齿轮等零部件的热处理。在工业发达国家,将激光加工技术和计算机数控技术及柔性制造技术相结合,派生出激光快速成型技术。通过该项技术不仅可以快速制造模型,而且还可以直接将金属粉末熔融后制造出金属模具。

20 世纪 80 年代,YAG 激光器在焊接、切割、打孔和打标等方面发挥了越来越大的作用。通常认为采用 YAG 激光器进行切割可以得到好的切割质量和高的切割精度,但切割速度受到限制,随着 YAG 激光器输出功率和激光束质量的提高切割速度也有所提高。YAG 激光器已开始挤进原属于千瓦级 CO_2 激光器切割市场。YAG 激光器特别适合焊接不允许产生热变形和焊接污染的微型器件,如锂电池、心脏起搏器、密封继电器等。YAG 激光器打孔已发展成为最大的激光加工应用领域。激光打孔主要应用于航空航天、汽车制造、电子仪表、化工等行业。打孔峰值功率高达 30~50 kW,打孔所用脉冲宽度越来越窄,重复频率越来越高。激光器输出参数的提高,在很大程度上改善了打孔质量,提高了打孔速度,也扩大了打孔的应用范围。国内比较成熟的激光打孔应用是人造金刚石和天然金刚石拉丝模的生产及手表宝石轴承的生产。

成熟的激光加工技术包括激光快速成型技术、激光焊接技术、激光打孔技术、激光切割技术、激光打标技术、激光去重平衡技术、激光蚀刻技术、激光微调技术、激光存储技术、激光划线技术、激光清洗技术、激光热处理和表面处理技术。

激光焊接技术具有熔池净化效应,能纯净焊缝金属,适用于相同和不同金属材料间的焊接。激光焊接能量密度高,特别适用于对高熔点、高反射率、高热导率和物理特性相差很大的金属进行焊接。

激光切割技术可广泛应用于金属和非金属材料的加工中,可大大减少加工时间,降低加工成本,提高工件质量。脉冲激光适用于金属材料切割,连续激光适用于非金属材料切割,后者是激光切割技术的重要应用领域。

激光打标技术是激光加工最大的应用领域之一。准分子激光打标是新发展起来的一项技术,特别适用于金属打标,可实现亚微米级打标,已广泛用于微电子工业和生物工程中。

激光去重平衡技术是用激光去掉高速旋转部件上不平衡的过重部分,使惯性轴与旋转轴重合,以达到动平衡。激光去重平衡技术具有测量和去重两大功能,可同时进行不平衡的测量和校正,效率大大提高,在陀螺制造领域有广阔的应用前景。对于高精度转子,通过激光去重平衡可成倍提高平衡精度,其质量偏心值的平衡精度可达1%或千分之几微米。

激光蚀刻技术的工艺比传统化学蚀刻技术的工艺简单,可大幅度降低生产成本,可加工线宽为0.125~1 μm的线,非常适合于超大规模集成电路的制造。

激光微调技术可对指定电阻进行自动精密微调,精度可达0.002%~0.01%,比传统加工方法的精度和效率高且成本低。激光微调包括薄膜电阻(0.01~0.6 μm厚)与厚膜电阻(20~50 μm厚)的微调、电容的微调和混合集成电路的微调。

激光存储技术是利用激光来记录视频、音频、文字资料及计算机信息的一种技术,它是信息化时代的支撑技术之一。

激光划线技术是生产集成电路的关键技术,其划线细、精度高(线宽为15~25 μm,槽深为5~200 μm)、加工速度快(可达200 mm/s)、成品率可达99.5%以上。

采用激光清洗技术可大大减少加工器件的微粒污染,提高精密器件的成品率。

激光热处理和表面处理技术包括激光相变硬化技术、激光包覆技术、激光表面合金化技术、激光退火技术、激光冲击硬化技术、激光强化电镀技术、激光上釉技术,这些技术对改变材料的力学性能、耐热性和耐腐蚀性等有重要作用。

激光相变硬化(即激光淬火)是激光热处理中研究最早、最多、进展最快、应用最广的一种新工艺,适用于大多数材料和不同形状零件的不同部位,可提高零件的耐磨性和疲劳强度,国外一些工业部门将该技术作为保证产品质量的一项手段。

激光包覆技术是在工业中获得广泛应用的激光表面改性技术之一,具有很好的经济性,可大大提高产品的抗腐蚀性。

激光表面合金化技术是材料表面局部改性处理的新技术，是未来应用潜力最大的表面改性技术之一，适用于航空、航天、兵器、核工业、汽车制造业中需要改善耐磨性、耐腐蚀性、耐高温性等性能的零件。

激光退火技术是半导体加工中的一种新技术，效果比常规热退火好得多。经过激光退火后，杂质的替位率可达到98%~99%，可使多晶硅的电阻率降到普通加热退火后电阻率的1/3~1/2，还可大大提高集成电路的集成度，使电路元件间的间隔缩小到0.5 μm。

激光冲击硬化技术能改善金属材料的力学性能，可阻止裂纹的产生和扩展，提高钢、铝、钛等合金的强度和硬度，改善其抗疲劳性能。

激光强化电镀技术可提高金属的沉积速度，比无激光照射沉积速度快1 000倍，对微型开关、精密仪器零件、微电子器件和大规模集成电路的生产和修补具有重大意义。使用该技术可使电镀层的牢固度提高100~1 000倍。

激光上釉技术对于材料改性有较好的应用前景，其成本低，容易控制和复制，有利于发展新材料。激光上釉结合火焰喷涂、等离子喷涂、离子沉积等技术，在控制组织、提高表面耐磨性、耐腐蚀性等方面有着广阔的应用前景。电子材料、电磁材料和其他电气材料经激光上釉后用于测量仪表中极为理想。

5.3 安全技术操作规程

1. 严禁不接地的设备开机工作，设备所有部分接地必须完全可靠，以防静电伤人。

2. 每次开机后必须检查潜水泵是否出水，如不出水严禁开机工作。

3. 保证循环水水温适度、水质干净无杂物（建议用纯净水），定期更换循环水（7天）。

4. 用专用的相机镜头纸或医用棉棒沾酒精和乙醚的混合物擦拭反射镜和聚焦镜。（乙醚和酒精体积混合比例为1∶1）

5. 进行激光雕刻时一定要打开风机，以免污染镜片和聚焦镜。

6. 激光设备附近严禁放置易燃、易爆物品，机器工作时，必须将设备顶部盖板盖上以防激光偏位发生火灾或伤人。

7. 在设备工作过程中，操作员禁止擅自离开，以免出现不必要的损失。

8. 非专业人员严禁擅自拆开设备，以免发生事故。

9. 设备中严禁放置任何不相干的反射物体，以防激光直接反射到人体或易燃物品上，造成危险。

10. 禁止在电压不稳时开机，否则必须使用稳压器。

11. 未经培训人员禁止使用激光雕刻机。

12. 在设备工作过程中，操作员必须随时观察设备工作情况（如勾边所铺纸张是否被气泵吹高而挡住激光、设备是否出现异常声音、循环水的水温是否适宜等）。

13. 设备所处环境无污染、无强电、强磁等干扰和影响。

14. 设备连续工作时间不能超过 5 小时(中途需休息半小时以上)。

15. 严禁电流表在最大值状态时开机,以免击穿激光电源。

16. 了解激光电源使用的基本限制(即电流表值最大不能超过 20 mA)。

17. 如果设备出现故障或发生火灾应立即切断电源。

5.4 问题与思考

1. 试述激光加工的原理、特点和应用。
2. 试述激光雕刻机的结构组成。
3. 简述进行激光雕刻虚拟仿真实验开发的必要性和重要性。
4. 简述虚拟仿真实验开发的一般步骤。
5. 简述虚拟仿真界面设计时的控件种类及开发方法。
6. 简述激光雕刻虚拟仿真实验的基本学习内容。

5.5 实践训练

5.5.1 项目一:激光雕刻虚拟仿真实验操作

1. 训练目的与要求

(1) 熟悉激光雕刻虚拟仿真实验操作步骤。

(2) 独立完成激光雕刻虚拟仿真实验。

2. 训练内容及要求

(1) 内容:激光雕刻虚拟仿真实验训练。

(2) 要求:能够根据系统要求独立完成全部虚拟仿真实验。

激光雕刻虚拟仿真教学系统

3. 训练设备和材料

(1) 设备:普通计算机。

(2) 软件:激光雕刻虚拟仿真教学系统,如图 5-5-1 所示。

4. 实践训练的步骤

(1) 在计算机上启动激光雕刻虚拟仿真教学系统,出现如图 5-5-1 所示主界面。

(2) 单击主界面中的“激光雕刻机”按钮可进入学习界面,单击“定义”按钮显示激光定义内容界面,如图 5-5-2 所示。

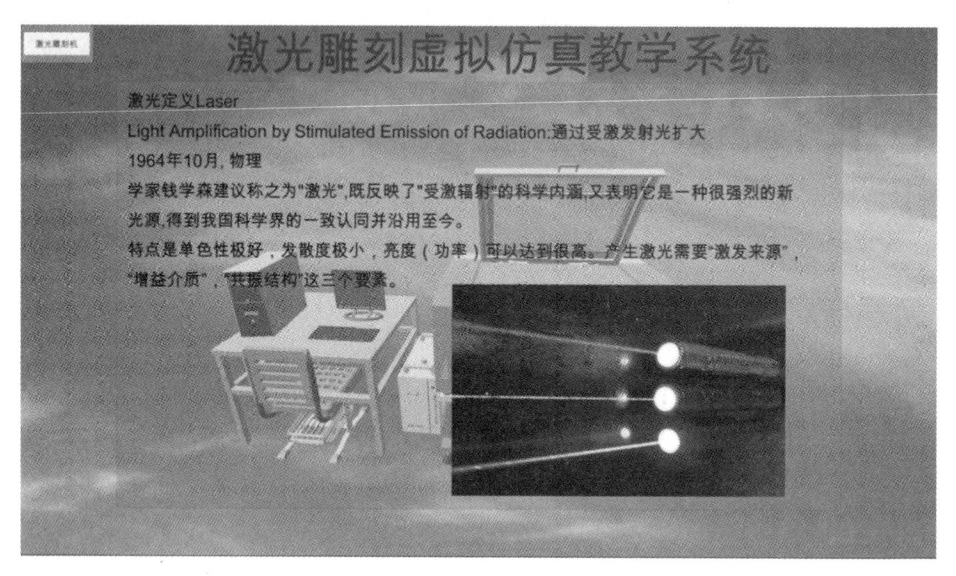

图 5-5-1　激光雕刻虚拟仿真教学系统主界面

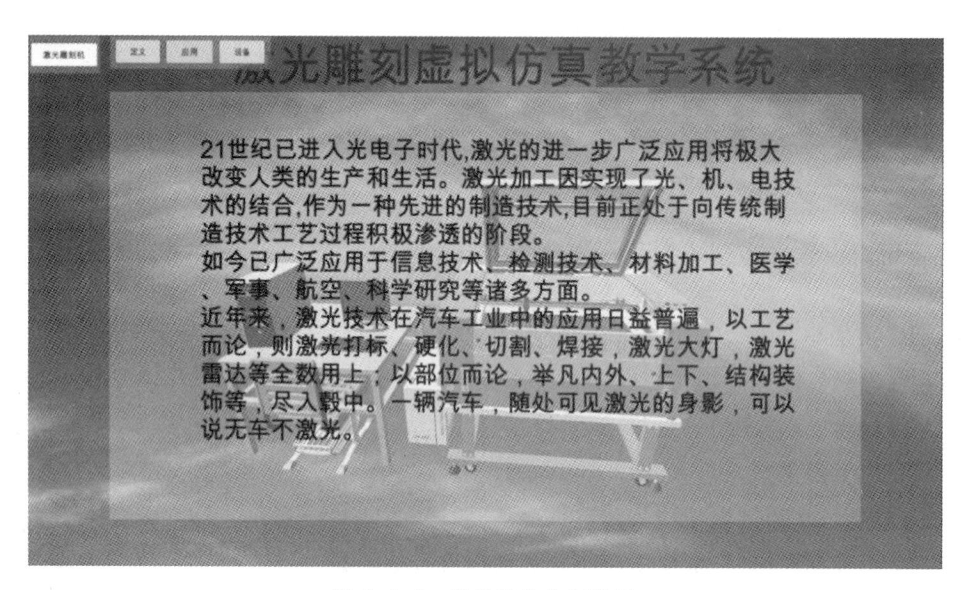

图 5-5-2　激光定义内容界面

（3）单击虚拟显示器界面中的“激光雕刻机”按钮可进入学习场景，单击“应用”按钮显示激光应用内容界面，如图 5-5-3 所示。

（4）单击虚拟显示器界面中的“激光雕刻机”按钮可进入学习场景，单击“设备”按钮显示激光设备内容界面，如图 5-5-4 所示。

（5）单击虚拟显示器界面中的“激光雕刻机”按钮可进入学习场景，单击鼠标左键可360°旋转激光雕刻机的三维模型，滚动鼠标中键可以放大或者缩小激光雕刻机的三维模型，如图 5-5-5 所示。

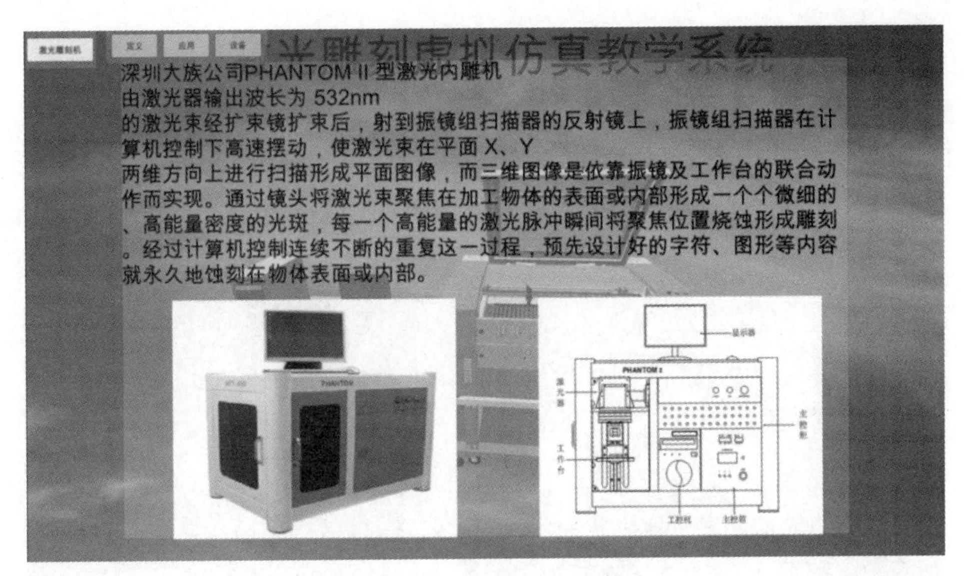

图 5-5-3　激光应用内容界面

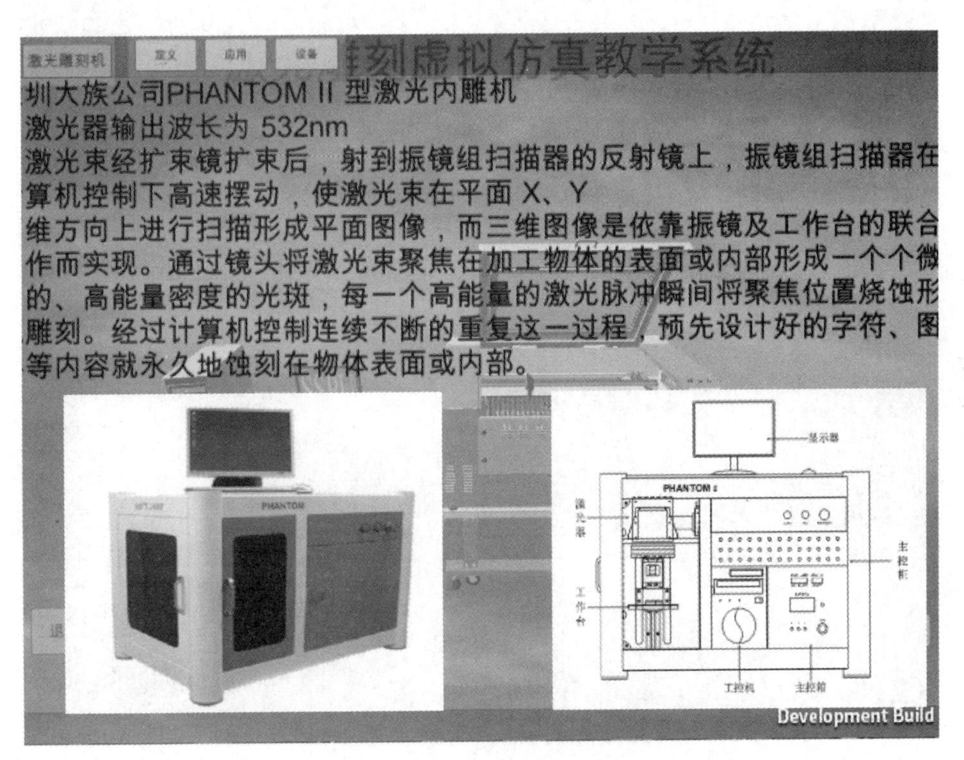

图 5-5-4　激光设备内容界面

(6) 单击虚拟显示器界面中的“结构组成”按钮可进入结构组成界面，如图 5-5-6 所示。

(7) 单击结构组成界面中的“进入仿真实验”按钮可进入激光雕刻虚拟仿真界面，如图 5-5-7 所示。

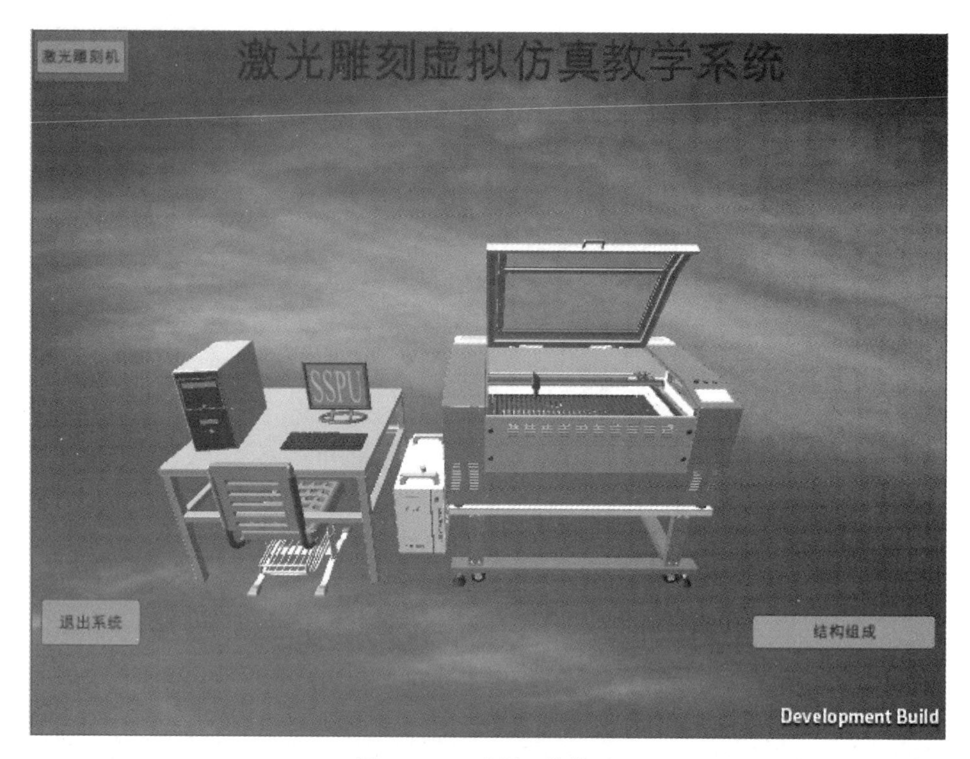

图 5-5-5　观测三维模型

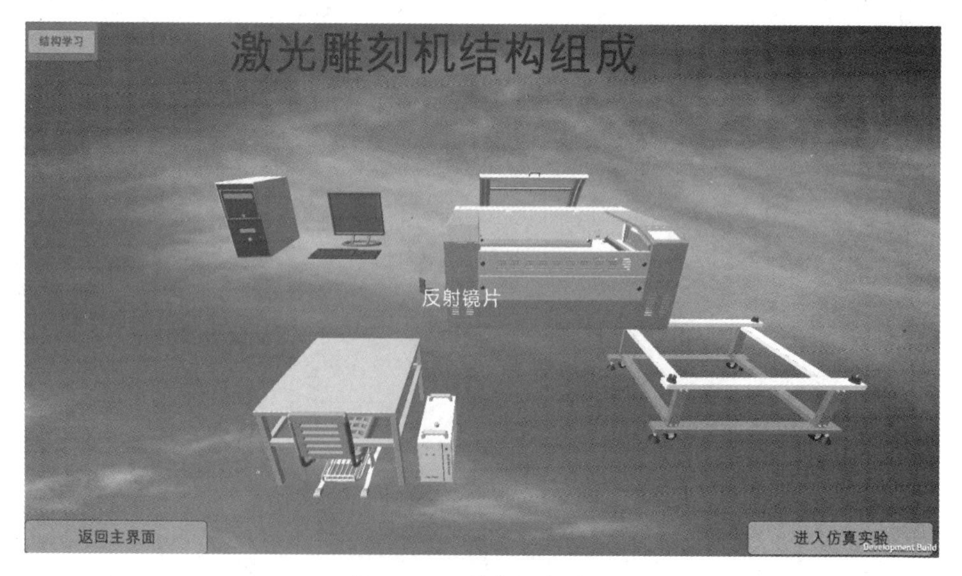

图 5-5-6　结构组成界面

(8) 单击“工艺学习”按钮,再单击“图案设计”按钮可了解图案设计的方法和步骤,如图 5-5-8 所示。

(9) 单击“问题”按钮可显示、查看实验中可能出现的问题,并给出解决措施,如图 5-5-9 所示。

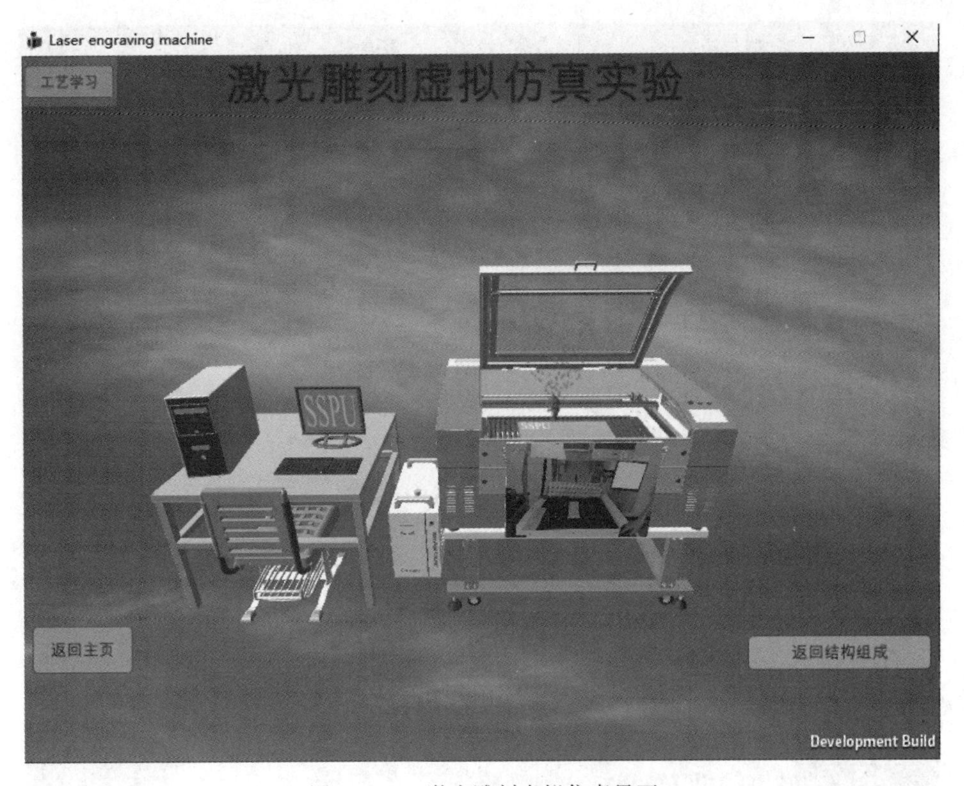

图 5-5-7　激光雕刻虚拟仿真界面

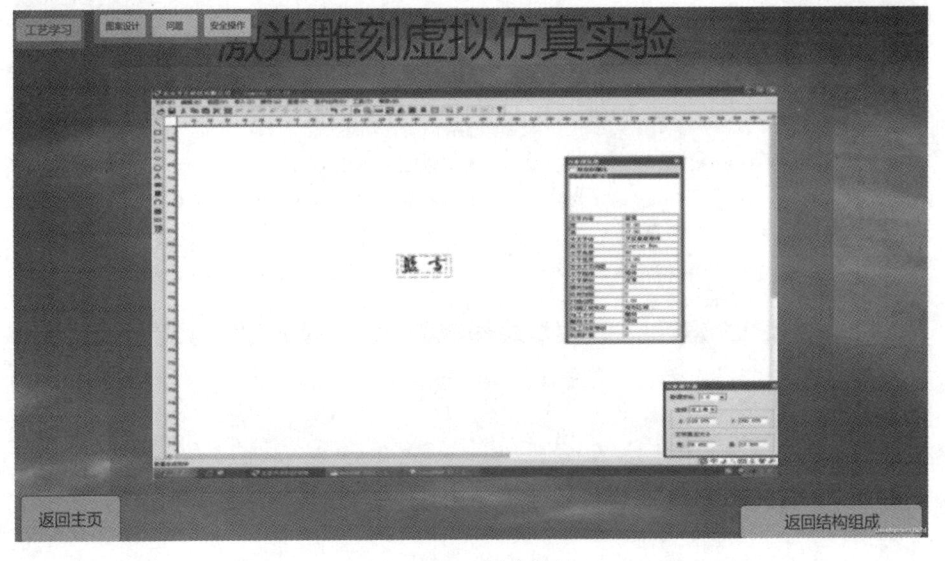

图 5-5-8　图案设计

(10) 单击“安全操作”按钮可显示具体操作时的注意事项,以保证自身安全,如图 5-5-10 所示。

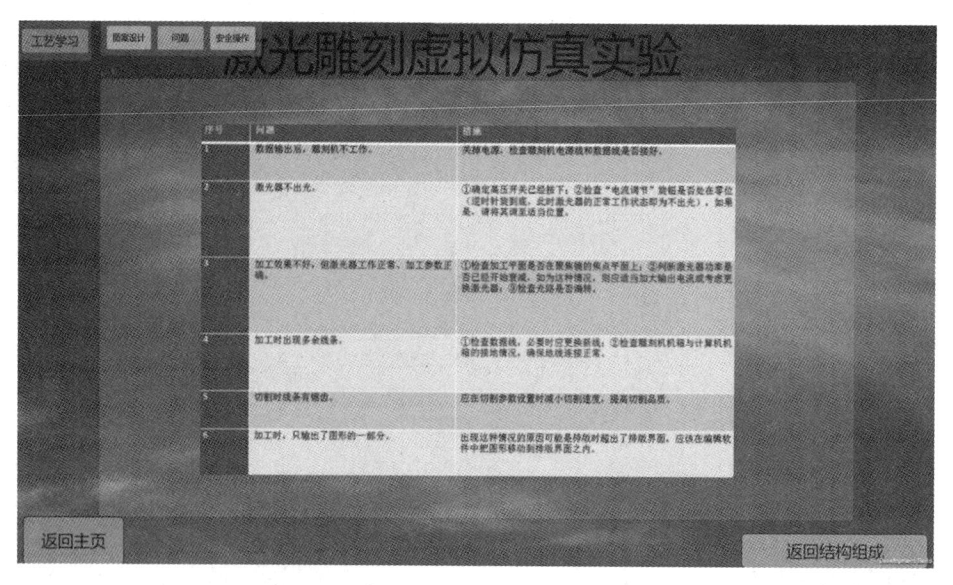

图 5-5-9 问题显示

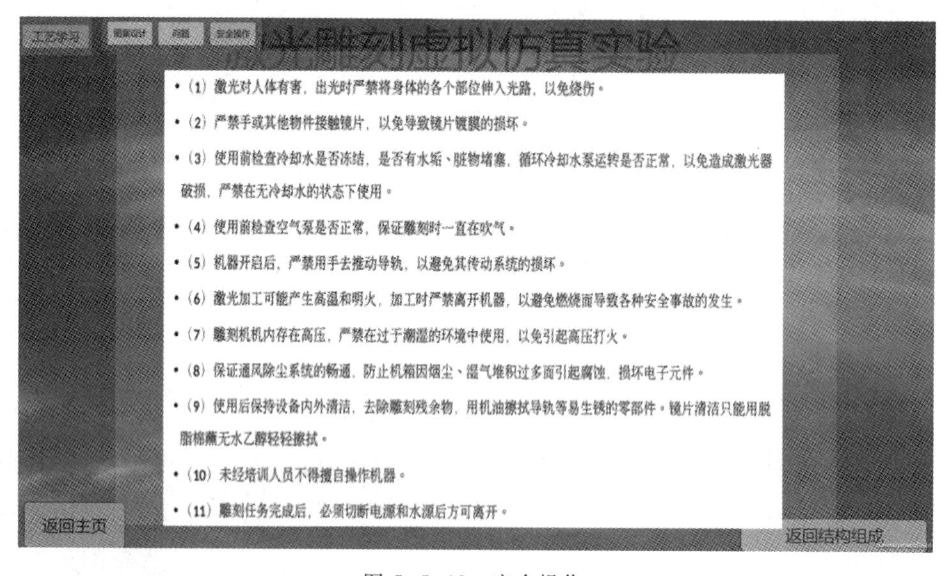

图 5-5-10 安全操作

5.5.2 项目二：激光雕刻虚拟仿真教学系统开发

1. 训练目的与要求

（1）了解激光雕刻机的基本结构及加工原理。

（2）了解激光雕刻虚拟仿真教学系统的开发过程。

（3）了解虚拟仿真界面设计中的控件设置方法。

（4）了解虚拟仿真场景中的鼠标控制方法。

2. 训练内容及要求

（1）内容：使用 Unity 3D 软件进行学习。

（2）要求：了解 Unity 3D 软件的一般功能。

3. 训练设备和材料

（1）设备：普通计算机。

（2）软件：Unity 3D 软件。

4. 实践训练的步骤

激光雕刻虚拟仿真教学系统开发内容，主要包括前期准备、VR 开发和平台建设，这三个部分包含了大部分虚拟仿真教学系统的开发内容。下面简述激光雕刻虚拟仿真教学系统开发的部分技术内容。

（1）激光雕刻机数字化建模

如图 5-5-11 所示，将激光雕刻机三维数字模型导入 Unity 3D 软件，主要模型零部件介绍如下：

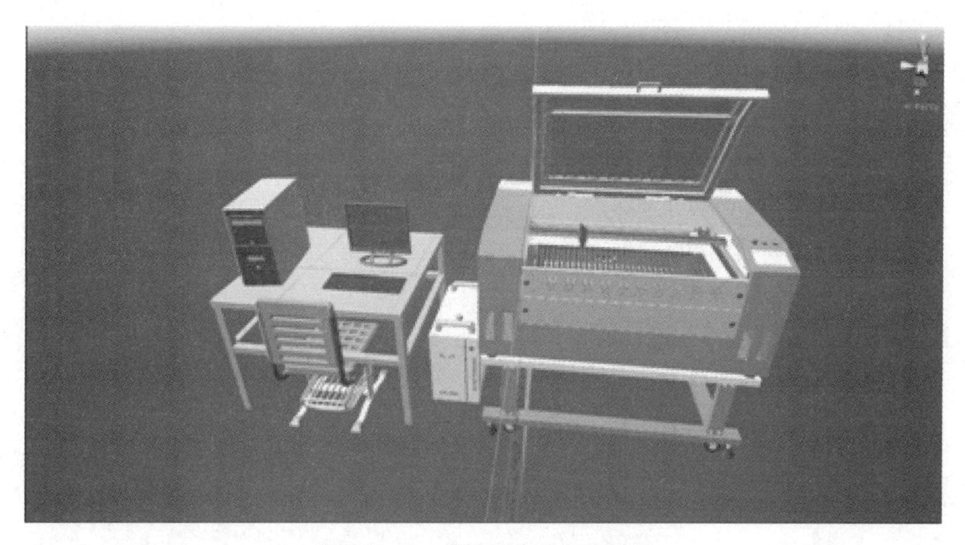

图 5-5-11　激光雕刻机三维建模

1）步进电动机：步进电动机关系激光雕刻机的雕刻精度，分三相和两相，一般而言，三相电动机更稳定，寿命更长，成本高。

2）激光镜片：激光镜片关系激光雕刻机的功率大小，分为进口镜片和国产镜片，国产镜片又分为采用进口材料生产和采用国产材料生产两种，价格差距很大，使用效果和使用寿命差距也很大。

3）激光管：激光管是激光雕刻机的核心部件。由于进口激光管非常昂贵，一般为几万元，所以大部分国产激光雕刻机都采用国产激光管。较好的催化剂激光管使用寿命一般约为 9 000 小时。

4）机械装配质量：为了降低成本，有些生产企业采用很薄的铁皮制作雕刻机外壳，使用一段时间后机架会发生变形,影响激光雕刻机的雕刻精度。质量优良的激光雕刻机应该采用框架结构,使用优质型钢焊接而成,并用优质冷轧钢板来制作机壳。

5）控制系统:现有国产激光雕刻机大部分采用国产成熟的雕刻控制系统,性能稳定,速度快,雕刻效率高,适合长时间工作。

6）冷却系统:激光雕刻机采用的是工业冷却装置。激光管的功率在 60 W 以下时,可采用水泵冷却,扬程要达到 4 m,功率为 80 W 的激光管使用 CW3000 水冷机,功率为 100 W 以上的激光管要采用 CW5000 型水冷机。激光管功率越大对冷却系统要求也越高。

（2）激光雕刻场景鼠标控制方法

```
using UnityEngine;
using System.Collections;
public class GetObject:MonoBehaviour {
    public GameObject obj;
    public Ray ray;
    public RaycastHit hit;
    public NoLockViewCamera NLC;
      public GameObject OJT;
      private int i=0,j=0;
      public GameObject[ ] pick;                    //部件数组
      public Color colorchange;                     //高亮显示颜色
      public Color[ ] clr;
    GameObject All;
    private Transform cam_free;
      float VirtualScreenWidth=1920;
      float VirtualScreenHeight=1080;
      void ApplyVirtualScreen( )
      {
      //屏幕自适应
       GUI.matrix = Matrix4x4.Scale ( new  Vector3 ( Screen.width / VirtualScreenWidth,
Screen.height / VirtualScreenHeight,1));
      }
    //初始化
    void Start ( ) {
    All=GameObject.Find ("circulating water model");
    Debug.Log (All);
    }
    //每帧更新
```

```
void Update () {
    if (Input.GetKeyDown("space"))
    {
        //打印“空格键被按下”
NLC.Target=GameObject.Find("circulating water model").transform;
        NLC.Distance=200;
    }
    getting();
}
  void getting()
  {
    ray=Camera.main.ScreenPointToRay(Input.mousePosition);
    if (Physics.Raycast(ray,out hit,Mathf.Infinity))
    {
        obj=hit.collider.gameObject;
        print(obj.name);
        //调试输出对象名称
        s3=All.GetComponent<reducer>();
        s3.OJT=obj;
        if (Input.GetMouseButtonDown(0))
        {
            NLC=GetComponent("NoLockViewCamera") as NoLockViewCamera;
            if (obj.name != "bottombox" && obj.name != "UPPERBOX")
            {
                NLC.Target=obj.transform;
                if (obj.name=="NUT")
                    NLC.Distance=400;
                else
                    NLC.Distance=70;
            }
        }
        Camera.main.transform.position=tarPos;
        Vector3 relativePos=obj.transform.position-tarPos;
        Quaternion rotation=Quaternion.LookRotation(relativePos);
        Camera.main.transform.rotation=rotation;
    }
```

```
    }
    //高亮显示
    void Comb(GameObject OBT)
    {
      if (NLC.Target.name=="circulating water model")
        {
            for (i=0;i<89;i++)
            {
                if (pick[i]==OBT)
                {

pick[i].gameObject.GetComponent<Renderer>().material.color=colorchange;
                }
                else
                {

pick[i].gameObject.GetComponent<Renderer>().material.color=clr[i];
                }
            }
        }
    }
    void OnGUI()
    {
        GUIStyle bb=new GUIStyle();
        bb.normal.background=null;
      bb.normal.textColor=Color.white;
        bb.fontSize=20;
        GUI.Label(new Rect(700,0,200,50),"设备名称:" + obj.tag,bb);

    }
  }
```

(3) 激光雕刻虚拟仿真界面设计

1) 界面设计——面板(Panel)控件

Unity 3D 面板控件又称面板,面板实际上是一个容器,在其上可放置其他 UI 控件。当移动面板时,放在其中的 UI 控件会随之移动,这样可以更加合理方便地移动与处理一组控件。拖动面板的 4 个角或 4 条边可以调节面板的大小。一个功能完备的 UI 界面往往会使用多个面板，而且一个面板里还可套用其他面板，如图 5-5-12 所示。

当创建一个面板时，此面板默认包含一个“Image(Script)”组件，如图 5-5-13 所示。其中，“Source Image”下拉列表框用来设置面板的图像，“Color”下拉列表框用来改变面板的颜色，如图 5-5-13 所示。

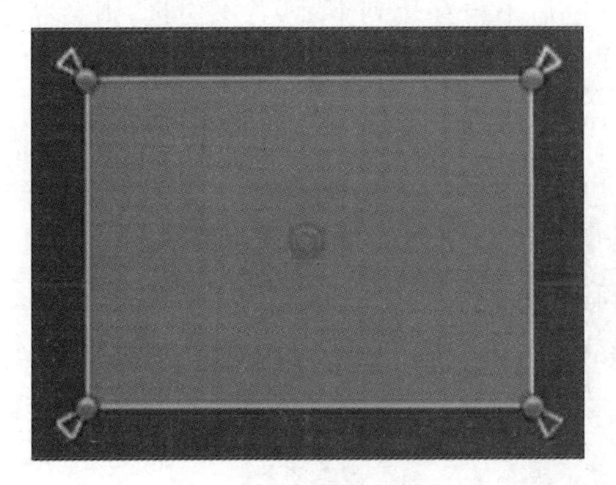

图 5-5-12　面板控件

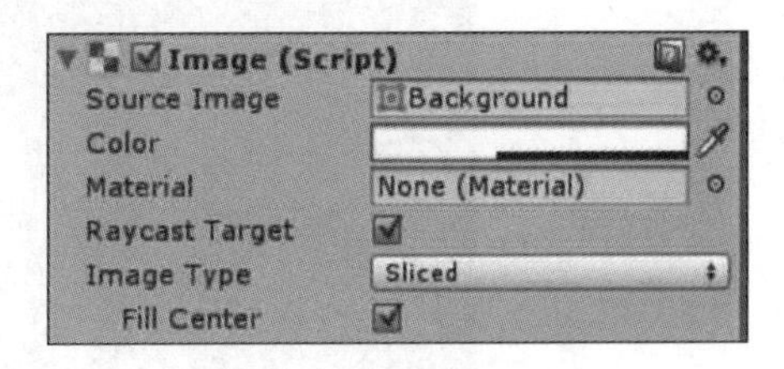

图 5-5-13　面板参数设置

2）界面设计——文本(Text)控件

在“Text(Script)”组件中可以对文本参数进行设置，如图 5-5-14 所示。

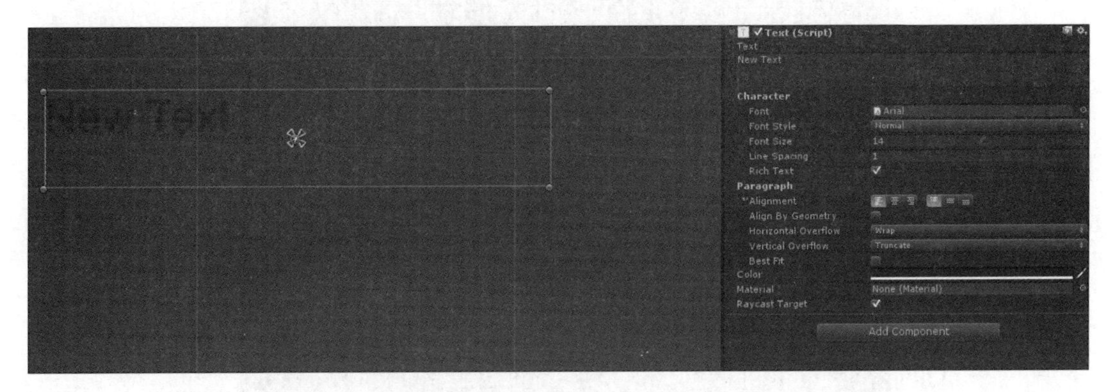

图 5-5-14　“Text(Script)”组件

“Font”下拉列表框用来设置字体；“Font Style”下拉列表框用来设置字体样式，如正常(Normal)、粗体(Bold)、斜体(Italic)和粗斜体(Bold And Italic)。“Font Size”下拉列表框用来设置字体大小。“Line Spacing”下拉列表框用来设置行间距(注：在“Text(Script)”组件中没有提供修改字间距的属性，在前面写过修改字间距的脚本)。“Rich Text”复选框用来设置富文本。

“Horizontal Overflow”复选框用来设置水平溢出形式。如选择“Wrap”项，则当文本达到水平边界时将自动换行，当选择“Overflow”项时，文本可以超出水平边界继续显示。可在“Vertical Overflow”下拉列表框中设置垂直溢出形式。如选择“Truncate”项，则不显示超出垂直边界的文本部分，当选择“Overflow”项，则文本可以超出垂直边界继续显示。

选中“Best Fit”复选框后，编辑器发生变化，显示最小尺寸(Min Size)和最大尺寸(Max Size)。

当边框很大时，文字以最大字体大小显示；当边框很小时，文字以最小字体大小显示。当字体为最小尺寸仍显示不了全部文字时，不再显示文字。

“Color”下拉列表框用来设置文字颜色。

“Material”下拉列表框用来设置材质。

勾选 Raycast Target 复选项后，鼠标点击到文字后不再穿透到下面，若不勾选，则会穿透到下面。

设置好后，在激光雕刻虚拟仿真的“Text(Script)”组件中添加如图 5-5-15 所示文字。

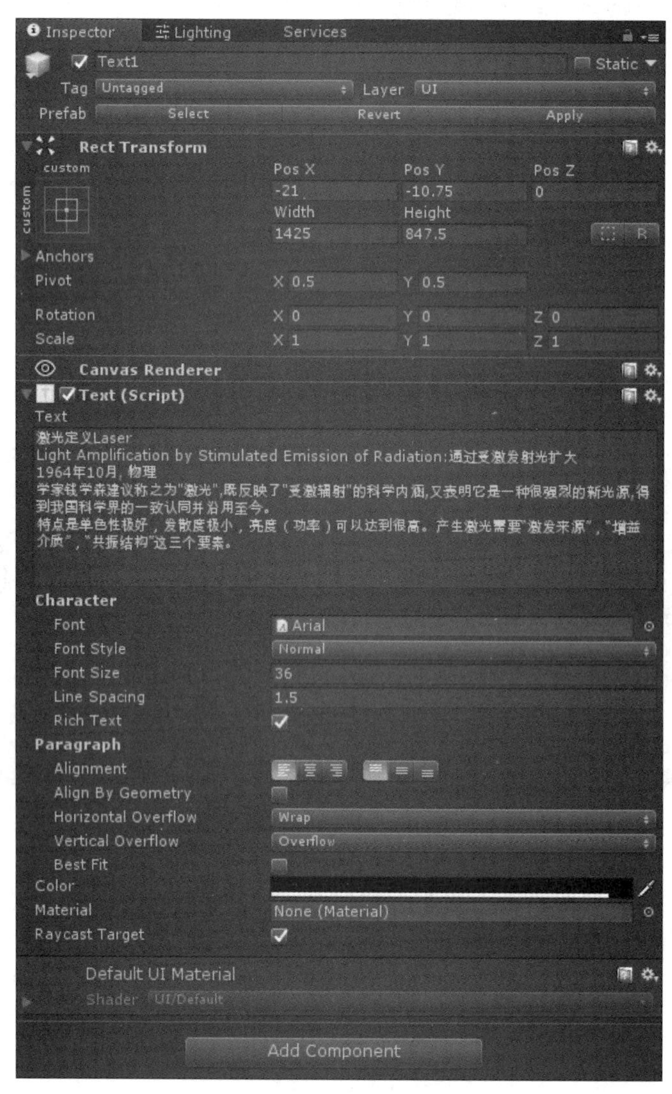

图 5-5-15　添加文字

3）界面设计——图像(Iamge)控件

在“Image(Script)”组件中可以对图像进行设置，如图 5-5-16 所示。在“Source Image”设置框中可导入纹理格式为 Sprite(2D and UI)的图片资源(导入图片后将“Texture Type”设为“Sprite(2D and UI)”)。

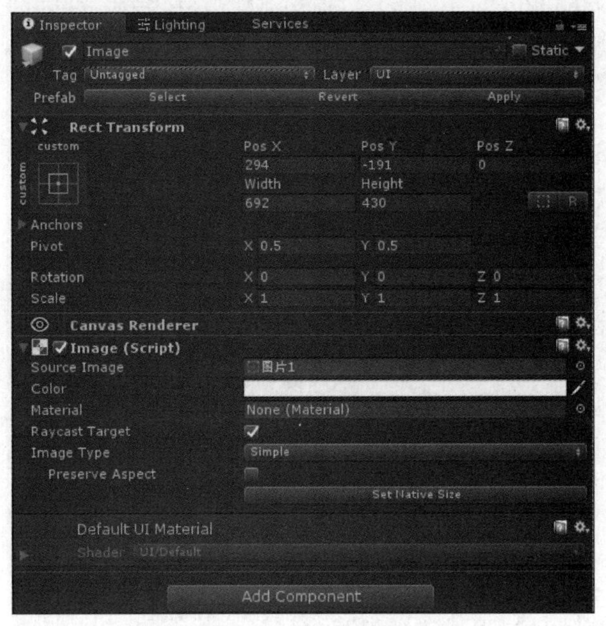

图 5-5-16 “Image(Script)”组件

“Color”下拉列表框用来设置图片叠加的颜色。“Material”下拉列表框用来设置图片叠加的材质。“Raycast Target”复选框用于设置是否作为射线投射目标,不勾选则忽略 UGUI 的射线检测。“Image Type”下拉列表框用来设置图片显示类型。若选择“Simple”项,则显示整张图片(图片不经裁切和叠加),但会根据边框大小进行拉伸。选择“Simple”项后再勾选“Preserve Aspect”复选项,则无论图片的外形是放大还是缩小,都会一直保持初始的长宽比例。

4)界面设计——Button 控件

“Button”组件用来绑定事件,如图 5-5-17 所示。为 UGUI Button 绑定事件有以下两种方法:

① 先编写一个 Button 响应脚本 ButtonTest.cs,如下:

```
using UnityEngine;
using UnityEngine.UI;
public class ButtonTest:MonoBehaviour
{
    public Text m_Text;
    public void ButtonOnClickEvent()
    {
        m_Text.text="鼠标点击";
    }
}
```

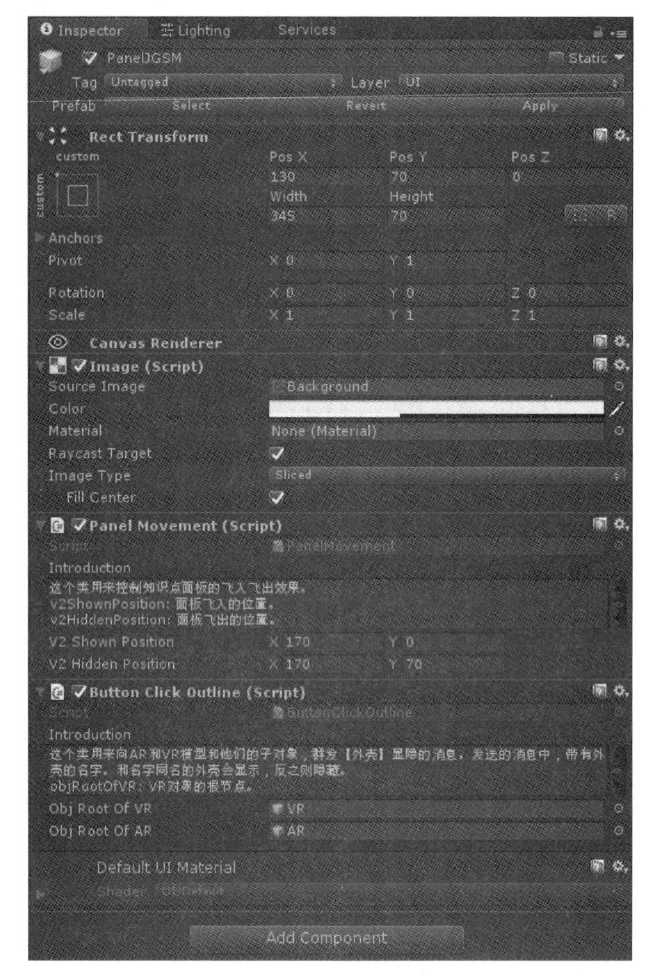

图 5-5-17　Button 控件

可视化创建及事件绑定方法为：单击 Button 组件上的 OnClick 的“+”号，然后将要绑定的脚本对象赋值到这个 Button 组件上。

② 通过直接绑定脚本来绑定事件

即使用 Button 组件自带的 onClick.AddListener 来绑定事件，如下：

```
using UnityEngine;
using UnityEngine.UI;
public class ButtonTest:MonoBehaviour
{
    public Button m_Button;
    public Text m_Text;
    void Start( )
    {
        m_Button.onClick.AddListener( ButtonOnClickEvent) ;
```

```
    }
    public void ButtonOnClickEvent( )
    {
        m_Text.text = "鼠标点击";
    }
}
```

模块六　CAD/CAM 训练

6.1　训练模块简介

在计算机辅助设计(Computer Aided Design,简称 CAD)中,交互技术是必不可少的。交互式绘图即运用计算机软件制作并模拟实物,展现新产品外形、结构、色彩、质感等特色。用户在设计时,人和机器之间可以及时地交换信息,实现边构思、边打样、边修改,更为直观便利。本模块是以 3DEXPERIENCE CATIA 软件(简称 CATIA 软件)为例介绍基于 CAD/CAM 软件的交互式绘图方法。CAD 最早应用于汽车、航空航天以及大型公司的电子工业生产中。随着 CAD 技术的演变和计算机的普及,其应用范围也逐渐变广,已广泛应用于航空航天、船舶、建筑、汽车、消费电子、印刷等诸多领域。目前常用的二维 CAD 软件有 AutoCAD,常用的三维 CAD 软件有 Siemens NX、Creo、CATIA 等,这些三维 CAD 软件集 CAD/CAM 于一体,但浩辰、中望、CAXA 等较为符合中国人思维习惯的国产 CAD/CAM 软件也在逐渐崛起。

通过本模块的学习,要求熟悉一种典型 CAD/CAM 软件的基本功能和典型操作方法,掌握简单的零件实体造型和产品装配设计方法,培养分析和解决工程设计实际问题的能力,为今后的学习和生活打下一定的基础。

6.2　安全技术操作规程

1. 进入计算机房须服从教师的管理,根据安排就座,不得擅自调换座位。

2. 须按照操作规程使用计算机,禁止在计算机上玩游戏,禁止浏览、下载、观看、传播、复制淫秽、反动、迷信等不健康的内容。

3. 为防止计算机染带病毒,未经教师同意,禁止私自携带各种存储媒介上机,确为上课需要使用的,应经教师同意并查杀病毒后,方能上机操作。

4. 禁止擅自更改计算机 IP 地址,私设口令及用户,更改机器配置参数,打开机箱,以及进行其他破坏性操作。

5. 未经教师同意,不得私自安装应用程序及删除文件,如发现异常情况,应及时向指导教师报告。

6.3 问题与思考

1. 简述 CAD/CAM 的功能及工程应用范围。
2. 简述 CAD/CAM 技术的最新发展动态和常用软件的功能。
3. 如何合理划分设计步骤?
4. 建模步骤的安排应遵循什么原则?
5. 如何确定尺寸、形位约束?
6. 如何分析检查模型文件的约束状况?
7. 什么是并行设计? 它有什么优势?
8. 如何根据设计内容选择合适的设计模块和文件格式?

6.4 实践训练

6.4.1 项目一: CATIA 零件建模训练

1. 训练目的和要求

(1) 了解 CAD/CAM 的功能及工程应用范围。

(2) 掌握草图绘制方法。

(3) 掌握基本设计方法和实体建模工具。

(4) 能够应用 CATIA 软件建立完整规范的实体模型。

(5) 熟悉 CATIA 空间标注操作,能够建立完整的标注信息。

2. 训练内容

应用 CATIA 软件对图 6-4-1 所示零件建立其实体模型,并进行相关三维尺寸信息标注。

3. 训练设备

设备:计算机,配 3DEXPERIENCE CATIA 2019 软件,其界面如图 6-4-2 所示。

4. CAD/CAM 软件的操作步骤

(1) 设计软件的准备,包含两部分内容:① 登录账户,选择角色;② 选择设计模块并创建文件。

(2) 分析模型,确定合适的设计步骤。

(3) 熟悉常用的建模工具,绘制草图,检查草图尺寸及约束是否合理。

(4) 由草图生成特征,检查特征信息是否正确。

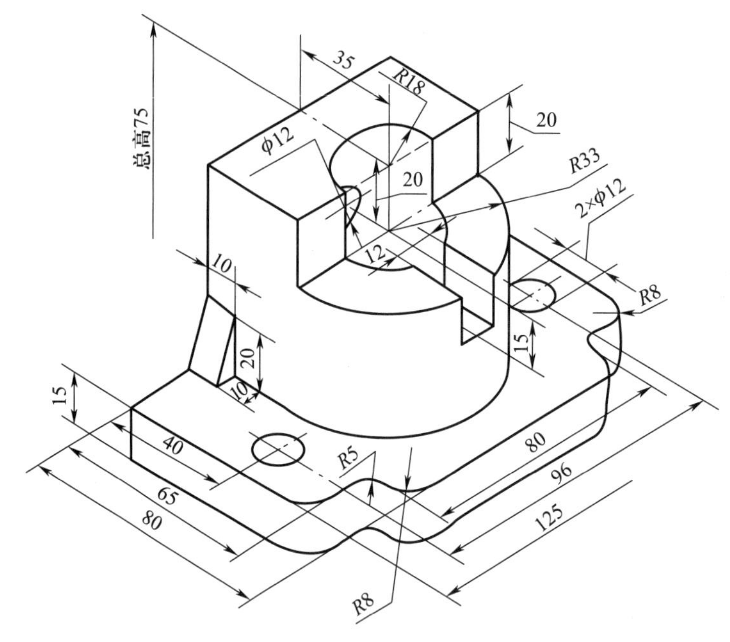

图 6-4-1 零件图

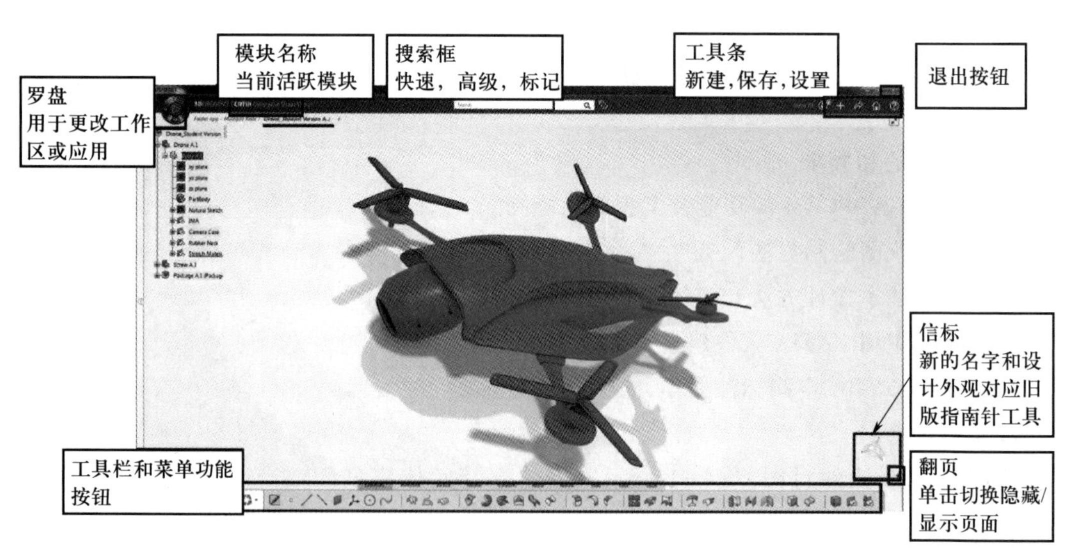

图 6-4-2 CATIA 软件界面

（5）对特征进行变换和优化，完成零件建模。

5. 实践训练的步骤

（1）打开 CATIA 软件，使用用户名和密码登录，选择角色为作者，如图 6-4-3 所示。

（2）进入软件后完成软件初始设置，单击左上罗盘上的“3D”按钮，打开“我的 3D 建模应用程序”列表，选择“Part Design”（零部件设计）模块，如图 6-4-4 所示。

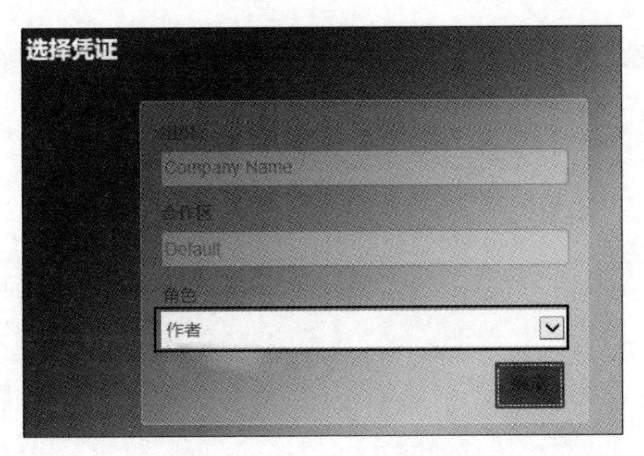

图 6-4-3 CATIA 登录凭证

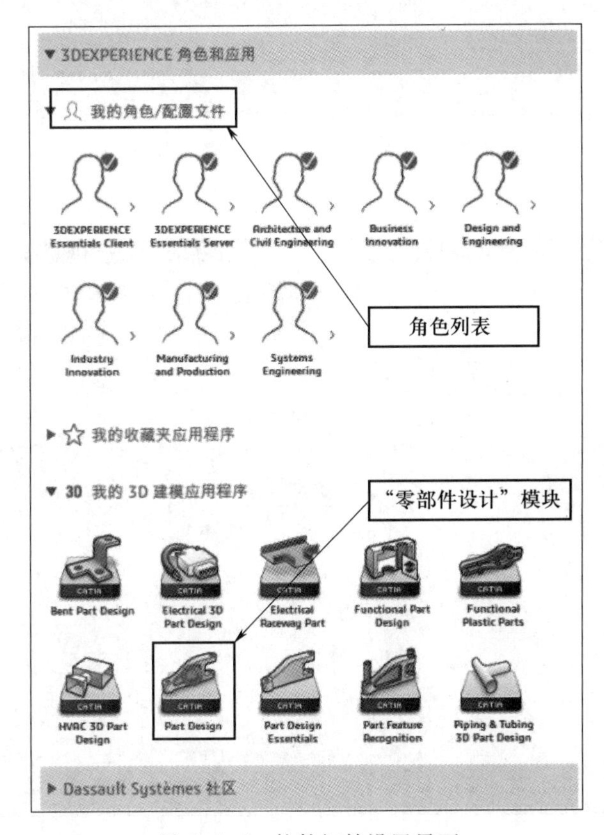

图 6-4-4 软件初始设置界面

（3）进入“Part Design”模块，新建.Part 文件。如图 6-4-5 所示，“Part Design”模块界面中央为工作区，左侧为树形图，下方为零部件菜单栏及工具栏，右下角指南针可以辅助进行视角及物体的移动。

（4）选择“定位草图”命令，进入“草图编辑器”模块界面，如图 6-4-6 所示，此时界面下方为草图编辑菜单栏及工具栏。

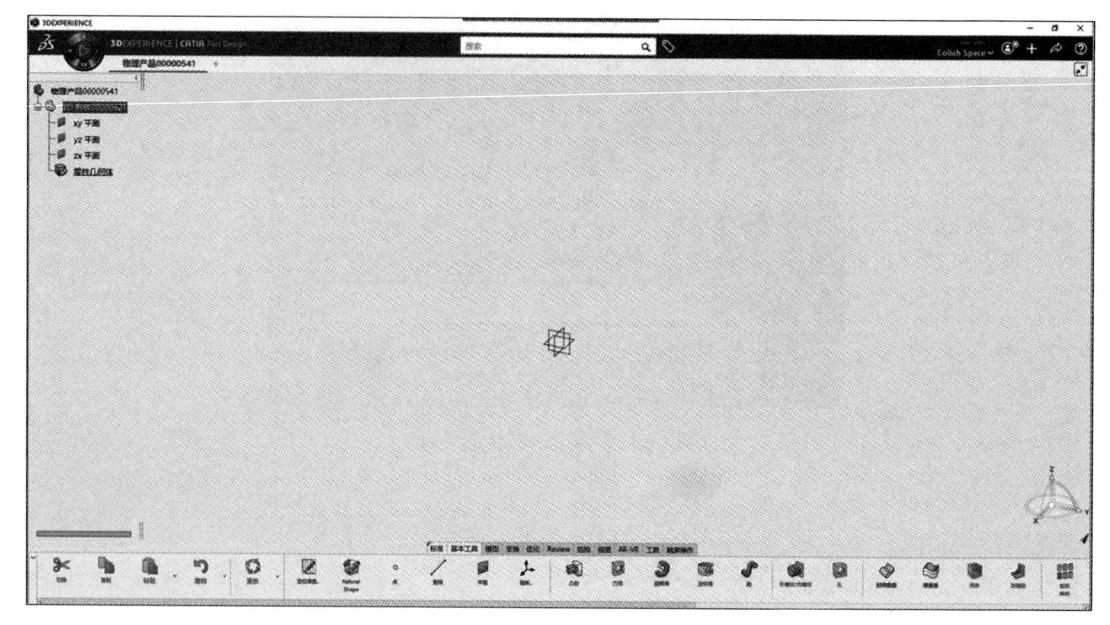

图 6-4-5　“Part Design”模块界面

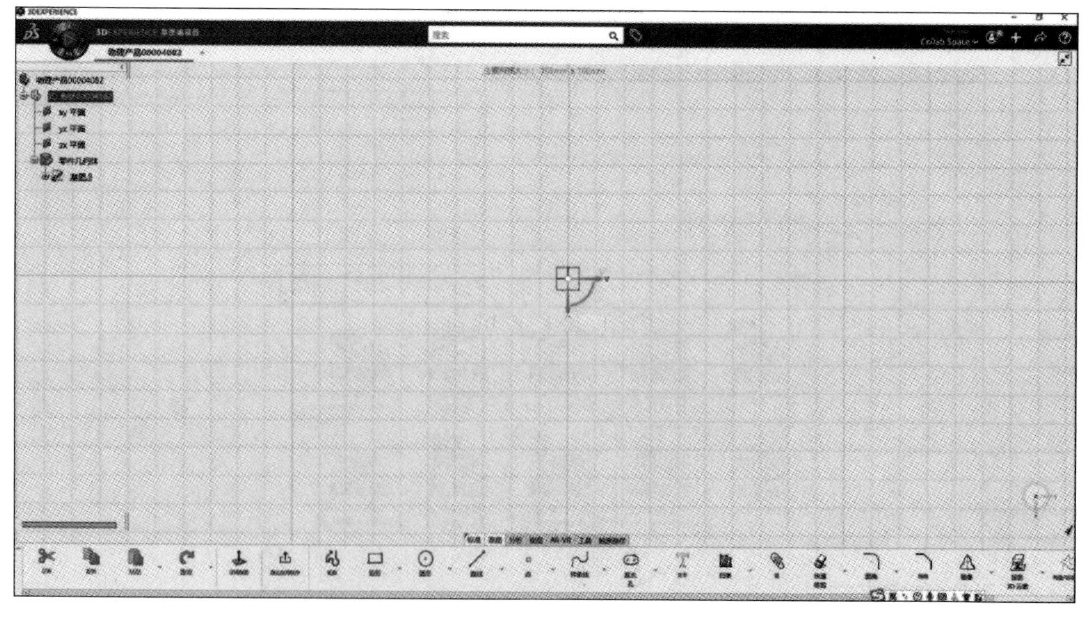

图 6-4-6　“草图编辑器”模块界面

创建草图

(5) 规划草图放置位置，以方便创建草图建模及约束。绘制底板的草图轮廓，使用“约束”命令约束草图尺寸及位置，如图 6-4-7 所示。可以利用“镜像”“复制”等命令简化草图绘制步骤。

(6) 使用菜单栏“分析”→“草图分析”命令检查草图状态，检查约束及封闭情况，使草图完全约束并使轮廓封闭，如图 6-4-8 所示。

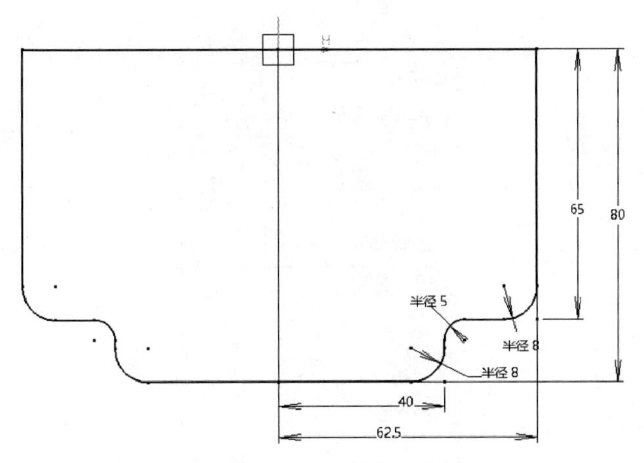

图 6-4-7 创建的底面草图

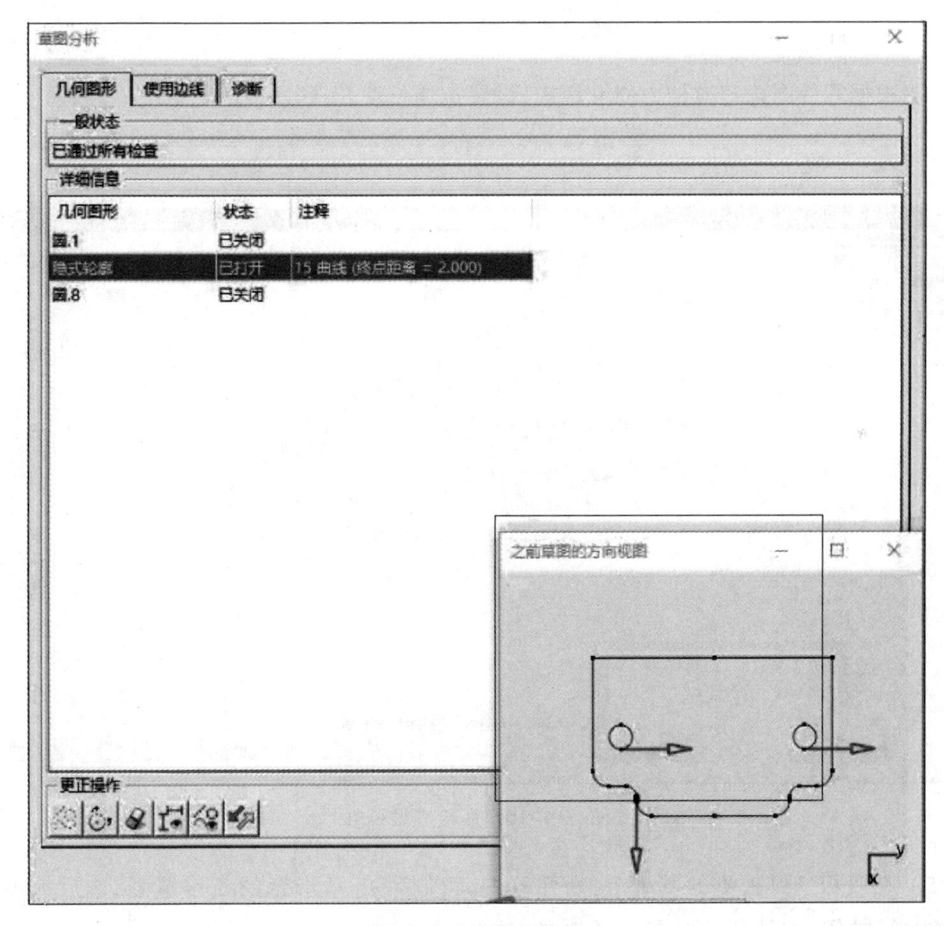

图 6-4-8 草图分析

(7) 退出“草图编辑器”模块,返回“Part Design”模块,对草图进行特征编辑操作,使用菜单栏“基本工具”→“凸台”命令,从弹出的“凸台定义”对话框中对草图进行拉伸操作,如

图 6-4-9 所示。

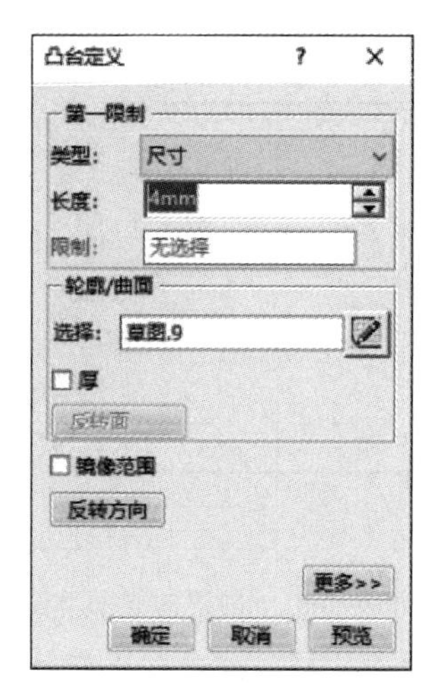

图 6-4-9　“凸台定义”对话框

（8）根据零件图确定拉伸方向和距离，设置拉伸长度，得到底板的三维模型，如图 6-4-10 所示。

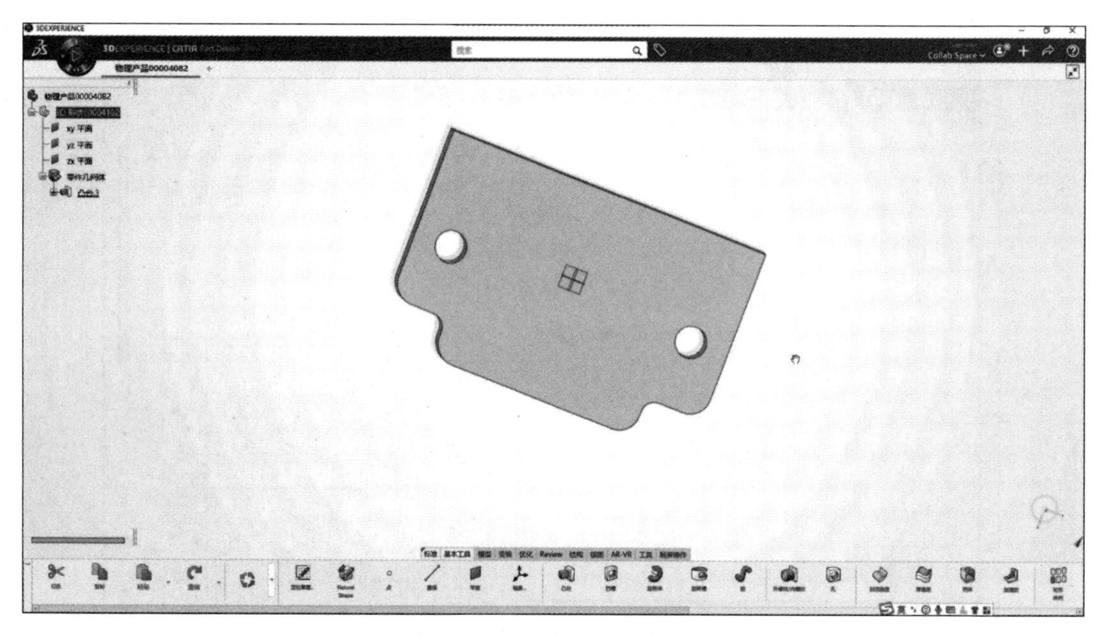

图 6-4-10　底板三维模型

（9）在底板三维模型的基础上，新建草图，绘制带孔 U 形台的二维草图，之后完成凸台操作（即拉伸），结果如图 6-4-11 所示。

特征编辑

（10）采用同样方法依次绘制其他草图并建立相应三维模型特征，使用“特征编辑”和“形体变换”命令，对三维模型特征进行修饰和完善，如图 6-4-12 所示。

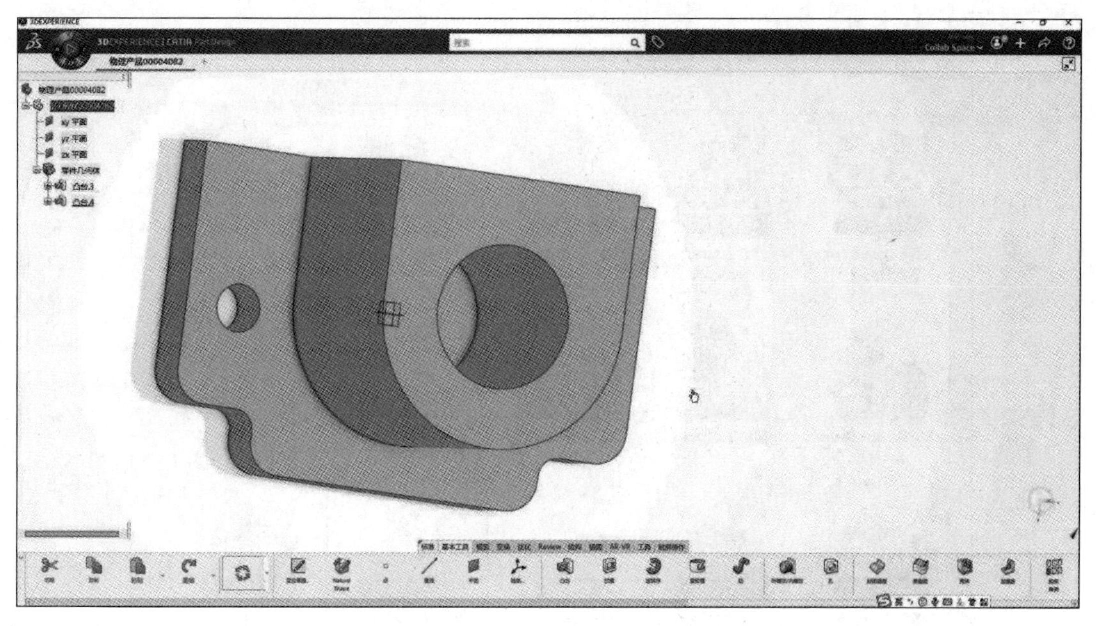

图 6-4-11　带孔 U 形台的三维模型

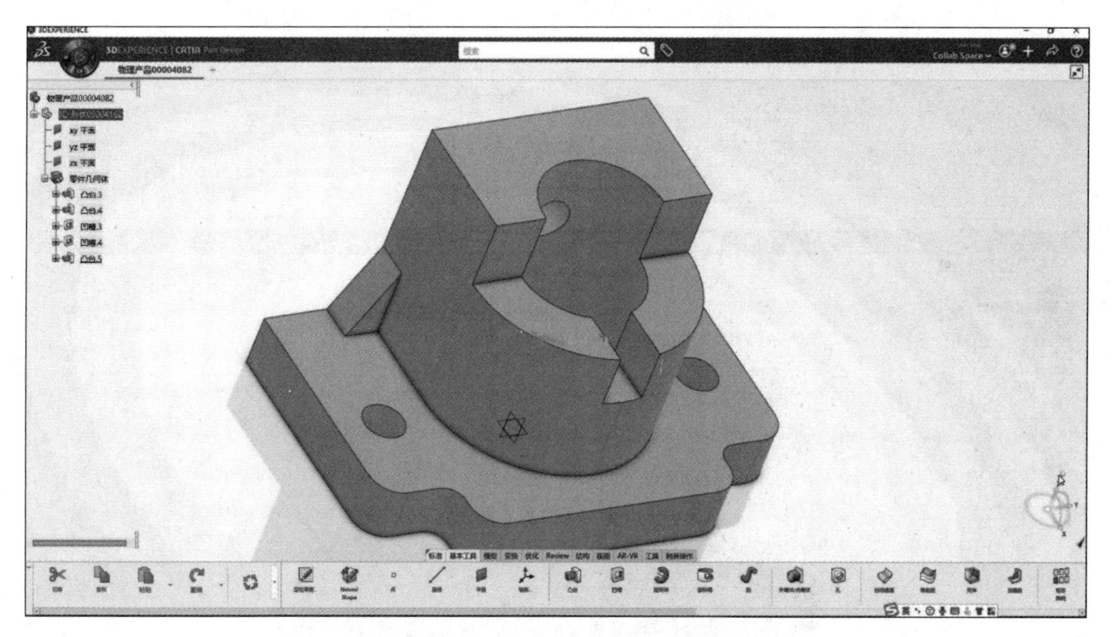

图 6-4-12　零部件三维模型

（11）在“我的 3D 建模应用程序”列表中选择“3D Tolerancing & Annotation”（三维公差和标注）模块，如图 6-4-13 所示。

（12）工作界面切换至“3D Tolerancing & Annotation”模块界面，菜单栏及工具栏显示“视图布局”“注释”等菜单及工具，如图 6-4-14 所示。

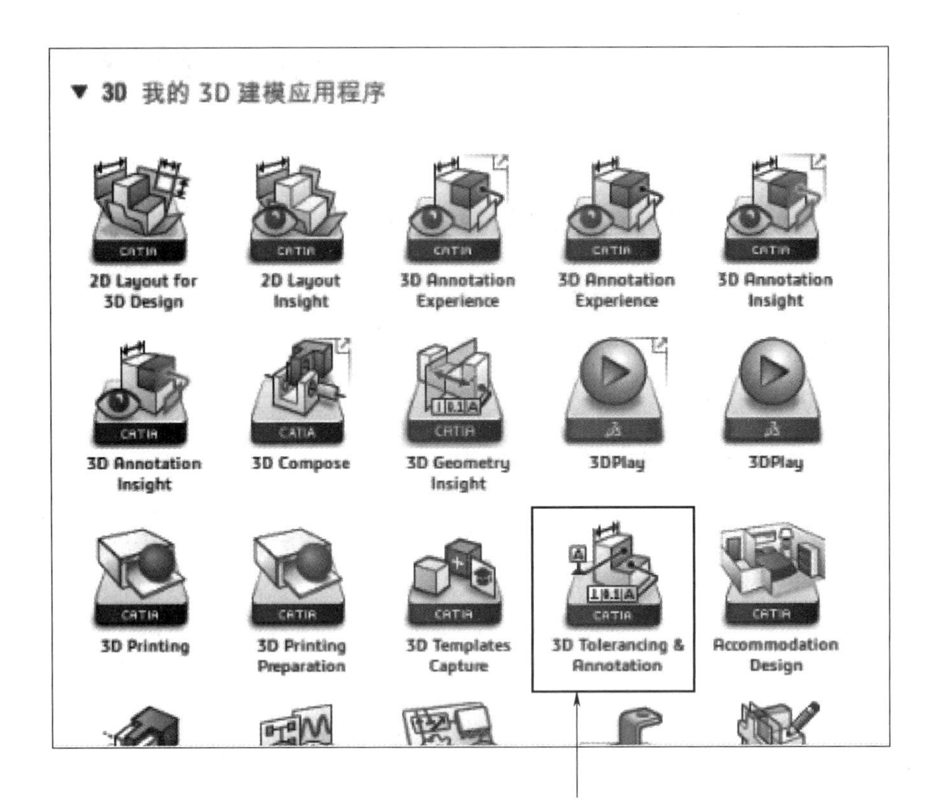

图 6-4-13　选择"3D Tolerancing & Annotation"模块

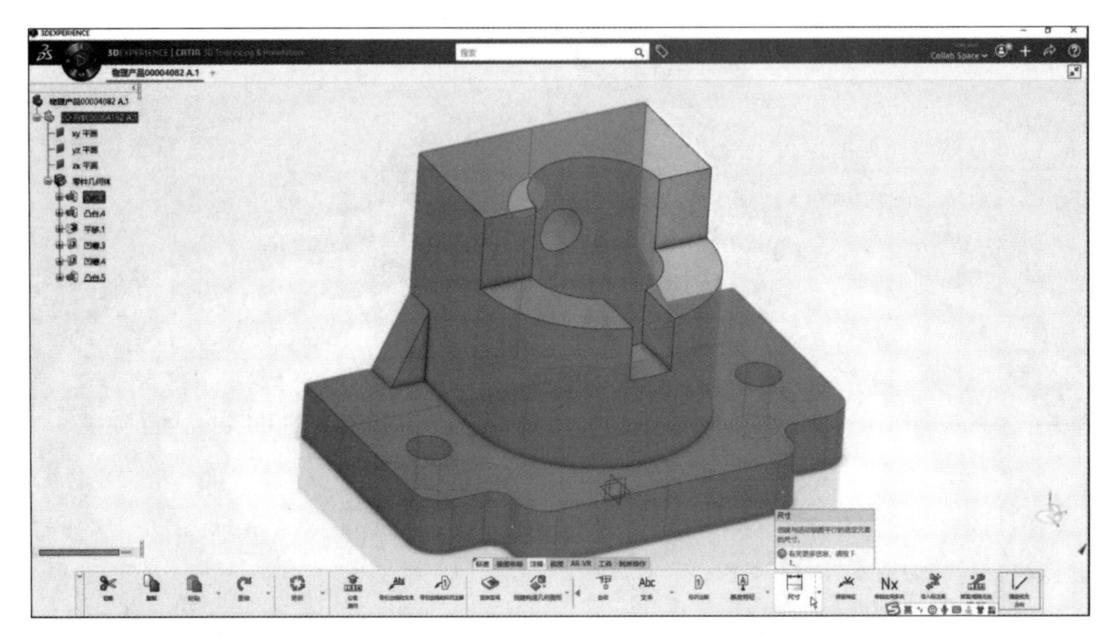

图 6-4-14　"3D Tolerancing & Annotation"模块界面

（13）使用“尺寸”“引出线”“基准”等命令，在三维模型上标注尺寸等信息，并将信息放置到合适位置，如图 6-4-15 所示。

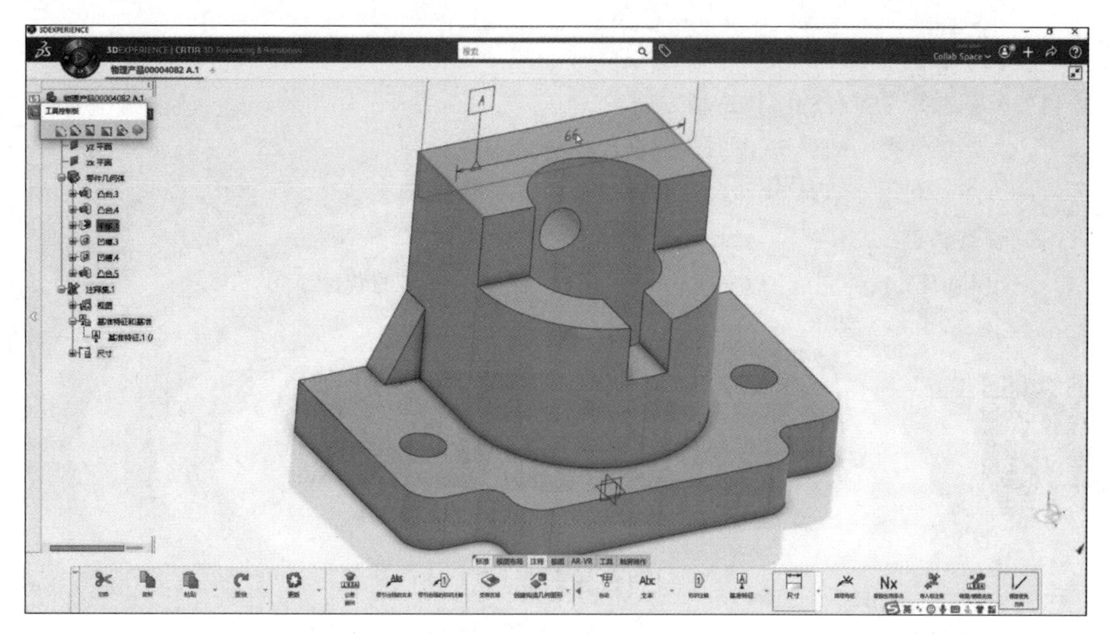

图 6-4-15　尺寸等信息标注

（14）按照以上步骤完成整个三维模型的尺寸标注。

6. 容易出现的问题与注意事项

（1）建模前应先进行设计规划，将复杂模型分割成多个简单形体进行建模，以降低建模难度。存在多种建模方式，选择合适的建模方式可以提升建模效率。

（2）熟练使用各种快捷命令可以提升建模效率及操作流畅度。

（3）建模前应根据设计习惯修改软件设置，如网格显示、点对齐、自动捕捉等功能。

（4）通过“草图分析”命令可以查看约束状态及封闭状态等信息，建议初学者选择完全约束的封闭草图进行拉伸。

（5）合适的草图定位可以为几何操作和约束提供一定便利。

（6）对于对称或存在一定规律的模型，可以通过“旋转”“镜像”或“阵列”等形体变换命令进行复制建模。

（7）应熟练使用特征树以查找和修改历史操作节点。

（8）3DEXPERIENCE 平台下的 CATIA 默认文件保存于服务器数据库中，如果需要进行本地操作可以通过导入和导出实现。

（9）建模过程中可以随时进行模块切换以更改工作内容，已有内容不会被删除。

（10）所有标注信息保存于树形图→注释集中，可以在注释集中查看和修改。

（11）尺寸标注应规范和规整，注意尺寸链及公差标注方法。

6.4.2　项目二：CATIA 装配练习

1. 训练目的和要求

（1）掌握简单零件的实体造型方法。

（2）熟练掌握 CATIA 软件的装配设计方法。

（3）能够利用 CATIA 软件建立完整规范的装配模型。

2. 训练内容

应用 CATIA 软件完成图 6-4-16 所示螺栓、螺母和垫圈的装配练习。

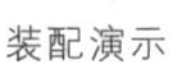

装配演示

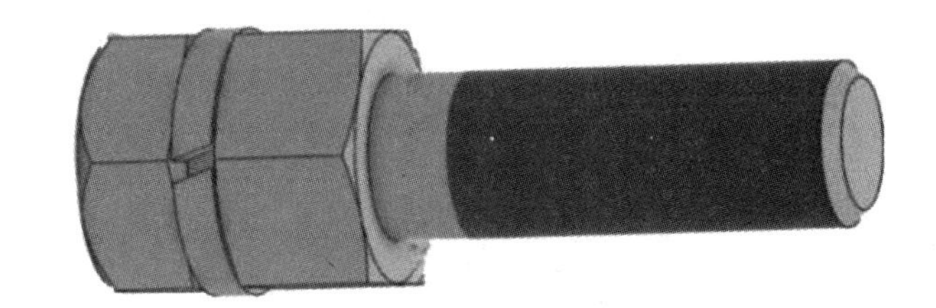

图 6-4-16　螺栓、螺母和垫圈装配图

3. 训练设备

设备：计算机，配备 3DEXPERIENCE CATIA 2019 软件。

4. 实践训练操作步骤

（1）打开 CATIA 软件，使用作者角色登录。

（2）在“我的 3D 建模应用程序”列表中选择“Assembly Design”（装配设计）模块，如图 6-4-17所示。

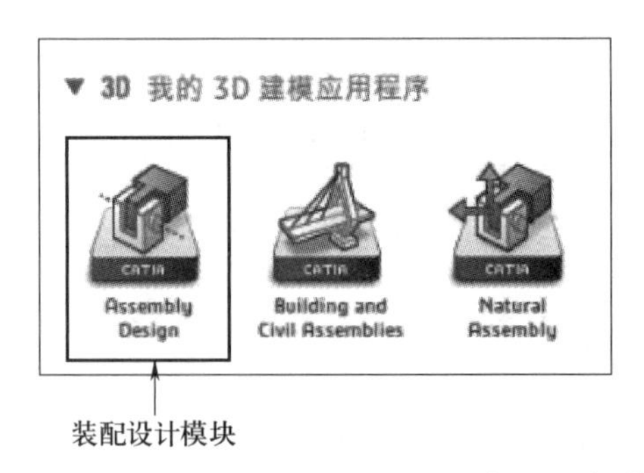

图 6-4-17　选择“Assembly Design”（装配设计）模块

（3）创建新的装配体文件，进入“Assembly Design”模块界面，如图 6-4-18 所示。

（4）为装配体添加现有装配零件，如图 6-4-19 所示。

（5）搜索需添加的零件，将其添加到文件中，所添加的零件会显示在树形图中，如图 6-4-20、图 6-4-21 所示。

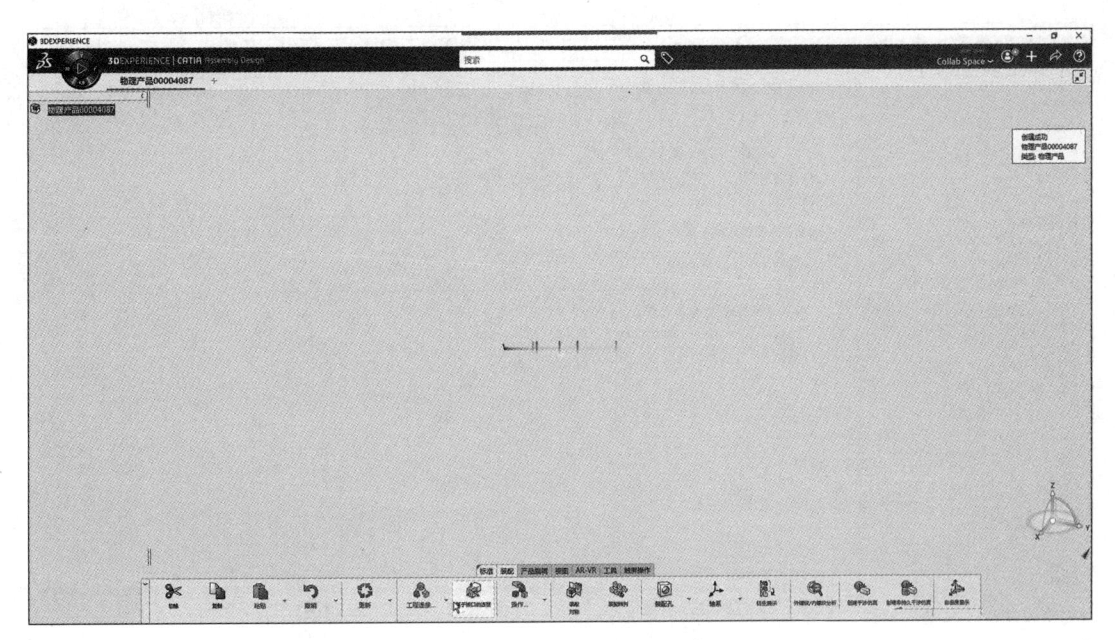

图 6-4-18　“Assembly Design”模块界面

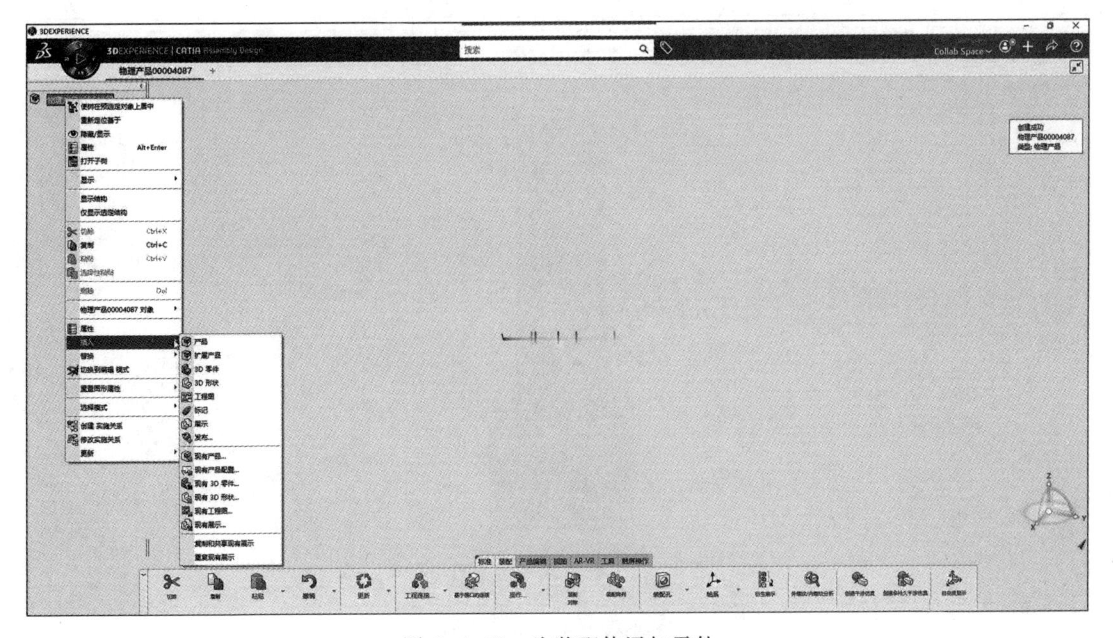

图 6-4-19　为装配体添加零件

(6) 使用菜单栏“装配”→“操作”命令，将各装配零件模型移动分开，以便接下来进行装配约束设置，如图 6-4-22 所示。

(7) 使用菜单栏“装配”→“工程连接”命令，对需要装配的零件定义约束条件。可以选择默认的约束类型或者手动切换约束类型，如图 6-4-23 所示。

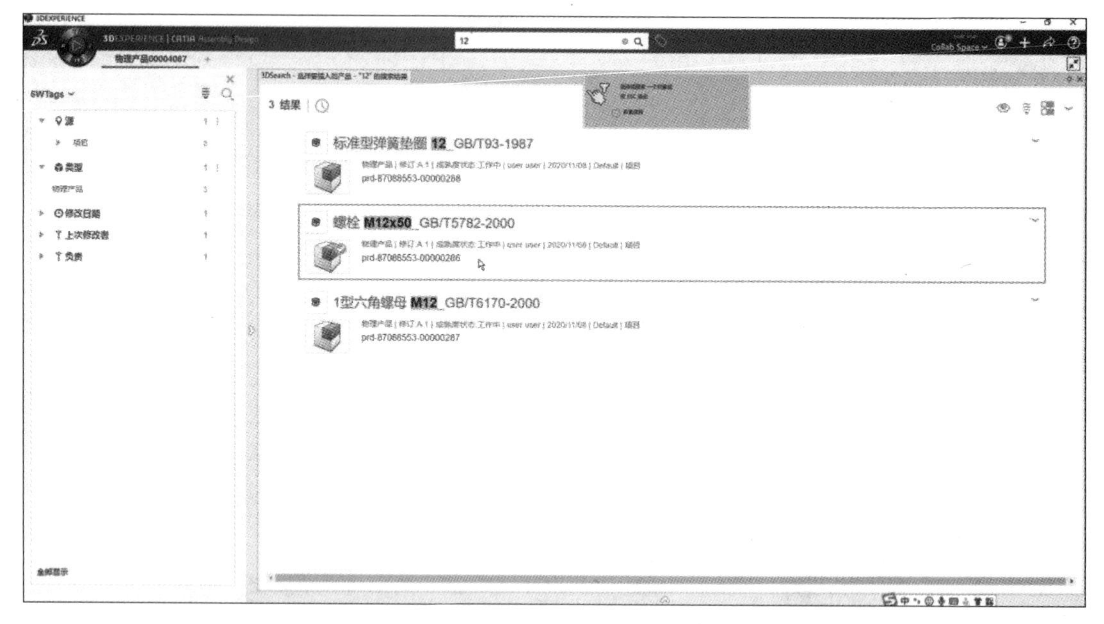

图 6-4-20　装配零件的查找

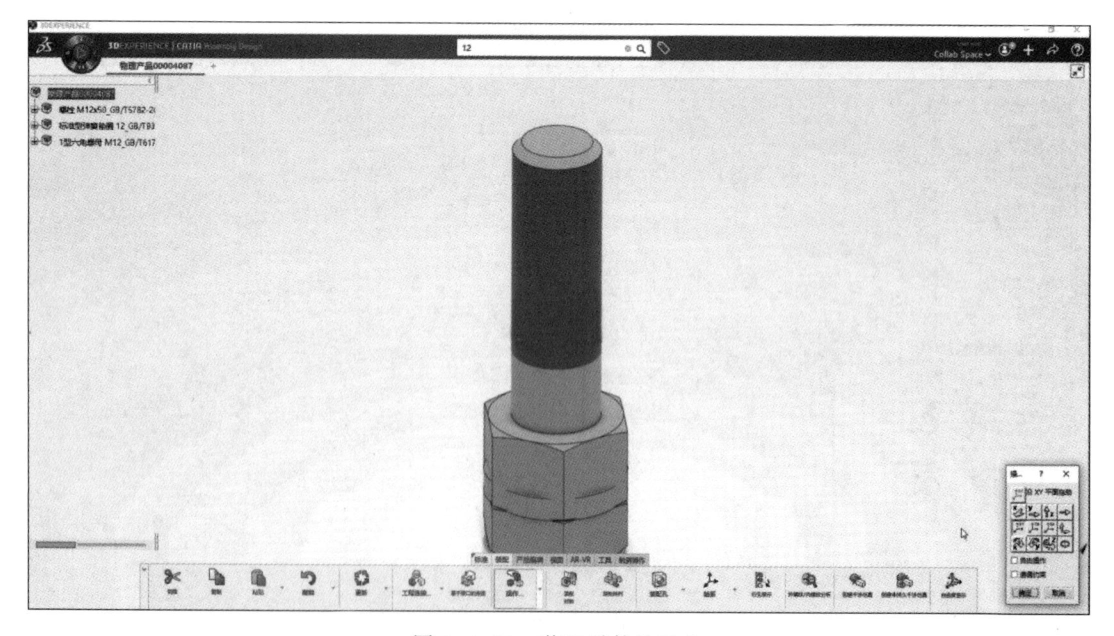

图 6-4-21　装配零件的导入

（8）为剩余零件添加约束信息，完成剩余零件的装配过程，装配信息显示在左侧属性图的工程连接节点下，如图 6-4-24 所示。

5. 容易出现的问题与注意事项

（1）装配设计有自底向上装配和自顶向下装配两种基本方式。

（2）可以使用不同的约束方式实现相同的约束效果，但有时需要添加额外的约束条件。

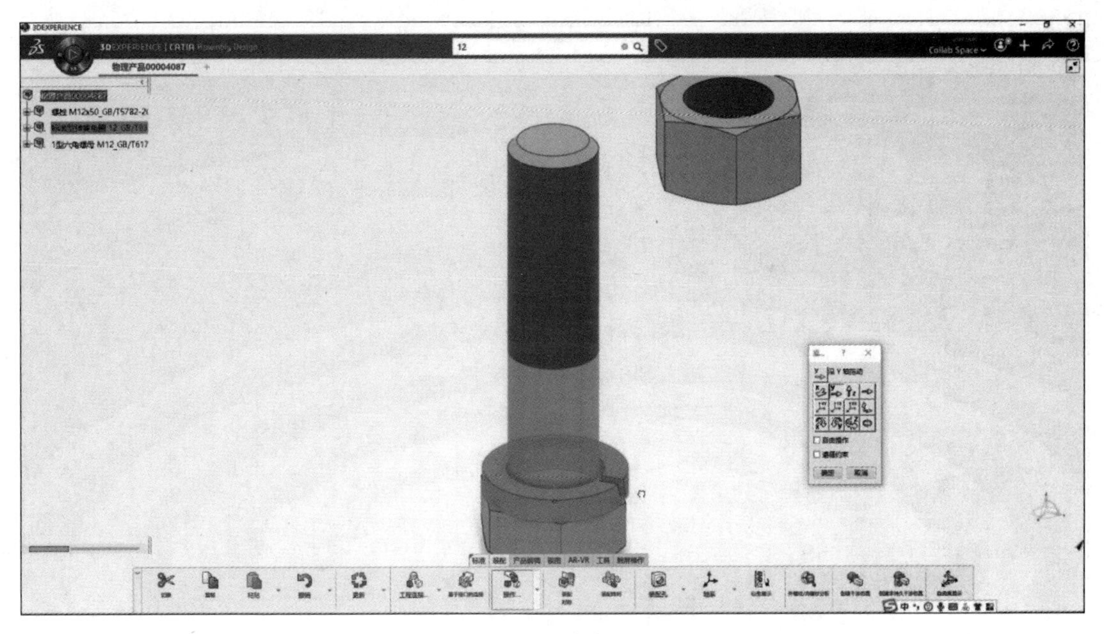

图 6-4-22 装配零件的移动

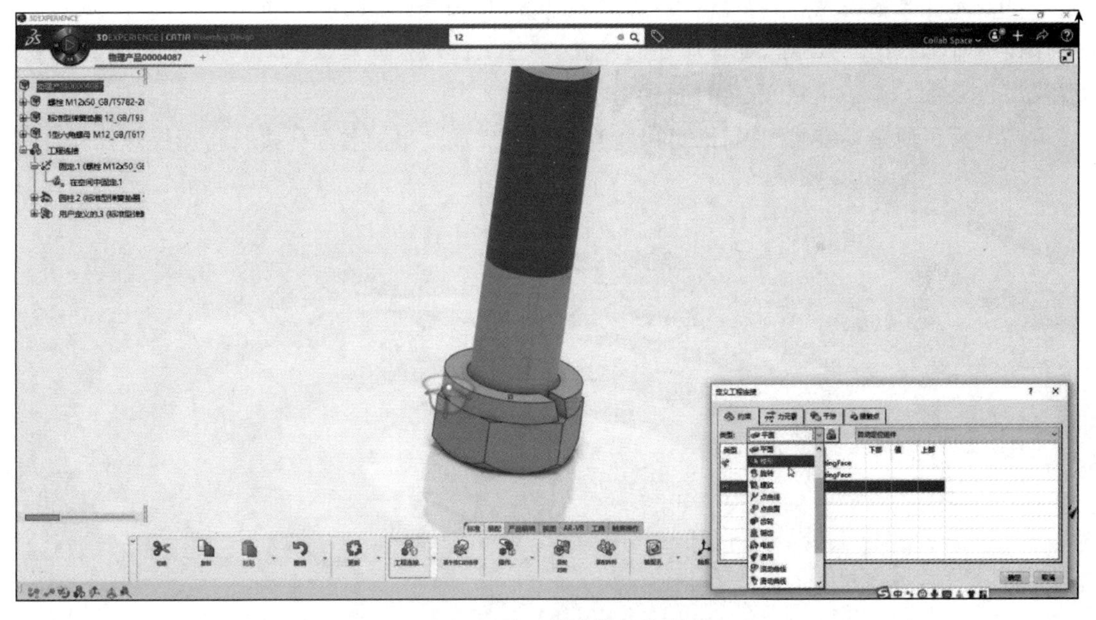

图 6-4-23 创建装配约束

(3) 可以对第一个引入装配环境的零件施加固定约束以确定装配体的空间位置。

(4) 可以对多个零件施加固联约束,将其固定为一个整体以同时进行移动。固联约束不能作为零件间的位置约束条件。

(5) 大型装配体装配时可能会出现某个零件被遮蔽而影响装配的情况,可以切换零件的显示状态如将其隐藏以便于装配操作。

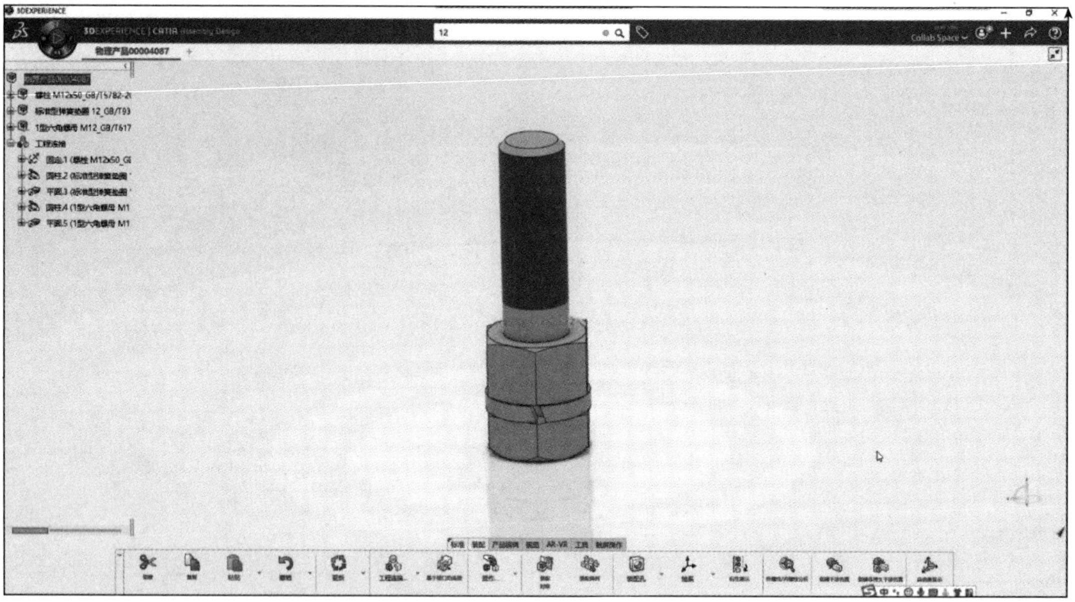

图 6-4-24 完成零件装配

(6) 完成装配体设计后,可以对该装配体中的任何零件(包括产品和子装配件)进行如下操作:零件的打开与删除、零件尺寸的修改、零件装配约束的修改(如偏移约束中偏距的修改)、零件装配约束的重定义、零件替换等。

(7) 为了便于观察装配设计,可以将当前已经完成约束的装配体进行自动爆炸操作。

模块七　工业机器人训练

7.1　训练模块简介

本模块主要介绍工业机器人的结构及其主要生产制造技术,通过机器人虚拟仿真实验展现工业机器人的结构和主要工艺过程。

本模块设计有机器人虚拟仿真实验系统,该实验系统开发流程为:首先采用 Unity 3D 搭建虚拟场景,包括设计虚拟场景组成结构,解决工业机器人模型导入的关键问题并设计了场景光照;为了使虚拟场景更加逼真,对物体进行了实时碰撞检测;接着实现 UGUI 界面屏幕自适应;最后设计 UI 操控界面,主要包括虚拟场景手动漫游、自动漫游、文字提示、测试功能、仿真动画以及场景跳转设计。

1. 工业机器人的发展历史

20 世纪 50 年代末,工业机器人开始投入使用。约瑟夫·恩格尔贝格(Joseph F.Englberger)利用伺服系统的设计原理,与乔治·德沃尔(George Devol)共同开发了一台工业机器人"尤尼梅特"(Unimate),率先于 1961 年在通用汽车的生产车间里开始使用。最初的工业机器人构造相对比较简单,所完成的功能也只是捡拾汽车零件并将其放置到传送带上,与其他的作业环境并没有交互的能力,只是按照预定的基本程序精确地完成同一重复动作。"尤尼梅特"的应用虽然是简单的重复操作,但展示了工业机械化的美好前景,也为工业机器人的蓬勃发展拉开了序幕。自此,在工业生产领域,很多繁重、重复或者毫无意义的流程性作业可以由工业机器人来代替人类完成。

20 世纪 60 年代,工业机器人的发展迎来黎明期,机器人的简单功能得到了进一步的发展。机器人传感器的应用提高了机器人的可操作性,包括恩斯特采用的触觉传感器;托莫维奇和博尼在世界上最早的"灵巧手"上用到了压力传感器;麦卡锡对机器人进行了改进,加入视觉传感系统,并帮助麻省理工学院推出了世界上第一个带有视觉传感器并能识别和定位积木的机器人系统。此外,利用声呐系统、光电管等技术,工业机器人可以通过环境识别来校正自己的准确位置。

自 20 世纪 60 年代中期开始,美国麻省理工学院、斯坦福大学以及英国爱丁堡大学等陆续成立了机器人实验室。美国兴起研究第二代带传感器的、"能感知"的机器人,并向人工智能方向发展。

20世纪70年代,随着计算机和人工智能技术的发展,机器人进入了实用化时代。日立公司推出了具有触觉、带压力传感器、由七轴交流电动机驱动的机器人;美国米拉克龙(Milacron)公司推出了世界上第一台小型计算机控制的机器人,其由电液伺服驱动,可跟踪移动的物体,用于装配和多功能作业;日本山梨大学发明了SCARA平面关节型机器人,适用于装配作业。

20世纪70年代末,由美国Unimation公司推出的PUMA系列机器人,采用多关节、多CPU二级计算机控制,全电动,带有专用VAL语言和视觉、力传感器,这标志着工业机器人技术已经完全成熟。PUMA系列机器人至今仍然工作在工厂第一线。

20世纪80年代,随着制造业的发展,工业机器人在发达国家走向普及化,并向高速、高精度、轻量化、成套系列化和智能化方向发展,以满足多品种、少批量的需要。

到了20世纪90年代,随着计算机技术、智能技术的进步和发展,第二代具有一定感觉功能的机器人已经实用化并开始得到推广,具有视觉、触觉、高灵巧手指、能行走的第三代智能机器人相继出现并开始走向应用。

2. 工业机器人的发展趋势

(1) 人机协作

机器人从与人保持距离开展作业向与人自然交互并协同作业方向发展。拖动示教、人工教学技术的成熟,使得编程更简单易用,降低了对操作人员的专业要求,从而熟练技工的工艺经验更容易得到传递。

(2) 自主化

目前机器人从预编程、示教再现控制、直接控制、遥控操作等被操纵作业模式向自主学习、自主作业方向发展。智能化机器人可根据工况或环境需求,自动设定和优化轨迹路径、自动避开奇异点、进行干涉与碰撞的预判并避障等。

(3) 智能化、信息化、网络化

越来越多的3D视觉、力传感器会使用到机器人上,机器人将会变得越来越智能化。随着传感与识别、人工智能等技术的进步,机器人从被单向控制向自己存储、自己应用数据方向发展,逐渐信息化。随着多机器人协同、控制、通信等技术的进步,机器人从独立个体向相互联网、协同合作方向发展。

3. 工业机器人的主要工业应用

(1) 在码垛方面的应用

在各类工厂的码垛方面,自动化极高的机器人被广泛应用。人工码垛工作强度大,耗费大量人力,员工不仅需要承受巨大的压力,而且工作效率低。搬运机器人能够根据搬运物件的特点,以及搬运物件所归类的地方,在保持其形状和物件性质不变的基础上,进行高效的分类搬运,使得装箱设备每小时能够完成数百块的码垛任务。在生产线上下料、集装箱的搬运等方面发挥极其重要的作用。

(2) 在焊接方面的应用

焊接机器人主要承担焊接工作,不同的工业类型有着不同的工业需求,所以常见的焊接机器人有点焊机器人、弧焊机器人、激光焊接机器人等。汽车制造行业是焊接机器人应用最广泛的行业,在焊接难度、焊接数量、焊接质量等方面有着人工焊接无法比拟的优势。

(3) 在装配方面的应用

在工业生产中,零件的装配是一件工程量极大的工作,需要大量的劳动力,曾经的人力装配因为出错率高、效率低而逐渐被工业机器人装配代替。装配机器人的研发,结合了多种技术,包括通信技术、自动控制技术、光学原理、微电子技术等。研发人员根据装配流程为装配机器人编写合适的程序,应用于具体的装配工作。装配机器人的最大特点为安装精度高、灵活性大、耐用程度高。因为装配工作复杂精细,所以选用装配机器人来进行电子零件、汽车精细部件的装配。

(4) 在检测方面的应用

机器人具有多维度的附加功能。它能够代替工作人员在特殊岗位上工作,比如在高危领域如核污染区域、有毒区域、未知区域进行探测。还可到达人类无法到达的地方进行各种任务,如进行病人患病部位的探测、工业瑕疵的探测以及在地震救灾现场进行生命探测等。

近几年,随着信息技术的飞速发展,紧跟德国“工业 4.0”,我国提出了“中国制造 2025”战略。工业机器人一般指面向制造业的多关节机械手臂,即拥有多自由度的机械装置,它融合了机械制造、计算机编程、电子电气、人工智能、材料科学等学科的尖端技术。工业机器人作为智能制造领域最具代表性的产品之一,自 20 世纪 60 年代问世以来,发展至今已在人类的生活生产中扮演着越来越重要的角色,可以说工业机器人在教育、医疗、文娱、制造业等各个领域遍地开花。据国际机器人联合会(International Federation of Robotics,简称 IFR)最新报告称,2018 年全球工业机器人销量为 38.4 万台,比上年增长 1%;年销售额达到 165 亿美元,创下新纪录。2013 年至 2018 年中国工业机器人市场销量已经连续六年排名全球第一。虽然目前我国乃至全球工业机器人市场中“四大家族”(ABB、库卡、发那科和安川电机)的销量占比超过一半,但是国内品牌近年来奋起直追,涌现出新松、埃斯顿、拓斯达、埃夫特等优秀企业。

7.2　安全技术操作规程

工业机器人虚拟仿真实验主要在机房进行,该节主要介绍机房的安全技术操作规程。

1. 使用者双手应洁净,不得有油污、水分等。

2. 服务器安装在专业机房内,专业机柜周围环境应干燥、整洁,光线应适宜,主机风扇口附近不能堆放其他杂物。

3. 沉积在显示器屏幕、顶部以及键盘上的灰尘、碎屑等物,宜采用干净的湿软布(不得出现明水)轻轻擦拭,尽可能避免使用吹风机吹除,最好使用键盘吸尘器清理。

4. 服务器主机箱后的各种插线应梳理整齐,可用线扎将不同的线分开固定,并确保有一定的伸缩余量,以方便插接。

5. 定期清洁机房、机柜、机箱。灰尘太多会导致板卡之间接触不良,引起系统在运行中死机,因此机箱要随时清洁,勿让太多的灰尘积存在机箱中。

6. 坚持认真查杀病毒,及时更新病毒库。不要轻易使用来历不明的光盘、U 盘、移动硬盘等。

7. 按正确的操作顺序关机。在应用软件未正常结束运行前,勿关闭电源。

8. 定时清理系统,整理磁盘。

9. 对交换机的配置要进行两处以上备份。

10. 保证机柜内服务器、交换机要有足够的散热环境。

11. 不要随意插拔光纤跳线,跳线做好标签,保证交换机尾纤的弯曲半径。

12. 必须按照交换机操作手册的规定开启和关闭交换机。

13. 焊接布线时,应使用 45 W 以下的电烙铁,防止烫伤导线绝缘层。焊接完毕后要认真清理跌落的焊渣,以免引起短路。

14. 在机架上使用电烙铁时,不得乱摔焊锡及乱扔线头。电烙铁停用时,应放在烙铁架上,不得随意乱放。

15. 在机房内使用梯子、高凳时应将其放置牢靠平稳,并应有专人扶持。

16. 严禁在机房内饮食和存放食物,以防发生鼠害。

17. 非专业人员禁止操作配电柜。

18. 非专业人员禁止操作机房空调。

7.3 问题与思考

1. 机器人参数坐标系有哪些? 各参数坐标系有何作用?

2. 人手爪有哪些种类? 各有什么特点?

3. 编码器有哪两种基本形式? 各自特点是什么?

4. 工业机器人常用的驱动器有哪些类型? 简要说明其特点。

5. 常用的工业机器人的传动系统有哪些?

6. 在机器人系统中为什么往往需要一个传动(减速)系统?

7. 机器人上常用的接近与距离觉传感器有哪些?

8. 按机器人的用途分类,可以将机器人分为哪几大类? 试简述之。

7.4 实践训练

如图 7-4-1 所示,机器人虚拟仿真实验系统主界面包含工业机器人外部和内部(隐藏)模型、六角桌模型,其中工业机器人与六角桌组成了工业机器人工艺生产线,六角桌上包含五个工艺工装和总控制台,工业机器人可在六角桌上进行工作。使用该系统时,通过立体眼镜和交互笔可对工业机器人模型进行拖拽和旋转等交互操作,本系统所有场景的模型交互操作都是通过立体眼镜和交互笔完成的,立体眼镜和交互笔如图 7-4-2 所示。

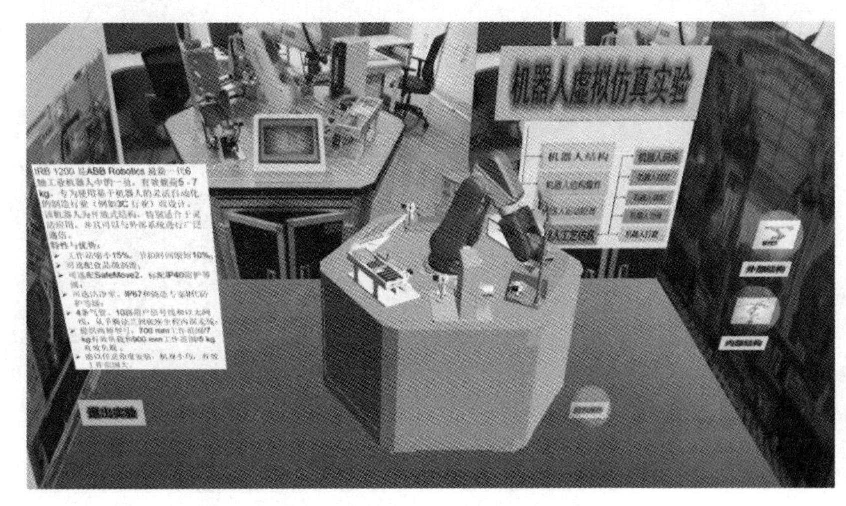

图 7-4-1　机器人虚拟仿真实验系统主界面

机器人虚拟仿真实验系统

图 7-4-2　立体眼镜和交互笔

工业机器人结构仿真

7.4.1　项目一：工业机器人结构仿真训练

单击图 7-4-1 所示系统主界面中的“内部结构”按钮后,工业机器人的外壳包括基体均透明显示,从而显示出工业机器人的内部结构即内部传动机构,包括各关节电动机、减速器、传动齿轮和轴承等零部件。

单击图 7-4-1 所示系统主界面上的“机器人结构爆炸”按钮可切换到工业机器人内部结构爆炸场景。图 7-4-3 所示为工业机器人结构爆炸界面,界面中展示了工业机器人的所有零部件,并可再次对其进行爆炸,且大类零部件模型均有名称显示,包括工业机器人的电动机、减速器、传动齿轮、支撑轴承等约 200 个零部件模型。单击“机器人外部结构” 按钮即可返回系统主界面。单击“机器人运动原理”按钮可切换到工业机器人运动原理场景。单击“机器人工艺仿真”按钮可切换到工业机器人工艺仿真场景，包括“机器人码垛”“机器人装配”“机器人视觉”“机器人仓储”“机器人打磨”工艺仿真场景。

图 7-4-3　工业机器人结构爆炸界面

在系统主界面上使用键盘快捷键<Z>可打开 zView 软件，然后使用键盘快捷键<X>可开启屏幕复制模式，如图 7-4-4 所示。对本系统中的每个场景均设置有屏幕复制功能。

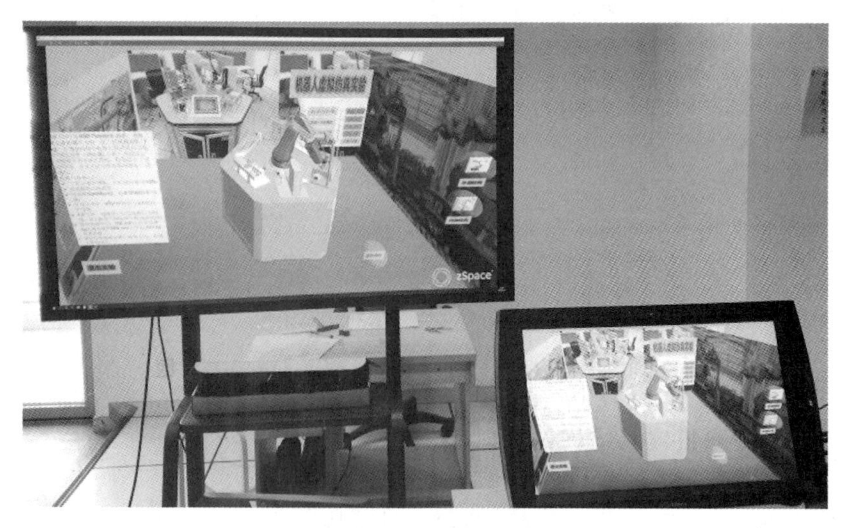

图 7-4-4　屏幕复制模式

工业机器人运动原理仿真

7.4.2　项目二：工业机器人运动原理学习

单击图 7-4-1 所示系统主界面上的“机器人运动原理”按钮后，单击“关节 1 正向”按钮可显示工业机器人关节 1 正向转动仿真场景，如图 7-4-5 所示；单击

“关节 1 反向”按钮可显示工业机器人关节 1 反向转动仿真场景，如图 7-4-6 所示；单击“运动停止”按钮可使关节停止运动；单击“关节 2 正向”按钮可显示工业机器人关节 2 正向转动仿真场景，如图 7-4-7 所示；单击“关节 2 反向”按钮可显示工业机器人关节 2 反向转动仿真场景，如图 7-4-8 所示；关节 3—6 的正反向转动按钮和运动停止按钮功能与前述相同，这里不再详述。

图 7-4-5　关节 1 正向转动

图 7-4-6　关节 1 反向转动

图 7-4-7　关节 2 正向转动

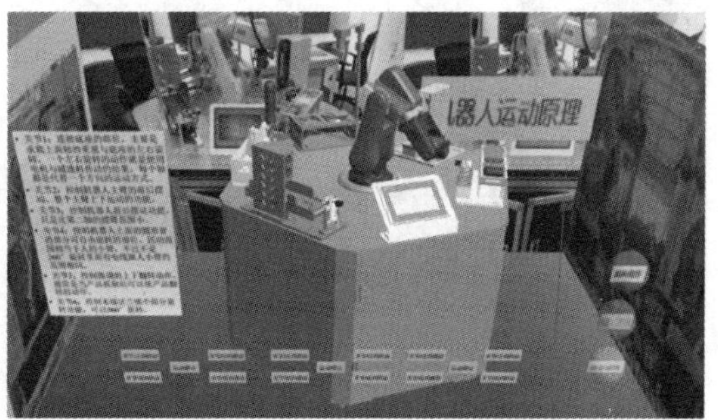

图 7-4-8　关节 2 反向转动

7.4.3　项目三：工业机器人工艺仿真训练

工业机器人
工艺仿真

单击图 7-4-1 所示系统主界面中的“机器人工艺仿真”按钮可进入如图 7-4-9所示工业机器人工艺仿真界面，包括“机器人码垛”“机器人打磨”“机器人装配”“机器人视觉”“机器人仓储”工艺场景，单击“机器人外部结构”按钮可返回上一界面。

1. 工业机器人码垛工艺仿真

单击图 7-4-9 所示界面上的“机器人码垛”按钮，将显示工业机器人码垛工艺仿真界面。单击界面上“吸取工件”按钮可显示机器人吸取工件的场景，如图 7-4-10 所示；单击“至检测台”按钮可显示机器人吸取工件后送至检测台进行检测的场景，如图 7-4-11 所示；单击“至装配台”按钮可显示工件被检测后机器人将它运送至装配台的场景，如图 7-4-12 所示；单击“机器人返回”按钮可显示机器人完成码垛动作后返回初始位置的场景，如图 7-4-13 所示。

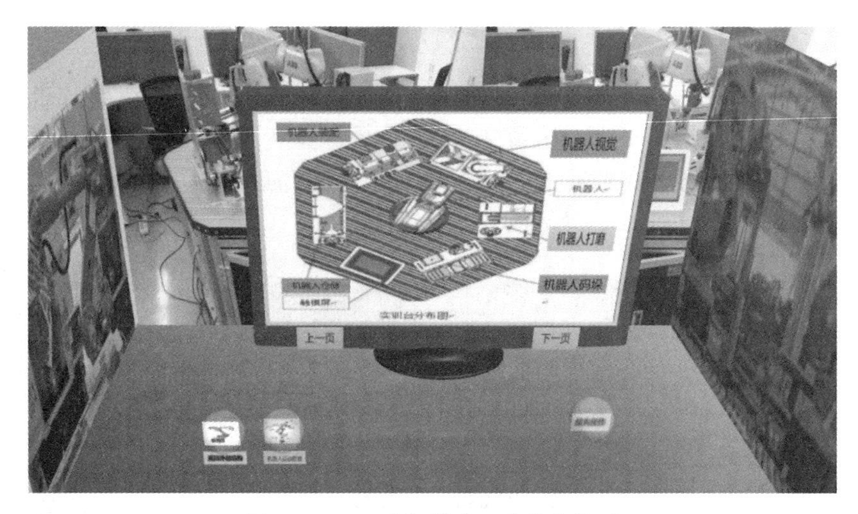

图 7-4-9　工业机器人工艺仿真界面

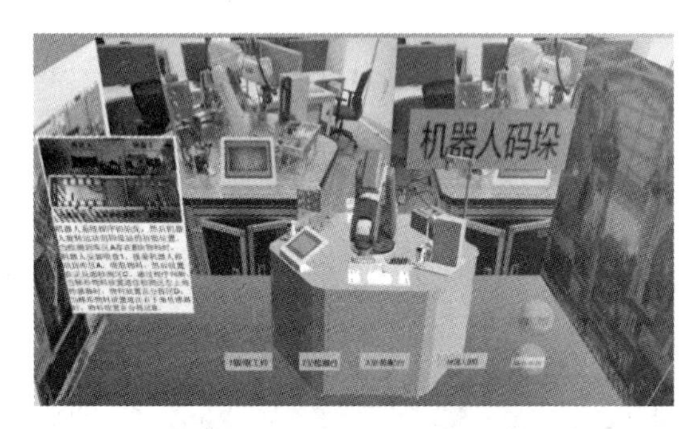

图 7-4-10　机器人吸取工件

图 7-4-11　工件被机器人送至检测台

图 7-4-12　工件被机器人送至装配台

图 7-4-13　机器人返回

2. 工业机器人打磨工艺仿真

单击图 7-4-9 所示界面上的“机器人打磨”按钮，将显示工业机器人打磨工艺仿真界面。单击界面上“至打磨区”按钮可显示机器人吸取工件并将其运送至打磨区的场景，如图 7-4-14 所示；单击“打磨工件”按钮可显示机器人吸取工件进行打磨的场景，如图 7-4-15 所示；单击“放置工件”按钮可显示机器人放置工件至初始位置的场景，如图 7-4-16 所示；

单击“机器人返回”按钮可显示机器人完成打磨动作后返回初始位置的场景，如图 7-4-17 所示。

图 7-4-14　工件被机器人送至打磨区

图 7-4-15　机器人打磨工件

图 7-4-16　机器人放置工件

图 7-4-17　机器人返回

3. 工业机器人装配工艺仿真

单击图 7-4-9 所示界面上的“机器人装配”按钮，将显示工业机器人装配工艺仿真界面。单击界面上“抓取主轴”按钮可显示机器人抓取主轴的场景，如图 7-4-18 所示；单击“装配主轴”按钮可显示机器人抓取主轴后进行装配的场景，如图 7-4-19 所示；单击“抓取轴承”按钮可显示机器人抓取轴承的场景，如图 7-4-20 所示；单击“装配轴承”按钮可显示机器人抓取轴承后进行装配的场景，如图 7-4-21 所示；单击“抓取轴套”按钮可显示机器人抓取轴套的场景，如图 7-4-22 所示；单击“装配轴套”按钮可显示机器人抓取轴套后进行装配的场景，如图 7-4-23 所示；单击“抓取螺母”按钮可显示机器人抓取螺母的场景，如图 7-4-24 所示；单击“装配螺母”按钮可显示机器人抓取螺母后进行装配的场景，如图 7-4-25 所示；单击“拧紧螺母”按钮可显示机器人通过移动导轨拧紧螺母的场景，如图 7-4-26 所示。

图 7-4-18　机器人抓取主轴

图 7-4-19　机器人装配主轴

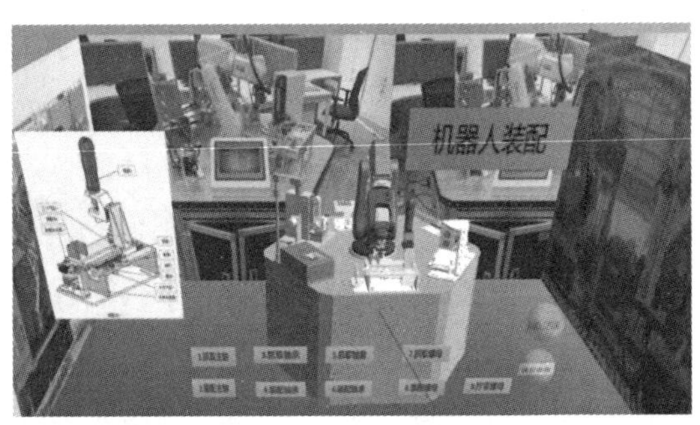

图 7-4-20　机器人抓取轴承

图 7-4-21　机器人装配轴承

图 7-4-22　机器人抓取轴套

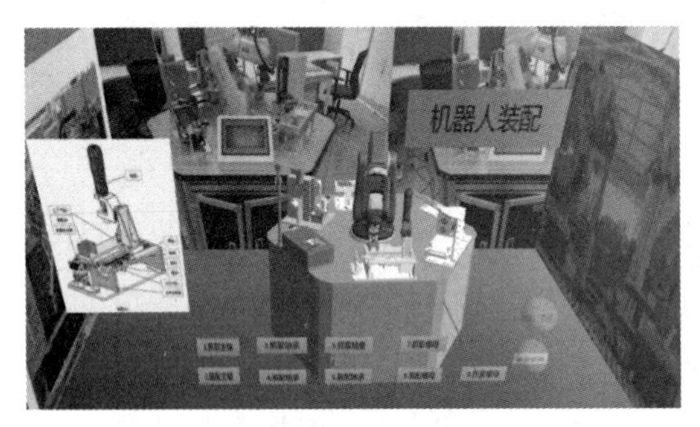

图 7-4-23　机器人装配轴套

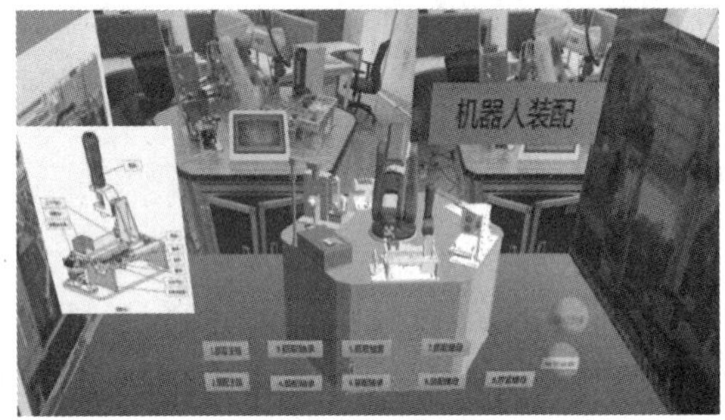

图 7-4-24　机器人抓取螺母

图 7-4-25　机器人装配螺母

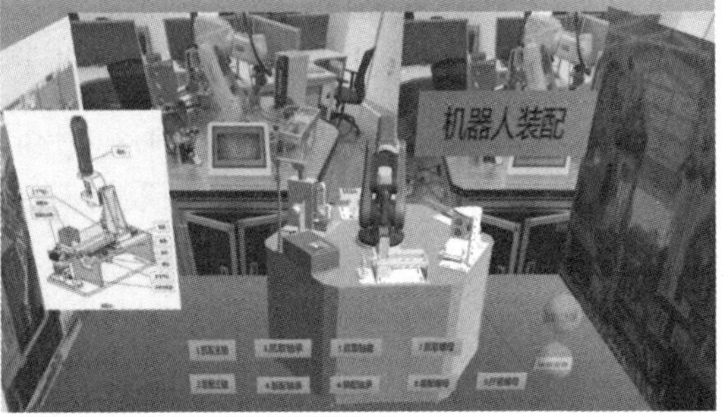

图 7-4-26　机器人拧紧螺母

4. 工业机器人视觉工艺仿真

单击图 7-4-9 所示界面上的“机器人视觉”按钮，将显示工业机器人视觉工艺仿真界面。单击该界面上“图像识别”按钮可显示相机传感器对七巧板图案进行识别的场景，如图 7-4-27 所示；单击“吸取工件”按钮可显示机器人吸取工件的场景，如图 7-4-28 所示；单击“放置工件”按钮可显示机器人将识别后的工件正确放置到七巧板相关位置的场景，如图 7-4-29 所示；单击“返回机器人”按钮可显示机器人完成视觉动作后返回初始位置的场景，如图 7-4-30 所示。

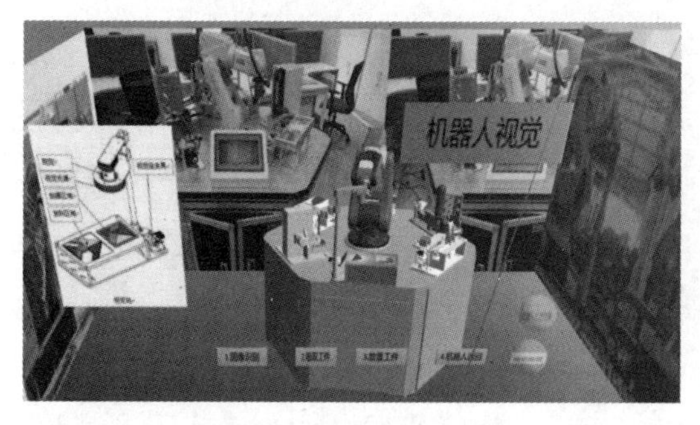

图 7-4-27　图像识别

图 7-4-28　机器人吸取工件

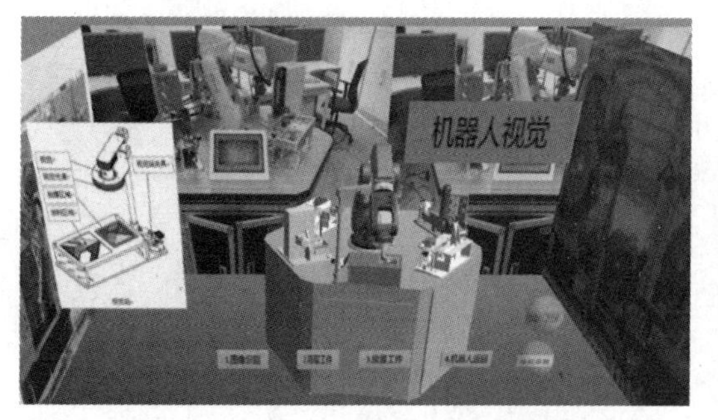

图 7-4-29　机器人放置工件

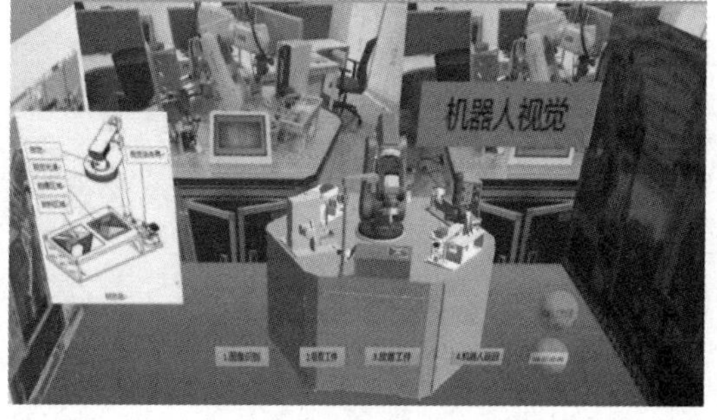

图 7-4-30　机器人返回

5. 工业机器人仓储工艺仿真

单击图 7-4-9 所示界面上的“机器人仓储”按钮，将显示工业机器人仓储工艺仿真界面。单击该界面上的“工件输送”按钮可显示工件通过传送带输送的场景，如图 7-4-31 所示；单击“工件抓取”按钮可显示机器人抓取工件的场景，如图 7-4-32 所示；单击“工件仓储”按钮可显示机器人将抓取的工件放置到仓储区域的场景，如图 7-4-33 所示；单击“返回机器人”按钮可显示机器人完成仓储动作后返回初始位置的场景，如图 7-4-34 所示。

图 7-4-31 机器人输送工件

图 7-4-32 机器人抓取工件

图 7-4-33 机器人放置工件在仓储区

图 7-4-34 机器人返回

7.4.4 项目四：机器人虚拟仿真实验系统开发方法

1. 工业机器人结构组成

一般来说，工业机器人由三大部分共六个子系统组成。三大部分为机械部分、传感部分和控制部分。六个子系统可分为机械结构系统、驱动系统、感知系统、机器人-环境交互系统、人机交互系统和控制系统。

（1）机械结构系统

从机械结构来看，工业机器人总体上分为串联机器人和并联机器人。串联机器人的特点是采用串联机构，一个轴的运动会改变另一个轴的坐标原点，而并联机器人的特点是采用并联机构，一个轴的运动不会改变另一个轴的坐标原点。早期的工业机器人都是采用串联机构。并联机构被定义为动平台和定平台通过至少两个独立的运动链相连接，机构具有两个或两个以上自由度，且以并联方式驱动的一种闭环机构。并联机构有两个构成部分，分别是手腕和手臂。手臂活动区域对活动空间有很大的影响，而手腕是工具和主体的连接部分。与串联机器人相比较，并联机器人具有刚度大、结构稳定、承载能力大、微动精度高、运动负荷小的优点。在位置求解上，串联机器人的正解容易，但反解十分困难；而并联机器人则相反，其正解困难，反解却非常容易。

(2) 驱动系统

驱动系统是向机械结构系统提供动力的装置。根据动力源不同,驱动系统的传动方式分为液压式、气压式、电气式和机械式4种。早期的工业机器人采用液压驱动。由于液压系统存在泄漏、噪声和低速不稳定等问题,并且功率单元笨重和昂贵,目前只有大型重载机器人、并联加工机器人和一些特殊应用场合使用液压驱动的工业机器人。气压驱动具有速度快、系统结构简单、维修方便、价格低等优点。但是气压系统的工作压强小、不易精确定位,一般仅用于工业机器人末端执行器的驱动。气动手抓、旋转气缸和气动吸盘作为末端执行器可用于中、小负荷的工件抓取和装配。电气驱动是目前使用最多的一种驱动方式,其特点是电源取用方便,响应快,驱动力大,信号检测、传递、处理方便,并可以采用多种灵活的控制方式,驱动电动机一般采用步进电动机或伺服电动机,目前有的也采用直接驱动电动机,但其造价较高,控制也较为复杂。和电动机相配的减速器一般采用谐波减速器、摆线针轮减速器或者行星齿轮减速器。由于并联机器人中有大量的直线驱动需求,直线电动机在并联机器人领域已经得到了广泛应用。

(3) 感知系统

机器人的感知系统把机器人的各种内部状态信息和环境信息从信号转变为机器人自身或者机器人之间能够理解和应用的数据和信息,除了需要感知与自身工作状态相关的机械量如位移、速度和力等,视觉感知也是工业机器人感知的一个重要内容。视觉感知系统将视觉信息作为反馈信号,用于控制、调整机器人的位置和姿态。视觉感知系统还在质量检测、工件识别、食品分拣及包装等方面得到了广泛应用。感知系统由内部传感器模块和外部传感器模块组成,智能传感器的使用提高了机器人的机动性、适应性和智能化水平。

(4) 机器人-环境交互系统

机器人-环境交互系统是实现机器人与外部环境中的设备相互联系和协调的系统。机器人与外部设备集成为一个功能单元,如加工制造单元、焊接单元、装配单元等。当然也可以是由多台机器人集成为一个去执行复杂任务的功能单元。

(5) 人机交互系统

人机交互系统是人与机器人进行联系和参与机器人控制的装置,如计算机的标准终端、指令控制台、信息显示板、危险信号报警器等。

(6) 控制系统

控制系统的任务是根据机器人的作业指令以及从传感器反馈回来的信号,支配机器人的执行机构去完成规定的运动和功能。如果机器人不具备信息反馈特征,则为开环控制系统;如果机器人具备信息反馈特征,则为闭环控制系统。根据控制原理不同控制系统可分为程序控制系统、适应性控制系统和人工智能控制系统。根据控制运动的形式不同控制系统可分为点位控制系统和连续轨迹控制系统。

2. 工业机器人结构虚拟仿真

在“专业基础—专业综合—科研创新”的实训体系下,为该训练模块构建了软件仿真、半实物仿真和虚拟实训三大机器人虚拟仿真实验平台,并配置制造执行系统和远程共享系统。

工业机器人基本结构如图 7-4-35 所示。

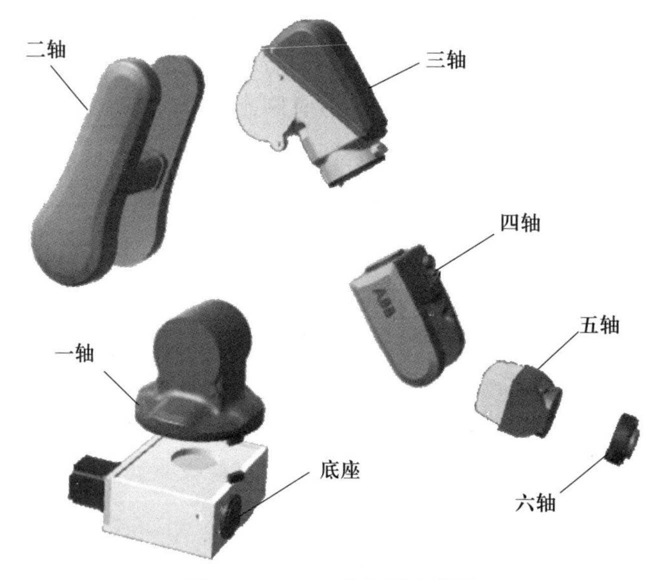

图 7-4-35 工业机器人结构

工业机器人内部结构爆炸场景程序如下：

```
using UnityEngine;
using System.Collections;
public class explode:MonoBehaviour
{
//定义需要爆炸的零部件变量
    private GameObject motorone;
    private GameObject partone;
    private GameObject parttwo;
    private GameObject partthree;
    private GameObject partfour;
    private GameObject partfive;
    private GameObject partsix;
    private GameObject partsev;
    private GameObject gearone;
    private GameObject geartwo;
    private GameObject otherone;
    private GameObject parteight;
    private GameObject partnine;
    private GameObject partten;
    private GameObject part_11;
```

```
private GameObject motor_2;
private GameObject part_12;
private GameObject part_13;
private GameObject part_14;
private GameObject gear_3;
private GameObject gear_4;
private GameObject part_15;
private GameObject part_16;
private GameObject part_17;
private GameObject gear_5;
private GameObject gear_6;
}
//对参数进行初始化,通过零部件名称找到对应的模型
void Start(){
motorone = GameObject.Find("motor1");
partone = GameObject.Find("part1");
parttwo = GameObject.Find("part2");
partthree = GameObject.Find("part3");
partfour = GameObject.Find("part4");
partfive = GameObject.Find("part5");
gearone = GameObject.Find("gear1");
geartwo = GameObject.Find("gear2");
otherone = GameObject.Find("other1");
partsev = GameObject.Find("part7");
parteight = GameObject.Find("part8");
partnine = GameObject.Find("part9");
partten = GameObject.Find("part10");
part_11 = GameObject.Find("part11");
motor_2 = GameObject.Find("motor2");
part_12 = GameObject.Find("part12");
part_13 = GameObject.Find("part13");
part_14 = GameObject.Find("part14");
gear_3 = GameObject.Find("gear3");
gear_4 = GameObject.Find("gear4");
gear_5 = GameObject.Find("gear5");
gear_6 = GameObject.Find("gear6");
```

```
part_15 = GameObject.Find( "part15" ) ;
part_16 = GameObject.Find( "part16" ) ;
part_17 = GameObject.Find( "part17" ) ;
}
//利用 iTween 函数对机器人零部件进行运动仿真,逐个进行运动路径计算
{
iTween.MoveBy( motorone, iTween.Hash( "z", 0.045, "easeType", "easeInOutExpo", "loopType", "none", "delay", .0) ) ;
iTween.MoveBy( partone, iTween.Hash( "x", -0.075, "easeType", "easeInOutExpo", "loopType", "none", "delay", .0) ) ;
iTween.MoveBy( parttwo, iTween.Hash( "y", -0.035, "easeType", "easeInOutExpo", "loopType", "none", "delay", .0) ) ;
iTween.MoveBy( partthree, iTween.Hash( "x", 0.045, "easeType", "easeInOutExpo", "loopType", "none", "delay", .0) ) ;
iTween.MoveBy( partfour, iTween.Hash( "y", 0.045, "easeType", "easeInOutExpo", "loopType", "none", "delay", .0) ) ;
iTween.MoveBy( partfive, iTween.Hash( "z", 0.025, "easeType", "easeInOutExpo", "loopType", "none", "delay", .0) ) ;
iTween.MoveBy( gearone, iTween.Hash( "x", -0.075, "easeType", "easeInOutExpo", "loopType", "none", "delay", .0) ) ;
iTween.MoveBy( geartwo, iTween.Hash( "x", 0.065, "easeType", "easeInOutExpo", "loopType", "none", "delay", .0) ) ;
iTween.MoveBy( otherone, iTween.Hash( "x", 0.125, "easeType", "easeInOutExpo", "loopType", "none", "delay", .0) ) ;
iTween.MoveBy( partsev, iTween.Hash( "z", -0.07105, "easeType", "easeInOutExpo", "loopType", "none", "delay", .0) ) ;
iTween.MoveBy( parteight, iTween.Hash( "z", 0.05105, "easeType", "easeInOutExpo", "loopType", "none", "delay", .0) ) ;
iTween.MoveBy( partnine, iTween.Hash( "z", 0.05105, "easeType", "easeInOutExpo", "loopType", "none", "delay", .0) ) ;
iTween.MoveBy( partten, iTween.Hash( "z", -0.08105, "easeType", "easeInOutExpo", "loopType", "none", "delay", .0) ) ;
iTween.MoveBy( part_11, iTween.Hash( "z", 0.03105, "easeType", "easeInOutExpo", "loopType", "none", "delay", .0) ) ;
iTween.MoveBy( motor_2, iTween.Hash( "z", 0.05105, "easeType", "easeInOutExpo", "loopType", "none", "delay", .0) ) ;
```

```
        iTween.MoveBy(part_12,iTween.Hash("y",0.02105,"easeType","easeInOutExpo",
"loopType","none","delay",.0));
        iTween.MoveBy(part_13,iTween.Hash("y",0.04105,"easeType","easeInOutExpo",
"loopType","none","delay",.0));
        iTween.MoveBy(part_14,iTween.Hash("z",0.04105,"easeType","easeInOutExpo",
"loopType","none","delay",.0));
        iTween.MoveBy(gear_3,iTween.Hash("z",-0.02105,"easeType","easeInOutExpo",
"loopType","none","delay",.0));
        iTween.MoveBy(gear_4,iTween.Hash("z",-0.02105,"easeType","easeInOutExpo",
"loopType","none","delay",.0));
        iTween.MoveBy(part_15,iTween.Hash("z",0.04105,"easeType","easeInOutExpo",
"loopType","none","delay",.0));
        iTween.MoveBy(part_16,iTween.Hash("z",-0.0705,"easeType","easeInOutExpo",
"loopType","none","delay",.0));
        iTween.MoveBy(part_17,iTween.Hash("x",-0.0605,"easeType","easeInOutExpo",
"loopType","none","delay",.0));
        iTween.MoveBy(gear_5,iTween.Hash("z",0.0505,"easeType","easeInOutExpo",
"loopType","none","delay",.0));
        iTween.MoveBy(gear_6,iTween.Hash("z",-0.0405,"easeType","easeInOutExpo",
"loopType","none","delay",.0));
    }
```

3. 机器人虚拟仿真实验系统平台开发

如图 7-4-36 所示，机器人虚拟仿真实验系统开发经历了前期设计直至在线教学平台建设等流程，涉及计算机程序编写、数字化建模与仿真、自动控制、传感器与检测技术、机械设计等多学科交叉技术，旨在对学生的工业机器人研发能力和操作技能进行综合培养。

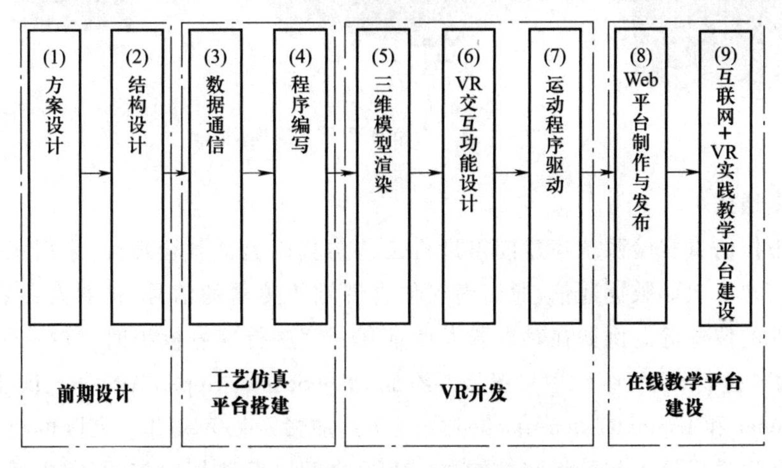

图 7-4-36　机器人虚拟仿真实验系统开发流程

(1) 方案设计

基于教学目标和教学成本的考虑,我们选用 ABB 的 IRB120 型工业机器人作为教学对象,它是 ABB 工业机器人中体积最小的一种,可用于自动化生产线、焊接制造及物料搬运。根据其工业应用场合及其技术层面进行实践教学的可操作性,设置了码垛、打磨、视觉、装配和仓储五个工艺仿真场景,每个工艺仿真场景为一个独立的功能模块,基本涵盖了工业机器人的基本应用场景,且五个功能模块之间能保持功能的独立,因此可将其整合形成机器人虚拟仿真实验系统。该实验系统由五个功能模块和一个总控模块(触摸屏)组成,用于线下实际教学时一台六角桌可同时允许至少六名学生进行多人协作,一名学生负责所有模块任务的分发和控制,其余五名学生负责各自模块任务的完成。

(2) 结构设计

机器人虚拟仿真实验系统结构设计旨在合理布置各功能模块的位置。在六角桌每条边旁安置一个模块,在中心安置一台机器人即可按一定顺序操作所有模块,其余所有控制设备均可放置于六角桌工作台之内,使其整体结构清晰且功能完备。为了进行机器人工艺仿真和 VR 开发,进行平台结构设计和三维模型建立时,需构建工业机器人所有的内部零件模型,为 VR 开发做准备,完整的六角桌平台三维模型如图 7-4-37 所示。

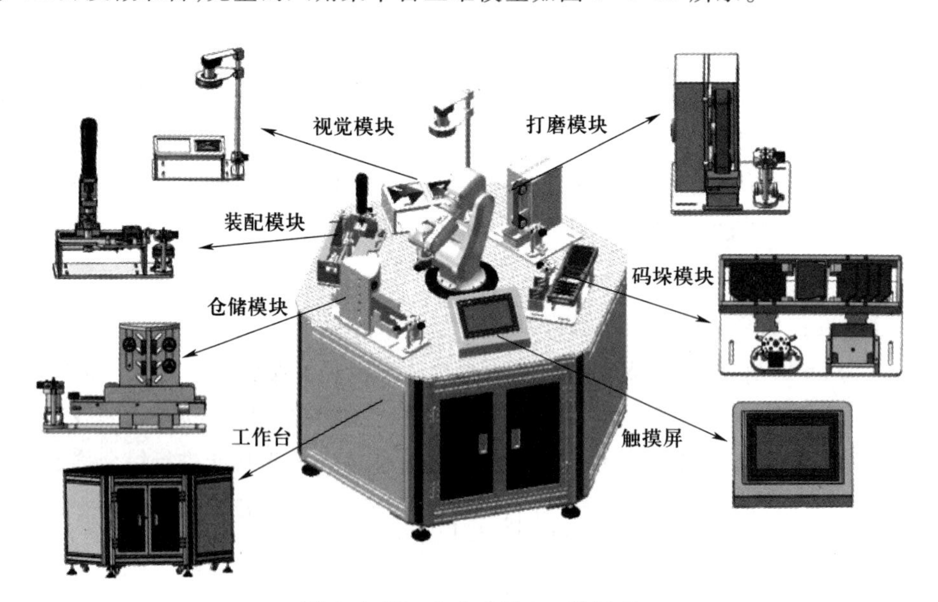

图 7-4-37　六角桌平台三维模型

(3) 数据通信

机器人虚拟仿真实验系统搭建前需进行工艺仿真以验证其合理性,采用工艺仿真软件 RobotStudio 模拟真实的数据通信,通信内容包含视觉传感器的信号、机器人夹具的动作、装配码垛零部件的位置等。例如在对机器人夹具开合度进行信号模拟时,需在 RobotStudio 中创建 Smart 组件进行控制,组件中一般需要添加 PlaneSensorGripper、Attacher、LogicGateDetach [NOT]、Detacher 和 LogicSRLatchAttached 实现夹具加紧及松开动作。实际的机器人虚拟仿真实验系统是通过机器人与可编程控制器(PLC)之间进行数据通信的,完成通信连接后对所有组件进行仿真调试,实现机器人的抓取动作。每个组件都设有 I/O 端口,最后各个组件的 I/O 信号、机器人的 I/O 信号同工作站逻辑中的机器人系统相连,模拟真实的工艺过程。

（4）程序编写

通过 RobotStudio 软件编写的机器人动作仿真程序同样可通过示教器操控真实的机器人,实现了工艺仿真与实际运行的统一。以总控模块为例,它可以控制所有功能模块任务的发布,当一个模块的工艺任务完成之后需通过总控制器命令机器人进行下一模块任务,总控程序如下:

```
PROC main()  //主函数
rInitAll;  //初始化
WHILE TRUE DO
WaitUntil PN_GIJObNumber<>0;
nProNO:=PN_GIJObNumber;
TEST nProNO
CASE 1: Storage;  //仓储工艺任务发布
waituntil PN_GIJObNumber=0;
CASE2:  Stack;  //码垛工艺任务发布
waituntil PN_GIJObNumber=0;
CASE3:  Assemble;  //装配工艺任务发布
waituntil PN_GIJObNumber=0;
CASE 4:  Vision;  //视觉工艺任务发布
waituntil PN_GIJObNumber=0;
CASE5:  Polish;  //打磨工艺任务发布
waituntil PN_GIJObNumber=0;
DEFAULT:
stop;
EXIT;
ENDTEST
endwhile
ENDPROC
```

在完成数据通信和程序编写流程后,便可搭建机器人虚拟仿真实验系统,将通过 RobotStudio 编写的程序导入机器人示教器内,并根据实际情况进行机器人运行位置点调试,即可完成搭建任务。

（5）三维模型渲染

在 VR 开发环节首先需对模型进行渲染才能保证虚拟环境的沉浸性。渲染包括对模型颜色的处理、模型表面的贴图和模型网格的优化。在模型处理软件 3ds Max 中将在第(2)步中建立的三维模型与在第(4)步中搭建的机器人虚拟仿真实验系统进行颜色比对并渲染,通过图像处理将实物表面的图标粘贴于三维模型中，最后对模型网格进行优化，包括修补模型中出现破坏的表面以及隐藏运行过程中不必出现的表面，保证 VR 互动时不会出现立体画面卡顿和延迟现象。一般需将模型网格面数控制在千万面以下，以保证 VR 场景运行时良好的沉浸性和交互性。

（6）VR 交互功能设计

VR 交互功能通过 zSpace 桌面式虚拟设备实现，它是一种主动式交互模式，配有立体眼镜和交互笔，交互笔与虚拟世界的射线保持一一对应。下述程序实现了当射线与虚拟空间中的三维模型接触（即认为彼此发生了碰撞）时，可提取发生碰撞的物体的名称，从而可对三维模型编写其他的操作指令。

```
RaycastHit hit; //定义射线的名称
if (Physics.Raycast(pose.Position, pose.Direction, out hit)) //获取射线的位置和方向
{
obj = hit.collider.gameObject; //提取发生碰撞时物体的名称
}
```

虚拟射线与三维模型直接交互的方式完全颠覆了传统的按钮操作模式，例如在操作机器人手臂运动时，普通界面交互是通过鼠标点击或者拖拽的方式实现，而使用 zSpace 桌面式虚拟设备中的交互笔，可通过虚拟射线直接对三维模型进行点击或拖拽，这种人与模型的直接交互增强了 VR 的沉浸性和交互性。

（7）运动程序驱动

在 zSpace 中虚拟机器人的运动可通过 CSharp 程序驱动实现，借助 iTween 运动函数插件便可实现机器人的关节动作，例如实现机器人关节 1 绕 y 轴旋转半圈的程序如下：

```
iTween.RotateBy(guanjie_1, iTween.Hash("y", 1.57, "easeType", "easelnOutExpo", "loop-
Type", "none", "delay", .0));
```

其中“RotateBy”表示旋转函数的名称，“guanjie_1”表示旋转对象的名称，“y”表示旋转的中心轴，“1.57”（弧度制）表示旋转的圈数，“easeType”和“easelnOutExpo”表示运动过程中的速度变化类型，“loopType”表示运动过程是否循环，“delay”表示运动是否延迟。

以下是机器人装配工艺运动程序。

```
//工业机器人二轴抬起
iTween.RotateBy(center_2, iTween.Hash("z", 0.06, "easeType", "linear", "speed", 16f,
"loopType", "none", "delay", .0));
    {
    else if(obj.name == "one_back"){
    if (done && ! done1){
    done1 = true;
child.transform.parent = parent.transform;
//工业机器人二轴放下
```

```
iTween.RotateBy(center_2,iTween.Hash("z",-0.06,"easeType","linear","speed",16f,"loopType","none","delay",.0));
//工业机器人一轴放下
    iTween.RotateBy(center_1,iTween.Hash("y",-0.04,"easeType","linear","speed",16f,"loopType","none","delay",2.0));
//工业机器人三轴放下
    iTween.RotateBy(center_3,iTween.Hash("z",-0.055,"easeType","linear","speed",16f,"loopType","none","delay",4.0));
//工业机器人二轴抬起
    iTween.RotateBy(center_2,iTween.Hash("z",0.06,"easeType","linear","speed",16f,"loopType","none","delay",6.0));
//工业机器人五轴摆动
    iTween.RotateBy(center_5,iTween.Hash("z",0.04,"easeType","linear","speed",16f,"loopType","none","delay",8.0));
//工业机器人六轴旋转
    iTween.RotateBy(center_6,iTween.Hash("z",-0.3,"easeType","linear","speed",36f,"loopType","none","delay",10.0));
//工业机器人二轴抬起
    iTween.RotateBy(center_2,iTween.Hash("z",0.014,"easeType","linear","speed",10f,"loopType","none","delay",12.0));
    }
    }
    }
```

(8) Web平台制作与发布

Web平台的机器人虚拟仿真实验系统制作采用Unity 3D软件，它是目前主流的虚拟仿真开发软件，其最大的优势是支持多平台发布，包括Web、Windows、IOS和Android等主流平台。将第(5)步中处理过的三维模型作为Unity 3D导入资源，实验系统中五个功能模块的所有工业机器人动作可通过Unity 3D的动画编辑组件进行定义，其处理过程较为常规故不再详述。需要注意的是，由于浏览器之间的内核差异较大，版本较低的Unity 3D对浏览器的要求较高，需要安装Unity 3D自带的Webplayer插件方能进行浏览器访问，而版本较高的Unity 3D需安装WebGL插件方能进行浏览器访问，完成机器人虚拟仿真实验系统的开发后即可进行打包发布，其可执行文件便可使用浏览器打开。

(9) 互联网+VR实践教学平台建设

互联网+VR实践教学平台不仅能配合线下教学，更能实现优质教学资源的在线共享。机器人虚拟仿真实验系统以VR技术为依托，包括了VR操作设计、超星云、开放共享等模块，为了保证线上实践教学平台功能的完整性，并考虑特殊时期仅能进行在线教学的情况，允许学生在非实验室和非授课时间远程访问平台进行学习，在线学习内容包含六角桌实践教学VR操作实验、实验设计和综合技能学习等，并将VR操作实验评分考核机制引入平台，形成了更为多元化的教学评价模式，这是对传统在线教学策略的尝试与改革。

4. 漫游功能开发

虚拟场景手动漫游能够让用户拥有更好地视觉体验，如观看工业机器人三维模型、学习工业机器人码垛作业等，用户可以根据自身需要不断转换场景中的对象视角。鼠标左键向左拖动可实现场景左移，向右拖动可实现场景右移，滚动滚轮可实现场景缩放。为此建立了机器人视角调节控制类相机位点，并将其挂在摄像机上，部分程序代码如下。

```
//通过鼠标滚轮实现场景缩放
if(Input.GetAxis("Mouse ScrollWheel")<0)
{
if(Camera.main.fieldOfView<=100)
            Camera.main.fieldOfView+=2;
    if(Camera.main.orthographicSize<=20)
            Camera.main.orthographicSize+=0.5F;
        }
        if(Input.GetAxis("Mouse ScrollWheel")>0)
        {
        if(Camera.main.fieldOfView>2)
            Camera.main.fieldOfView-=2;
        if(Camera.main.orthographicSize>=1)
            Camera.main.orthographicSize-=0.5F;
    }
```

在该机器人虚拟仿真实验系统中，设置了工业机器人码垛、打磨、视觉、装配和仓储五个工艺场景，通过自动漫游设计、场景转动可以让用户对该实验系统有整体上的直观认识。一般可使用第一人称或第三人称控制器编写脚本，借助Animation组件通过设置摄像机关键点的方法来实现场景自动漫游。而本系统利用Do Tween插件使摄像机按指定轨迹移动，如摄像机绕六角桌平台环绕一圈。创建摄像机移动路径的方法为，移动鼠标到场景中对应位置后按<Shift>+<Ctrl>键后创建第一个点位，按<Shift>+<Alt>键可删除创建的点位，其他点位的创建及删除以此类推。接下来需要对摄像机上的Do Tween Path组件进行相关设计。如图7-4-38所示，"Duration"（持续移动时间）设置为20；"Loops"设为"-1"时表示轨迹一直循环，设为"0"时表示轨迹循环一次，这里设置

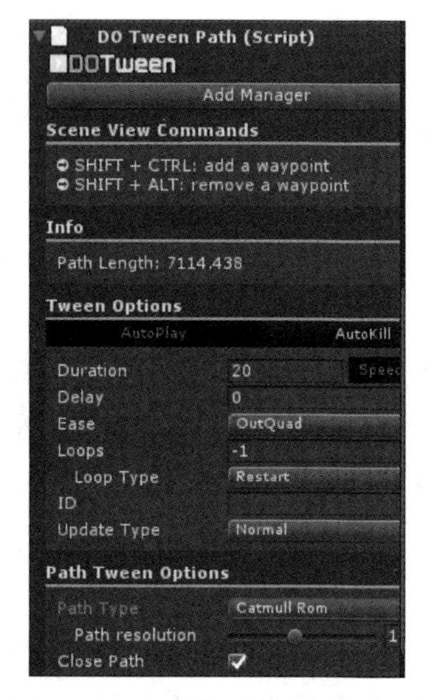

图7-4-38　摄像机轨迹移动设计

为-1;将“Path Type”设为“Catmull Rom”,表示运动路径是平滑的曲线;勾选“Close Path”复选框表示首尾点相连组合成闭环轨迹。最后创建 MainSceneManager 文件并将其添加到游戏物体上,创建 CameraManager 脚本文件并将其添加到摄像机上,由所设置的按钮触发后运行场景,点击自动漫游场景按钮即可响应该效果。需要注意的是取消摄像机上 Do Tween Path 的 AutoPlay,则脚本的控制生效。

模块八　数控加工训练

8.1　数控车削加工训练

8.1.1　训练模块简介

数控车削加工是将预先编制的加工程序输入数控车床的数控系统中，由数控系统通过 X、Z 轴坐标方向上的伺服电动机控制数控车床进给运动部件（即刀架）的动作顺序、进给量和进给速度，再配以主轴的转速和转向，从而加工出各种形状不同、满足特定功能的回转体零件。相较于普通车床，由于数控车床配备了数字控制系统，因此，在加工过程中自动化程度高、加工效率高、加工精度一致性好，并且拥有更强的通用性和灵活性。

8.1.2　安全技术操作规程

1. 操作前应熟悉数控机床的操作说明书，数控机床的开机、关机应严格按照机床说明书的规定进行操作。

2. 机床在正常运行时不允许打开电气柜门。

3. 认真检查润滑系统工作是否正常，如机床长时间未动，可先采用手动方式向各部分供油润滑。

4. 电源通电后，必须先完成各轴的返回参考点操作，然后再进入其他运行方式，以确保各轴坐标的正确性。

5. 手动对刀时，应选择合适的进给速度，防止刀具撞到工件或夹具。调整刀具所用的工具不要遗忘在机床内。刀具安装好后应进行一两次试切。

6. 手动换刀时，刀架距工件要有足够的转位距离，防止发生碰撞。

7. 了解数控机床控制与操作面板并掌握其操作要领，将程序准确地输入系统，并模拟检验、试切、做好加工前的各项准备工作。

8. 加工前要认真检查机床状态，认真检查刀具是否锁紧及工件装夹是否牢靠，并空运行核对程序及检查刀具设定是否正确。

9. 主轴启动之前,务必关闭防护门,程序正常运行中严禁开启防护门。

10. 机床运转中,操作者不得离开岗位,发现机床异常时应立即停车。

11. 加工中发现问题时,请按复位键“RESET”使系统复位。发生紧急情况时可按紧急停止按钮停止机床。

12. 不能手触旋转的主轴或刀具。测量工件、清洁机器或设备时,应先使其停止运转。禁止用手接触刀尖和铁屑,铁屑必须要用铁钩或毛刷来清理。

13. 不允许用压缩空气清洁机床、电气柜及 NC 单元。

14. 请勿更改 CNC 系统参数或进行参数设定。

15. 使用的刀具应与机床允许的规格相符,刀具发生严重磨损或破损时要及时进行更换。

8.1.3 问题与思考

1. 简述数控车床的加工原理。
2. 数控车床由哪几部分组成?它们的功能各是什么?
3. 比较普通车削和数控车削的基本特征与加工范围。
4. 一个完整的数控车削程序包括哪些内容?
5. 简述数控机床坐标系的作用及建立方法。
6. 数控机床的机械原点及编程原点间有什么区别?
7. 为什么对数控车床进行在编程时首先要确定工件零点(对刀点)的位置?
8. 简述数控车床加工零件精度的控制步骤。
9. 数控车床程序的检验有哪些常用方法?
10. 简述数控车床回零操作的方法与注意点。

8.1.4 实践训练

8.1.4.1 项目一:数控车削零件编程实例训练

1. 训练目的

(1)掌握数控车床车削加工的基本概念、机床结构及其特点、主要技术参数、加工范围。

(2)能够正确选择刀具、夹具、量具和切削加工参数。

(3)通过编程实例,熟悉数控车床的编程内容和方法。

(4)熟悉数控编程指令,掌握程序格式及手工编程方法。

2. 训练内容

(1)完成图 8-1-1 所示陀螺零件的加工程序编制。

(2)毛坯材料:6061 号铝合金,毛坯尺寸:ϕ40×50 mm 棒料。

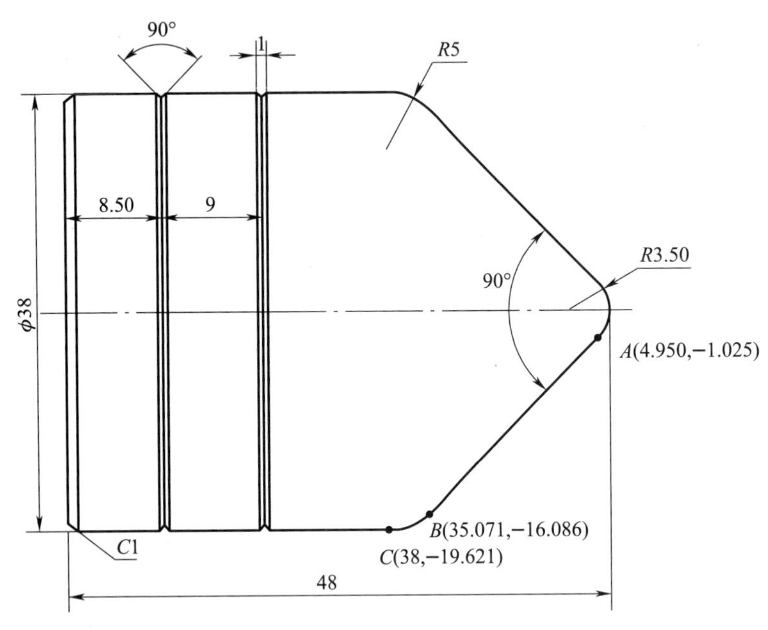

图 8-1-1　陀螺零件编程实例

3. 刀具和切削用量的选择

（1）陀螺零件加工时的刀具选择及刀具号设定见表 8-1-1。

（2）切削用量参数见表 8-1-2。

表 8-1-1　刀具选择及刀具号设定

序号	工序	刀具	刀具号及刀补号	类型与材料
1	粗、精车外轮廓	93°外圆车刀 （刀尖圆角 R0.4）	T0101	机夹式,硬质合金
2	车槽	45°端面车刀	T0202	机夹式,硬质合金

表 8-1-2　切削用量参数

切削表面	切削用量		切削表面	切削用量	
	主轴转速 n /(r/min)	进给速度 f /(mm/min)		主轴转速 n /(r/min)	进给速度 f /(mm/min)
粗车外圆	600	120	车槽	600	60
精车外圆	1 200	60			

4. 参考程序

图 8-1-1 所示陀螺零件的加工程序见表 8-1-3。

表 8-1-3 加 工 程 序

程序	说明
O7011	程序名(车削陀螺左端轮廓)
N10 G97 G98;	主轴转速设置成每分钟转速,进给速度采用每分钟进给量
N20 T0101;	调用 T0101 号刀具,刀具补偿号 01
N30 G00 X100. Z100. G40;	刀具快速移动至过渡点(100,100),并取消刀具半径补偿
N40 M03 S600;	主轴正转,转速为 600 r/min
N50 G00 X41. Z3.;	刀具快速接近工件至加工起点(41,3)
N60 G94 X-0.5 Z0 F80;	端面固定循环车削端面,车平即可
N70 G71 U1. R0.5;	外圆粗车循环,每次切削深度 1 mm(半径指定),每次退刀量 0.5 mm
N80 G71 P90 Q120 U0.5 W0.05 F120;	车削轮廓由 N90 至 N120 指定,*X* 方向的精车余量为 0.5 mm(直径指定),粗车循环进给速度 120 mm/min
N90 G00 X35. Z0.5;	轮廓起始点,设定在倒角延长线(35,0.5)
N100 G01 X38. Z-1.;	*C*1 倒角
N110 Z-25.;	ϕ38 外圆
N120 X40.;	左端轮廓车削结束,退刀
N130 G00 X100. Z100.;	离开工件至安全位置,方便粗加工之后进行零件测量
N140 M05;	主轴旋转停止
N150 M00;	程序暂停,进行测量,为精车修正尺寸做准备
N160 T0101;	调用 T0101 号刀具,刀具补偿号 01
N170 G00 X100. Z100.;	刀具快速移动至过渡点(100,100)
N180 G96 S120 M03;	恒线速度切削,主轴正转,v_c = 120 m/min
N190 G50 S1200;	限制最高转速为 1 200 r/min
N200 G00 X41. Z3. G42;	刀具快速接近工件至加工起点(41,3),并建立刀具右半径补偿
N210 G70 P90 Q120 F60;	外圆精车固定循环,车削轮廓由 N90 至 N120 指定,进给速度为 60 mm/min
N220 G00 X100. Z100. G40;	精车结束,快速返回换刀点(100,100),并取消刀具半径补偿
N230 M05;	主轴旋转停止
N240 M00;	主轴停止旋转
N250 T0202;	调用 T0202 号刀具,刀具补偿号 02
N260 M03 S600;	主轴正转,转速为 600 r/min
N270 G00 X41. Z-8.5;	定位至第一条槽的起始点(41,-8.5)
N280 G01 X36.4 F100;	车削第一条槽,进给速度 60 mm/min

续表

程序	说明
N290 G00 X41.;	退刀
N300 Z-17.5;	定位至第二条槽的起始点(41,-17.5)
N310 G01 X36.4;	车削第二条槽
N320 G00 X100.;	退刀
M330 Z100.;	
M340 M05;	主轴停止旋转
M350 M30;	程序结束
O7012	程序名(车削陀螺右端轮廓)
N10 G97 G98;	主轴转速设置成每分钟转速,进给速度采用每分钟进给量
N20 T0101;	调用 T0101 号刀具,刀具补偿号 01
N30 G00 X100. Z100. G40;	刀具快速移动至过渡点(100,100),并取消刀具半径补偿
N40 M03 S600;	主轴正转,转速为 600 r/min
N50 G00 X41. Z3.;	刀具快速接近工件至加工起点(41,3)
N60 G94 X-0.5 Z0 F80;	端面固定循环车削端面,车平即可
N70 G71 U1. R0.5;	外圆粗车循环,每次切削深度为 1 mm(半径指定),每次退刀量为 0.5 mm
N80 G71 P90 Q160 U0.5 W0.05 F120;	车削轮廓由 N90 至 N160 指定,在 X 方向的精车余量为 0.5 mm(直径指定),粗车循环进给速度为 120 mm/min
N90 G00 X-0.5;	轮廓起始点
N100 G01 Z0;	
N110 X0;	
N120 G03 X4.950 Z-1.025 R3.5;	逆时针圆弧插补至点 A
N130 G01 X35.071 Z-16.086;	直线插补至点 B
N140 G03 X38. Z-19.621 R5.;	逆时针圆弧插补至点 C
N150 G01 Z-30.;	$\phi 38$ 外圆
N160 X40.;	右端轮廓车削结束,退刀
N170 G00 X100. Z100.;	离开工件至安全位置,方便粗加工之后进行零件测量
N180 M05;	主轴旋转停止
N190 M00;	程序暂停,进行测量,为精车修正尺寸做准备
N200 T0101;	调用 T0101 号刀具,刀具补偿号 01
N210 G00 X100. Z100.;	刀具快速移动至过渡点(100,100)
N220 G96 S120 M03;	恒线速度切削,主轴正转,v_c=120 m/min

续表

程序	说明
N230 G50 S1200;	限制最高转速为 1 200 r/min
N240 G00 X41. Z3. G42;	刀具快速接近工件至加工起点(41,3),并建立刀具右半径补偿
N250 G70 P90 Q160 F60;	外圆精车固定循环,轮廓由 N90 至 N160 指定,进给速度为 60 mm/min
N260 G00 X100. Z100. G40;	精车结束,快速返回换刀点(100,100),并取消刀具半径补偿
N270 M05;	主轴停止旋转
N280 M30;	程序结束

8.1.4.2 项目二:数控车床模拟仿真加工训练

1. 训练目的

(1) 通过仿真软件模拟轨迹操作,进一步理解数控编程指令,能够手工编写简单零件的数控车床加工程序。

(2) 通过数控车床仿真加工训练,熟悉数控车床的基本操作技术,建立数控加工概念,为实际机床加工奠定基础。

2. 训练内容

(1) 完成图 8-1-1 所示陀螺零件的仿真加工。

(2) 实训设备:装有数控加工仿真系统的计算机。

(3) 毛坯材料:6061 号铝合金,毛坯尺寸:ϕ40 mm×50 mm 棒料。

(4) 夹具:三爪自定心卡盘。

(5) 刀具:根据工序选择刀具,见表 8-1-1。

(6) 参考程序 O7011 与 O7012,见表 8-1-3。

3. 实践训练步骤

(1) 启动数控加工仿真系统,如图 8-1-2 所示。

数控加工仿真步骤(1)至(4)

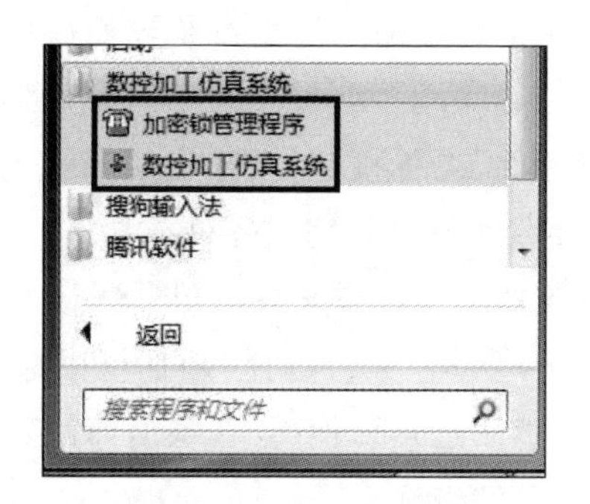

图 8-1-2 数控加工仿真系统

(2) 数控加工仿真系统界面如图 8-1-3a 所示,单击“选择机床”图标按钮,弹出图 8-1-3b所示界面,选择机床类型为车床,选择控制系统为 FANUC-0I 后单击“确定”按钮,弹出图 8-1-4 所示编辑面板。

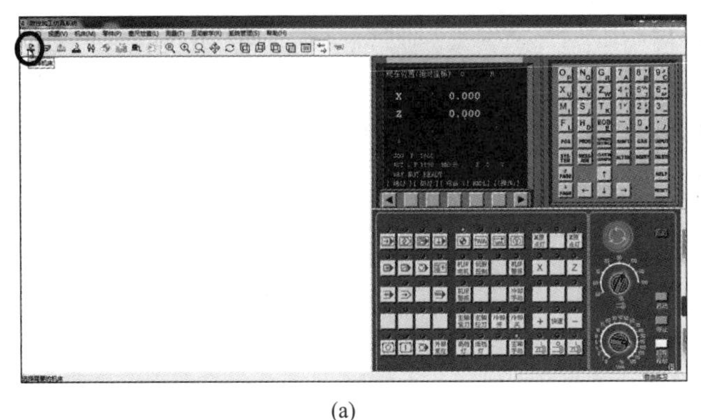

(a)

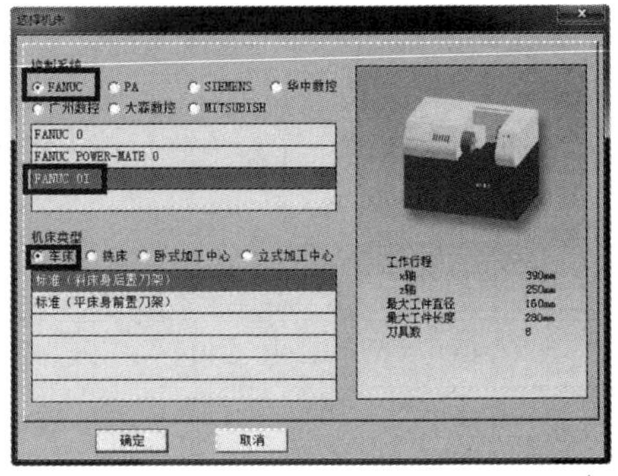

(b)

图 8-1-3　选择机床与控制系统

(3) 进行开机、回零操作。首先单击“紧急停止”按钮,取消紧急停止功能,再单击“启动”按钮,此时“机床电机”和“伺服控制”按钮上方的指示灯会变成绿色;单击“回零”按钮后再单击“X”或“Z”按钮,再单击“+”按钮,对 X 轴或 Z 轴进行回原点操作,完成后,“X 原点灯”和“Z 原点灯”按钮上方的指示灯会变成绿色,表示回零操作已经完成,可以对机床或程序进行后续操作。

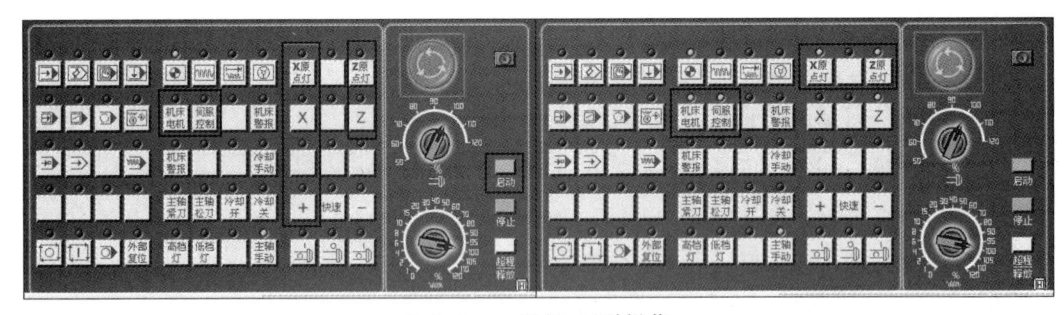

图 8-1-4　开机、回零操作

(4) 工件毛坯与刀具选择

1) 定义毛坯与安装零件:单击数控加工仿真系统界面(图 8-1-3a)上的“定义毛坯”图标按钮,在弹出的如图 8-1-5a 所示“定义毛坯”对话框中定义毛坯尺寸与材料,如图 8-1-5a 所示;再单击“放置零件”图标按钮,在弹出的如图 8-1-5b 所示“选择零件”对话框中选择“棒料 1”并单击“安装零件”按钮,完成零件放置。

2) 选择安装刀具:单击数控加工仿真系统界面(图 8-1-3a)上的“选择刀具”图标按钮,根据表 8-1-1 的信息在图 8-1-6 所示“车刀选择”对话框中选择仿真刀具,结果如图 8-1-6 所示。先选择刀位和刀片类型,然后选择刀柄类型,最后修改刀尖半径和 X 轴方向长度。

数控加工仿真步骤(5)

(5) 对刀(设置工件坐标系)

单击数控加工仿真系统界面(图 8-1-3a)右上方的“OFFSET SETTING”按钮并选择“形状”进入“工具补正/形状”参数界面,如图 8-1-7 所示,其中 X、Z 的数值就是所需设置的补偿量。

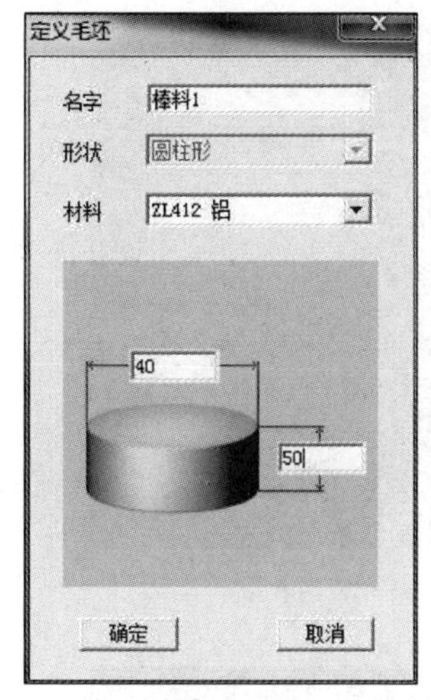

(a) 定义毛坯

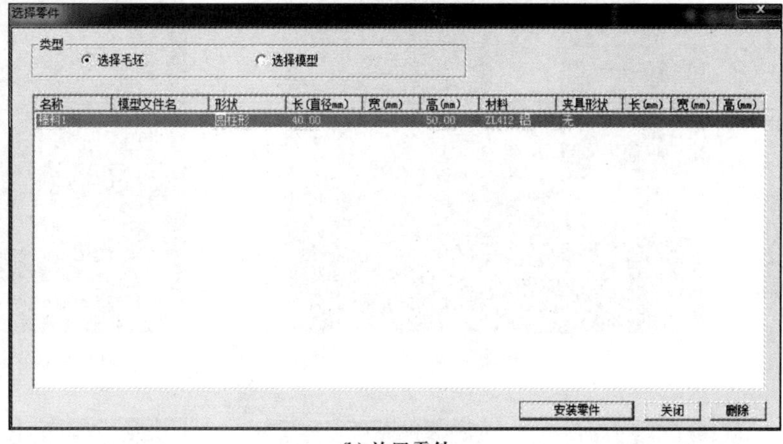

(b) 放置零件

图 8-1-5　定义毛坯与放置零件

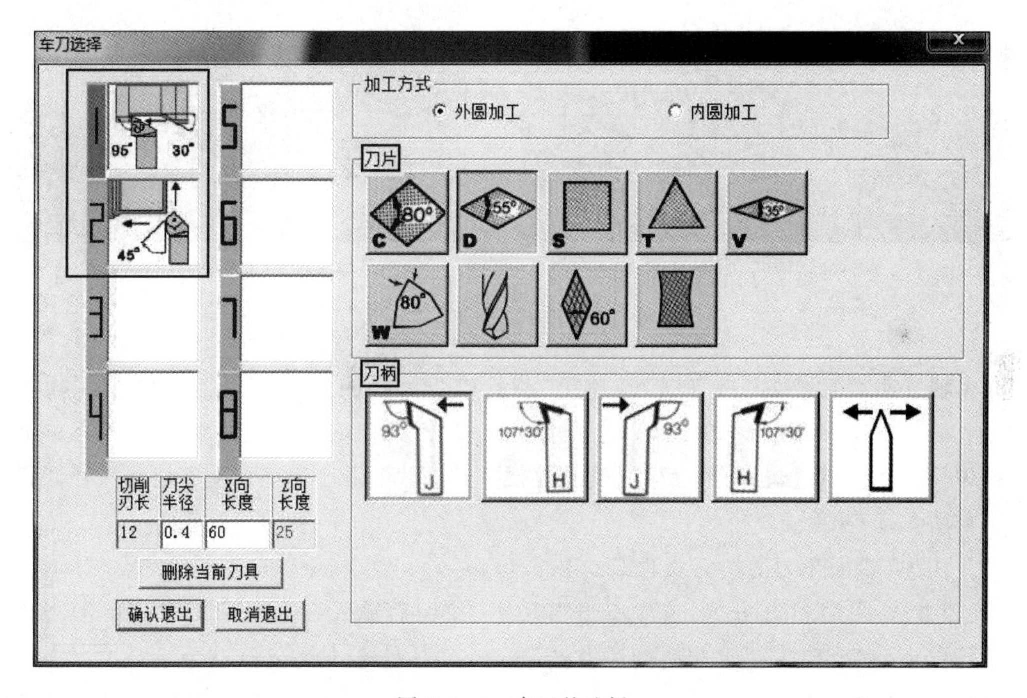

图 8-1-6　车刀的选择

1）T0101 外圆车刀的对刀方法

Z 轴方向对刀步骤：主轴正转；X 轴方向进给，车端面，车出即可；X 轴方向退出（Z 轴方向不能移动）；记录机械坐标系中的 Z 轴方向坐标值，将其输入图 8-1-7b 的番号 01 中的“Z”文本框内，即完成工件坐标系 Z 轴方向补偿量的建立，结果如图 8-1-8 所示。

X 轴方向对刀步骤：主轴正转；Z 轴方向进给，车外圆，直径去除 0.5 mm 左右；Z 轴方向

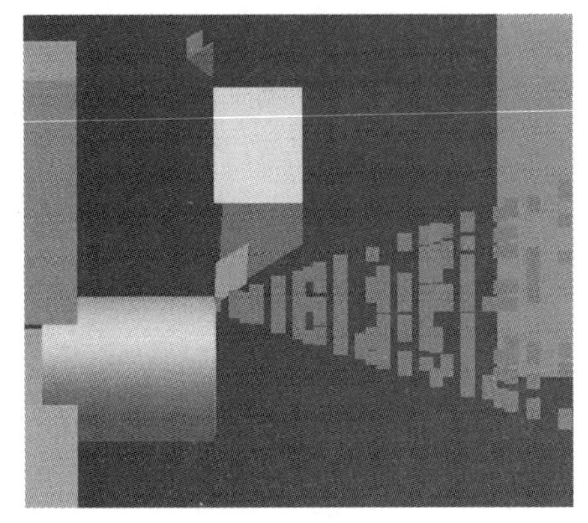

(a) T0101车端面

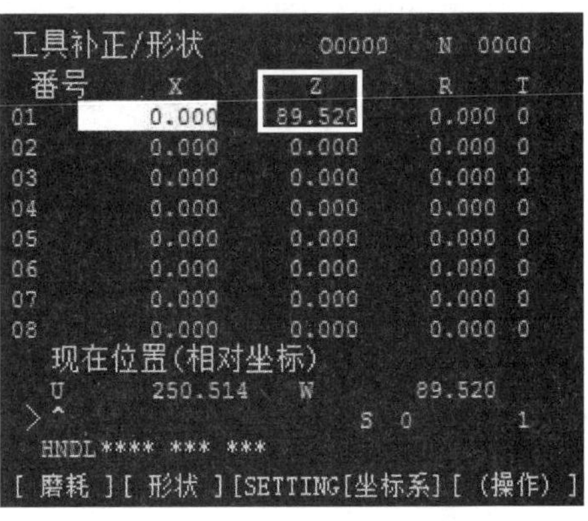

(b) 输入T0101的Z轴方向补偿量

(c) T0101车外圆

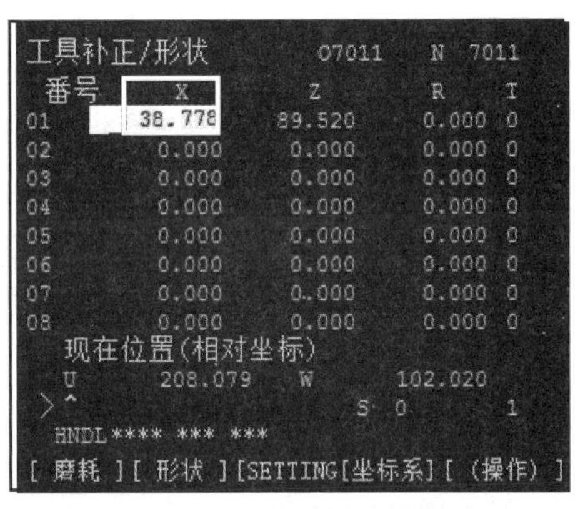

(d) 输入T0101的X轴方向补偿量

图 8-1-7　T0101 外圆车刀对刀

退出(X 轴方向不能移动);主轴停止;单击“测量”“剖面图测量”按钮并记录所车削段的直径数值,如图 8-1-8 所示(X38.778);进入图 8-1-7“工具补正/形状”参数界面,光标移动至番号“01”的“X”位置,输入“38.778”,单击“测量”按钮,完成工件坐标系 X 轴方向补偿量的建立,如图 8-1-7d 所示。

2) T0202 端面车刀的换刀及对刀方法

换刀方法:采用 MDI 方式,首先单击“PROG”按钮后输入刀具号“T0202”,单击“EOB”(程序段结束)“INSERT”(插入)“循环启动”按钮,换刀完成,如图 8-1-9 所示。

对刀方法:如图 8-1-10 所示,与上述 T0101 外圆车刀的对刀方法基本相同,T0202 端面车刀分别与 T0101 外圆车刀车削过的外圆与端面接触与对准,并使用同样的方法设置 Z 轴方向和 X 轴方向的刀具补偿量,输入“工具补正/形状”参数界面番号“02”中,如图 8-1-10 所示。

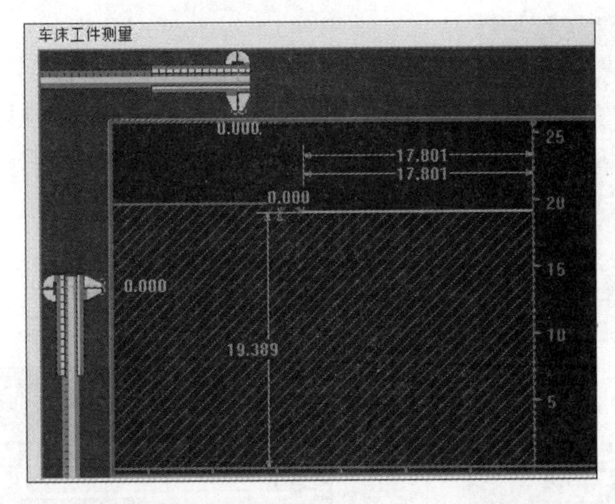

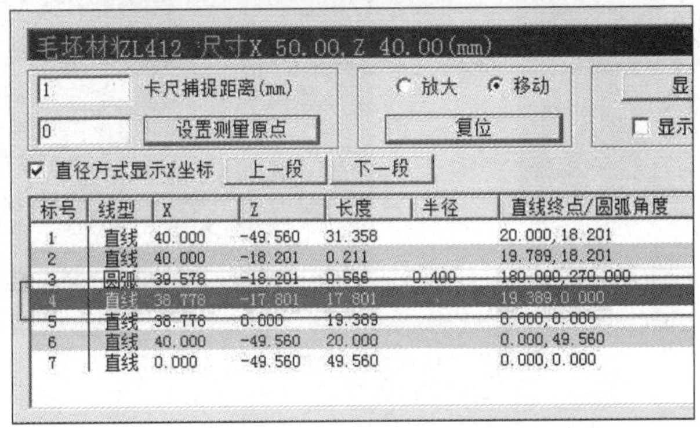

图 8-1-8　零件外圆测量

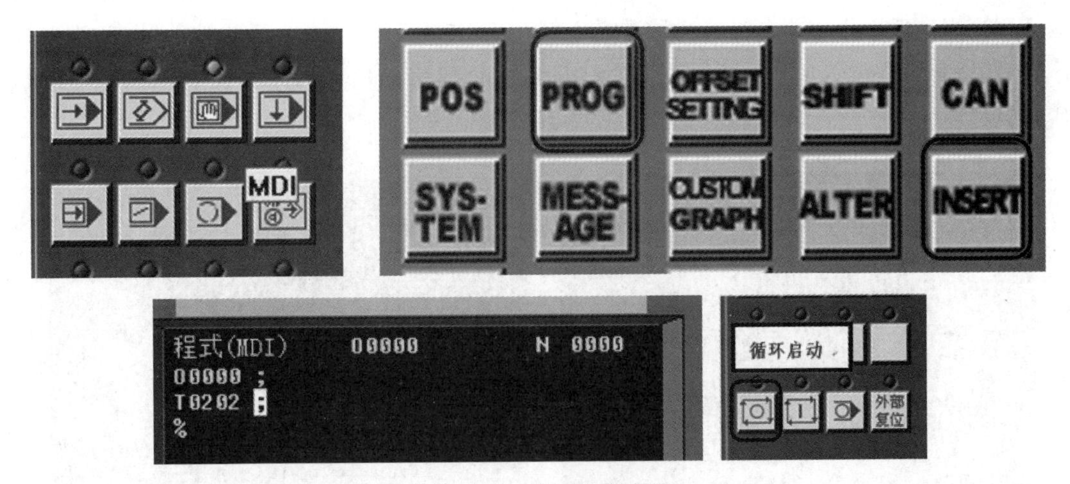

图 8-1-9　换刀操作步骤

(6) 程序输入与输出保存

数控加工仿真步骤(6)

程序输入有两种方式:键盘输入方式和程序导入方式。

1) 键盘输入方式。在编辑状态下,单击“PROG”按钮后输入“O7011”,再单击“INSERT”按钮创建空白程序文档,然后逐段将程序输入,在每段程序输入完

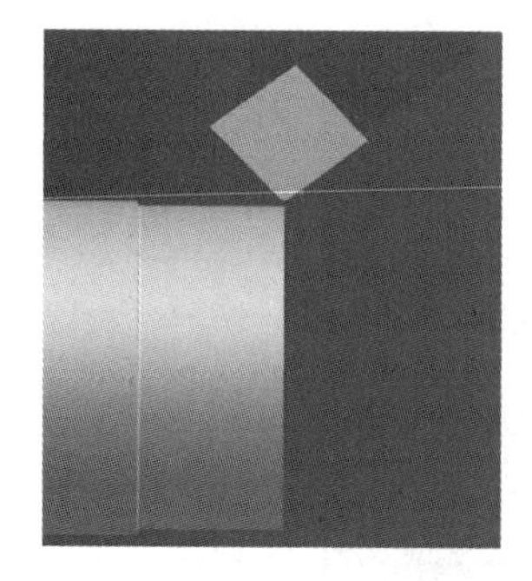

(a) T0202端面车刀对准端面

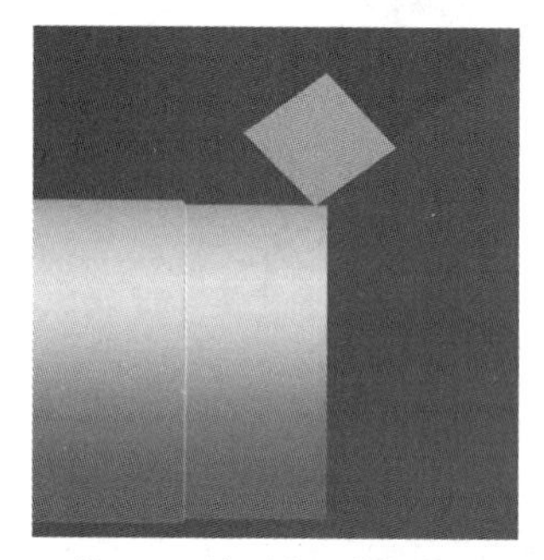

(b) T0202端面车刀接触外圆

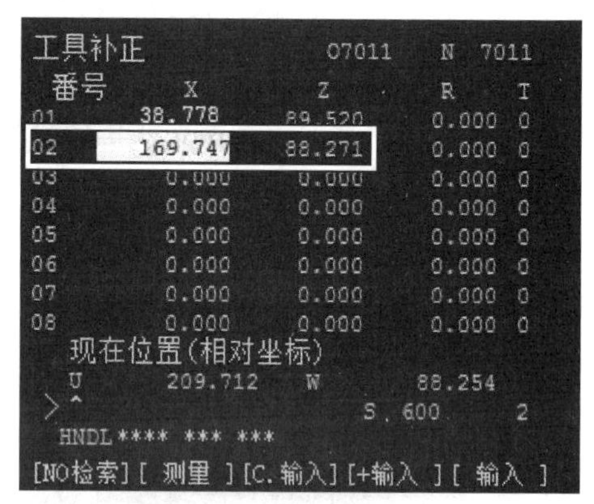

(c) 设置T0202刀具的补偿量

图 8-1-10　T0202 端面车刀对刀

成后单击“EOB”按钮即给出程序段结束符“;”。

2）程序导入方式。在编辑状态下，依次单击“PROG”“操作”“向右”▶“READ”按钮，输入程序名“O7011”后单击“EXEC”（执行）“DNC”（传送）按钮，进入远程执行状态，进入程序目录，选择所需导入的程序名后单击“打开”按钮，程序出现在机床界面上，如图 8-1-11 所示。

```
程式          O7011          N 0270
O7011 ;
N10 G97 G98 ;
N20 T0101 ;
N30 G00 X100. Z100. G40 ;
N40 M03 S600 ;
N50 G00 X41. Z3. ;
N60 G94 X-0.5 Z0 F80 ;
N70 G71 U1. R0.5 ;
N80 G71 P90 Q120 U0.5 W0.05 F120 ;
N90 G00 X35. Z0.5 ;
N100 G01 X38. Z-1. ;
>^                    S 0    T 1
EDIT**** *** ***
[BG-EDT][O检索] [检索↓][检索↑][REWIND]
```

(a)

```
程式          O7012          N 0270
O7012 ;
N10 G97 G98 ;
N20 T0101 ;
N30 G00 X100. Z100. G40 ;
N40 M03 S600 ;
N50 G00 X41. Z3. ;
N60 G94 X-0.5 Z0 F80 ;
N70 G71 U1. R0.5 ;
N80 G71 P90 Q160 U0.5 W0.05 F120 ;
N90 G00 X-0.5 ;
N100 G01 Z0 ;
>^                    S 0    T 1
EDIT**** *** ***
[ 程式 ][ LIB ][    ] [    ] [(操作)]
```

(b)

图 8-1-11　程序导入

在编辑状态下,依次单击“PROG”“操作”“向右”“PUNCH”按钮后,输入文件名,单击“保存”按钮,程序输出并存入对应的计算机文件夹内。

(7) 仿真轨迹显示

依次单击“自动运行”“CUSTOM GRAPH”“循环启动”按钮,仿真轨迹显示结果如图 8-1-12 所示,再次单击“CUSTOM GRAPH”按钮,即可切换回机床界面。

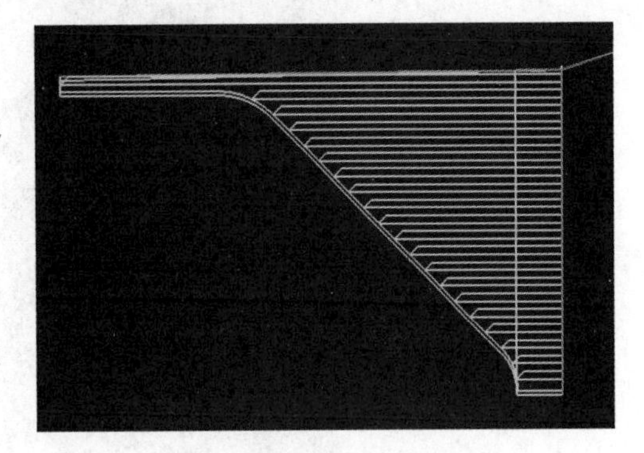

图 8-1-12　仿真轨迹显示

(8) 仿真加工

在编辑状态下,单击“RESET”按钮,将光标复位至程序起始位置,然后单击“自动运行”“循环启动”按钮,进入自动仿真加工过程,仿真结果如图 8-1-13 所示。

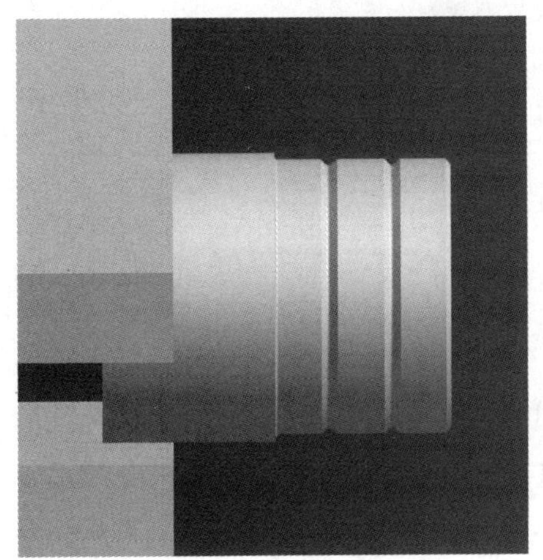

(a) 车左端外圆轮廓

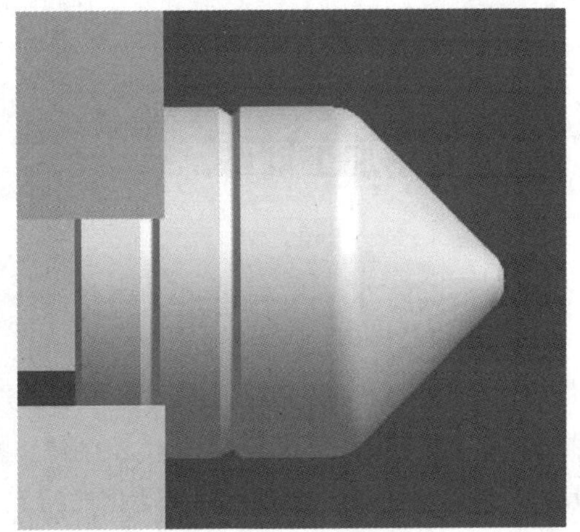

(b) 车右端外圆轮廓

图 8-1-13　仿真结果

(9) 加工尺寸调整

数控加工仿真步骤(8)(9)

1) U+调整量:少进,使尺寸(直径)加大(向 X 轴正方向偏移)。

2) U-调整量:多进,使尺寸(直径)减小(向 X 轴负方向偏移)。

3) W+调整量:使尺寸向右偏移,使尺寸加长(向 Z 轴正方向偏移)。

4) W-调整量:使尺寸向左偏移,使尺寸变短(向 Z 轴负方向偏移)。

例如加工完成后,经测量,工件的实际加工尺寸比要求的尺寸在 X 轴(直径)方向上大了 0.02,在磨耗中对应番号“01”刀补的位置上,输入“-0.020”,如图 8-1-14 所示。

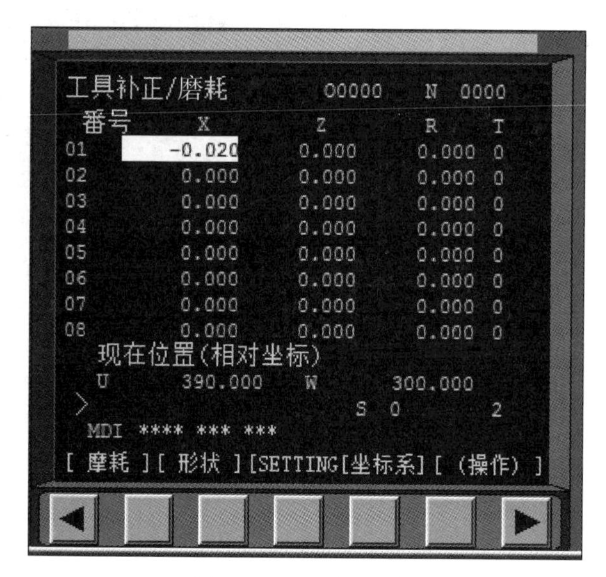

图 8-1-14　设置磨耗

8.2　数控铣削加工训练

8.2.1　训练模块简介

数控加工是用数字信息对机械运动和工作过程实施控制的一门技术,它集传统的机械制造技术、计算机技术、现代控制技术、传感检测技术、网络通信技术和光机电技术等于一体,具有高精度、高效率、高柔性和自动化的特点,对制造业实现柔性自动化、集成化和智能化起着举足轻重的作用。

数控铣床是一种加工能力强、采用铣削方式加工工件的数控机床,在制造业中应用相当广泛,可进行铣削、钻削、镗削、螺纹等加工,还能完成各种平面、沟槽、螺旋槽、成型面、平面曲线和空间曲线等复杂型面的加工。数控铣床加工是将预先编制好的通用 G 代码程序输入机床的数控系统中,由数控系统控制 X、Y、Z 三个坐标轴方向上的伺服电动机,进而驱动并协调铣床进给运动部件(即工作台与主轴)的动作顺序、进给量和进给速度,以及主轴转速和转向,通常可以实现 X、Y、Z 三轴甚至更多轴的联动。

8.2.2　安全技术操作规程

1. 操作前必须熟悉数控铣床的一般性能、结构、传动原理及控制程序,掌握各操作按钮、指示灯的功能及操作程序。在掌握整个操作过程前,不要进行机床的操作和调节。

2. 打开机床电源前必须检查机床工作台及外表是否整洁,检查导轨以及各润滑部位是否有油，检查油位、油压是否正常，油路是否通畅，检查电网电压、外部气源气压是否正常，不正常不能开机。

3. 打开外部电源开关，启动机床电源，检查电气柜冷却扇是否运转正常，不正常不能开机，应上报老师。

4. 机床通电后，将操作面板上的紧急停止按钮右旋弹起，按下操作面板上的电源开关，若开机成功，显示屏显示应正常，无报警。如有报警应上报老师检查维修。

5. 开机后应先进行回参考点操作，调整进给速度倍率开关到适当位置，应先完成+Z 轴回参考点操作，之后完成+X 或+Y 轴回参考点操作。

6. 必须停机装夹工件，主轴上安装有刀具时，应将刀具远离工件的安装位置，以保持足够的安全距离，工作台移至便于工件安装的位置。

7. 检查机床上的刀具、夹具、工件装夹是否牢固正确，安全可靠，保证机床在加工过程中受到冲击时不致松动而发生事故。

8. 程序输入后必须先调试，加工零件前，必须严格检查机床原点、刀具数据是否正常，并进行无切削轨迹仿真运行，确保正确后再进行加工。

9. 手动对刀过程中，刀具接近工件时必须降低刀具移动速度。

10. 机床运转时，严禁用手触摸工件及运转部分，切削中不得用棉纱擦拭工件和刀具。

11. 在程序运行中须暂停进行工件尺寸测量时，要待机床完全停止、主轴停转后方可进行测量，以免发生人身事故。

12. 加工零件时，必须关上防护门，不准将头、手伸入防护门内，加工过程中不允许打开防护门。

13. 工作完成后，依次关闭机床操作面板上的电源和总电源。做好工作场地和设备的清洁工作，做好设备运转情况记录。

8.2.3　问题与思考

1. 简述数控铣床的工作原理及结构。
2. 机床坐标系与工件坐标系的概念各是什么？
3. 在数控铣床上铣削零件轮廓时，为什么要进行刀具补偿？如何补偿？
4. 加工中心与数控铣床有哪些区别？
5. 数控铣床自动返回机床参考点的目的是什么？操作步骤是什么？
6. 数控铣床编程的一般步骤是什么？
7. 数控铣床一般的操作步骤是什么？
8. 数控铣床是如何利用刀具半径补偿原理来消除加工误差的？
9. 如何进行解除超程的操作？若自动加工中出现了超程，解除后加工能继续吗？
10. 为什么数控铣床在编程时首先要确定工件零点（对刀点）的位置？
11. 数控铣床程序的检验有哪些常用方法？

8.2.4 实践训练

8.2.4.1 项目一:数控铣削零件编程实例训练

1. 训练目的

(1) 掌握数控铣削加工的基本概念、机床结构及其特点、主要技术参数、加工范围。

(2) 能够正确选择刀具、夹具、量具和切削加工参数。

(3) 了解数控铣床铣削加工的结构工艺性要求,能进行典型型面的加工操作。

(4) 熟悉并严格遵守安全技术操作规程。

2. 训练内容

(1) 铣削带圆角的六边形轮廓,如图 8-2-1 所示。

(2) 毛坯材料:6061 铝合金;毛坯:在 8.1 数控车削加工训练中加工出的陀螺零件。

(3) 数控系统:FANUC-0I;刀具:$\phi5R1$ mm 圆鼻铣刀。

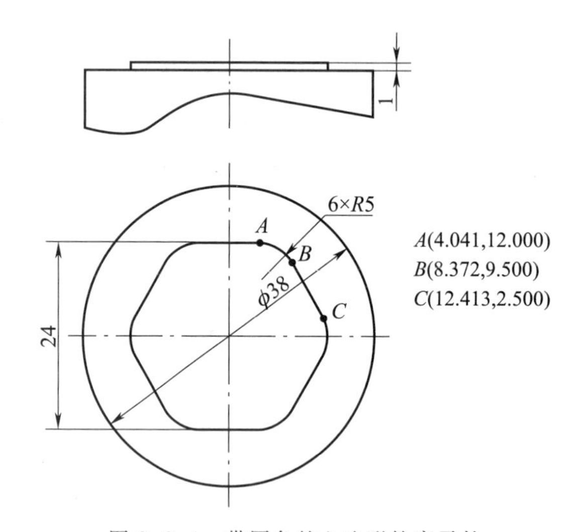

图 8-2-1 带圆角的六边形轮廓零件

3. 编程要点

(1) 刀具半径补偿概念

因为铣刀有一定的直径,若铣刀中心沿工件轮廓铣削,铣削得到的轮廓尺寸会增大或减少一个铣刀直径数值,因此,实际加工过程中需要铣刀相对于轮廓偏置一个铣刀半径才能加工得到所需的零件轮廓,这个过程称为刀具半径补偿(简称为刀补),如图 8-2-2 所示。但是通过手工编程的方式计算偏置的轮廓相当烦琐,刀具半径补偿功能正是在这样的需求下应运而生的。

添加了刀具半径补偿功能之后,在编程时可以很方便地按照工件实际轮廓进行计算,而数控系统可以使刀具中心自动偏离工件轮廓一个刀具半径值,加工出符合要求的轮廓表面。同时还可以利用该功能来弥补刀具的制造尺寸精度误差和加工磨损,还可以采用调整刀具半径补偿的方式,使用同一个加工程序实现分层铣削、粗精分步加工。

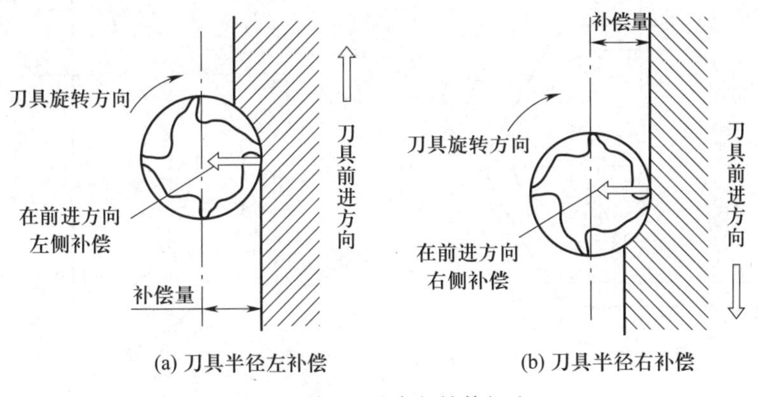

图 8-2-2 刀具半径补偿概念

(2) 指令格式

G41 G01 X_Y_D_;

G42 G01 X_Y_D_;

G40 G01 X_Y_;

G41 为刀具半径左补偿指令;G42 为刀具半径右补偿指令;G40 为刀具半径补偿撤销指令。X_Y_为建立与撤销刀具半径补偿的终点坐标值。D_为刀具半径补偿寄存器的地址,取值范围为 D00 至 D99,其中存放刀具半径值。

(3) 使用刀具半径补偿指令时的注意事项

从无刀具半径补偿状态进入刀具半径补偿状态时,移动指令只能是 G01 或 G00,不能使用 G02 或 G03。

建立与撤销刀具半径补偿时的移动距离必须大于刀具半径值,否则系统会产生刀具半径补偿无法建立或报警的情况。

撤销刀具半径补偿时,移动指令也只能是 G01 或 G00,而不能使用 G02 或 G03。

若 D_中存放的刀具半径值为负值,那么 G41 与 G42 指令可以互相取代。

4. 刀具半径补偿过程

刀具半径补偿的执行过程可分为三个阶段,分别为刀补建立阶段、刀补执行阶段、刀补撤销阶段,如图 8-2-3 所示。另外,在建立与撤销刀具半径补偿时也应遵循如下一些原则,避免引起加工错误、程序停止、机床报警等问题。

(1) 避免过切现象。在刀补建立与撤销阶段,应当使刀具与工件轮廓保持一定的距离,避免刀具半径补偿还未完全建立之前就已经与工件轮廓发生接触,产生过切。在刀补执行阶段,如果存在连续两段以上没有移动指令或非指定平面的轴移动指令的程序段,有可能产生过切现象。

(2) 应尽量保证切向切入与切向切出。在刀补建立与撤销阶段,要避免刀具从轮廓法向切入或退出,否则会在该处产生过切现象或留下接刀痕迹。将工件轮廓特殊点的切线或延长线方向作为切入方向是避免上述问题发生的有效手段。

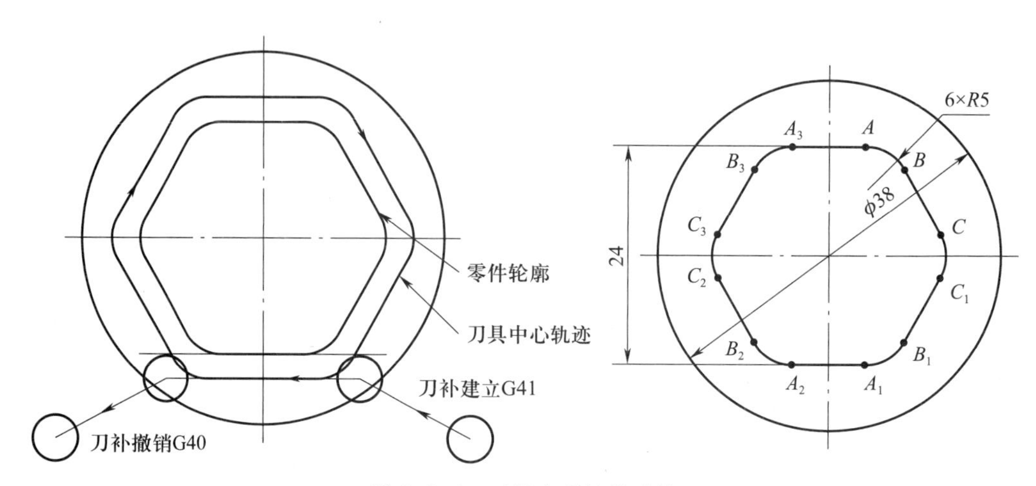

图 8-2-3 刀具半径补偿过程

5. 参考程序

图 8-2-1 所示带圆角的六边形轮廓零件的铣削参考程序见表 8-2-1。

表 8-2-1 铣削参考程序

程序	说明
O7021	程序名
N10 G54;	设定工件坐标系,原点位于工件中心上表面
N20 M03 S1000;	主轴正转,转速为 1 000 r/min
N30 G00 Z50.0;	刀具快速移动至安全高度 $Z=50$ mm
N40 G00 X0 Y0;	刀具快速定位至工件原点上方
N50 G00 X20.0 Y-20.0;	刀具快速移动至铣削起始位置
N60 G00 Z3.0;	刀具快速接近工件
N70 G01 Z-1.0 F100;	切削深度为 1 mm,进给速度为 100 mm/min
N80 G41 G01 X15.0 Y-12.0 D01;	建立刀具半径补偿
N90 G01 X4.041 Y-12.0 F200;	直线插补至点 A_1
N100 X-4.041 Y-12.0;	直线插补至点 A_2
N110 G02 X-8.372 Y-9.5 R5.0;	圆弧插补至点 B_2
N120 G01 X-12.413 Y-2.5;	直线插补至点 C_2
N130 G02 X-12.413 Y2.5 R5.0;	圆弧插补至点 C_3
N140 G01 X-8.372 Y9.5;	直线插补点 B_3
N150 G02 X-4.041 Y12.0 R5.0;	圆弧插补至点 A_3
N160 G01 X4.041 Y12.0;	直线插补点 A
N170 G02 X8.372 Y9.5 R5.0;	圆弧插补至点 B

续表

程序	说明
N180 G01 X12.413 Y2.5;	直线插补点 C
N190 G02 X12.413 Y-2.5 R5.0;	圆弧插补至点 C_1
N200 G01 X8.372 Y-9.5;	直线插补点 B_1
N210 G02 X4.041 Y-12.0 R5.0;	圆弧插补至点 A_1
N220 G01 X-15.0 Y-12.0;	直线插补至轮廓外部,准备撤销刀具半径补偿
N230 G40 G01 X-20.0 Y-20.0;	撤销刀具半径补偿
N240 G00 Z50.0;	抬刀至安全高度
N250 M05;	主轴停止
N260 M30;	程序结束

8.2.4.2　项目二:数控铣削加工中心编程要点及实例

1. VMC600 数控铣削加工中心

数控加工中心是由机械设备与数控系统组成的适用于加工复杂零件的高效自动化机床,它是目前世界上产量最高、应用最广泛的数控机床之一。数控铣削加工中心是从数控铣床发展而来的,与数控铣床的最大区别在于加工中心具有自动交换加工刀具的能力,通过在刀库上安装不同用途的刀具,可在一次装夹中通过自动换刀装置改变主轴上的加工刀具,从而实现多种加工功能。图 8-2-4 所示为 VMC600 数控铣削加工中心。

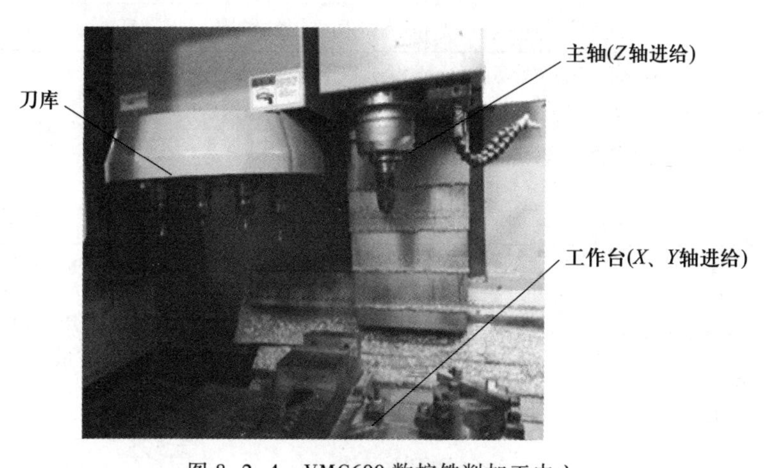

图 8-2-4　VMC600 数控铣削加工中心

2. 训练内容

1）完成图 8-2-5 所示零件的铣削轮廓、钻孔、铣削螺纹多道工序的数控加工程序编制,轮廓深度为 1 mm。

2）毛坯材料:6061 铝合金,毛坯尺寸:$\phi40\times50$ mm 棒料。

3）数控系统:FANUC-0I;刀具:$\phi5R1$ mm 圆鼻铣刀。

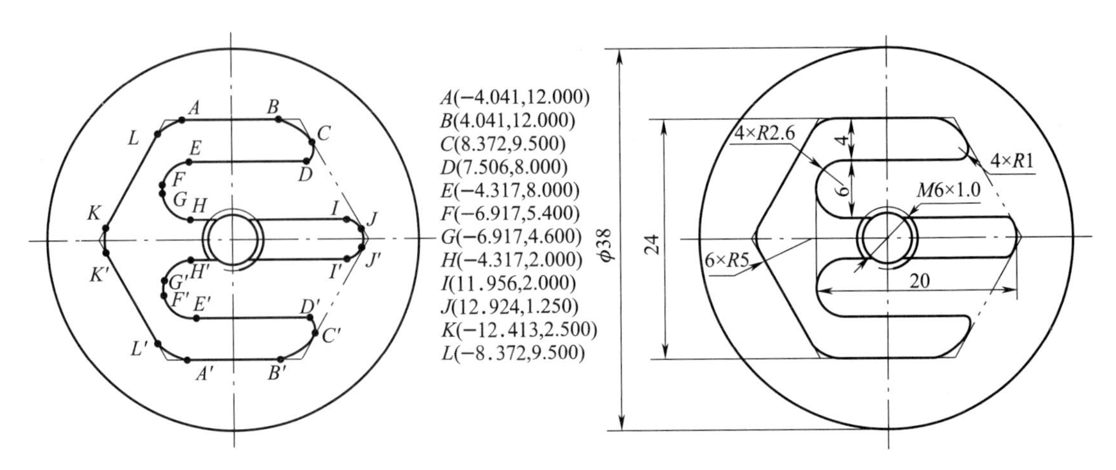

图 8-2-5　数控铣削加工中心零件示例

3. 工艺卡片

铣削加工工艺卡片见表 8-2-2。

表 8-2-2　铣削加工工艺卡片

序号	工序	刀具号	刀具种类	主轴转速/（r/min）	进给速度
1	铣削外轮廓	T01	$\phi5R1$ 圆鼻铣刀	2 600	400 mm/min
2	钻螺纹底孔	T02	$\phi4.8$ 麻花钻	1 600	50 mm/min
3	攻螺纹 M6×1.0	T03	M6×1.0 机用丝锥	50	1.0 mm/r

4. 参考程序

铣削图 8-2-5 所示零件的参考程序见表 8-2-3。

表 8-2-3　参考程序

程序	说明
N10 G40 G80 G90 G94;	取消刀具半径补偿,撤销固定循环,采用绝对值编程及每分钟进给速度
N20 G91 G28 Z0;	返回机床参考点
N30 T01 M06;	换 T01 刀具
N40 M03 S2600;	主轴正转,转速为 2 600 r/min
N50 G54 G00 X0 Y0;	建立工件坐标系并移动至原点
N60 G43 G00 Z50.0 H01;	建立 T01 刀具长度补偿
N70 G00 Z5.0 M08;	在 Z 轴方向快速接近工件,冷却液开
N80 G00 X-15.0 Y20.0;	移动至建立刀补的起点

续表

程序	说明
N90 G01 Z-1.0 F100;	直线插补至切削深度,进给速度为 400 mm/min
N100 G41 G01 X-8.0 Y12.0 D01 F400;	建立刀具半径左补偿
N110 X-4.041 Y12.0;	直线插补至点 *A*
N120 X4.041 Y12.0;	直线插补至点 *B*
N130 G02 X8.372 Y9.5 R5.0;	圆弧插补至点 *C*
N140 X7.506 Y8.0 R1.0;	圆弧插补至点 *D*
N150 G01 X-4.317 Y8.0;	直线插补至点 *E*
N160 G03 X-6.917 Y5.4 R2.6;	圆弧插补至点 *F*
N170 G01 X-6.917 Y4.6;	直线插补至点 *G*
N180 G03 X-4.317 Y2.0 R2.6;	圆弧插补至点 *H*
N190 G01 X11.956 Y2.0;	直线插补至点 *I*
N200 G02 X12.924 Y1.25 R1.0;	圆弧插补至点 *J*
N210 Y-1.25 R5.0;	圆弧插补至点 *J'*
N220 X11.956 Y-2.0 R1.0;	圆弧插补至点 *I'*
N230 G01 X-4.317 Y-2.0;	直线插补至点 *H'*
N240 G03 X-6.917 Y-4.6 R2.6;	圆弧插补至点 *G'*
N250 G01 X-6.917 Y-5.4;	直线插补至点 *F'*
N260 G03 X-4.317 Y-8.0 R2.6;	圆弧插补至点 *E'*
N270 G01 X7.506 Y-8.0;	直线插补至点 *D'*
N280 G02 X8.372 Y-9.5 R1.0;	圆弧插补至点 *C'*
N290 X4.041 Y-12.0 R5.0;	圆弧插补至点 *B'*
N300 G01 X-4.041 Y-12.0;	直线插补至点 *A'*
N310 G02 X-8.372 Y-9.5 R5.0;	圆弧插补至点 *L'*
N320 G01 X-12.413 Y-2.5;	直线插补至点 *K'*
N330 G02 X-12.413 Y2.5 R5.0;	圆弧插补至点 *K*
N340 G01 X-8.372 Y9.5;	直线插补至点 *L*
N350 G02 X-4.041 Y12.0 R5.0;	圆弧插补至点 *A*
N360 G01 X8.0 Y12.0;	移动至撤销刀补的起点
N370 G40 G01 X15.0 Y20.0;	撤销 T01 刀具半径补偿
N380 G00 Z50.0 M09;	抬刀至安全平面,关闭冷却液

续表

程序	说明
N390 M05;	主轴停止
N400 G91 G28 Z0;	返回机床参考点
N410 T02 M06;	换 T02 刀具
N420 M03 S1600;	主轴正转,转速为 1 600 r/min
N430 G54 G00 X0 Y0;	建立工件坐标系并移动至原点
N440 G43 G00 Z50.0 H02 M08;	建立 T02 刀具长度补偿,冷却液开
N450 G99 G83 X0 Y0 Z-15.0 R2.0 Q3.0 F50;	深孔钻固定循环(G99 表示钻孔结束后,刀具回到 *R* 平面,略高于工件表面;钻孔深度 15 mm,Q3 表示每钻削 3 mm 退刀一次;进给速度为 50 mm/min
N460 G80 G00 Z50.0 M09;	钻孔固定循环结束,关闭冷却液
N470 M05;	主轴停止
N480 G91 G28 Z0;	返回机床参考点
N490 T03 M06;	换 T03 刀具
N500 M03 S50;	主轴正转,转速为 50 r/min
N510 G54 G00 X0 Y0;	建立工件坐标系并移动至原点
N520 G43 G00 Z50.0 H03 M08;	建立 T03 刀具长度补偿,冷却液开
N530 G95;	切换成每转进给速度模式
N540 G99 G84 X0 Y0 Z-10.0 R2.0 F1.0;	攻螺纹固定循环(G99 表示钻孔结束后,刀具回到 *R* 平面,略高于工件表面;螺纹深度 10 mm,螺纹导程 1 mm,进给速度为 1 mm/r
N550 G80 G00 Z50.0 M09;	攻螺纹固定循环结束,关闭冷却液
N560 G94;	切换回每分钟进给速度模式
N570 M05;	主轴停止
N580 M30;	程序结束

5. 程序编制要点

G43、G44 和 G49 指令能够进行 *Z* 轴的刀具长度补偿,补偿地址号用 H 代码指定。其中,G43 是正方向补偿指令,G44 是负方向补偿指令,取消补偿用 G49。指令格式为:

G43/G44 G01/G00 Z_H_

…

G49 G01/G00 Z_

无论是采用坐标绝对值方式还是增量值方式编程,采用 G43 指令时,将存放在 H 中的数值加到 *Z* 轴坐标值中,采用 G44 指令时从原 *Z* 轴坐标值中减去存放在 H_中的数值,从而

形成新的 Z 轴坐标值。如图 8-2-6 所示，执行 G43 时，$Z_{实际值}=Z_{指令值}+x$；执行 G44 时，$Z_{实际值}=Z_{指令值}-x$。

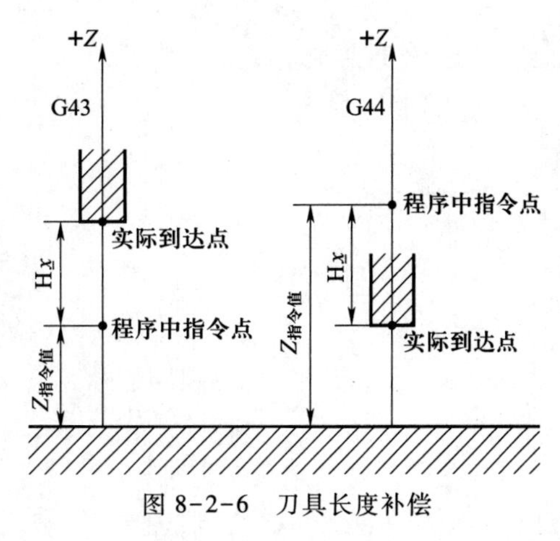

图 8-2-6　刀具长度补偿

常用的刀具长度补偿设定方法有如下两种：

(1) 将工件坐标系(G54)中 Z 值的偏置值设定为零，即 Z 轴方向的工件原点与机床原点重合，通过机床内对刀的方式测量出刀具 Z 轴在机床原点时的刀位点相对于工件坐标系基准面的距离(补偿值应为负值)，以此作为每把刀具的长度补偿值。

(2) 将其中一把刀具作为基准刀具，其长度补偿值设定为零，其他刀具的长度补偿值为其与基准刀具的长度差值(可通过机床外对刀进行测量)。此时应先通过机床内对刀方式测量出基准刀具 Z 轴在机床原点时的刀位点相对于工件基准面的距离，并将数值输入工件坐标系(G54)中的 Z 轴补偿参数中。

第三单元
电工电子基础实践

模块九　电工工具使用和照明线路实训

9.1　训练模块简介

本实训模块包含电工工具使用和照明线路实训两部分内容。

本模块的知识掌握目标：

1. 了解电工常用工具、仪表的工作原理，并掌握其使用方法。

2. 了解安全用电的常识和人体触电的急救方法。

3. 掌握导线的连接以及绝缘层的去除和恢复方法。

4. 了解交流电路中相线、中性线的定义，以及相电压、线电压之间的关系等电工常识。

5. 理解低压线路的安装过程，掌握室内配电、布线的设计与规范。

6. 掌握常用低压电器的选择与安装方法。

7. 掌握照明线路的检修与维护方法。

本模块的能力达成目标：

1. 能正确使用电工常用工具，能使用电工仪表对低压线路进行检查、测量。

2. 能正确选用、安装各种照明装置与电度表（又称电能表），并能排除常见故障。

3. 能够根据照明线路的原理图和安装图正确安装照明线路，能够检测和排除照明线路的常见故障。

9.2　安全技术操作规程

1. 安装灯头时，需确保灯头的绝缘外壳没有破损和漏电。开关须与火线（相线）相连，用于控制火线的通断。将火线与灯头相连时，应接在灯头的中心触头上，这样可最大限度地降低火线暴露的面积。零线则与灯头螺口端相连。

2. 照明灯具的金属外壳必须实行可靠的接地，接地电阻不得大于 4 Ω。

3. 单相照明回路的开关箱内必须装设漏电保护器，并实行“左零右火”的布线方式。

4. 掌握交流电路的常识性知识。

5. 学会正确合理地使用电工工具和仪表,并做好维护和保养工作。

6. 学会各种照明元器件的安装和接线方法。

7. 工作过程中要有节制地使用原材料,不可浪费。操作需谨慎规范。

8. 实施过程中,必须严格遵守安全技术操作规程,时刻注意安全用电,严禁带电作业。线路在未验明确实无电前,应一律视为有电,不准用手触摸,不可绝对相信绝缘体。

9. 按任务要求完成照明线路的安装和调试。

10. 需具备团队合作精神,以小组形式完成工作任务。

11. 在工作的同时应树立职业意识,并按照企业的“6S”(整理、整顿、清扫、清洁、素养、安全)质量管理体系要求自己。

9.3　问题与思考

1. 若发生人体触电事故,应如何进行现场处理?

2. 电流通过人体内部造成伤害时,伤害的严重程度与哪些因素有关?

3. 什么是中性线(零线)和相线(火线)?

4. 什么是三相四线制? 什么是线电压、相电压、线电流、相电流?

5. 三相电源和三相负载的连接方式有几种? 线电压与相电压、线电流与相电流的关系分别是什么?

6. 照明线路的布局、布线、走线、安装的基本要求是什么?

7. 照明线路有哪些常见故障? 应如何进行检查?

8. 导线连接的基本要求是什么? 导线的连接种类有哪些?

9. 对于照明线路的安装有哪些技术要求?

10. 简述单股铜芯导线的“一字形”和“T 字形”连接方法。

11. 插座、开关、白炽灯、日光灯、漏电保护器、熔断器、断路器、单相电度表等元件的安装接线方法分别是什么?

12. 低压安全线路和照明装置容易出现哪些常见故障?

9.4　实践训练

9.4.1　项目一:安全用电与触电急救

1. 训练目的

熟悉安全用电常识,掌握触电后的急救知识。

2. 训练内容与要求

掌握安全用电常识,发生人体触电事故后,能够应用人体触电急救常识进行急救处置。

3. 训练设备

安全用电系列视频,心肺复苏模拟人。

4. 实践训练

(1) 学习安全用电常识

1) 电流对人体造成的伤害

电流对人体造成的伤害一般有两种类型:电击和电伤。

电击是指电流通过人体组织,对呼吸系统、心脏和神经系统造成伤害,导致人体内部组织的破坏甚至死亡。

电伤是指电流产生的热效应、化学效应、机械效应及电流本身作用对人体外部造成伤害。电伤会在皮肤表面留下较明显的伤痕,常见的电伤有电弧烧灼伤、电烙伤和皮肤金属化等。

生产、生活中常用的50~60 Hz的工频交流电对人体造成的伤害最为严重。在同等电压条件下,交流电频率偏离工频越远,对人体的伤害越轻,但依然是十分危险的。

2) 人体触电的类型

触电,是指当人体直接接触带电体时,电流通过人体组织,对呼吸系统、心脏和神经系统造成伤害,导致人体内部组织的破坏甚至死亡。常见的触电类型如下:

① 单相触电

◆ 电源中性点接地的单相触电

触电者站在地面上,身体接触带电导线(例如W相导线),电流从导线经人体流向大地形成回路,如图9-4-1a所示。

◆ 电源中性点不接地的单相触电

触电者身体接触某一相导线时,若导线与地面间的绝缘性能不良,甚至有一相接地,此时人体中就会有电流通过,如图9-4-1b所示。

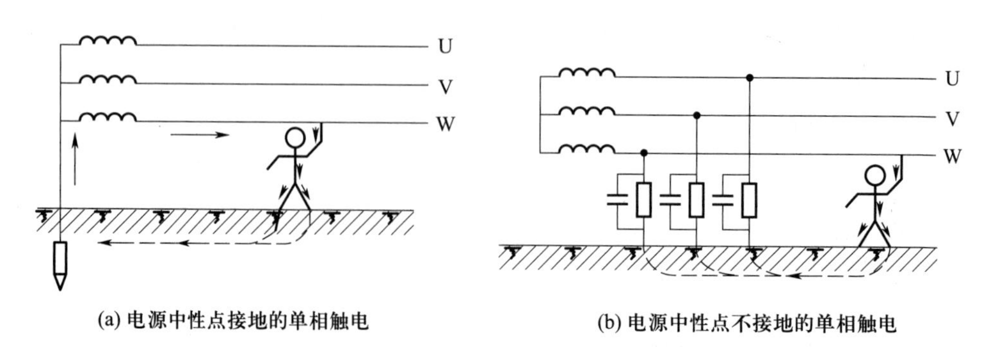

(a) 电源中性点接地的单相触电　(b) 电源中性点不接地的单相触电

图9-4-1 电源中性点单相触电示意图

② 两相触电

触电者身体同时接触两相带电的导线,电流从其中一相通过人体到达另一相。这类触电事故往往后果十分严重。两相触电如图9-4-2所示。

③ 跨步触电

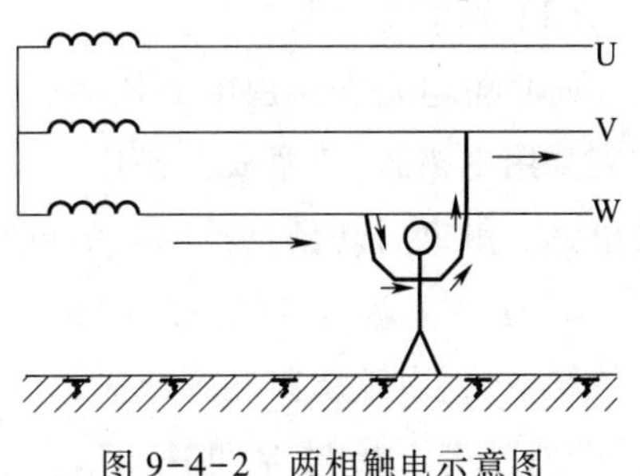

图 9-4-2　两相触电示意图

触电者站在地面上，两脚之间所承受的电压差称为“跨步电压”。当高压输电线路发生断线故障使导线接地时，由于导线与大地构成回路，导线中会有电流通过。电流经导线入地时，会在导线和接地点周围的地面形成一个电位分布不均匀的强电场。想象以接地点为中心画很多同心圆，则在不同同心圆圆周上的电位各不相同。同心圆半径越大，则圆周上的电位越低；同心圆半径越小，则圆周上的电位越高，如图 9-4-3 所示。当触电者接近接地点时，如果两脚沿半径方向分开站立，两脚之间就会存在地面上不同点之间的电位差，此电位差就是“跨步电压”，如图 9-4-4 所示。

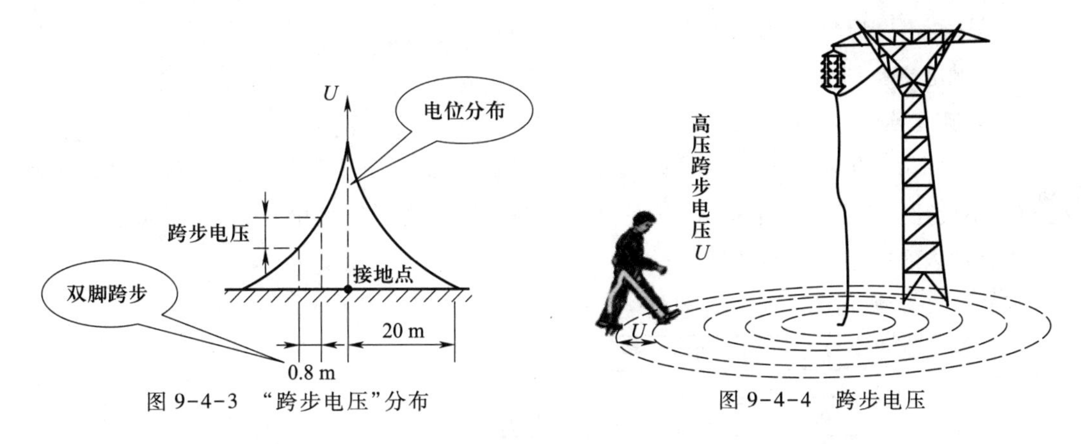

图 9-4-3　“跨步电压”分布　　图 9-4-4　跨步电压

触电者会因两脚之间承受跨步电压而触电，电流通过人体往往使得触电者双脚抽筋而跌倒在地，极易使得电流流经人体的重要器官，进而引起触电死亡。因此如果误入接地点附近，应尽量双脚并拢或单脚跳出危险区。谨记沿半径方向的双脚距离越大，则跨步电压越高，一般在距离接地点 20 m 之外，跨步电压下降为零。

④ 高压电弧触电

高压电的电压等级比低压电的电压等级要高出数个数量级，达到几十甚至几百千伏。因此当触电者靠近高压带电体时，人体与高压带电体之间的空气可能会被击穿而产生放电现象，造成大电流通过人体，形成电弧触电，所以人体必须尽量避免靠近高压带电体(例如高压输电线)。

3) 安全电压

以对人有致命危险的工频电流 50 mA 和人体最小电阻 800~1 000 Ω 作为参数值，通过计算可知对人体有致命危险的电压为：

$$U=0.05\ \text{A}\times(800\sim1\ 000)\ \Omega=(40\sim50)\ \text{V}$$

根据实际情况不同，原则上将 36 V 以下的电压作为安全电压，但在特别潮湿的环境中，应以 12 V 及以下的电压作为安全电压。

(2) 触电防范与急救

防止触电是安全用电的核心。最基本、有效的安全用电措施是:建立安全用电制度,采取安全用电措施,注意安全操作。安全用电的基本原则是:不接触低压带电体,不靠近高压带电体。触电后现场急救的原则可归纳为八个字:迅速、就地、准确、坚持。

① 迅速。触电者触电时间越长,造成心室颤动甚至人体死亡的可能性就越高。并且,人体触电后,由于肌肉痉挛或失去知觉等原因,往往会紧握带电体而无法自主摆脱电源。因此,若发现有人触电,应迅速采取一切可行措施,尽快使其脱离电源,这是抢救触电者最重要的一个因素。救护者必须头脑清醒,安全、准确、迅速地设法使触电者脱离电源。

② 就地。救护者必须在现场附近就地对触电者进行抢救,切勿长途送往医院抢救,以免耽误最佳抢救时间。

③ 准确。救护者的心肺复苏和人工呼吸动作,必须就位准确、动作规范。

④ 坚持。只要存在希望,就要尽全力坚持抢救。

(3) 触电急救训练

1) 心肺复苏

心肺复苏指救护者在现场对呼吸、心搏骤停的触电者实施人工胸外心脏按压和人工呼吸急救,借此建立含氧的血液循环,维持基础生命所需。为了避免脑死亡,应尽可能在心跳停止 4 分钟内实施有效的心肺复苏。

图 9-4-5 为概括的心肺复苏步骤。

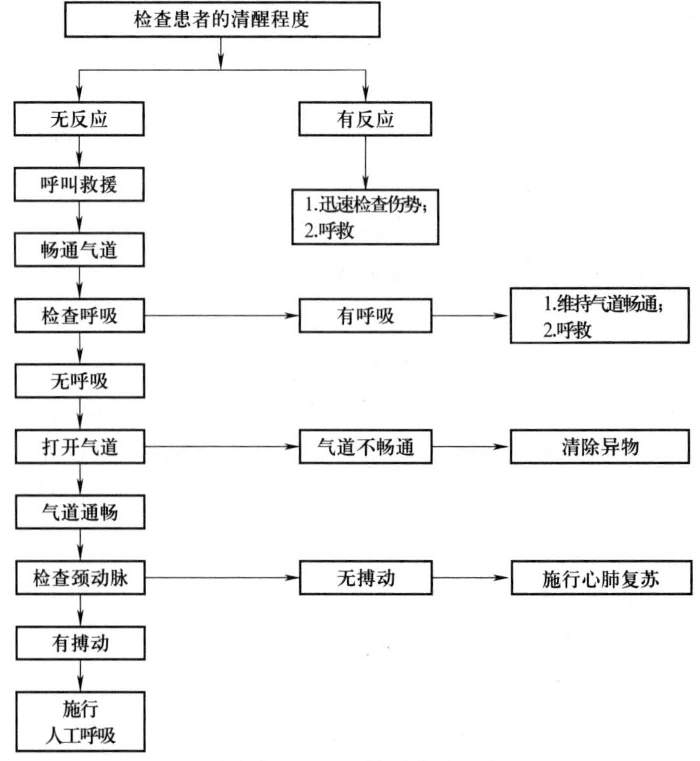

图 9-4-5 心肺复苏步骤

2）心肺复苏的三项基本措施

心肺复苏法有三项基本措施：畅通气道、胸外按压、人工呼吸。

9.4.2　项目二：电源配电箱与室内配电盘的安装与调试

1. 训练目的

（1）了解民用低压配电线路和照明线路的设计规范。

（2）掌握配电箱、室内配电盘和单相电度表的安装接线方法。

2. 训练内容

（1）学会常用电度表、开关、插座和照明设备的安装接线方法。

（2）按照要求完成简单民用照明线路的安装接线。

3. 训练设备

民用电工实训屏，如图 9-4-6，单联单控开关。

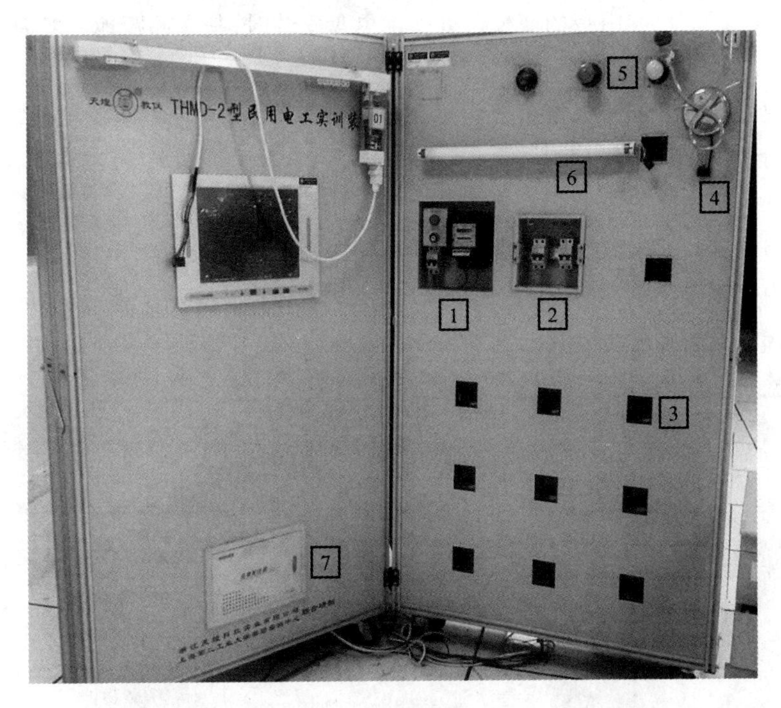

1—配电箱；2—室内配电盘；3—86 暗盒（用于安装开关、插座等）；

4—壁灯；5—白炽灯；6—荧光灯；7—信息布线箱

图 9-4-6　民用电工实训屏

4. 实训步骤

（1）了解配电箱安装、用途与选型

配电箱需安装在安全、干燥、易操作的场所，通常设在门庭、楼梯间或走廊的墙壁内。配电箱可以采用明装、暗装和半暗装三种方式，一般多采用暗装或半暗装方式，配电箱的下端距地一般为 1.4 m。

配电箱内主断路器的额定电流有许多等级，通常有 5~20 A、10~30 A、10~40 A、20~40 A 等。可以根据预计会同时使用的家用电器的功率总和，按照功率计算公式 $P=UI$ 计算出实际需要的额定电流的大小，并留取一定的余量。

配电箱的配线需要选择载流量大于实际电流量的绝缘线，一般采用硬铜线，不能采用花线或软线，暗敷在管内的电线不能采用有接头的电线，必须是一根完整的电线。电度表底部距地不得小于 1.8 m。

(2) 了解室内布线设计规范

单相交流电由配电箱引入住户室内后，需根据不同居室用电设备的不同，将用电线路合理分为多个支路。这些支路经由室内配电盘进行分配和管理，使用户可以安全、方便地使用和维护。

1) 配电盘的安装环境

配电盘应安装在安全、干燥、无振动、无腐蚀性气体和易操作的场所，家庭用配电盘在原则上应安装在客厅入户大门旁的墙壁高处。配电盘安装时，其底部距地一般为 1.4~1.5 m。

2) 线路支路设计与分配

配电盘内的支路分配需根据用户实际用电情况来设计，在原则上照明线路和动力线路需分开设置，且大功率电器(例如空调、烘干机)应分配单独支路，也可以按照房间分布来设计支路。每一照明支路的灯和插座的总数，原则上不超过 25 只，最大负荷不应超过 15 A。每一电热支路装接的插座数原则上不超过 6 只，最大负荷不应超过 30 A。

配电盘内需分设 N 线(零线)端子板和 PE 线端子板。N 线端子板必须和金属电气安装板绝缘，PE 线端子板必须与金属电气安装板作电气连接，如图 9-4-7 所示。

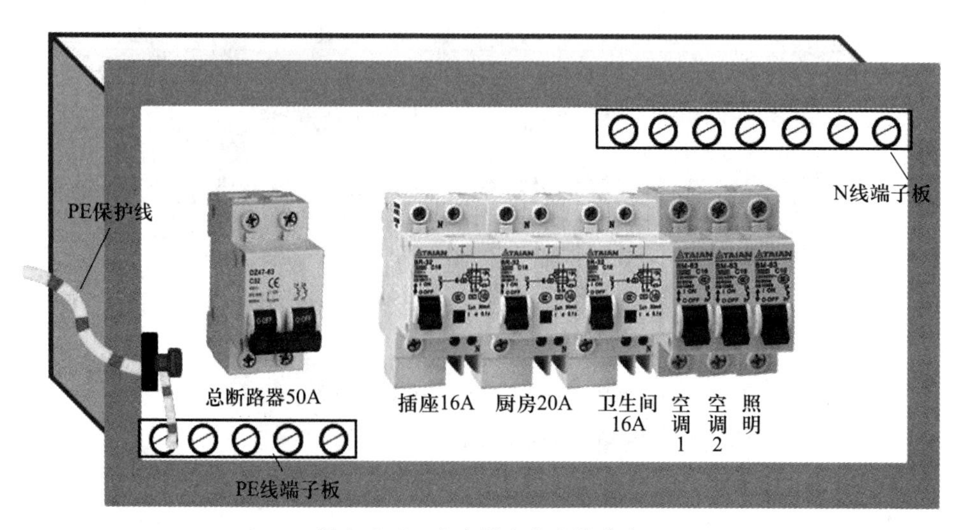

图 9-4-7　室内配电盘支路分配

(3) 根据电气线路图(图 9-4-8)配齐元器件

1) 需用户自备元件：开关，导线，相关工具(十字与一字螺丝刀、剥线钳、尖嘴钳)。

2）电工实训屏上已有元件：电度表、断路器、白炽灯。

（4）按电气线路图完成接线

按电气线路图(图 9-4-8)完成配电盘与各开关、插座和电器之间的接线，元器件之间的连线需在线管内使用暗敷设方式。

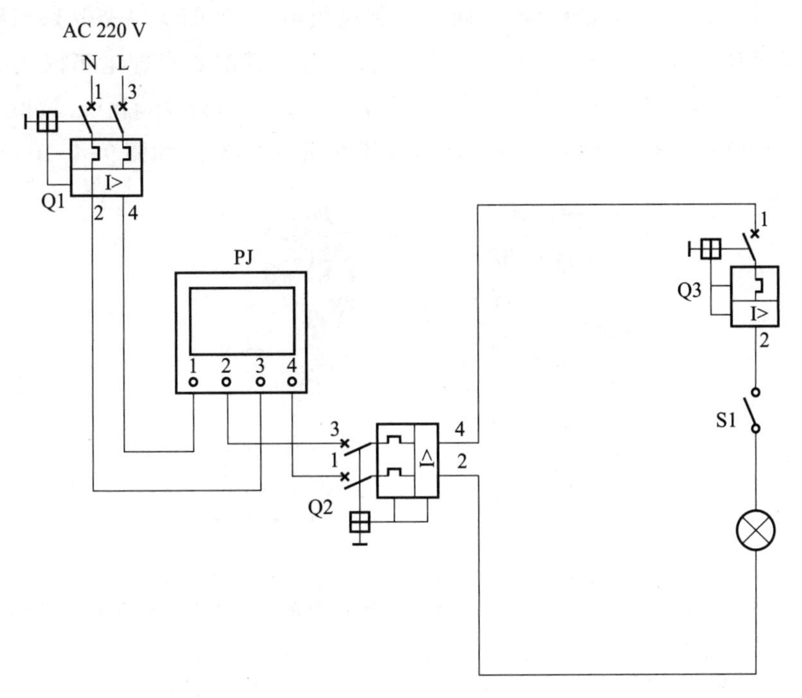

图 9-4-8 电气线路图

1）电度表的接线

单相电度表共有四个接线柱，从左到右按 1、2、3、4 编号。一般单相电度表接线柱 1、3 接电源进线（1 为火线进线，3 为零线进线），接线柱 2、4 接出线（2 为火线出线，4 为零线出线）。接线方法如图 9-4-9 所示。

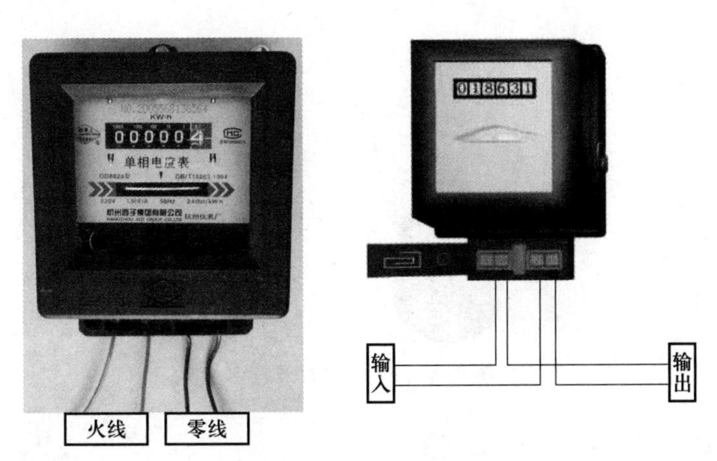

图 9-4-9 电度表接线图

2）断路器的安装接线

电工实训屏上的断路器是一种低压断路器，当电路中出现过流和短路现象时，断路器内的检测电路会自动驱动开关关闭，使线路断路，开关关闭后待用户排除故障、重新合上开关即可再次正常使用。

断路器的安装接线

双进双出空气断路器可同时控制火线和零线（图 9-4-10a），当线路中出现过流现象时，会同时切断相线和零线，一般将其配置在配电箱内接电度表出线侧，作为线路入户总开关。单进单出空气断路器则只控制相线，只检测和控制相线支路是否有过流情况，通常将其配置在供电支路上，如图 9-4-10b 所示。

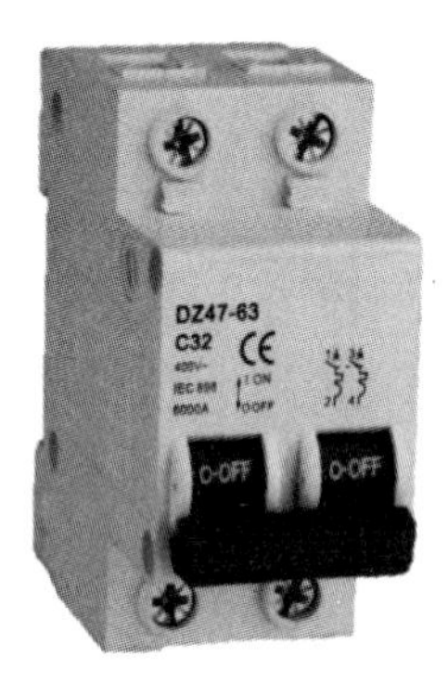

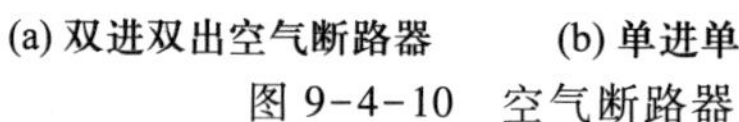

(a) 双进双出空气断路器　　(b) 单进单出空气断路器

图 9-4-10　空气断路器

3）白炽灯的照明支路接线

白炽灯由玻璃外壳、灯丝、芯柱、灯头等组成，如图 9-4-11 所示。玻璃泡内为真空状态或填充惰性气体。白炽灯灯头的螺口部分接零线，底座接火线。

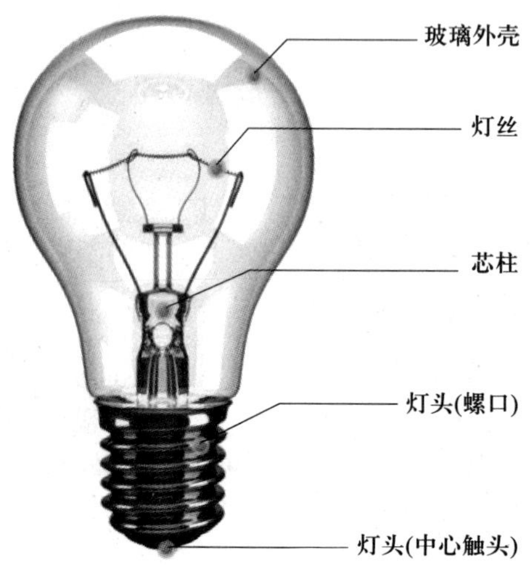

图 9-4-11　白炽灯示意图

① 开关的安装

开关安装时的注意事项为：开关应串接在相线上；垂直安装的开关应符合上合、下分的原则(一灯多开关控制的除外),同一场所开关的标高在原则上应一致;开关一般安装在门边便于操作处,开关位置与灯具相对应;多尘潮湿场所(如浴室)应加装开关保护盖。开关接线图如图 9-4-12 所示。

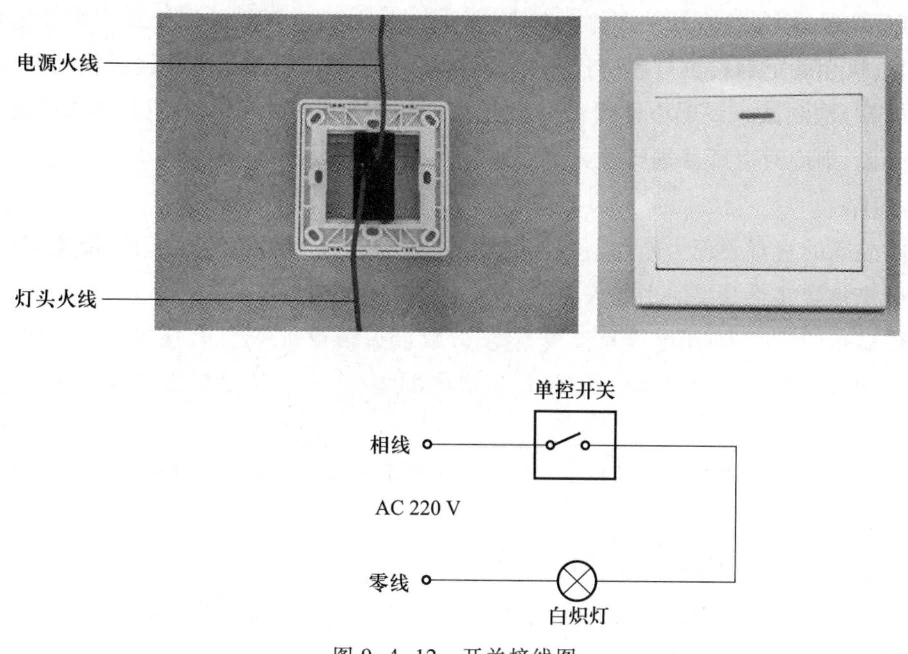

图 9-4-12　开关接线图

② 灯座的安装

插口灯座上的两个接线端子可任意连接零线和来自开关的相线,但是对于螺口灯座上的接线端子,必须把零线连接在连通螺纹圈的接线端子上,把来自开关的相线连接在连通中心铜簧片的接线端子上,如图 9-4-13 所示。

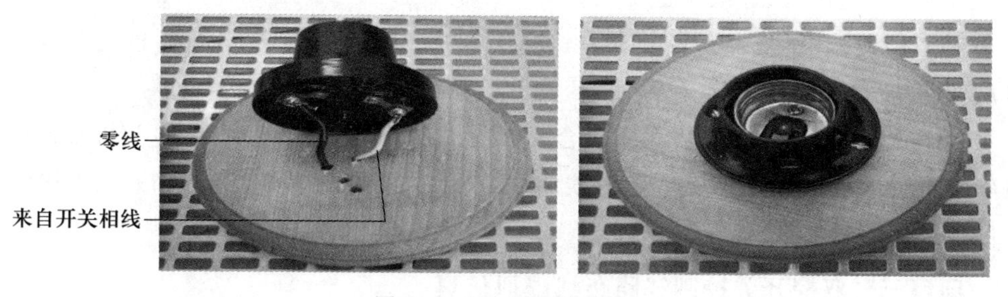

图 9-4-13　灯座的接线

(5) 检查接线线路并测试

按接线图检查所有连接线路,确保接线规范、正确。经指导教师检查并同意后,接通电源,观察分支线路运行状态是否正确。如果线路运行状态不正确,分析原因并排除故障。其中照明线路的常见故障主要为断路和短路。

1) 断路

相线、零线均可能出现断路。断路故障发生后,负载将不能正常工作。

产生断路的原因主要为灯丝熔断、线头松脱断线、开关未能正常接通或接头压到导线绝缘部分等。

断路故障的检查方法：若只有一个灯不亮而其他灯都正常工作，应首先检查灯丝是否熔断；若灯丝未断，则应检查开关和灯头是否存在接触不良、有无松脱断线等。为了尽快查出故障位置，可用验电器检测灯座（灯头）的两极是否有电，若两极都不亮说明相线断路；若两极都亮（带灯泡测试），说明中性线（零线）断路；若一极亮一极不亮，说明灯丝未接通。对于日光灯来说，则应对启辉器进行检查。

2）短路

短路故障的直观表现为断路器跳闸，且短路点处往往有明显的烧痕、绝缘体碳化，严重的甚至会烧焦导线绝缘层而引起火灾。

造成短路的原因为：用电器具接线不良，以致接头触碰到一起；灯座或开关进水，螺口灯头内部松动或灯座顶芯歪斜而触及螺口，造成内部短路；导线绝缘层损坏或老化，零线和相线接触。

当发生短路打火或断路器跳闸时，应先查出发生短路的原因并找出故障点，处理后才能恢复供电。

（6）容易产生的问题和注意事项

① 布线时需要穿管走线，先处理好导线，导线应平直，不允许弯折。布线要横平竖直、整齐，转弯处应成直角，并做到高低一致或前后一致。尽量少交叉，避免导线接头。走线时谨记左边接零线，右边接火线（左零右火原则）。

② 按照由上至下、先串后并的顺序接线。接线应正确、牢固，各接点无松动情况。敷线应平直整齐，无松动、露铜、压绝缘层等现象。在原则上每个接线端子上连接的导线数量不可超过两根。线路颜色为：电源火线（L）——红色，零线（N）——黑色，地线（PE）——黄绿双色。火线应穿过开关，零线不进开关。

③ 检查线路，观察是否有多余线头。检查是否严格按照图 9-4-8 所示电气线路图接线，检查电度表是否连接正确，断路器、开关、插座等元器件的接线是否正确。

④ 操作各功能开关时，若发现不符合要求或出现异常情况应立即停电。排查照明支路的故障原因时，可用万用表欧姆挡检查线路，检查前要注意人身安全措施和万用表挡位。

9.4.3　项目三：双控开关控制线路布线虚拟仿真

1. 训练目的

双控开关控制线路布线虚拟仿真

（1）在虚拟环境下，了解双控开关的结构和作用。

（2）在虚拟环境下，熟悉双控开关控制荧光灯项目的线路布局和连接顺序。

（3）通过虚拟模拟，了解错误的布线和操作会带来的严重后果。在获得相关知识的同时，避免在实际中遭遇危险。

2. 训练内容与要求

（1）通过虚拟仿真训练，正确连接电度表和双控开关控制线路。

（2）在虚拟仿真操作中掌握荧光灯和三眼插座线路的接线。

（3）在虚拟场景中，对已经完成布线的开关和照明线路进行通电调试。

3. 虚拟仿真训练

图 9-4-14

（1）启动线路布线虚拟仿真实验系统

打开线路布线虚拟仿真实验系统所在文件夹，运行文件夹中的 CircuitWiring.exe 可执行文件，系统运行主界面如图 9-4-14 所示。

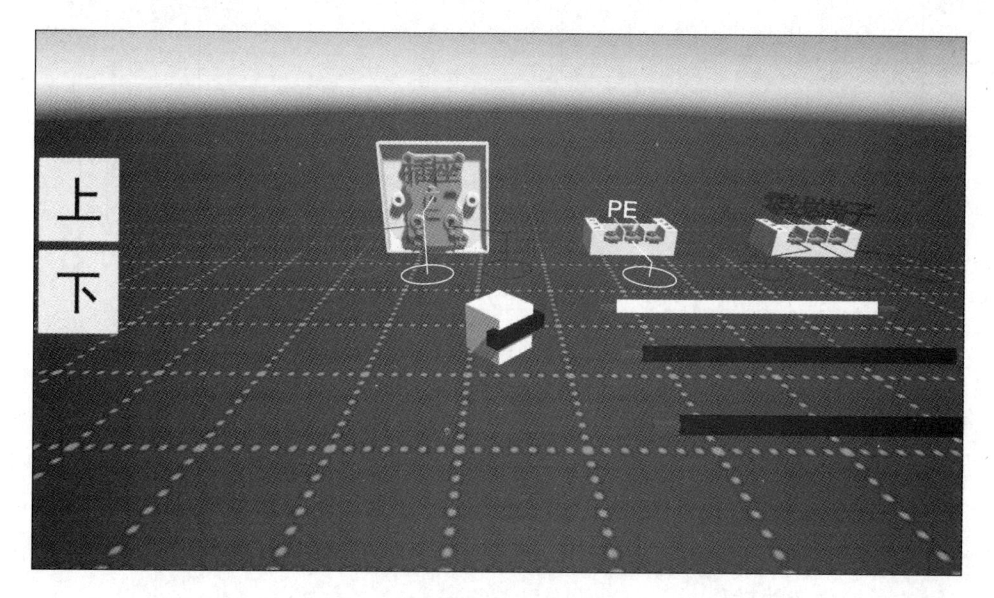

图 9-4-14　线路布线虚拟仿真实验系统主界面

（2）线路布线虚拟仿真实验系统的任务目标

线路布线虚拟仿真实验系统通过三维建模等方式，在虚拟场景中模拟出电度表、断路器、开关、电灯、导线等电路元器件。每个元器件上，都有和线路布线图上元器件所对应的标签。

用户使用键盘或触控操作场景中的小机器人，通过搬运导线，将导线端子正确插入元器件的接线端子等操作，实现双控开关控制荧光灯项目的线路布线。该项目的线路布线图如图 9-4-15 所示。

（3）线路布线虚拟仿真实验系统的操控方式

1）移动操控

用户可使用键盘上的上下左右键，或者在移动设备屏幕上进行推拉触控，来控制小机器人在虚拟场景内移动。摄像机画面始终自动跟随用户控制的小机器人。当小机器人处于电路元器件的后方时，画面中会呈现元器件后方的接口；当小机器人移动到元器件前方时，镜头会旋转 180°，画面中显示元器件正面的按钮。

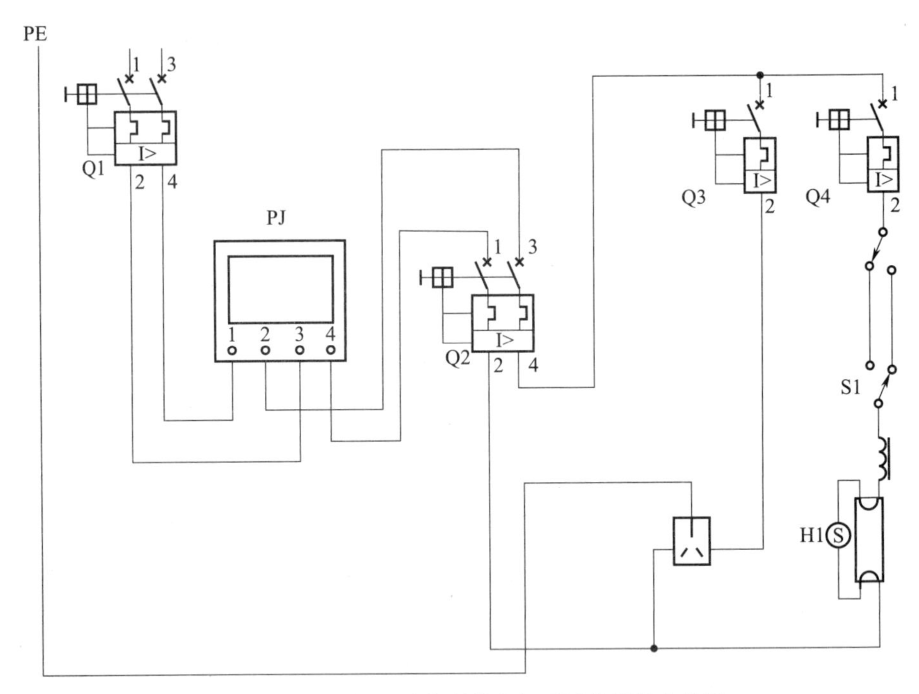

图 9-4-15 双控开关控制荧光灯项目的线路布线图

2）层级跳转

由于整个场景内元器件较多，无法全部置于同一平面内，因此在线路布线虚拟仿真程序中将场景分为了上、中、下三层，同时参考现实中双控开关控制荧光灯项目的布局，将不同的元器件置于和现实场景中相似的位置。这样的布局有利于学生通过虚拟的元器件布线操作掌握实际的元器件布线操作。

屏幕左侧会显示“上”“下”按钮，单击按钮之后，小机器人会分别移动到上一层或下一层场景。当小机器人已经处于最上层或最下层场景时，相应的“上”或“下”按钮会自动隐藏。

（4）在虚拟仿真场景中进行线路布线连接

1）连接导线

场景内的可连线部分包括导线和设备上的接线口。导线由两个导线端子和之间的电线构成，接线口则由地面上的指示线圈标注。导线端子和接线口可以两两相接，导线颜色和接线口的颜色只起标识作用，任何颜色的导线端子都可以插入任何颜色的接线口中。

当不携带物件的小机器人移动到某个导线端子附近时，界面会显示出动作按钮“拿”。单击“拿”按钮，如图 9-4-16a 所示，小机器人会拾取并移动导线端子。当携带导线端子的小机器人靠近某个可以安插端子的接线口时（如插座背后的接线口），界面会显示动作按钮“连”，如图 9-4-16b 所示。单击“连”按钮，小机器人会将导线端子插入相应的接线口。当不在接线口附近时，携带着导线端子的小机器人可通过单击“放”按钮将导线端子就地放下。

图 9-4-16

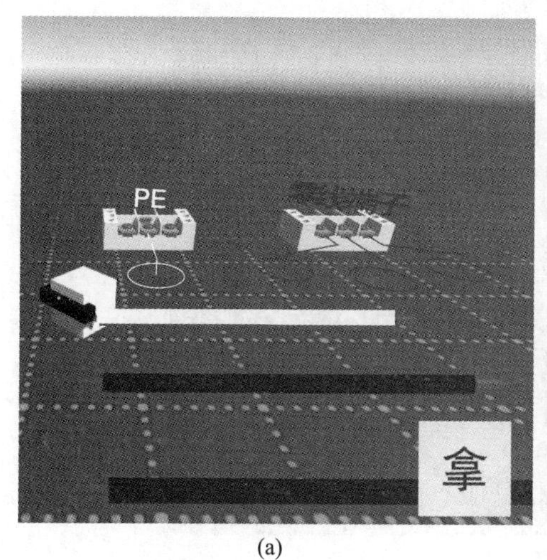

(a)

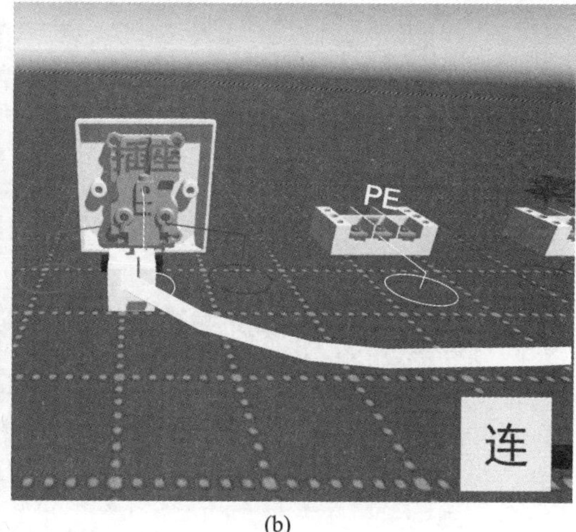

(b)

图 9-4-16　连线操作

2）断开导线和接线口的连接

每个接线口可以连接一个导线端子。当某个接线口接入导线端子后,即使机器人再次拿着其他导线端子靠近该接线口,也无法将新的导线端子接入该接线口。

当不携带任何物件的机器人靠近已接入导线端子的接线口时,界面会显示动作按钮“断”,如图 9-4-17 所示。单击“断”按钮,小机器人会将接线口上的导线端子拔下并携带在背上,原接线口不再连接任何导线端子。

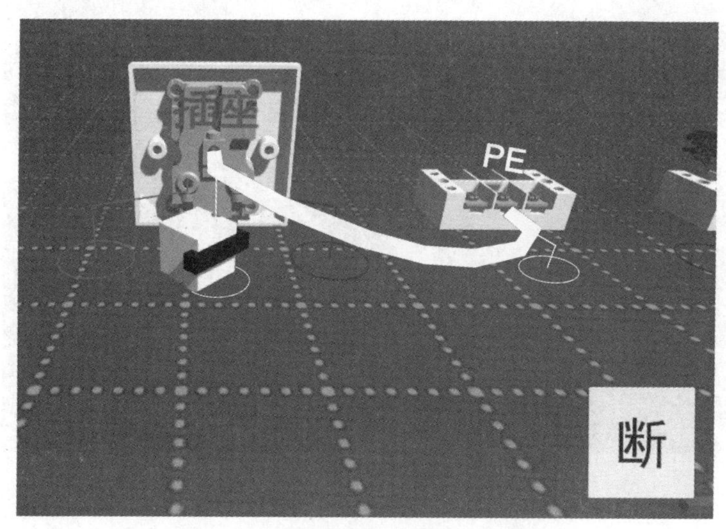

图 9-4-17

图 9-4-17　断开导线和接线口的连接

(5) 完成虚拟仿真场景的线路布线并通电检验

当用户将导线端子同接线口正确连接,并根据线路布线图完成所有线路布线后(图 9-4-18),界面会弹出提示,告知用户已完成正确的布线操作,并建议用户逐级打开线路中的元器件开关,对已经完成的线路布线进行通电检验。

图 9-4-18

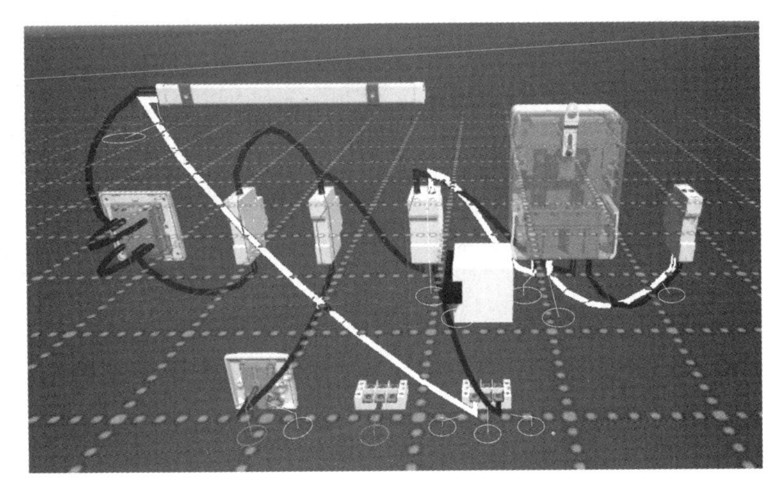

图 9-4-18 完成布线连接的虚拟场景

在之前的布线流程中，用户操控的小机器人主要在线路元器件的背面进行导线端子和元器件接线口的连接等操作。当需要对线路元器件的开关进行操作时，用户需来到线路元器件正面。此时画面会自动转动 180°，便于用户操作线路元器件正面的互动开关等部件。开关的可操作性部件以青色的线圈标识。当用户接近开关时，界面会显示动作按钮“开”，如图 9-4-19 所示。单击“开”按钮，小机器人会向上拨动开关，线路连通。

图 9-4-19

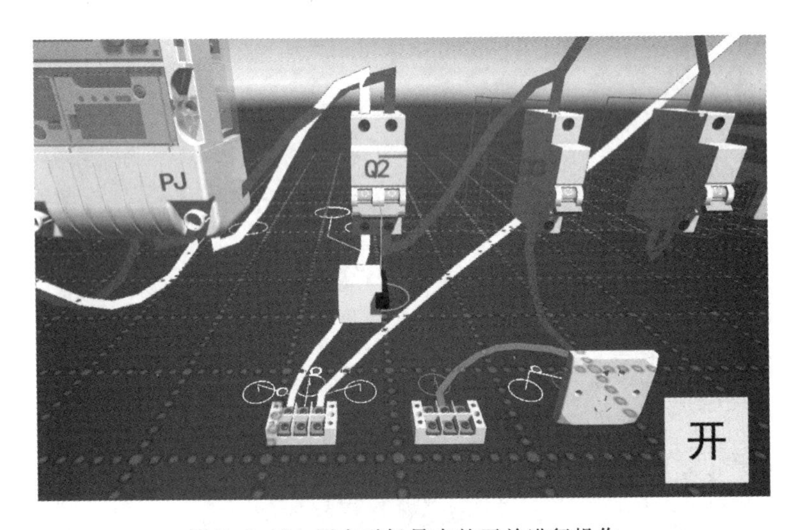

图 9-4-19 用户对场景中的开关进行操作

当用户正确完成布线并打开所有开关后，若布线正确，则荧光灯会正常点亮，如图 9-4-20 所示。

图 9-4-20

图 9-4-20　荧光灯点亮

9.4.4　项目四：双控开关控制线路与调试实训

1. 训练目的

（1）了解双控开关的结构和在线路中的作用。

（2）掌握双控开关的工作原理。

（3）掌握排除各种照明线路常见故障的方法。

2. 训练内容与要求

（1）掌握双控开关控制线路的正确连接方法。

（2）掌握荧光灯照明线路的接线方法。

（3）掌握三眼插座的接线规范。

（4）掌握照明线路的故障检测与排除方法。

3. 训练设备

民用电工实训屏（图 9-4-6）、双控开关、三孔插座。

4. 实训步骤

（1）根据电气线路图（图 9-4-21）完成配电箱的接线，元器件之间的连线需使用暗敷设方式。

（2）完成双控开关控制荧光灯分支线路的接线。

1）荧光灯的接线

荧光灯灯管内壁涂有荧光物质，受到汞蒸气放电时辐射的紫外线的激发，发出可见光。荧光灯由灯管、灯座、启辉器、镇流器等组成（图 9-4-22）。启辉器是一枚填充氩气的小灯泡，内有一对电极，通过氩气辉光放电产生的热量使这对电极闭合从而接通灯丝，随即辉光放电停止，电极冷却后断开。镇流器由铁芯和电感线圈组成，利用电感线圈在短路或断路时瞬间电流无法突变的特性，使电感线圈两端产生瞬时高反电动势，导致灯管中的气体被击穿，灯管点亮。荧光灯线路接线图如图 9-4-23 所示。

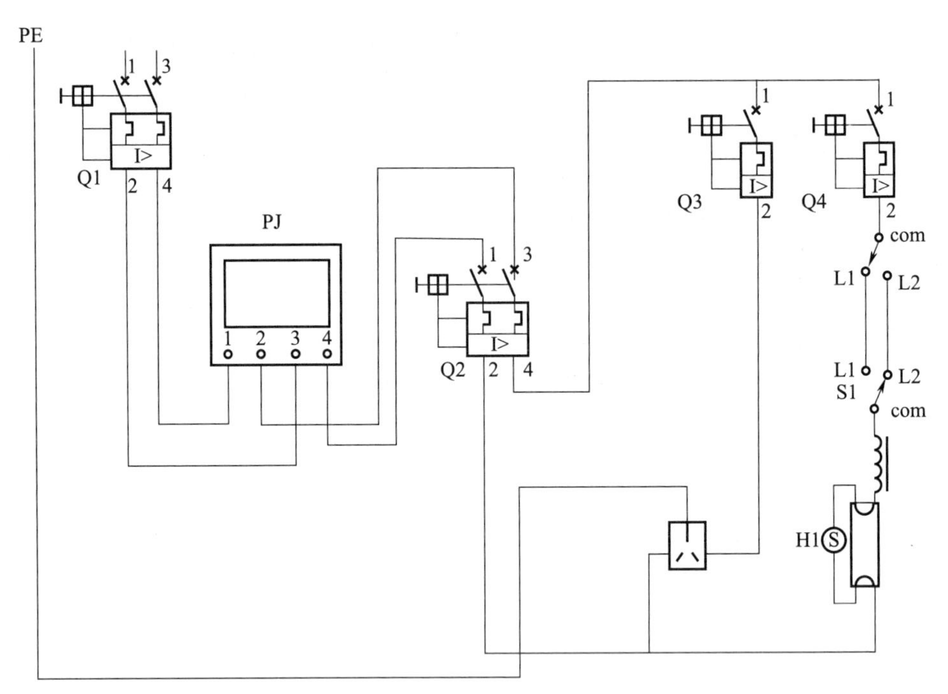

图 9-4-21 电气线路图

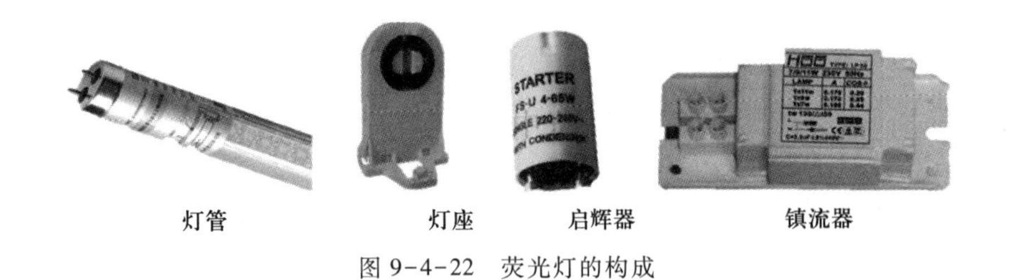

图 9-4-22 荧光灯的构成

相线 Q L 镇流器
中性线 H
S 启辉器

图 9-4-23 荧光灯线路接线图

开关接线

2）双控开关接线

按照控制方式不同，开关可分为单控与多控开关。单控开关只对一条线路进行控制（例如 9.4.2 节中白炽灯的线路控制）。多控开关则可对多条线路进行控制，在实际生产、生活中，经常采用两个或多个开关控制同一盏灯的启闭。

双控开关控制同一盏灯的接线图如图 9-4-24 所示。

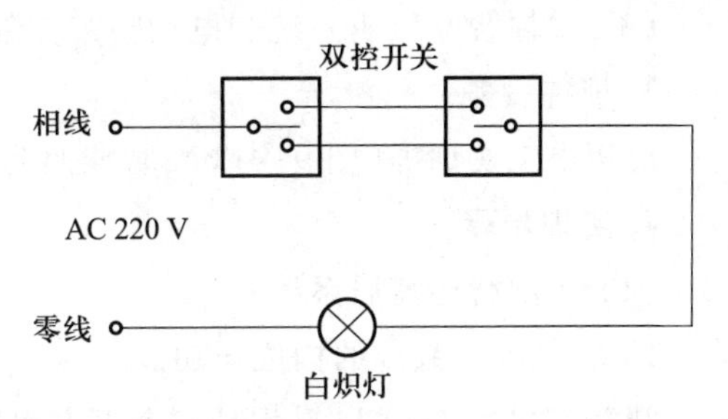

图 9-4-24　双控开关控制同一盏灯的接线图

(3) 完成配电分支(单相三孔插座)的接线,接线图如图 9-4-25 所示。插座的安装需符合以下要求:

① 插座的离地高度一般为 1.3 m。如有特殊需要,可以降低安装高度。但安装位置的离地高度最低不得低于 15 cm,且应选用安全插座。对幼儿园、托儿所及地势低易进水的场合,不得降低插座的安装高度。

配电分支接线

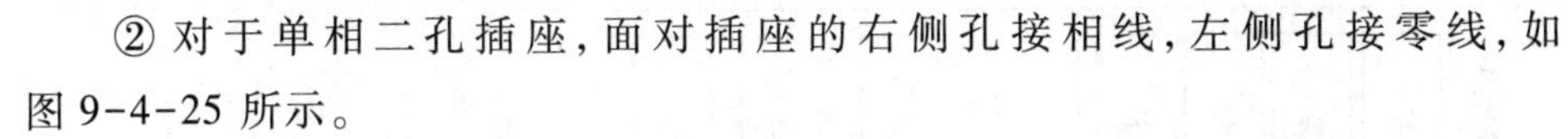

② 对于单相二孔插座,面对插座的右侧孔接相线,左侧孔接零线,如图 9-4-25 所示。

③ 对于单相三孔插座,其下端两孔的接线方法同单相二孔插座,其上端孔应接地线,如图 9-4-25 所示。

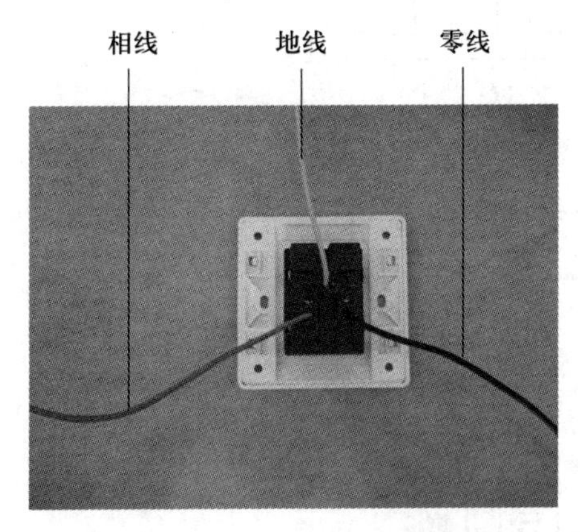

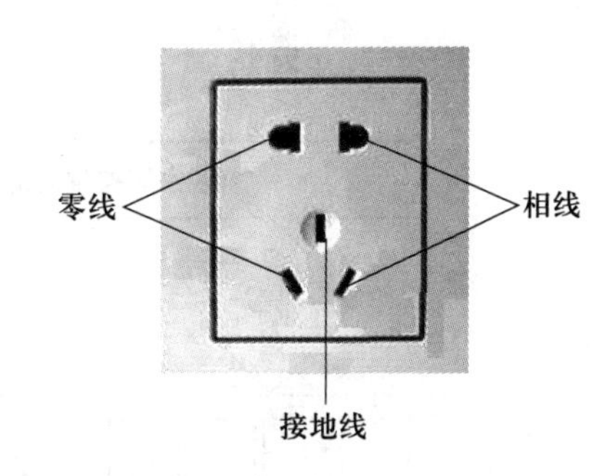

图 9-4-25　插座接线图

(4) 按线路接线图检查所有的连接线路,查看接线是否规范、正确。经指导教师检查并批准后,方可接通电源,观察分支线路状态是否正确。

(5) 如果线路状态不正确,应进行故障排除。排除方法请见 9.4.2 节中 4.实训步骤(5)。

9.4.5　项目五:智能照明控制线路的安装与调试

1. 训练目的

(1) 了解智能家居的定义和常见的智能家居系统。

(2) 了解智能照明控制技术。

2. 训练内容与要求

(1) 了解智能家居系统的基本框架、构成和控制原理。

(2) 了解智能家居远程控制器的控制原理,并掌握操作方法。

（3）掌握智能照明系统和电动窗帘控制器的接线与调试。

3. 训练设备

民用电工实训屏（图 9-4-6），智能照明开关，智能窗帘开关，三孔插座。

4. 实训步骤

（1）了解智能家居系统。

1）智能家居系统的构成与功能。

智能家居系统，可以看作是一个以家庭网络为基础的信息交互平台，通过信息的实时交互和控制来实现智能家居的各个功能。这些功能包括且不限于家庭安全防范、家庭娱乐与教育、家居控制与家居管理，如图 9-4-26 所示。

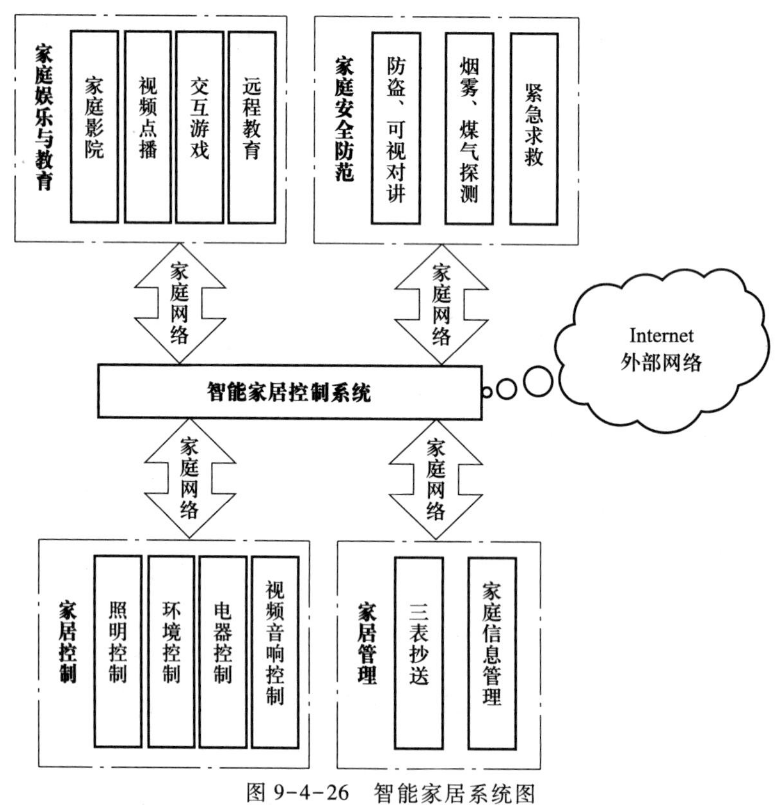

图 9-4-26　智能家居系统图

2）智能家居系统的控制技术与通信协议。

智能家居系统控制技术包括有线控制技术和无线控制技术两类。有线控制技术包括电力线总线技术、现场总线技术等。无线控制技术包括 WIFI、蓝牙、射频、ZigBee 等。

（2）根据照明系统线路图（图 9-4-27）、电动窗帘线路图（图 9-4-28）配齐元器件。

（3）按图 9-4-27、图 9-4-28 所示线路图完成配电箱和各元器件的接线，各元器件之间需穿管布线。

（4）进行灯光控制面板支路的接线。

接线前首先需要把控制面板取下，然后根据控制面板上的标识接线，即 L 端和 N 端分别接火线和零线，1 和 2 分别接两路灯控线。接线图如图 9-4-29 所示。线路接好后用螺丝固定好开关，把控制面板重新扣装上去。最后设置好 IP 地址后，就可以用多种方式来对智能照明系统进行控制了。

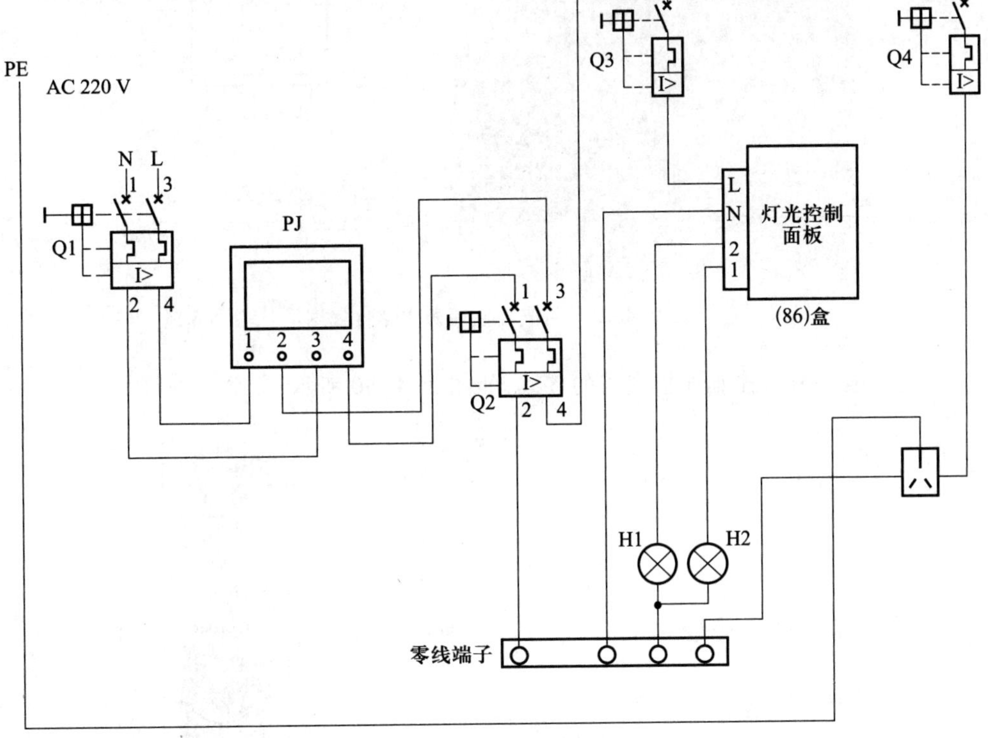

图 9-4-27　照明系统线路图

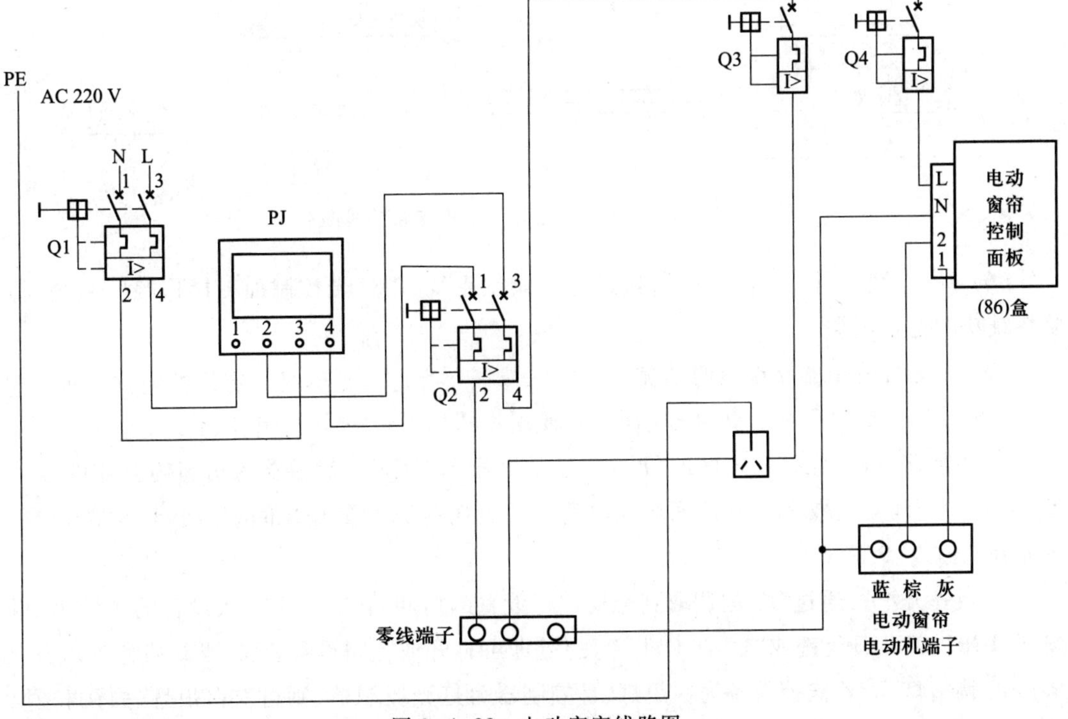

图 9-4-28　电动窗帘线路图

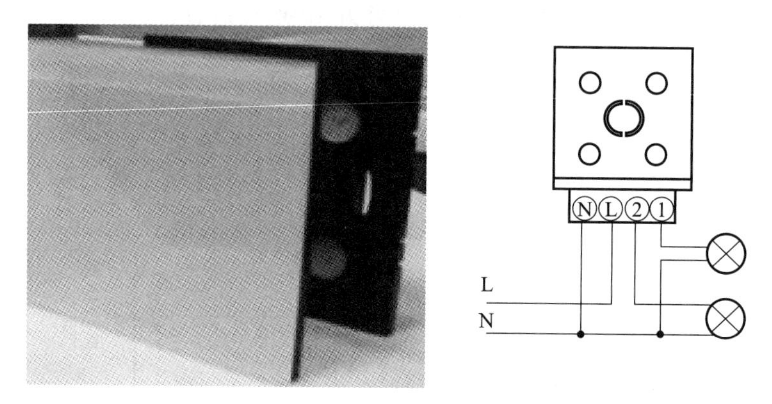

图 9-4-29　灯光控制面板支路接线图

（5）进行电动窗帘控制面板支路的接线，如图 9-4-30 所示。

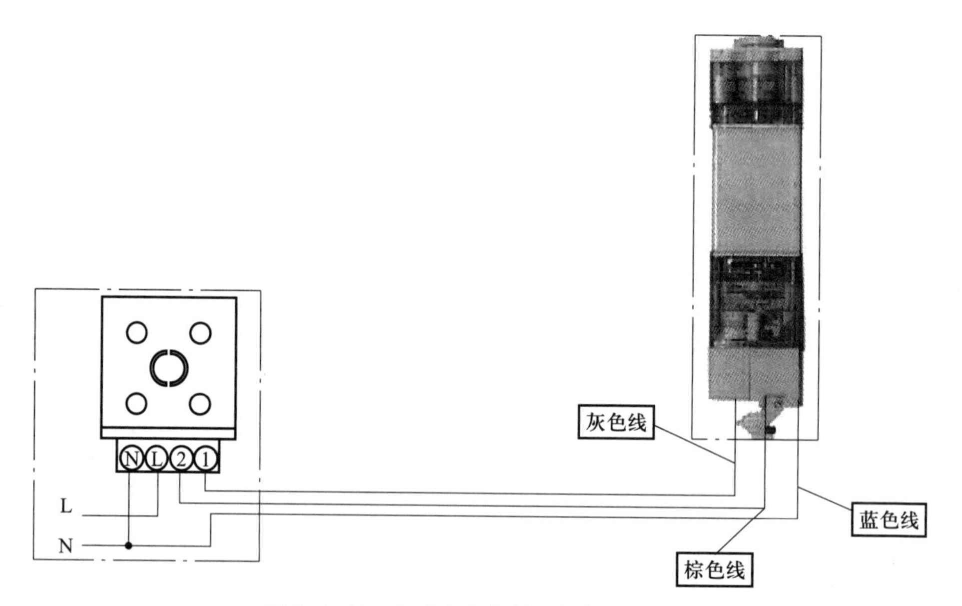

图 9-4-30　电动窗帘控制面板支路接线图

（6）经指导教师检查并批准后，接通电源调试系统，用灯光控制面板操作照明系统，检验系统功能是否正常。

（7）用远程控制器操作照明系统。

远程控制器的界面如图 9-4-31 所示。使用步骤如下：

① 更换房间码：先按输入区的“#”键，显示屏显示“HFF”，然后输入房间码对应的数字键（例如 A 房间对应数字 1，B 房间对应数字 2，以此类推），当要输入的数字小于 10 时，在数字前补充输入“0”。

② 设备开/关：通过“#”键调取到想要进行设置的房间，在输入区输入设备的单元码，再按下“UNIT ON”（开）键或“UNIT OFF”（关）键即可打开或关闭设备。

③ 调整灯光：若被控设备为白炽灯，且控制器为灯光控制器，则可对白炽灯进行调光控

制。先用单元码把目标白炽灯打开,然后按一下“BRI”键(调亮),则灯光调亮一级;按一下“DIM”键(调暗),灯光调暗一级。亮度的可调级别共有6级。

④ 全开/全关(ALL ON和ALL OFF):更换到想要进行设置的房间,然后按下“ALL ON”键,所有可响应“ALL ON”(全开)指令的控制器所接设备将会全部开启;按下“ALL OFF”键,则所有可响应“ALL OFF”(全关)指令的控制器所接设备会全部关闭。

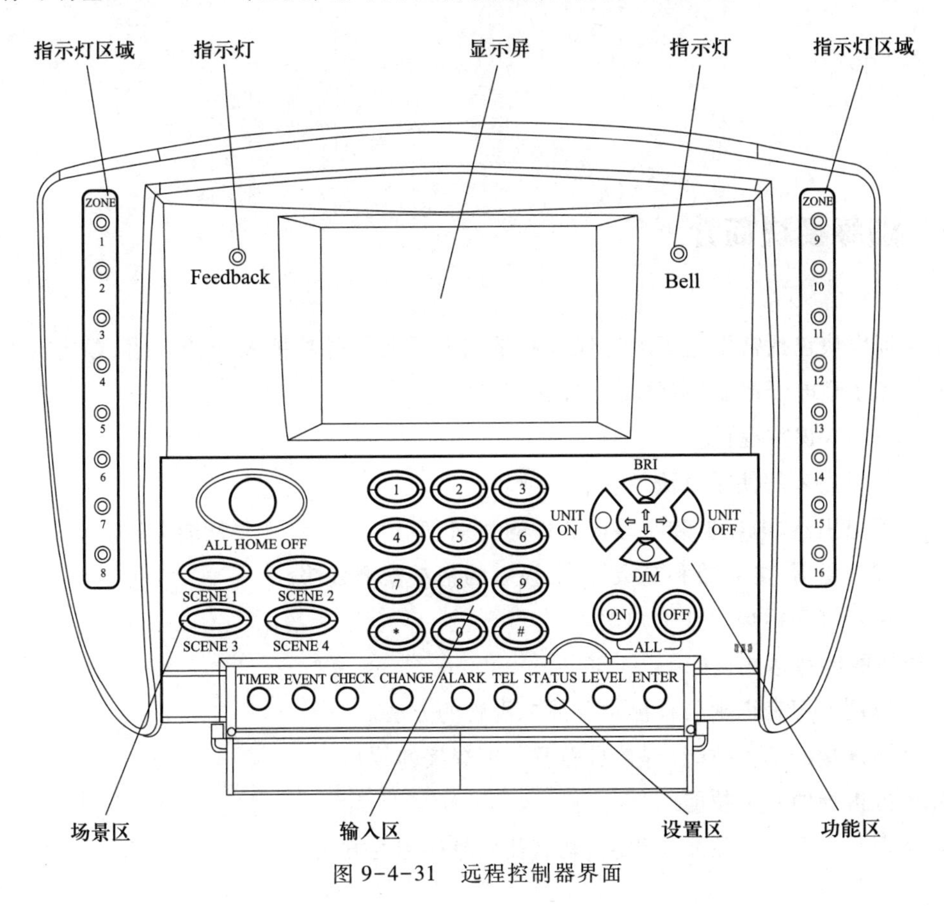

图9-4-31　远程控制器界面

模块十 电子技能实训

10.1 训练模块简介

本实训模块包括常用电工测量仪表和常用电子元器件功能及操作介绍、焊接技术相关知识介绍和小型电子产品的制作与调试四个部分。

本模块的知识掌握目标：

1. 了解万用表的使用方法及注意事项。
2. 了解电阻器、电容器和半导体器件的类别、型号、规格和主要性能。
3. 掌握电阻器、电容器和二极管、三极管的基本检测方法。
4. 了解焊接和拆焊的基本知识。

本模块的能力达成目标：

1. 掌握用万用表识别与检测半导体二极管的方法。
2. 掌握焊接的基本技能、焊接步骤及手工焊接的技巧。
3. 掌握拆焊的基本技能。
4. 掌握小型电子产品线路组装、调试及故障检测的方法。

10.2 安全技术操作规程

实训期间，学生必须严格执行本操作规程：

1. 认真学习实训指导书，掌握线路或设备工作原理，明确实训目的、实训步骤和安全注意事项。

2. 学生分组实训前应认真检查本组仪器、设备及电子元器件状况，若发现缺损或异常现象，应立即报告指导教师或实训室管理人员处理。

3. 认真阅读实训报告，按工艺步骤和要求逐项逐步进行操作。不得私设实训内容，扩大实训范围（如乱拆元件、随意短接等）。

4. 焊接过程中所用的电烙铁等发热工具不能随意摆放，以免发生烫伤或造成火灾。

5. 进行拆焊操作时,热风枪温度不能过高,不用时应立刻关闭或调低温度待用。

6. 调节仪器旋钮时,力量要适度,严禁违规操作。

7. 测量线路元件电阻值时,必须断开被测线路的电源。

8. 使用万用表、毫伏表、示波器、信号源等仪器连接测量线路时,应先接上接地线端,再接上线路的被测点线端;测量完毕拆线时,则应先拆下线路被测点线端,再拆下接地线端。

9. 使用万用表、毫伏表测量未知电压时,应先选最大量程挡进行测试,再逐渐下降到合适的量程挡。

10. 用万用表测量电压和电流时,不能带电转动转换开关。

11. 万用表使用完毕,应将转换开关旋至空挡或交流电压最高挡。

12. 毫伏表在通电前或测量完毕时,量程开关应转至最高挡。

13. 实训结束后,应先关闭仪器电源开关,再拔下电源插头,以避免仪器受损。

10.3 问题与思考

1. 电阻器有何作用? 如何分类? 怎样通过色环读出阻值?

2. 电容器有何作用? 如何判断电解电容的极性? 如何读出电容大小?

3. 二极管有何特点? 如何用万用表测量二极管的极性?

4. 手工焊接需要哪几个步骤?

5. 电子线路的组装和故障检测的方法有哪些?

10.4 实践训练

10.4.1 项目一:常用电工测量仪表及使用

1. 训练内容、要求及目的

(1) 了解万用表的基本功能,熟悉万用表的操作界面及各挡位。

(2) 掌握万用表的测量方法,正确使用万用表进行电压、电流、电阻、电容及二极管的测量,能熟练使用万用表进行通断测试。

(3) 熟悉万用表使用时的注意事项。

2. 实践训练内容

(1) 万用表的功能

万用表又称复用表、多用表等,按显示方式不同分为指针万用表和数字万用表。万用表是一种多功能、多量程的测量仪表,一般可测量直流电流、直流电压、交流电流、交流电压、电阻和音频电平等，有的还可以测量电容、电感及半导体的一些参数等，万用表操作表盘如图 10-4-1 所示。

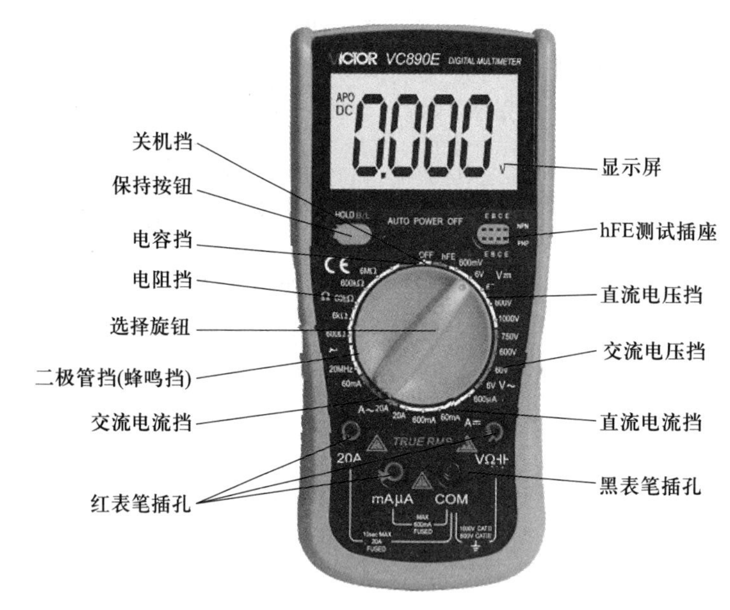

图 10-4-1　万用表操作表盘

（2）万用表测量方法

1）测量电流

根据电路中电流大小选择量程，从大到小进行测试，将黑表笔插入“COM”插孔，红表笔插入合适的挡位插孔，最后接入线路测量。

注意：测量电流时，万用表和被测线路应是串联关系。

2）测量电压

首先应判断测量的是直流电压还是交流电压，将黑表笔插入“COM”插孔，红表笔插入“VΩ”插孔，选择相对应的挡位和量程，接着把表笔接电源或电池两端测量电压。

注意：测量电压时，应将万用表与所测线路和设备并联。红表笔接正极，黑表笔接负极，若接反，则电压数值会显示为负数。

3）测量电阻

选择电阻挡及适当的量程，红表笔插入“VΩ”插孔，黑表笔插入“COM”插孔，用表笔接在电阻两端金属部分即可完成电阻测量。

4）测量电容

将选择旋钮转到“电容挡”，将已放电电容的两只脚直接插入操作表盘的“C-X”插孔，选择适当的量程后即可读取显示数据。

5）测量二极管

测量二极管的方法跟测量电压一样，将万用表选择旋钮转到二极管挡（蜂鸣挡），红表笔接“VΩ”插孔，黑表笔接“COM”插孔，选择测量挡。

当红表笔接正极、黑表笔接负极时,万用表读数一般为0.5~0.8 V;反接时读数为0L,可以由此判断二极管正负极。

如果用万用表测得该二极管正反接时的读数均为"0.00"或"0L",则说明该二极管已经损坏。

6）测量三极管

测量三极管的步骤较复杂,首先应判断三极管的基极,再判断三极管是NPN型还是PNP型,最后判断集电极。用表笔量三个脚,其中一个脚到另外两个脚都导通则该脚所连的就是基极。如果导通时基极接的是红表笔,则为NPN型,反之则为PNP型。对NPN型三极管,将红表笔接一个未知极,在未知极和基极之间接一个10 kΩ的电阻,黑表笔接另一未知极,测得电阻较小时,红表笔接触的就是集电极;PNP型三极管则相反,黑表笔接触的是集电极。

7）通断测试

把量程开关拨到蜂鸣挡位上,插好表笔(黑表笔插公共地端口、红表笔插电压或电阻等输入端),之后即可进行线路通断测试。测试时,把两表笔分别接触要测线路的两端,如线路正常,将会发出蜂鸣声。

（3）万用表使用注意事项

1）在使用万用表之前,应检查仪表外壳,并注意连接插座附近的绝缘性。

2）检查测试表笔,看是否有损坏的绝缘部分或裸露的金属,检查表笔的通断性,并在使用仪表前更换损坏的表笔。

3）在使用万用表的过程中,不能用手去接触表笔的金属部分,一方面可以保证测量的准确,另一方面也可以保证人身安全。

4）不能在进行测量时换挡,尤其是在测量高电压或大电流时更应注意。否则,会使万用表毁坏。如需换挡,应先断开表笔,换挡后再进行测量。

5）在使用万用表时,万用表必须水平放置,以免造成误差。同时,还要注意避免外界磁场对万用表的影响。

6）当电池低电压指示符号"[−+]"出现时,请尽快更换电池,以免读数误差而可能导致的电击或人员伤害。

7）万用表使用完毕,应将量程开关拨到"OFF"处以关闭电源(有的万用表会自动关机),以免电池电量消耗太快和减少万用表的使用寿命。再将表笔取下并收好,以免损坏。

8）如果长期不使用,还应将万用表内部的电池取出,以免电池腐蚀表内其他元器件。

10.4.2　项目二:常用电子元器件的识别

1. 训练目的

（1）熟悉常用电子元器件的类别、型号、规格和主要性能。

（2）熟悉常用电子元器件的检测方法。

2. 训练内容与要求

(1) 熟悉电阻器、电容器、半导体器件的类别、型号、规格及主要性能。

(2) 掌握电阻器、电容器、半导体器件的基本检测方法。

(3) 掌握电阻器的色环识读方法。

3. 训练设备与器材

(1) 不同类型、规格的电阻器、电容器、电感器和半导体分立元件。

(2) 万用表。

4. 实践训练内容

(1) 电阻器的识别

1) 电阻器类型和符号

电阻器是电子电路常用元器件,对交流、直流电流都有阻碍作用,常用于控制电路电流和电压的大小,图 10-4-2 列出了常规的电阻器类型。

图 10-4-2 电阻器类型

电阻器和电位器在电路中均用字母“R”表示,常见的电阻器图形符号如图 10-4-3 所示。

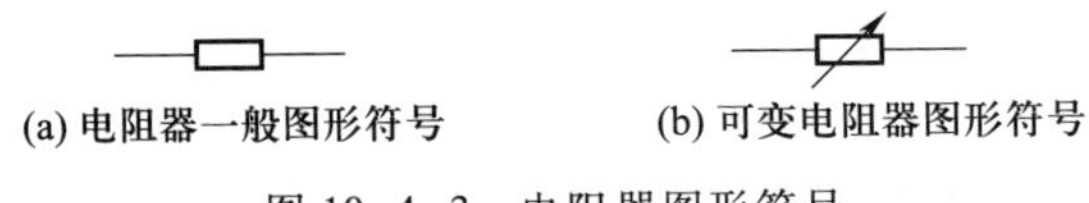

图 10-4-3 电阻器图形符号

2）电阻器的色标法

色标法指的是用不同颜色的色带或色点标识在电阻器表面上，以表示电阻器的标称阻值和允许偏差，见表 10-4-1。

表 10-4-1　电阻器的色标法

颜色	有效数字	乘数	允许偏差
棕	1	10^1	±1%
红	2	10^2	±2%
橙	3	10^3	±0.05%
黄	4	10^4	—
绿	5	10^5	±0.5%
蓝	6	10^6	±0.25%
紫	7	10^7	±0.10%
灰	8	10^8	—
白	9	10^9	—
黑	0	10^0	—
金	—	10^{-1}	±5%
银	—	10^{-2}	±10%
无色	—	—	±20%

例如普通电阻器 四个色环颜色依次为红（第一位有效数字）、红（第二位有效数字）、黑（乘数）、金（允许偏差），表示该电阻器的标称阻值为 22 Ω，允许偏差为±5%。

精密电阻器 五个色环颜色依次为黄（第一位有效数字）、紫（第二位有效数字）、黑（第三位有效数字）、黄（乘数）、棕（允许偏差），表示该电阻器的标称阻值为 4 700 kΩ，允许偏差为±1%。

（2）电容器的识别与检测

1）电容器的类型和符号

电容器是电子电路常用元器件，在电路中起耦合、滤波、旁路、调谐、振荡等作用。电容器分类众多，常见的瓷片电容器和电解电容器如图 10-4-4 所示，其图形符号如图 10-4-5 所示。瓷片电容器价格低、容量小，主要用于低频电路，在各种印制电路板上都可见到。电解电容器容量大、有正负极之分，主要用于电源电路，用于滤波时要注意耐压值是否满足电路要求。

2）电解电容器极性判断

电解电容器极性的两种判断方法如下：

① 带有负极标识条纹对应的引脚为负极，另一引脚为正极，如图 10-4-6 所示。

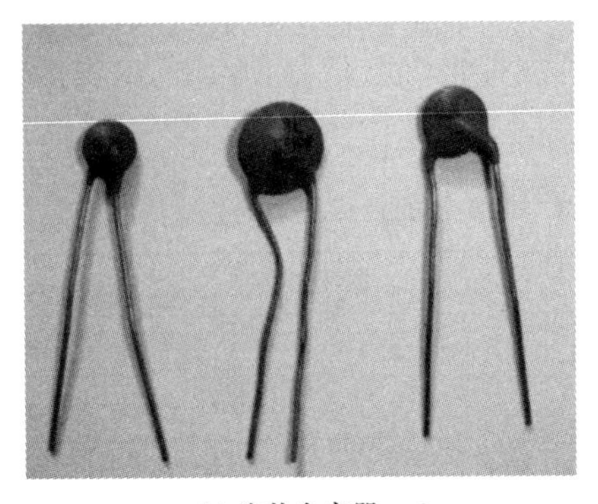
(a) 瓷片电容器

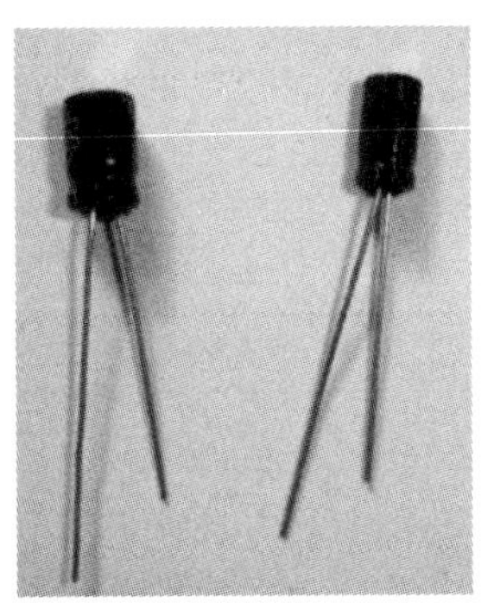
(b) 电解电容器

图 10-4-4 瓷片电容器和电解电容器实物图

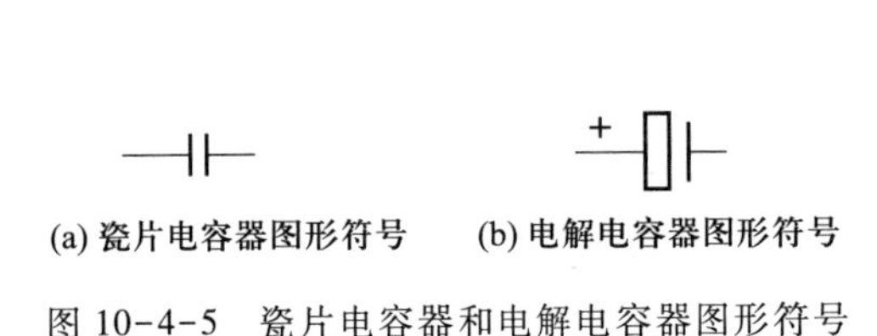

(a) 瓷片电容器图形符号 (b) 电解电容器图形符号

图 10-4-5 瓷片电容器和电解电容器图形符号

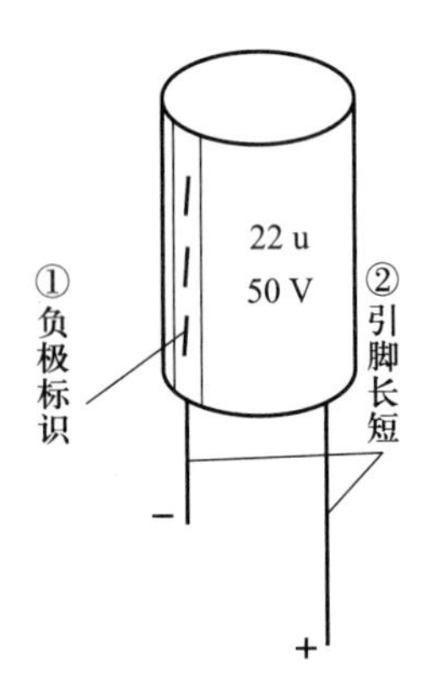

图 10-4-6 电解电容器极性判断

② 长引脚为正极,短引脚为负极。

3) 电容量识读

电容量有以下两种识读方法:

① 读数方法

数字表示法:前两位数是电容量的有效数字,后一位数是后面添零的个数,如 102 表示有效数是 10,2 表示后面再添 2 个 0,即该电容器的电容量为 1 000 pF。

直接标注法:电容量大的电容器其电容量在电容器上直接标明,如 10 μF/16 V 表示电容量为 10 μF,耐压值为 16 V。

② 检测法

使用万用表测量电容量,将万用表的选择旋钮转到“电容挡”,将已放电的电容器两只脚直接插入表盘的“C-X”插孔,选择适当的量程后即可读取显示数据。

(3) 二极管的识别与检测

1) 二极管简介

二极管是利用半导体 PN 结的单向导电性制成的元器件,在电路中主要用于整流、检波、稳压等,其字母符号为D,图形符号如图10-4-7所示。

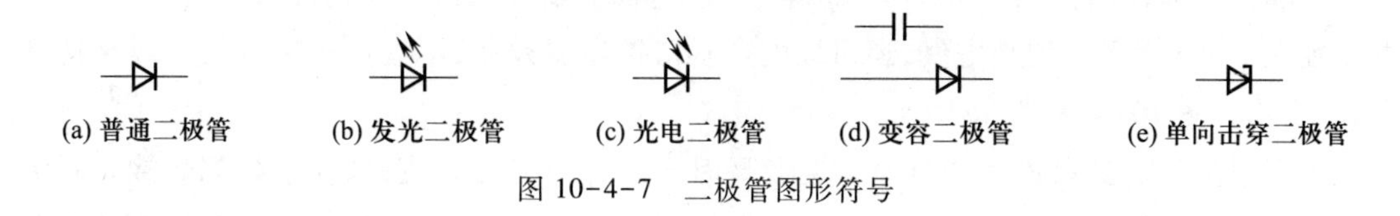

图10-4-7　二极管图形符号

2）二极管极性判断

二极管的极性判断有以下两种方法：

① 目测法

对于普通二极管,管体表面有银色条纹的引脚为负极,另一引脚为正极。对于发光二极管,引脚长的为阳极,引脚短的为负极。如果引脚被剪成一样长,则管体内部金属极较小的是正极,较大的是负极。图10-4-8所示为普通二极管与发光二极管实物图。

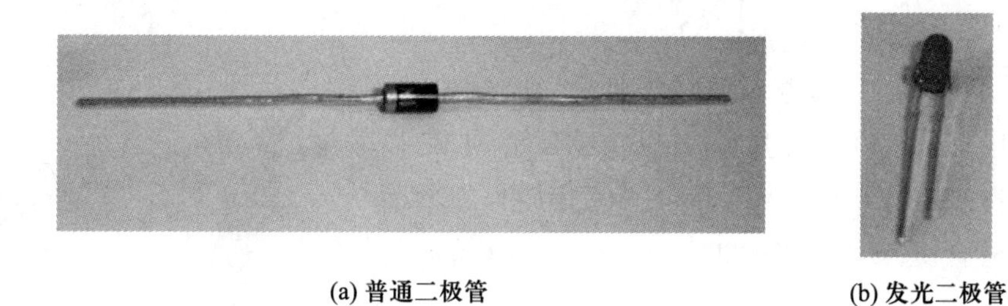

(a) 普通二极管　　(b) 发光二极管

图10-4-8　普通二极管和发光二极管实物图

② 检测法

测量二极管的方法同测量电压一样,将万用表选择旋钮转到二极管挡,红表笔插入"VΩ"插孔,黑表笔插入"COM"插孔,选择测量挡。当红表笔接正极、黑表笔接负极时,万用表读数一般约为0.5~0.8 V;反接时读数为0 L,可以由此判断二极管的极性。

10.4.3　项目三：练习板焊接练习

1. 训练目的

(1) 掌握基本的焊接技能。

(2) 完成练习板的焊接。

2. 训练内容与要求

(1) 掌握焊接的基本技能、焊接步骤以及手工焊接的技巧。

(2) 掌握电阻器、电容器、电感器、半导体器件的焊接方法。

(3) 掌握拆焊的基本知识和基本技能。

3. 训练设备与器材

(1) 装接工具

手工焊接的装接工具包括尖嘴钳、镊子和斜(偏)口钳等。

尖嘴钳头部较细,用于夹持小型金属零件或弯曲元器件引线。其内部有一剪口,用来剪断直径在 1 mm 以下的细小电线,还可以配合斜口钳做剥线用,不宜用于敲打物体或夹持螺母,其实物如图 10-4-9 所示。

镊子包括尖嘴镊和圆嘴镊两种。尖嘴镊用于夹持较细的导线,以便于装配焊接。圆嘴镊用于弯曲元器件引线和夹持元器件进行焊接等,用镊子夹持元器件进行焊接还能加大散热作用。镊子实物图如图 10-4-10 所示。

图 10-4-9　尖嘴钳

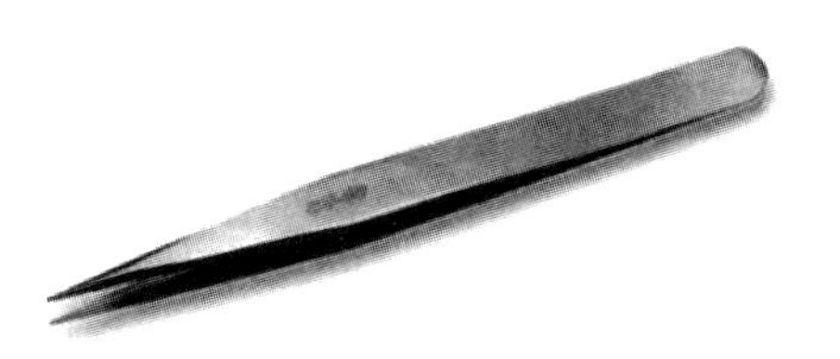

图 10-4-10　镊子

斜(偏)口钳常用来剪断导线及零件脚,还可配合尖嘴钳做剥线用。采用斜口钳剪导线时,应使线头朝下,以防止断线时伤及眼睛或其他部位。不可采用斜口钳剪断铁丝或其他金属物,以免损伤钳口。直径超过 1.6 mm 的导线不可用斜口钳剪断。斜口钳实物图如图 10-4-11 所示。

图 10-4-11　斜口钳

(2) 焊接工具

电烙铁是常用的手工焊接工具,其作用是加热焊料和被焊件,使熔融的焊料润湿被焊件表面并生成合金。不同种类电烙铁实物如图 10-4-12 所示。

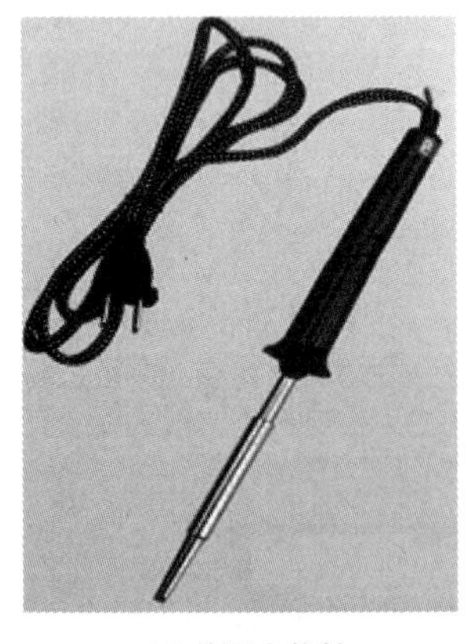

(a) 普通电烙铁

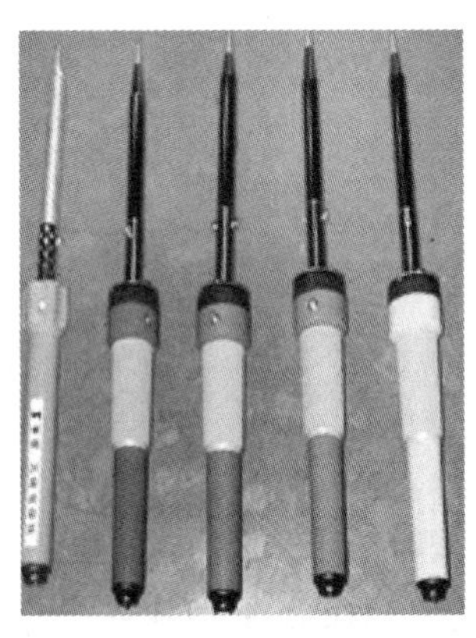

(b) 长寿命电烙铁

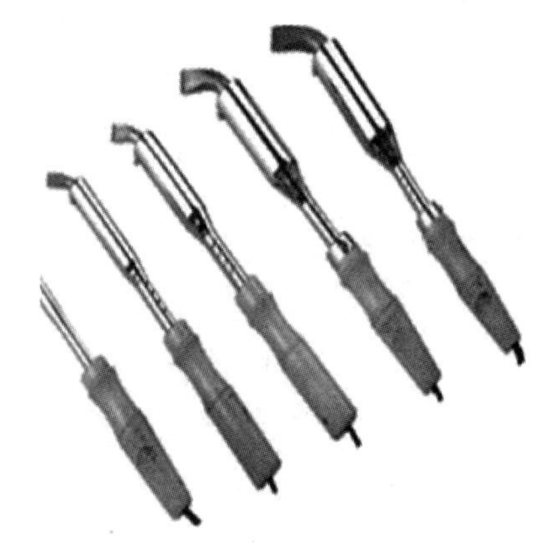

(c) 外热式电烙铁

图 10-4-12　电烙铁分类

1）电烙铁检测方法

在使用电烙铁之前应对其进行检测。首先肉眼观察电源线是否完整，然后用万用表进行检查。因为电烙铁是手持进行操作的，因此使用时一定要注意安全。使用前要用万用表电阻挡检查插头与金属外壳之间的电阻值，正常状态下万用表指针应保持不动。

2）电烙铁的接触及加热方法

用电烙铁加热被焊件时，一定要在烙铁头上黏附适量的焊锡，这样做有利于将热量传给被焊件的表面。然后再用电烙铁的侧平面接触被焊件表面，加热时应尽量使烙铁头同时接触印制电路板上的焊盘和元器件引线，这样有利于被焊件吸收热量。如图 10-4-13 所示。

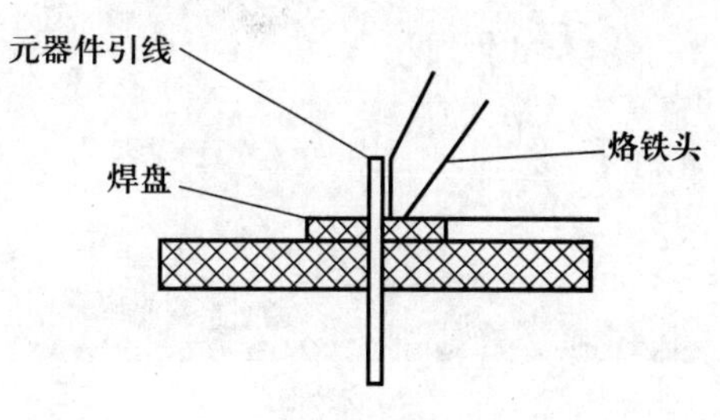

图 10-4-13　电烙铁的接触及加热方法

3）烙铁头温度的判断

可根据助焊剂的发烟状态判别烙铁头的温度。用烙铁头熔化少量助焊剂（一般为松香），根据助焊剂的烟量大小即可判断温度是否合适。温度低时，发烟量小，持续时间长；温度高时，发烟量大且消散快；发烟量中等，约 6～8 s 即消散时，烙铁头温度约为 300 ℃，这时是焊接的合适温度。

4）电烙铁的使用要求

电烙铁使用时的握法有三种：反握法、正握法、握笔法，如图 10-4-14 所示。反握法就是用五指将电烙铁的柄握在掌内，此法适用于采用大功率电烙铁焊接散热量较大的被焊件。正握法适用的电烙铁功率也较大，且多为弯形烙铁头。握笔法适用于采用小功率的电烙铁焊接散热量小的被焊件，如焊接收音机、电视机的印制电路板及其维修等。为了人身安全一般使电烙铁与操作者头部的距离保持在 30 cm 以上。在工作台上焊接印制电路板等被焊件时，多采用握笔法。

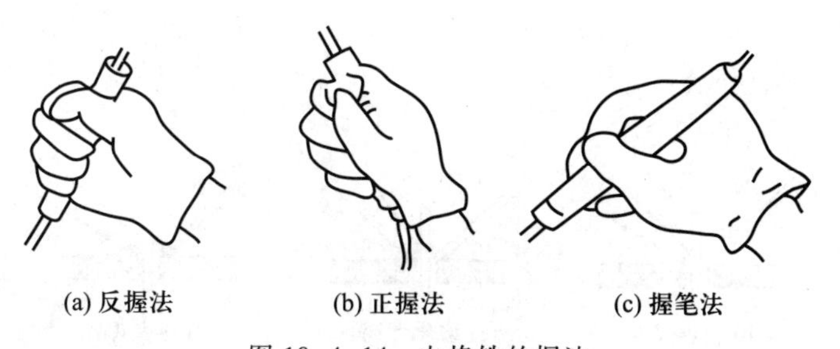

(a) 反握法　(b) 正握法　(c) 握笔法

图 10-4-14　电烙铁的握法

（3）焊接练习版

焊接练习板如图 10-4-15 所示，注意应按照符号、极性将元器件插装到正确位置。

（4）焊锡丝

在焊接的过程中，焊锡丝一般有两种拿法，图 10-4-16 所示是焊锡丝的两种基本拿法。进行连续焊接时采用图 10-4-16a 所示的拿法，自然收掌，用拇指、食指和中指夹持住焊锡

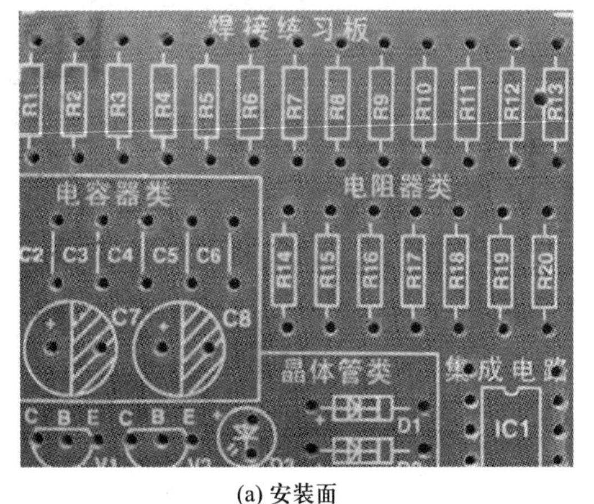

(a) 安装面

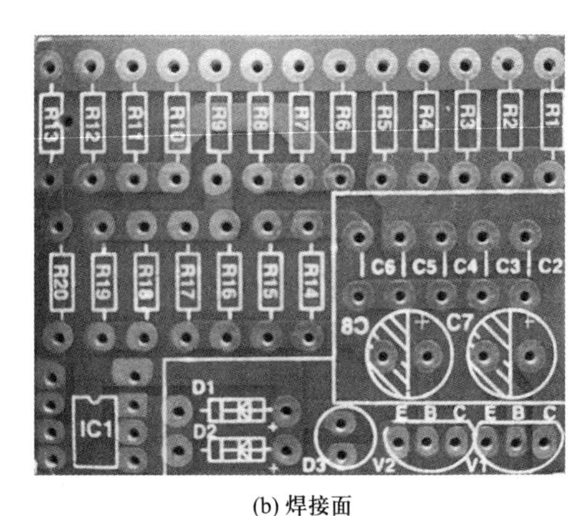

(b) 焊接面

图 10-4-15　焊接练习板

丝，另外两个手指配合，这种拿法可以连续向前送进焊锡丝。只焊接几个焊点或断续焊接时适用图 10-4-16b 所示的拿法。

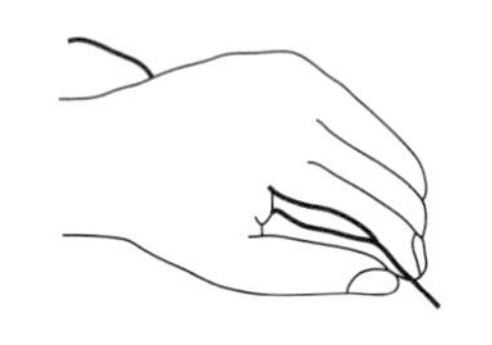

(a) 连续焊接　　(b) 只焊接几个焊点或断续焊接

图 10-4-16　焊锡丝的基本拿法

五步焊接法

（5）助焊剂

一般采用松香作为助焊剂。

4. 实践训练步骤

（1）学习手工焊接的基本方法——五步焊接法。手工焊接的具体步骤如图 10-4-17所示。

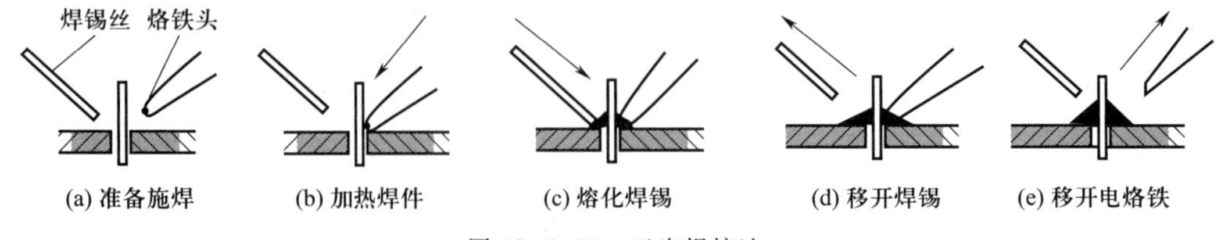

(a) 准备施焊　(b) 加热焊件　(c) 熔化焊锡　(d) 移开焊锡　(e) 移开电烙铁

图 10-4-17　五步焊接法

电阻的焊接

1）准备施焊。

使烙铁头和焊锡靠近被焊件并准确定位，处于随时可以焊接的状态，此时必须保持烙铁头干净。

2）加热焊件。

将烙铁头放在被焊件上进行加热，注意加热方法要正确，烙铁头应接触热容量较大的被焊件，这样可以保证被焊件和焊盘充分加热。

3）熔化焊锡。

将焊锡放在被焊件上，熔化适量的焊锡。在送进焊锡的过程中，可以先使焊锡接触烙铁头，然后移动焊锡至与烙铁头相对的位置，这样做有利于焊锡的熔化和热量的传导。此时应注意焊锡一定要润湿被焊件表面和整个焊盘。

4）移开焊锡。

待焊锡充满焊盘后，迅速移开焊锡。此时应注意熔化的焊锡要充满整个焊盘，并均匀地包围元器件的引线。待焊锡用量达到要求后，应立即沿着元器件引线的方向向上提起焊锡。

5）移开电烙铁。

熔化的焊锡的扩展范围达到要求后应移开电烙铁，注意移开电烙铁的速度要快，注意移开方向应该与水平方向大致呈 45°。

（2）按照电子元器件符号位置正确插装相应的元器件。

（3）按照五步焊接法焊接元器件，待焊点完全冷却后，剪掉多余的长引脚。

（4）按照焊点合格标准进行检查、修补。

5. 焊点合格的标准

（1）焊点应有足够的机械强度。为保证被焊件在受到振动或冲击时不致脱落、松动，就要求焊点要有足够的机械强度。

（2）焊接可靠并保证导电性能。焊点应具有良好的导电性能，必须要焊接可靠，防止出现虚焊。

（3）焊点表面整齐、美观。焊点的外观应光滑、圆润、清洁、均匀、对称、整齐、美观。

满足上述三个条件的焊点，才算是合格的焊点。

6. 焊接常见问题及注意事项

（1）焊接前需要对被焊件进行表面清理，去除焊接面上的锈迹、油污等影响焊接质量的杂质，常用机械刮磨或酒精擦洗等简易的方法进行清理。

（2）元器件引线镀锡，即预先用熔化的焊锡对将要进行焊接的元器件引线或导线的焊接部位进行湿润。

（3）使用电烙铁的过程中，电烙铁的导线不能被烫破，应随时检查电烙铁的插头及导线，发现破损老化应及时更换。

（4）不工作时，要将电烙铁放到烙铁架上，以免热的电烙铁烫伤自己或他人。若长时间不使用应切断电源，防止烙铁头氧化。烙铁头上多余的焊锡不要随便乱甩。

（5）操作者头部与烙铁头之间应保持 30 cm 以上的距离，以避免过多的有害气体（助焊剂加热挥发出的化学物质）被人体吸入。

（6）保持烙铁头清洁，烙铁头长期处于高温状态，其表面很容易氧化形成一层黑色杂质，从而使烙铁头失去加热作用，因此要随时在烙铁架上蹭去杂质，并用湿布或湿海绵随时擦拭烙铁头。

（7）采用正确的加热方法，通过增加接触面积加大传热速度，而不要通过电烙铁对被焊件施力来加大传热速度。焊接时间在保证润湿的前提下应尽可能短，一般不超过 3 s。

（8）在焊锡凝固之前不要移动或振动焊件，用镊子夹持焊件时，一定要等焊锡完全凝固后再移去镊子。

（9）不要过量使用助焊剂，过量的助焊剂易造成“夹渣”缺陷。若使用带松香芯的焊锡丝，则基本上不需要再加助焊剂。

（10）焊接时，焊锡用量应适当，图 10-4-18 所示为采用不同焊锡用量时的焊点示意图。

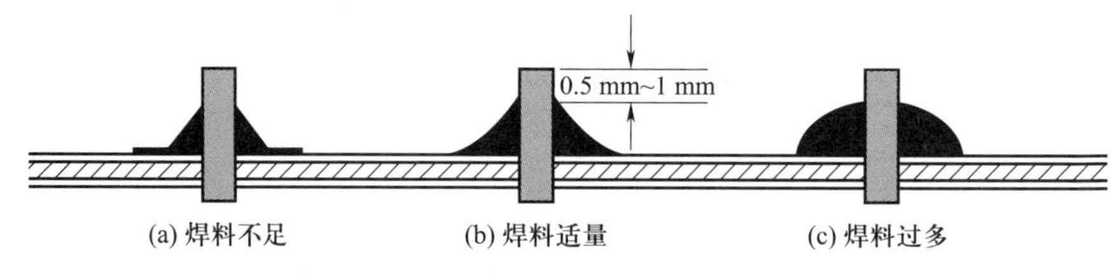

图 10-4-18 焊锡用量不同时的焊点示意图

10.4.4 项目四：小型电子产品的制作与调试

1. 训练目的

（1）掌握常用电子元器件的识别与检测技能。

（2）掌握手工焊接技能。

（3）掌握电子产品装配、测试技能及故障诊断排除技能。

2. 训练内容与要求

（1）对照元器件清单清点并检测所给元器件。

（2）对照印制电路板（PCB），了解元器件布局、装配（方向、工艺等）和接线等。

（3）组装音乐循环彩灯并进行测试及故障排除。

3. 训练设备与器材

（1）电烙铁。

（2）音乐循环彩灯散件，印制电路板，如图 10-4-19 所示。

图 10-4-19

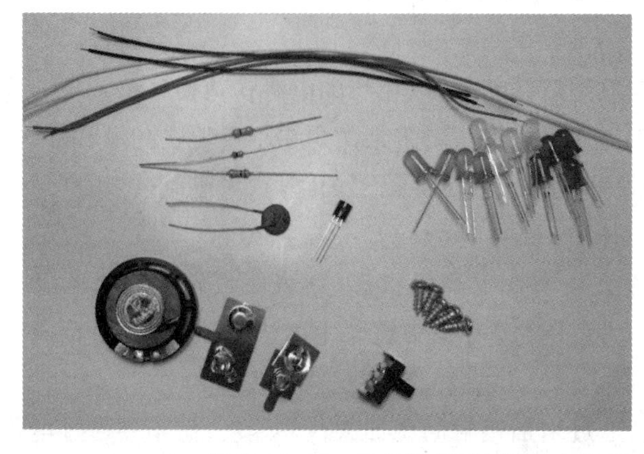

图 10-4-19 音乐循环彩灯散件与印制电路板

4. 实践步骤

（1）学习电路组装与检测的基本方法

1）组装方法

安装元器件时应遵循先小后大、先低后高、先里后外、先易后难、先一般元器件后特殊元器件的基本原则。

元器件的安装方向应一致，如对于电阻器、电容器等无极性元件，应使标记和色码朝上，以利于辨认。插装时，应使水平方向安装的元器件的标记读数从左到右，垂直方向安装的元器件的标记读数应从下到上。

装配中任何两个元器件以及元器件的引线都不能相接触，若元器件密度比较大应采用绝缘材料进行隔离或重新调整安装形式。

2）电路故障检测方法

电路故障的检测有如下几种方法：

① 直观检测法

如发现线路有故障，应对照安装接线图检查电路有无漏线、断线和错线现象，特别要注意检查电源线和地线的接线是否正确。

用手触摸晶体管管壳，查看其是冰凉或烫手，从而判断集成电路是否温升过高，发现异常时应立即断电。元器件正常工作时，应有合适的工作温度，若温度过高或过低，则意味着该元器件有故障。

② 电阻法

电阻法即用万用表测量电路电阻和元器件电阻来发现和寻找故障部位及元器件。这时的检查应在断电条件下进行，主要检查电路中连线是否断路，元器件引脚是否虚连，是否有悬空的输入端。一般采用万用表 R×1 挡或 R×10 挡进行测量。

③ 电压法

电压法即用万用表直流电压挡检查电源、各静态工作点电压及集成电路引脚的对地电位是否正确。

（2）整理元器件

按照表 10-4-2 整理音乐循环彩灯散件，即需要焊接的元器件。

表 10-4-2　音乐循环彩灯散件

名称	文字代号	图形符号	规格型号	名称	文字代号	图形符号	规格型号
电阻器	R1		430 kΩ（300 kΩ~560 kΩ）	电容器	C1		5 600 pF（4 700 pF~8 200 pF）
电阻器	R2		180 kΩ（200 kΩ）	二极管	D		ϕ5 发光二极管
电阻器	R3		15 kΩ（12 kΩ~18 kΩ）	三极管	Q1		9013

续表

名称	文字代号	图形符号	规格型号	名称	文字代号	图形符号	规格型号
喇叭		(喇叭符号)	0.25 W 8 Ω	引线	J	←→	J1-J11
				螺钉			若干
开关	K		专用	电线			若干

(3) 按照从低到高的顺序安装元器件

1) 跳线

在印制电路板制作中需直接通过一段金属线连接电路,从而将两个不相连的金属层接在一起起导通作用,多用于单面板。在布线过程中肯定存在交叉情况,这时必须采用跳线方法来解决该问题。一般将从电阻器、电容器上剪下的引脚当作跳线,如图 10-4-20 所示。

图 10-4-20

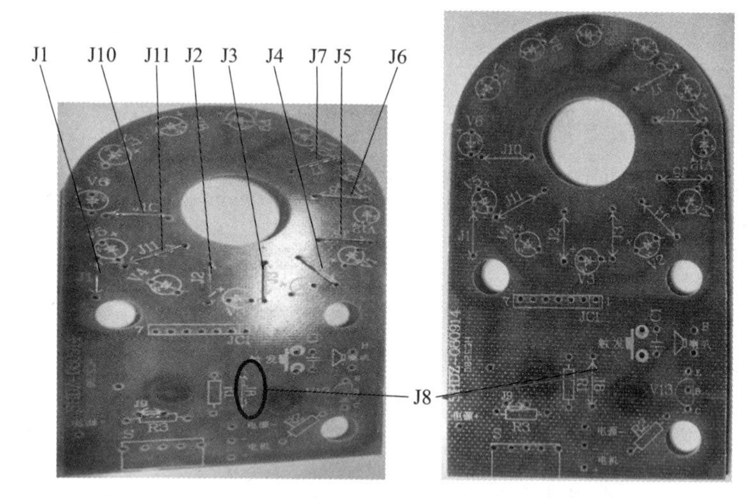

图 10-4-20 跳线

2) 安装电阻器

按清单上的顺序插入电阻器,然后将其焊接到印制电路板上,如图 10-4-21 所示。

3) 安装电容器和三极管

电容器和三极管的安装如图 10-4-22 所示。

4) 安装发光二极管

安装时注意极性及安装高度,如图 10-4-23 所示。

5) 安装电源开关

电源开关共有 5 个引脚,安装时可以只焊中间的 3 个引脚,如图 10-4-24 所示。

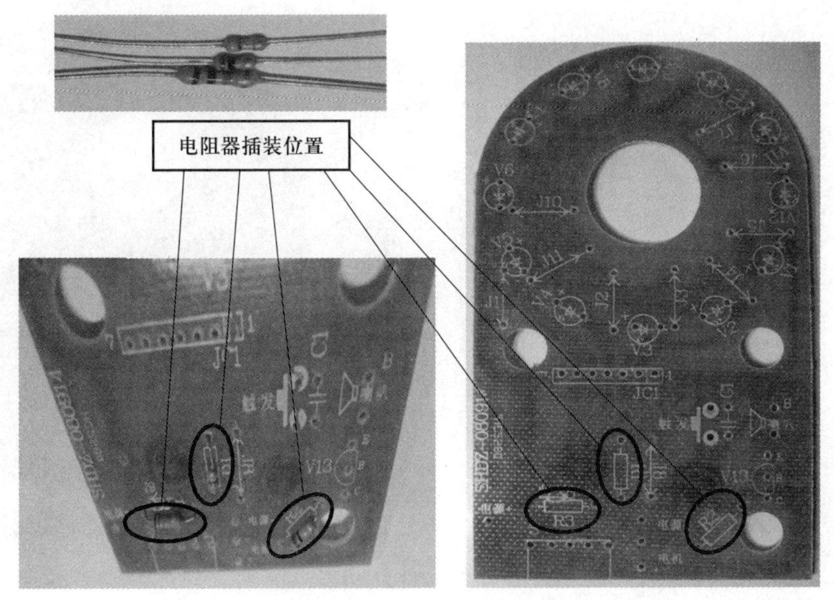

图 10-4-21

图 10-4-21　电阻器的安装

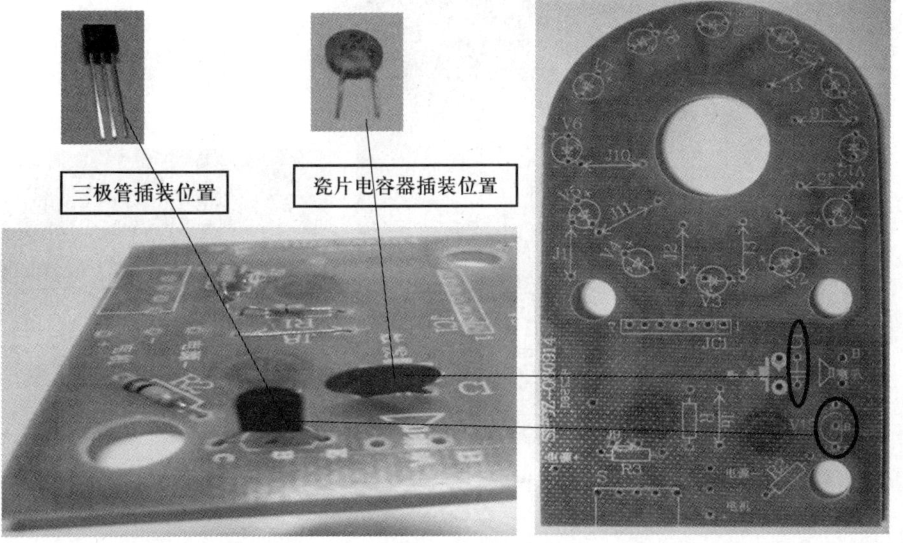

图 10-4-22

图 10-4-22　电容器和三极管的安装

6）安装喇叭

使用万用表电阻挡测量喇叭极性时，在喇叭向外突出状态下红表笔接触的是正极。当喇叭卡口朝向操作者时，左侧是正极。安装时，导线一端应连接到喇叭上，一端连接到印制电路板上喇叭标识处，如图 10-4-25 所示。

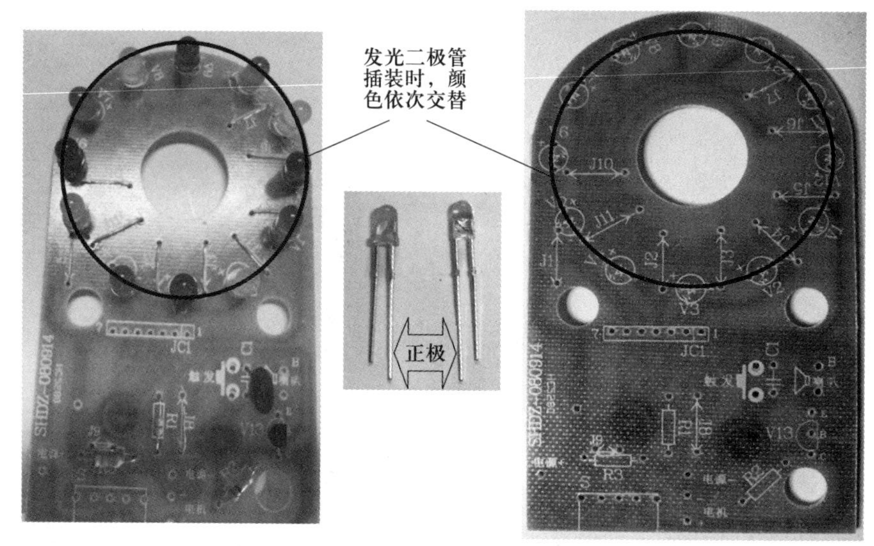

图 10-4-23

图 10-4-23　发光二极管的安装

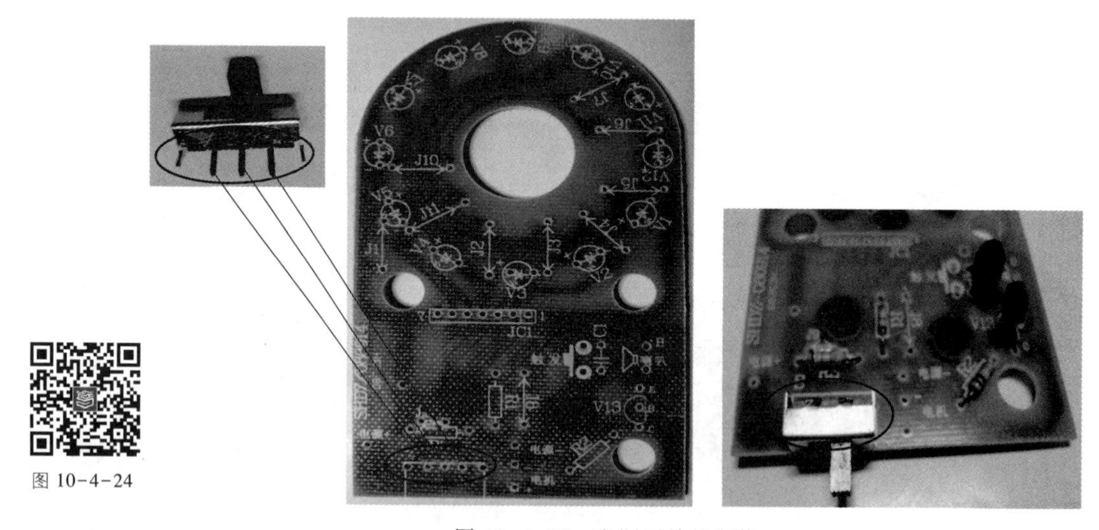

图 10-4-24

图 10-4-24　电源开关的安装

7）安装触发开关

将导线一端连接到开关旋钮上，一端连接到印制电路板上触发开关标识处，如图 10-4-26所示。

8）安装电池片

将红导线接正极，黑导线接负极，再将带弹簧的电池片连接电源的负极，如图 10-4-27、图 10-4-28 所示。

（4）调试检测并固定

最后进行调试检测，功能正常则用螺钉将其固定，其成品如图 10-4-29 所示。

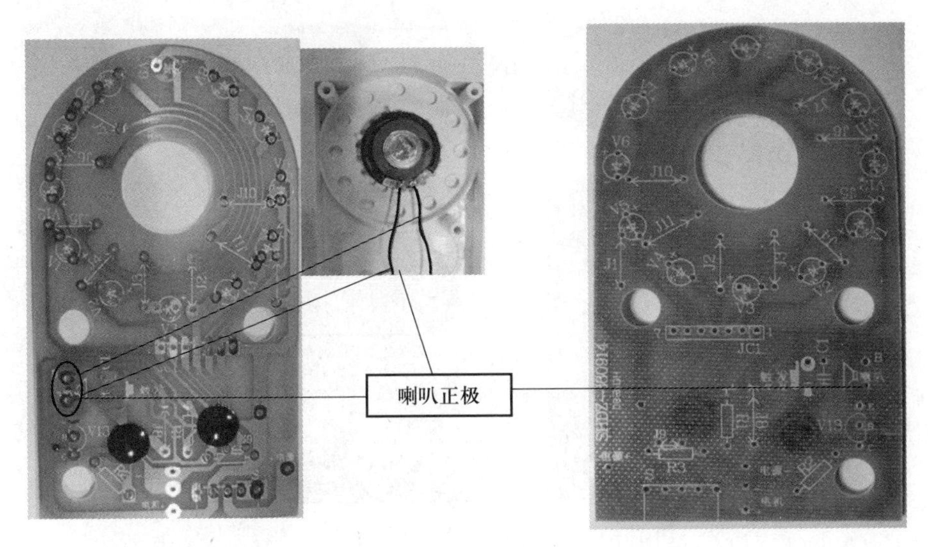

图 10-4-25

图 10-4-25　喇叭的安装

图 10-4-26

图 10-4-26　触发开关的安装

5. 注意事项

（1）材料清单的位号、规格型号应与印制电路板上的一致。

（2）在安装焊接所有元器件时，注意安装高度不要超过中周高度。

（3）发光二极管垂直焊接、安装高度适中，露出成品外壳的距离应一致。

（4）焊接电池片时一定要注意分清正负极。

图 10-4-27

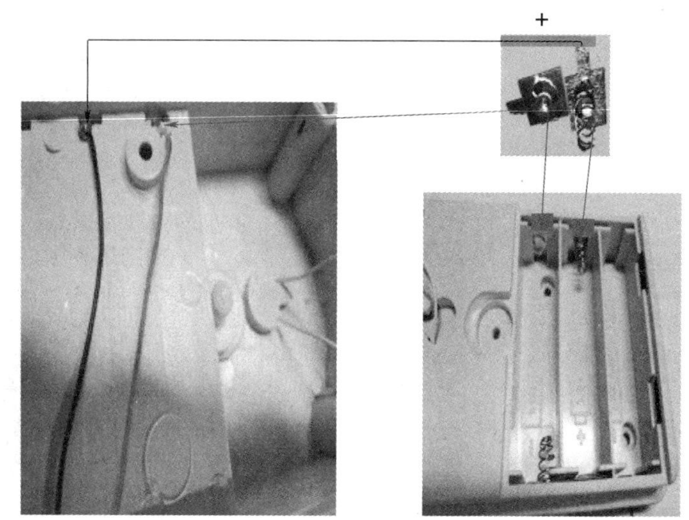

图 10-4-27　电池片的安装

图 10-4-28

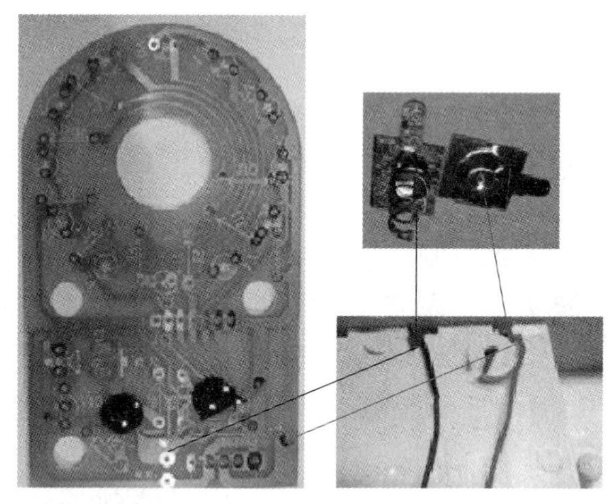

图 10-4-28　电池片的导线安装

图 10-4-29

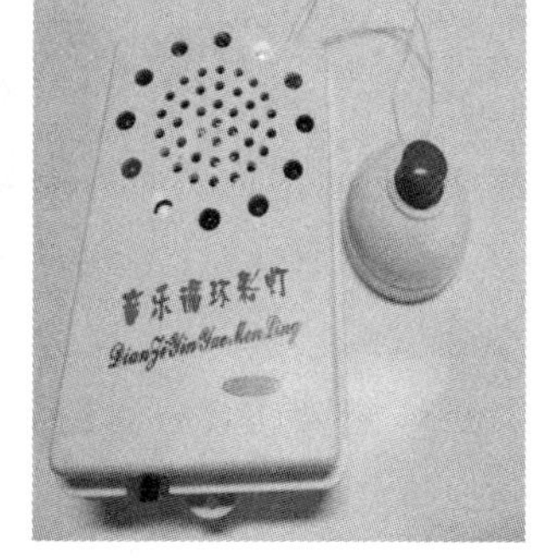

图 10-4-29　音乐循环彩灯成品

第四单元
综合创新实践

模块十一　自行车智能装配工艺虚拟仿真

自行车智能装配工艺虚拟仿真以自行车产品为生产对象，以大工程理念和工程能力培养为核心，通过虚拟仿真、多学科融合，从数字化工厂视角，打造一个基于智能制造和工业4.0概念的工程实践教学和科研技术开发的，且将学生培养、教师科研、社会服务深度融入的产教融合的新平台。通过数字化工厂柔性生产线的建模实践和自行车智能装配工艺的模拟仿真获得大工程知识，从而使学生对工厂生产现场的规划布局和生产过程有较好的认识，增强其工程实践能力，提高其工程素质，培养其创新精神和创新能力。

11.1　自行车的结构与数字化建模

1. 自行车的一般结构

自行车又称脚踏车或单车，通常是两轮的小型陆上车辆。现在自行车遍及世界各地，是人们最常见的交通工具和运动健身器具。骑车时，以脚踩脚蹬作为动力，因此自行车是绿色环保的交通工具。

自行车一般由车架、脚蹬、前后车轮、车把、前后刹车、传动轴等部件组成，其基本部件缺一不可，自行车基本结构如图 11-1-1 所示，图中所示是无链自行车的基本结构组成。

按照自行车各部件的功能，大致可将其分为承载系统、动力系统、传动系统、工作系统、控制系统、保护系统等。

（1）承载系统　由车架、车座（包括鞍座、车后座）和支撑紧固件等部件组成，车架是自行车的骨架，它承受人和货物的重量。

（2）动力系统　主要由脚蹬、中轴等部件组成，依靠人力产生动力。

（3）传动系统　由齿轮传动轴、后轴等组成，脚蹬的动力传动到后轮。

（4）工作系统　主要由前后车轮等组成，后车轮是驱动轮，前车轮负责控制行进方向，工作系统负责完成前行的工作任务。

（5）控制系统　主要由车把、刹车系统、调速机构等组成，骑行者通过操纵车把来改变行驶方向并保持车身平衡，以及控制刹车系统减速和制动。

（6）保护系统　主要由车灯、车锁及其他部件组成，主要起安全警示和美观的作用。

产品分解是制造业的基础工作，是企业产品制造管理的主要工作之一，产品对物料的需

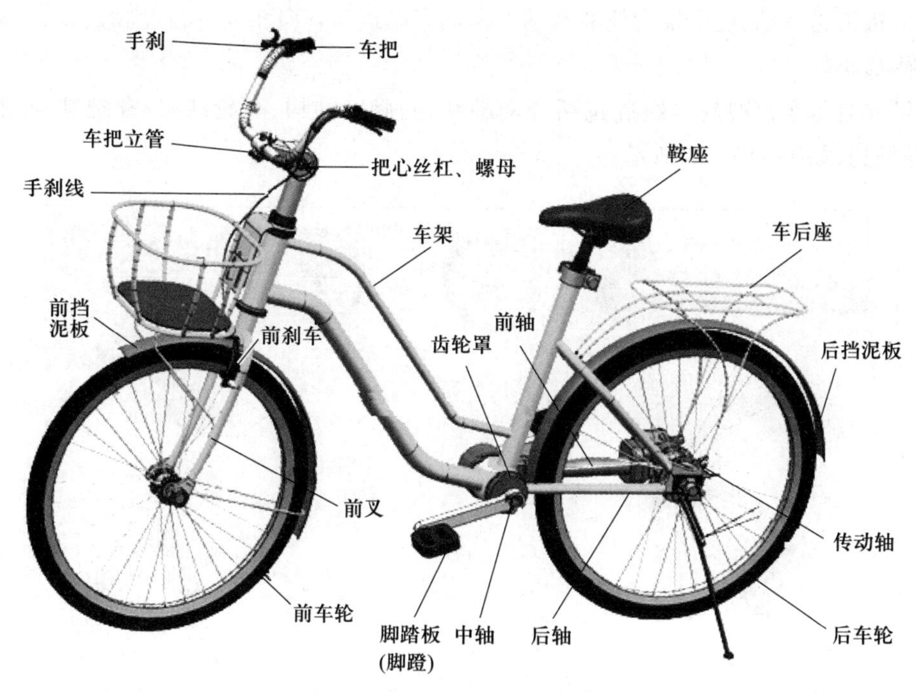

图 11-1-1　自行车基本结构

求量计算广泛用于产品生产计划编制、物资采购计划编制和新产品开发中。企业一般会生产多种系列产品,产品结构很复杂,编制生产计划时,产品分解是非常耗时的一项工作。若产品对零件的需求是独立需求,可用产品零件汇总表的方式表示;若产品需求是相关需求,一般采用产品结构树来表示。产品结构树由产品装配系统图、产品材料表(包括通用件、标准件、自制件、外购件、外协件、原材料)产生。产品结构树以树状方式描述,树中各结点分别表示部件或组件,叶结点表示零件。从自行车装配制造的角度考虑,本文中把自行车系统分为七个系统,分别为车架系统、传动轴系统、车轮系统、车把系统、脚蹬系统、刹车系统以及其他系统,如图 11-1-2 所示。

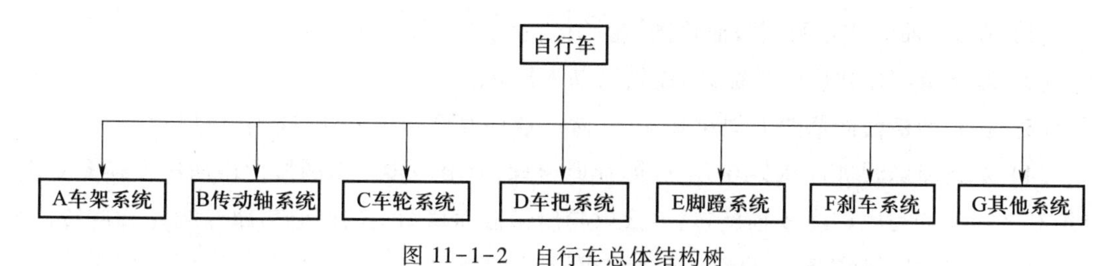

图 11-1-2　自行车总体结构树

2. 自行车数字化建模

本小节以无链式自行车建模为例阐述其建模过程,首先介绍无链式自行车的运动原理。其具体结构是将四个轴横竖对应,在脚蹬处设置两个锥齿轮,一个与脚蹬运动方向相同,一个与脚蹬运动方向垂直。脚踩脚蹬时,同向的锥齿轮可以带动不同向的锥齿轮转动,然后采用一根传动长轴连接垂直方向的锥齿轮和后车轮处的两个锥齿轮,即可带动车轮处的垂直于车轮的锥齿轮运动，这个锥齿轮和运动方向同车轮运动方向相同的齿轮相连，动力即从脚蹬传递到后车轮。

无链式自行车模型基本组成包括传动轴结构、脚蹬结构、车轮结构、车把结构、刹车结构、车身结构，如图 11-1-3 所示。

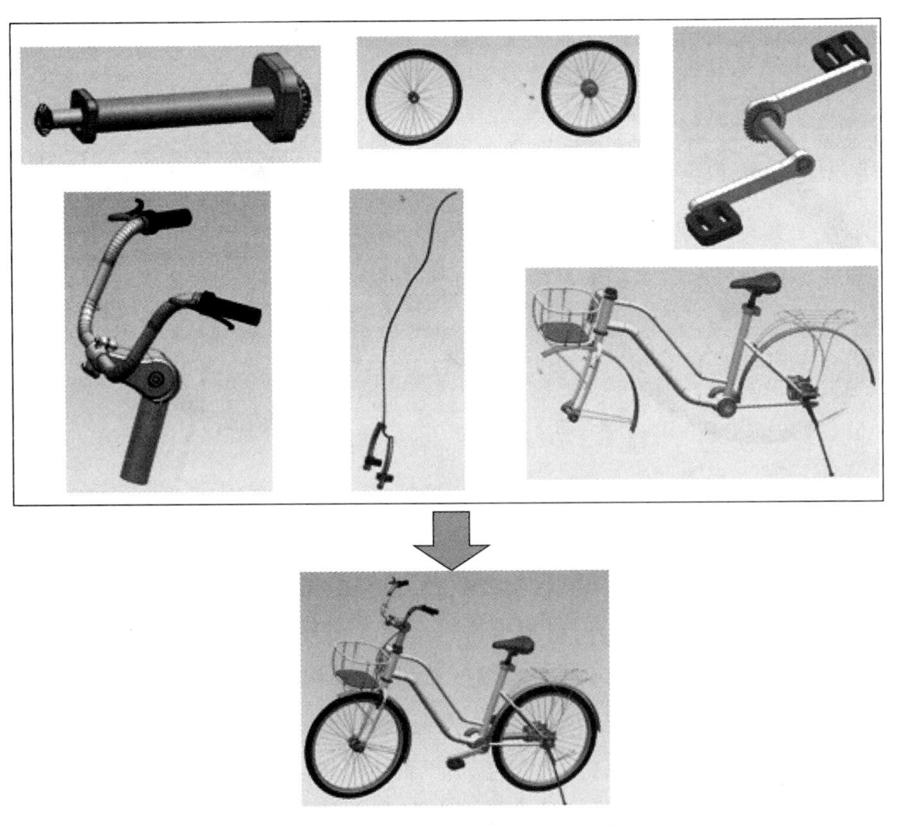

图 11-1-3 自行车模型基本组成

利用 NX 软件建立自行车模型，以自行车车轮为例阐述具体建模过程：

(1) 在 *YZ* 面上作轮胎横截面草图，轮胎横截面尺寸可自行设计。

(2) 基于草图创建回转特征，形成轮胎基本形状。

(3) 在轮胎横截面草图上创建基本面，然后拉伸并倒圆角得到轮胎表面形状。

(4) 对表面形状进行 0.2~0.5 mm 的加厚处理，对上一步所做的拉伸做两次变换。一次以绝对坐标原点为原点绕 *Z* 轴旋转，一次以轮胎横截面草图上的圆心为原点绕 *X* 轴旋转，旋转参数可自定，最后便得到了自行车轮胎表面的斑驳效果。

(5) 绘制轮胎的中轴线，旋转钢圈横截面草图并作加厚处理，以 *XZ* 面为草图所在面并建立一个 1 mm 的圆。

(6) 通过拉伸操作创建圆弧，再通过拉伸创建 16 个圆弧并求差，提取拉伸体中的中轴线，将其拉伸 0.3 mm，再将钢丝脚相连线，然后用扫掠命令扫掠出所有钢丝。

(7) 进行变换操作，将上一步的扫掠体（钢丝）以绝对坐标轴原点为基点旋转 45°。

（8）变换扫掠对象，选择所有的钢丝，以 XZ 轴为基准轴进行镜像复制，在不退出变换命令的前提下，以绝对坐标原点为原点，绕 Y 轴旋转 360°，最终得到图 11-1-3 中所示的轮胎模型。

对自行车所有零部件进行单个建模后，将零部件形成子装配体，一共包括传动轴子装配体、脚蹬子装配体、车轮子装配体、车把子装配体、刹车子装配体、车架子装配体，最后将所有子装配体再次装配形成完整的自行车，至此自行车建模完成。

11.2　智能装配技术

伴随着智慧工厂全球发展趋势，人类介入生产的新趋势正在变革当今的制造流程。可以想象一下这样的画面：在车间中，机器人操作设备并执行各种任务，而生产人员则负责监督作业。得益于智能技术的发展，人类和机器能够在工厂车间中并肩作业。智能装配技术主要包括装配机器人技术、零组件传送技术、人工智能识别和实时定位技术、装配协同技术和装配过程管理等。

1. 装配机器人技术

工业机器人按应用场景分为搬运机器人、装配机器人、焊接机器人、喷涂机器人等。这里主要介绍装配机器人相关技术。

（1）装配机器人的精确定位

装配机器人运动系统的定位精度由机械系统静态运动精度（几何误差、热和载荷变形误差）和机电系统动态响应精度（过渡过程）所决定，其中静态运动精度取决于设备的制造精度和机械运动形式，动态响应精度取决于外部跟踪信号、系统固有的开环动态特性、所采用的减振方法（阻尼）和控制器的调节作用。

（2）检测传感技术

检测传感技术的关键是传感器技术，传感器主要用于检测机器人系统中自身与作业对象、作业环境的状态，向控制器提供信息以决定系统动作。传感器的精度、灵敏度和可靠性在很大程度上决定了系统性能的好坏。检测传感技术包含两个方面的内容：一是传感器本身的研究和应用，二是检测装置的研究与开发。检测传感技术包括视觉技术、多路传感器信息融合技术、检测传感装置的集成化与智能化技术。

（3）装配机器人控制技术

装配机器人的伺服控制模块是整个系统的基础，它的特点是实现了机器人操作空间力和位置混合伺服控制，实现了高精度的位置控制、静态力控制，并且具有良好的动态力控制性能。伺服模块之上的局部自由控制模块相对独立于监督控制模块，它能完成精密的插圆孔、方孔等较为复杂的装配作业。监督控制模块是整个系统的核心和灵魂，它包括了系统作业的安全机制、人工干预机制和遥控机制。多任务控制器可广泛应用于工业装配机器人中作为其实时任务控制器而使用，也可用作移动机器人的实时任务控制器。

对工业机器人控制器的研究已经由硬件过渡到软件、由具体控制器过渡到通用开放式体系结构、由单独控制过渡到多机协调控制。有专门的研究机构和公司对机器人控制器进行研究和制造。同时,国家相关部门对机器人控制器的研究也提供了大量资助,因此,机器人控制器相关技术研究发展得很快,智能水平很高,并且正在进行许多开创性的研究。对其进行的技术研究归纳起来主要在以下两个方面:机器人控制器的功能结构,主要是智能控制、多算法融合和性能分析、控制器体系结构;控制器的实现结构,主要是实时多任务操作系统、开放结构标准、多控制器结构和网络化、运动控制器。当然,两个研究方向之间在一定范围内是重合进行的。

(4) 装配机器人的驱动系统

常见的装配机器人的驱动系统分为以下四种:

1) 液压驱动系统

液压驱动系统由液动机、伺服阀、液压泵、油箱等组成。液压驱动系统具有很大的抓举能力,特点是结构紧凑、动作平稳、耐冲击、耐振动、防爆性好。

2) 气压驱动系统

气压驱动系统由气缸、气阀、气罐和空压机组成。优点是气源方便、动作迅速、结构简单、造价较低、维修方便;缺点是速度难以控制、气压不能太高、抓举能力较低。

3) 电力驱动系统

电力驱动系统是使用最多的一种驱动系统。其特点是电源方便,响应快,驱动力较大,信号检测、传动、处理方便,并可采用多种灵活的控制方案。驱动电动机采用步进电动机,将直流伺服电动机作为动力源。

4) 机械驱动系统

机械驱动系统只用于动作固定的场合,一般用凸轮连杆机构来实现规定的动作。其特点是动作可靠、工作速度高、成本低,但不易于调整。

(5) 装配机器人的图形仿真技术

对于复杂装配作业,示教编程方法的效率往往不高,如果能直接将机器人控制器与CAD系统相连,则能利用数据库中与装配作业有关的信息对机器人进行离线编程,使得在结构环境下的机器人编程具有很大的灵活性。另一方面,如果将机器人控制器与图形仿真系统相连,则可离线对机器人装配作业进行动画仿真,从而验证装配程序的正确性、可执行性及合理性,为机器人作业编程和调试带来直观的视觉效果,为用户提供灵活、友好的操作界面,具有良好的人机交互性。

(6) 装配机器人柔顺手腕

通常而言,通用机器人均可用于装配操作,利用机器人固有的结构柔性,可以对装配操作中的运动误差进行修正。通过对影响机器人刚度的各种变量进行分析,并通过调整机器人本身的结构参数来获得期望的机器人末端刚度,以满足装配操作对机器人的柔顺性要求。但在装配机器人中采用柔性操作手爪则能更好地取得装配操作所需的柔顺性。由于装配操作对机器人精度、速度和柔顺性等性能要求较高,所以有必要设计专门用于装配作业的柔顺手腕,柔顺手腕是实际装配操作中使用最多的柔顺环节。例如直角坐标型装配机器人,其结构在目前的产业机器人结构中是最简单的。它具有操作简便的优点,常用于零部件的移送、简单的插入、旋拧螺母等作业。在其机构方面,大部分装备了球形螺母和伺服电动机,具有可自动编程、速度快、精度高等特点。垂直多关节型装配机器人大多具有 6 个自由度,这样可以在空间上的任意一点确定任意姿势。因此,这种类型的机器人所面向的往往是在三维空间的任意位置和任意姿势的作业。

2. 零组件传送技术

零组件传送装置包括托盘及托盘交换器、随行夹具、传送装置、有轨小车、无轨小车、自动导引车(automated guided vehicle,简称 AGV)、随行工作台站等。其中 AGV 是较为先进的运输传送装置,它配有电磁或光学等自动导引装置,能够按照规定的导引路径行驶,具有安全保护以及各种承载功能,工业应用中不需驾驶员,以可充电蓄电池作为其动力来源。一般可通过计算机来控制其行进路线以及行为,或利用电磁轨道来设定其行进路线,电磁轨道贴于地板上,AGV 则依靠电磁轨道提供的信息进行移动与动作。

根据 AGV 的用途和产品结构不同,AGV 的分类方式有很多种,以下是主要类型及对应功能介绍。

(1) 牵引式 AGV

牵引式 AGV 使用最早,它只起拖动作用,货物则放在挂车上,大多采用 3 个挂车,转弯和坡度行走时要适当降低速度。牵引式 AGV 主要用于中等运量或大批运量,运送距离为 50~150 m 或更远。目前牵引式 AGV 多用于纺织工业、造纸工业、塑胶工业、一般机械制造业,提供车间内和车间外的运输。

(2) 托盘式 AGV

托盘式 AGV 的车体工作台上主要运载托盘。托盘式 AGV 与车体移载装置不同,包括辊道、链条、推挽、升降架和手动等形式,适合于整个物料搬运系统处于地面高度时,将货物从地面上一点送到另一点。托盘式 AGV 的任务只限于取货、卸货,完成即返回待机点,车上可载 1~2 个托盘。

(3) 单元载荷式 AGV

根据单元载荷式 AGV 的载荷大小和用途不同,其可分成不同形式。根据生产作业中物料和搬运方式的特点,单元载荷式 AGV 应用得比较多,其适应性也强,一般用于总运输距离较短、行走速度较快的情况,适合大面积、大重量物品的搬运,且自成体系,还可以变更导向线路,迂回穿行到达任意地点。

(4) 叉车式 AGV

根据载荷装卸叉子方向、升降高低程度不同,叉车式 AGV 可分成各种形式。叉车式 AGV 不需复杂的移载装置,能与其他运输仓储设备相衔接,根据物品形状不同,叉子部件采用不同的形式,如对大型纸板、圆桶形物品采用夹板、特种结构或采用双叉结构。为了保持叉车式 AGV 有载行走时的稳定性,车速不能太快,且搬运过程中速度要慢。有时由于叉车伸出太长,活动面积和行走通道要求较大。

AGV 具有以下主要优势:

(1) 自动化程度高

AGV 由计算机、电控设备、磁气感应传感器以及激光反射板等控制。当车间某一环节需要辅料时,由工作人员向计算机终端输入相关信息,计算机终端再将信息发送到中央控制室,由专业的技术人员向计算机发出指令,在电控设备的合作下,这一指令最终被 AGV 接收并执行,最终将辅料送至相应地点。

(2) 充电自动化

当 AGV 的电量即将耗尽时(一般技术人员会事先设置好一个电量值),它会向系统发出请求充电指令,在系统允许后自动到充电的地方"排队"充电。另外,AGV 的电池寿命很长(2 年以上),并且每充电 15 min 可工作 4 h 左右。

(3) 灵活方便,占地面积小

生产车间的 AGV 可以在各个车间穿梭往复。AGV 在制造业的装配生产线中高效、准确、灵活地完成物料的搬运任务,并且可由多台 AGV 组成柔性的物流搬运系统,可以随着生产工艺流程的调整而及时调整搬运路线,使一条生产线上能够制造出十几种产品,大大提高了生产的柔性和企业的竞争力。

3. 人工智能识别和实时定位技术

人工智能技术是实现智能装配的关键技术,识别技术是智能装配服务环节的关键一环。在智能装配中需要用到的识别技术主要有射频识别技术、基于深度三维图像的识别技术以及物体缺陷自动识别技术。基于深度三维图像识别的任务是识别出图像中的物体,并给出在图像中所反映出的物体的位置和方向,从而对三维世界进行感知和理解。在结合了人工智能技术、计算机技术和信息技术之后,形成的人工智能识别技术是智能装配服务系统中识别物体几何信息的关键技术。

实时定位系统可以对多种材料、零组件、工具、设备等资产进行实时跟踪管理,在生产过程中,需要监视在制品的位置行踪,以及材料、零组件、工具的存放位置等。这样,在智能装配服务系统中需要建立一个实时的定位网络系统,以完成生产全程中角色的实时位置跟踪。信息物理融合系统也称为"虚拟网络-实体物理"生产系统,它将彻底改变传统制造业逻辑。在这样的系统中,对于一个工件就能算出其需要哪些服务,通过数字化逐步升级现有生产设施,这样生产系统可以实现全新的体系结构。

4. 装配协同技术

装配协同需要通过装配自动化系统设计技术、安装调试技术、统一操作界面和工程工具设计技术、统一事件序列和报警处理技术、一体化资产管理技术等相互协同来实现。智能装配需要将协作装配机器人融入人机协同的过程中,协作装配机器人的设计初衷是使其执行高强度、高危等作业任务,并非为了取代人力,从而人类便可以在更为复杂的项目中充分发挥自身的创造力。例如当机器人承担琐碎的装配任务时,人类可以从事那些需要人类智慧才能完成的更为精细的装配任务。在机器人执行简单机械任务后,人类可以专注于控制更多的机器,并在整个车间内进行更多多样化的作业。通过学习操控机器人、承担更多的重要任务,人类会产生一种自豪感,获得更高的工作满意度。

毋庸置疑,互联协作作业将为制造业的生产效率和创新提供全新的机遇。它还有助于提高工作场所的安全性和员工的满意度,为人类创造更多新工作,刺激就业增长。随着制造流程日渐智能化和互联化,落后的竞争者必将被淘汰出局。生产厂商们必须认识到:在竞争日益激烈的市场中,协作式工厂运营效率更高,并能有效降低劳动力成本。

5. 装配过程管理

装配过程管理由制造执行系统(Manufacturing Execution System,MES)来进行管理,MES是一套面向制造企业车间执行层的生产信息化管理系统。MES 被定义为"位于上层的计划管理系统与底层的工业控制之间的面向车间层的管理信息系统",它为操作人员、管理人员提供计划的执行、跟踪以及所有资源(人、设备、物料、客户需求等)的当前状态,目的是解决工厂生产过程的黑匣子问题,实现生产过程的可视化、可控化。

(1) MES 体系架构

数字化车间将信息、网络、自动化、现代管理与制造技术相结合,在车间形成数字化制造平台,改善车间的管理和生产等各环节,从而实现敏捷制造。

MES 是数字化车间的核心,通过数字化生产过程控制,借助自动化和智能化技术手段,实现车间制造控制智能化、生产过程透明化、制造装备数控化和生产信息集成化。车间 MES 主要包括车间管理系统、质量管理系统、资源管理系统及数据采集和分析系统等,由技术平台层、网络层以及设备层实现。

(2) MES 构成

MES 由车间资源管理、生产任务管理、车间计划与排产管理、生产过程管理、质量过程管理、物料跟踪管理、车间监控管理和统计分析等功能模块组成,涵盖了制造现场管理等各方面。MES 是一个可自定义的制造管理系统,不同企业的工艺流程和管理需求可以通过现场定义实现。

11.3　自行车的装配生产线

1. 传统的装配生产线

对于生产、储运部门而言,物料一般沿通道流动,而设备一般也是沿通道两侧布置,通道的形式决定了物流、人员的流动模式。选择流动模式时需考虑的一个重要因素是车间入口和出口的位置。车间内部流动模式常常用于外部运输条件受限或受到原有布置的限制,需要按照给定的入口、出口位置来规划流动模式的情况。此外,流动模式还受生产工艺流程、生产线长度、场地、建筑物外形、物料搬运方式与设备、贮存要求等方面的影响。

进行生产线的平面布置设计时,应遵循以下一些原则:有利于工人操作方便;在制品运输路线最短;有利于生产线之间的自然衔接;有利于生产面积的充分利用。这些原则同生产线的形状、生产线内工作地的排列方法、生产线的位置以及生产线之间的衔接形式有密切关系。

一般基本的生产线形式有直线形、U 形、L 形、环形、S 形,如图 11-3-1 所示。

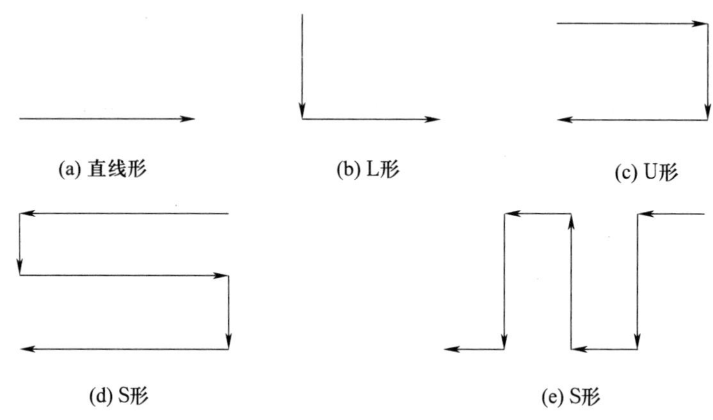

图 11-3-1　基本的生产线形式

(1) 直线形生产线

直线形生产线是最简单的一种流动模式,入口与出口位置相对,建筑物只有一跨,外形为长方形,设备沿通道两侧布置。直线形生产线布置是最常见的一种生产线布置方式,又分为单列直线形和双列直线形两种。单列直线形生产线多在工序数少、每道工序的工作地也少的条件下采用。当工序与工作地的数量较多而空间的长度不够大时,可采用双列直线排列。直线形生产线的布置有如下特征:

1) 便于物料搬运。

2) 便于信息流的畅通无阻。

3) 生产线为一条线,产品从原材料到成品可以实现一个完整流程,避免了不必要的搬运。

4) 管理相对简单。

5) 生产线柔性差,产品设计的局部改动将引起生产线的重大调整。

(2) U 形生产线

U 形生产线适用于入口与出口在建筑物同一侧面的情况,生产线的长度基本上相当于建筑物长度的两倍,一般建筑物为两跨,外形近似于正方形。

U 形生产线布置是在柔性生产和精益生产中经常采用的一种生产线布置方式。U 形生产线的布置是使生产线拐个弯,将生产线上的物品投入口和输出口放在一个地点。相对于将物品投入口和输出口分开的直线形生产线布置,它有如下优点:

1) 为生产线的平衡提供更多的可能性。

2) 随生产线流动的产品托板、工夹具等会流回起点,减少了搬运作业。

3) 一人进行多项操作时,有利于减少人员走动。

4) 不用安排不同的人员进行投入材料和收集成品的工作。

5) 物流路线更加顺畅。

有时将 U 形生产线的首尾连在一起,形成 O 形生产线,进一步减少产品托板和工夹具等的搬运。U 形生产线是具有弹性的生产线布置形式,一般能够按需求量变化来增减作业人员，要求员工多能工化。在U形生产线中，入口（第一道工序）与出口（最后一道工序）由同一个人员来操作，便于控制生产线的节奏及标准数量，便于人员间的相互协作，从而提高整条生产线的效率。U形生产线适用于复杂的工序，以平衡节拍，节省人员，做到更好的生产线平衡。采用U形生产线易于实现柔性生产，有利于单件流，便于员工沟通，节约场地。

U形生产线上的人员采用走动式作业方式，即工作台上无座椅，并且采用输送带的形式移动自行车车架。在此基础上，工位设计要达到满足良好的人机关系并且尽可能提高装配效率的要求。

装配生产线上作业配置原则如下：

1）材料、工装的三定原则。三定原则是指5S整顿中物品摆放的基本事项，包括定点、定容、定量三原则。

2）材料、工装预置在小臂的工作范围内，这样操作人员可以以比较低级的动作即小臂、手及手指拿取物品及工具完成工作。

3）简化材料、工装取放。对产品及材料按工序的取拿原则进行放置。另外将一些细小的、不便取放的零组件，如小薄垫片、针型物等置于小容器中及弹性垫上，使之容易取拿。

4）物品的移动以水平移动为佳，应尽量避免竖直向上对物品进行移动，因为这种较高等级的动作容易使人员产生疲劳并增加工时。另外对于较重的物品，应采用水平滚轴的方式进行水平移动。

5）利用物品自重进行工序间的传递和移动。物品的取放、废脚料的收集等作业都可以利用物品重力完成，如在斜导槽、导轨平面及圆筒等辅助下进行传递与移动。

6）作业高度应适度，便于操作。

7）满足作业所要求的照明条件。工作场所的光线应适度，通风应良好，温度应适度。

通常根据人们的操作习惯对物料箱和工具桌进行布置，将物料箱放置于左边，工具桌放置于右边，两者的高度都应当与操作人员工作高度相适应。工具桌面积可以根据具体零件大小和多少而定。物料箱的数量依零件种类而定，若零件较小且品种较多，则可以选择分格式物料箱布置于工具桌上；若零件体积中等且品种较少，则可选择分层式物料箱布置于工具桌上。若零件较大，其上可放置常用工具如活动扳手、梅花扳手、手钳、螺丝刀、手锤和木槌等。若要与相邻工位共用一个工具桌，则应当准备两套物料箱，并分上下两层，以便选择区分。

（3）L形生产线

L形生产线适用于现有设施或建筑物不允许直线流动的情况，设备布置与直线形相似，入口与出口分别处于建筑物两相邻侧面。

（4）环形生产线

环形生产线适用于要求物料返回到起点的情况。

（5）S形生产线

在固定面积上，可以安排较长的生产线。

2. 自行车装配的组织形式

自行车装配的主要组织形式有两种：固定式和移动式。

（1）固定式装配

产品在一个工作地全部装配完毕，所需零部件均进入该工作地。各工作地配有相应的工模具、夹具。一般在自行车的部件装配时采用这种形式，例如车座、车架、曲柄链轮、脚蹬等的装配。这种装配形式可分工多人装配，也可不分工平行装配，但此种装配形式需占用较多的面积、较多的熟练工人和辅助设备。

（2）移动式装配

自行车在移动的装配生产线上装配，由一个工位移向另一个工位，规定每个工位完成一定的工序。根据需要工位上各操作点也配有专用设备或工具，工人在一个固定的工位上完成某个同样的装配工序。此种装配形式适用于大批量生产，在自行车行业的组装、装箱和整车装配生产中被广泛采用。该种装配形式还可配置高效自动化设备或专业机械手从而实现自动化装配，是一种较为完善的装配形式。

3. 自行车智能装配生产线

自行车智能装配生产线是以自行车产品为主要生产制造对象，提供一个基于智能制造和工业 4.0 概念的综合型工程实践平台，通过以产品的个性化需求来驱动和演绎工程（产品）项目的智能化设计、智能化制造及基于大数据的后台运维管理系统，从而实现产品全生命周期过程从传统制造业向智能制造业的转型升级。

图 11-3-2 所示的是自行车智能装配生产线工序表，图中将自行车智能装配一共分为 10 个工序（OP10—OP100），从上料到最后整车装箱。

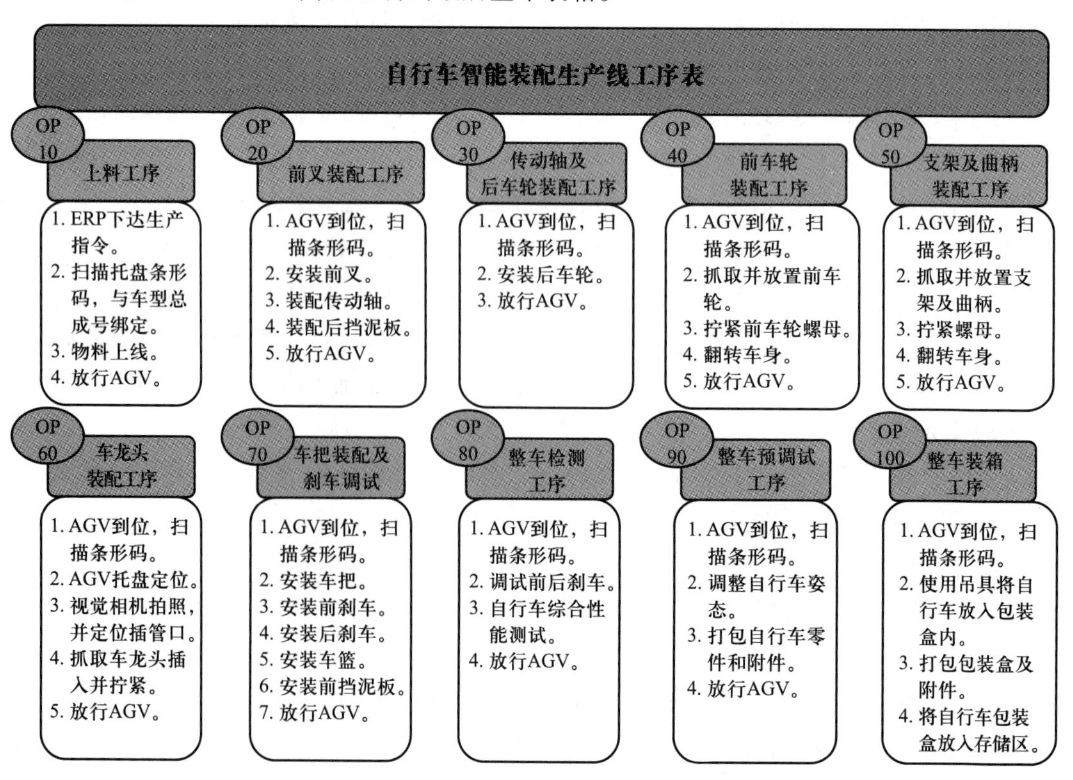

图 11-3-2　自行车智能装配生产线工序表

11.4　自行车智能装配工厂布局与装配工艺

1. 自行车智能装配工厂布局

当建设新工厂、生产新产品时,都需要进行工厂布局规划。合理的布局方案能使生产流程更加顺畅,提高设备和能源的利用率,提高企业生产效率。通常智慧工厂流程规划的步骤依次为绘制工艺路线图和物流逻辑图,进行智慧工厂仿真。工厂车间生产线布局的原则,可以简单概括为“两个遵守、两个回避”。两个遵守即遵守逆时针排布和出入口一致原则,两个回避即回避孤岛型布局和鸟笼型布局。逆时针排布的主要目的是希望操作员能够一人完结作业并能实现一人多机。一人完结作业与一人多机要求一个操作员完成全部工序,因此操作员是动态的,称之为“巡回作业”。大部分操作员习惯使用右手操作,因此如果采用顺时针排布方式,当操作员进行下一道加工作业时,工装夹具或者零部件在左侧,操作员作业不方便,这是采用逆时针排布的原因。出入口一致是指原材料入口和成品出口位于同一地点。首先,这种方式有利于减少空手浪费。假设出入口不一致,操作员采用巡回作业方式,那么当一件产品生产完毕,操作员就会空手(手上无材料)从成品出口走到原材料入口获取一件原材料进行加工,这段时间被浪费。如果出入口一致,操作员可以立即取到新的原材料进行加工,从而避免了空手浪费。第二,这种方式有利于生产线平衡。由于出入口一致,生产线必然呈现类似 U 形的布局,这使得各工序间非常接近,从而为一个人同时操作多道工序提供了可能,这就提高了工序分配的灵活性,从而能取得更高的生产线平衡率。

自行车智能装配工厂是按照自行车的装配工艺路线和 AGV 行驶线路进行布局的,需完成智能装配生产线的硬件配置工作和工厂的资源管理系统、制造执行系统、产品数据管理系统、产品智能设计与制造系统等应用软件平台的建设以及产品智能制造关键工位装备等工作。

自行车智能装配工厂的布局采用移动生产线和 AGV 装载装配方式,每一工序在一个工位上完成,每一工序装配内容完成后待装自行车由 AGV 输送至下一工位,依照装配工艺完成整个装配工序,整个生产线包括 SK-200 AGV、Rexroth 拧紧枪、霍尼韦尔扫描器、Data 显示屏、直角桁架机器人、ABB IRB6700-200 机器人、装配自动站、海同工业 AMBL120 助力机械臂、扭矩刹车路况整车测试台、悬臂吊、自动打包机等设备。

2. 自行车智能装配工艺

自行车的智能装配采用移动生产线以及 AGV 装载装配方式,自行车由一个工位移向另一个工位,规定每个工位完成一定的工序,是一种柔性智能的装配方式。其主要的装配工艺如下:

(1) OP10 上料工序

图 11-4-1 所示的是上料工序场景,涉及的自行车零件包括车架、前叉和传动轴。装配顺序为:首先 ERP 下达生产指令并打印零部件清单,然后扫描器读取 AGV 托盘上的条形

码，通过软件绑定 AGV 托盘号，根据指示灯拿取零件，并放置到 AGV 上的对应位置，最后核对零件名称和数量，放行 AGV 至下一工位，OP10 上料工序工艺卡片见表 11-4-1。

图 11-4-1 OP10 上料工序场景

表 11-4-1 OP10 上料工序工艺卡片

<table>
<tr><td rowspan="2">自行车智能装配工艺</td><td rowspan="2">装配工艺卡片</td><td>产品型号</td><td></td><td>部件图号</td><td></td></tr>
<tr><td>产品名称</td><td>自行车</td><td>部件名称</td><td></td></tr>
<tr><td>工序号</td><td>OP10</td><td>工序名称</td><td>上料工序</td><td>设备名称</td><td></td></tr>
<tr><td colspan="2">装配工步</td><td colspan="2">装配部位及顺序</td><td>零部件列表</td><td>装配技术要求</td></tr>
<tr><td colspan="2">1. ERP 下达生产指令。
2. 扫描托盘条形码，与车型总成号绑定。
3. 物料上线。
4. 放行 AGV。</td><td colspan="2">1. ERP 下达生产指令并打印零部件清单。
2. 扫描器读取 AGV 托盘上的条形码，通过软件绑定 AGV 托盘号。
3. 根据指示灯拿取零件，并放置到 AGV 上对应的位置。
4. 核对零件名称和数量。
5. 放行 AGV。</td><td>车架 1 件
前叉 1 件
传动轴 1 件</td><td>拿取零件时防止零件表面碰伤</td></tr>
<tr><td>编制</td><td>日期</td><td>校对</td><td>审核</td><td>标准化</td><td>其他</td></tr>
<tr><td></td><td></td><td></td><td></td><td></td><td></td></tr>
</table>

(2) OP20 前叉装配工序

OP20 工序工艺卡片主要内容如下：

1) 装配工步

① AGV 到位,扫描条形码。

② 压下上下轴碗、前叉。

③ 安装前叉。

④ 安装后刹车线。

⑤ 放行 AGV。

2）装配部位及顺序

① AGV 到位并用扫描器扫描托盘上的条形码。

② 用压机将上轴碗压进车架。

③ 用压机将下轴碗压进车架。

④ 将轴承安装在车架上。

⑤ 安装前叉,拧紧前叉螺母。

⑥ 采用前叉固定夹具固定前叉。

⑦ 安装后刹车线。

⑧ 放行 AGV。

3）涉及的零部件

涉及的零部件如下:车架 1 件、前叉 1 件、上轴碗 1 件、下轴碗 1 件、轴承 2 件、前叉螺母 1 件、后刹车线 1 件。

4）装配技术要求

① 检查所有安装零件表面是否出现磨损情况。

② 检查前叉转动是否顺畅。

(3) OP30 传动轴及后车轮装配工序

OP30 工序工艺卡片主要内容如下:

1）装配工步

① AGV 到位,扫描条形码。

② 安装传动轴组件。

③ 安装后车轮。

④ 放行 AGV。

2）装配部位及顺序

① AGV 到位并用扫描器扫描托盘上的条形码。

② 拿取托盘上传动轴组件安装到车上,拧紧螺栓组件。

③ 安装调节后车轮。

④ 放行 AGV。

3）涉及的零部件

涉及的零部件如下:后车轮组件 2 件、传动轴组件 2 件。

4）装配技术要求

① 检查所有安装零件表面是否出现磨损情况。

② 后车轮相对自行车中心线对称。

③ 传动轴和后轮齿轮啮合顺畅。

该工序场景如图 11-4-2 所示。

图 11-4-2 OP30 传动轴及后车轮装配工序场景

(4) OP40 前车轮装配工序

图 11-4-3 所示的是前车轮装配工序场景,该工序工艺卡片相关内容如下:

1) 装配工步

① AGV 到位,扫描条形码。

② 抓取并放置前车轮。

③ 拧紧前车轮螺母。

④ 翻转车身。

⑤ 放行 AGV。

2) 装配部位及顺序

① AGV 到位并用扫描器扫描托盘上的条形码。

② 定位 AGV 托盘。

③ 视觉相机拍摄前叉固定夹具和前叉螺母固定夹具。

④ 机器人抓取并放置前车轮,视觉相机拍摄前车轮轴并定位螺母拧紧位置。

⑤ 机器人拧紧前车轮螺母并放倒前叉固定夹具。

⑥ 视觉相机拍摄前叉固定夹具。

⑦ 机器人翻转自行车。

⑧ 放行 AGV。

3) 零部件列表

涉及的零部件如下:前车轮组件 1 件、螺母组件 1 件。

4）装配技术要求

前车轮相对自行车中心对称。

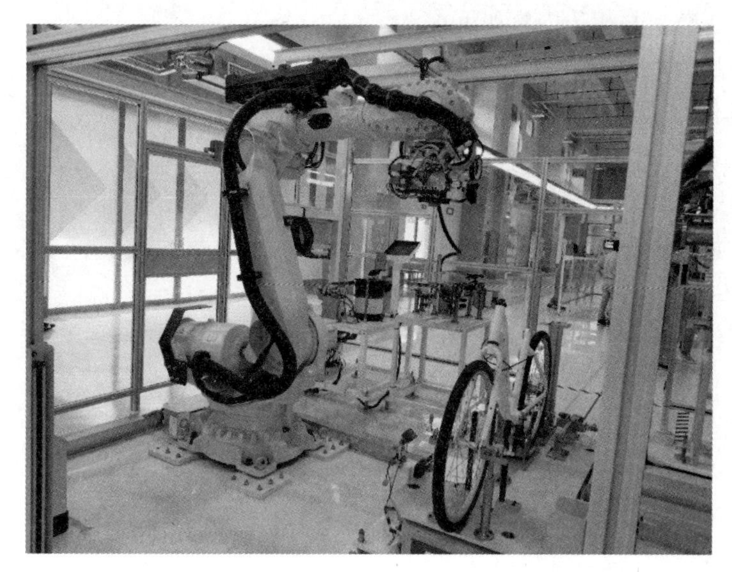

图 11-4-3　OP40 前车轮装配工序场景

（5）OP50 支架及曲柄装配工序

OP50 工序工艺卡片相关内容如下：

1）装配工步

① AGV 到位，扫描条形码。

② 夹具固定前车螺母。

③ 安装后挡泥板和后车架。

④ 安装曲柄和脚蹬组件。

⑤ 安装车篮支架。

⑥ 放行 AGV。

2）装配部位及顺序

① AGV 到位并用扫描器扫描托盘上的条形码。

② 前车轮夹具固定前轮螺母。

③ 安装后挡泥板和后车架。

④ 安装曲柄和脚蹬组件。

⑤ 安装车篮支架。

⑥ 放行 AGV。

3）零部件列表

涉及的零部件如下：曲柄和脚蹬组件 2 件、车篮支架 1 件、车篮螺母 1 件、车篮垫片 1 件。

4）装配技术要求

① 后挡泥板相对自行车中心线对称。

② 后挡泥板与后轮间无干涉现象。

(6) OP60 车龙头装配工序

OP60 工序工艺卡片相关内容如下:

1) 装配工步

① AGV 到位,扫描条形码。

② AGV 托盘定位。

③ 视觉相机拍照并定位插管口。

④ 抓取车龙头插入车架并拧紧。

⑤ 放行 AGV。

2) 装配部位及顺序

① AGV 到位,用扫描器扫描托盘上的条形码。

② AGV 托盘定位。

③ 视觉相机拍照并定位插管口。

④ 抓取车龙头插入插管口并拧紧。

⑤ 放行 AGV。

3) 零部件列表

涉及的零部件如下:车龙头 1 件。

4) 装配技术要求

车龙头相对前车轮无偏转。

该装配工序场景如图 11-4-4 所示。

图 11-4-4 OP60 车龙头装配工序场景

(7) OP70 车把装配及刹车调试工序

OP70 工序工艺卡片相关内容如下:

1）装配工步

① AGV 到位，扫描条形码。

② 安装车把。

③ 安装前刹车及后刹车。

④ 安装车座。

⑤ 将刹车线同刹车、手刹相连。

⑥ 安装后车轮变速机构，连接变速线。

⑦ 安装停车架。

⑧ 安装车篮。

⑨ 安装前挡泥板。

⑩ 放行 AGV。

2）装配部位及顺序

① AGV 到位，用扫描器扫描托盘上的条形码。

② 松开车龙头前端螺母，装上车把，调整对称度和角度，拧紧螺栓。

③ 安装前刹车及后刹车，拧紧螺栓。

④ 安装车座，用工具将其调整到适合高度，锁紧座管夹。

⑤ 连接前刹车线和右手刹。

⑥ 连接后刹车线和左手刹。

⑦ 取下后车轮轴固定螺母，安装和调整停车架和锁紧螺母。

⑧ 手动预拧紧车篮安装螺栓，之后再用拧紧枪拧紧。

⑨ 手动预拧紧挡泥板安装螺栓，之后再用拧紧枪拧紧。

⑩ 放行 AGV。

3）零部件列表

涉及的零部件如下：车把组件 1 套、前后刹车各 1 套、车座 1 套、前刹车线 1 套、停车架 1 件、车篮 1 套、前挡泥板 1 套。

4）装配技术要求

① 要求每辆车的车把组件相对车龙头的角度应一致。

② 车把相对车龙头两侧长度一致。

③ 每辆车的坐垫高度应一致。

④ 前挡泥板和前车轮无干涉现象。

（8）OP80 整车检测工序

OP80 工序工艺卡片相关内容如下：

1）装配工步

① AGV 到位，扫描条形码。

② 调试前后刹车。

③ 自行车综合性能测试。

④ 放行 AGV。

2）装配部位及顺序

① AGV 到位，扫描器扫描托盘上的条形码。

② 使用机械手抓取托盘上的自行车。

③ 机械手将自行车升起，调试自行车前后刹车。

④ 刹车调试完毕，将自行车放置到测试台上。

⑤ 固定自行车并增加砝码，刹车力测试机构连接前后刹车。

⑥ 在测试软件上输入测试条件，启动测试。

⑦ 测试完成，去除固定夹具，用机械手将自行车放回 AGV，机械手退回原点。

⑧ 打印测试报告，并随车打包。

⑨ 放行 AGV。

3）零部件列表

涉及的零部件如下：整车 1 辆。

4）装配技术要求

该工序无装配技术要求。

（9）OP90 整车预调试工序

图 11-4-5 所示的是整车预调试工序场景，该工序工艺卡片内容如下：

图 11-4-5 OP90 整车预调试工序场景

1）装配工步

① AGV 到位，扫描条形码。

② 调整自行车姿态。

③ 打包自行车零件和附件。

④ 放行 AGV。

2）装配部位及顺序

① AGV 到位并用扫描器扫描托盘上的条形码。

② 松开车龙头螺栓，将车龙头旋转 90°，再拧紧螺栓。

③ 拆下车篮及左右脚蹬。

④ 打包零件、测试报告、说明书和配套工具。

⑤ 放行 AGV。

3）零部件列表

涉及的零部件如下：测试报告、合格证、说明书、配套工具。

4）装配技术要求

该工序无装配技术要求。

（10）OP100 整车装箱工序

1）装配工步

① AGV 到位，扫描条形码。

② 使用吊具将自行车放入包装盒。

③ 打包包装盒及其附件。

④ 将自行车包装盒放入储存区。

⑤ 放行 AGV。

2）装配部位及顺序

① AGV 到位，使用扫描器扫描托盘上的条形码，打印总成条形码，贴在包装盒上。

② 用悬臂吊将自行车从托盘上吊起，如果自行车不需打包，悬臂吊将自行车直接放到地面，推到储存区。如果需要打包，悬臂吊将自行车打包放入盒内，并放入自行车附件，启动打包线进行打包。

③ 机械手将自行车升起，调试自行车前后刹车。

④ 用叉车将打包完毕的自行车运到储存区。

⑤ 放行 AGV。

3）零部件列表

涉及的零部件如下：整车 1 辆、打包附件 1 份。

4）装配技术要求

该工序无装配技术要求。

11.5　自行车智能装配工艺虚拟仿真

从数字化工厂工程实践的视角，通过自行车智能装配工艺建模实践和自行车智能装配工艺的虚拟仿真学生能获得大工程的实践知识，特别是可以通过虚拟仿真技术实践高成本、高消耗的大型综合训练和危险性项目，弥补了传统实践项目的不足，从而使学生及工程师对工厂规划布局和生产过程有较好的认识，增强其工程实践能力，提高其工程素质，培养其创新精神和创新能力。

自行车智能装配工艺虚拟仿真的目的如下：

1）了解自行车智能装配工厂的布局和生产过程，全局直观地认识智能装配工厂。

2）了解自行车智能装配工艺过程，认识智能装配工厂中从物料上线到包装下线的整个智能装配过程。

3）了解机器人的结构、工作原理和动作控制，认识机器人及其配套工夹具的使用以及机器人进行自动化装配的工艺过程。

4）智能装配实践项目是高成本、高消耗的大型综合训练，同时有些工序涉及高危或不可及的操作，虚拟仿真系统提供了可靠、安全和经济的实训环境。

5）通过虚拟与现实相结合，强化了学生的动手能力，降低了制造的成本，通过大工程的综合训练，增强了工程实践能力，提高了工程素质并培养了创新能力。

1. 自行车智能装配工艺虚拟仿真项目平台架构

自行车智能装配工艺虚拟仿真项目运行的平台及项目运行的架构共分为五层：数据层、支撑层、通用服务层、仿真层和应用层。每一层都为其上层提供服务，直到完成具体虚拟环境的构建。下面将按照从下至上的顺序分别阐述各层的具体功能。

（1）数据层

自行车智能装配工艺虚拟仿真项目涉及多种类型的虚拟实验组件及数据，这里分别设置虚拟实验的基础元件库、典型实验库、规则库、实验数据、用户信息等来实现对相应数据的存放和管理。

（2）支撑层

支撑层是虚拟仿真项目与开放共享平台的核心框架，是本项目正常开放运行的基础，负责整个基础系统的运行、维护和管理。支撑层包括以下几个功能子系统：安全管理、服务容器、数据管理、资源管理与监控、域管理、域间信息服务等。

（3）通用服务层

通用服务层即虚拟仿真项目管理平台，为虚拟环境提供相关通用支持组件，以便用户能够快速在虚拟环境中完成虚拟仿真项目。通用服务包括：项目管理、理论知识学习、资源管理、互动交流、报告管理、效果评价、项目开放等，同时提供相应集成接口工具，以便该平台能够方便集成第三方的虚拟软件进入统一管理。

（4）仿真层

仿真层主要针对该项目平台进行相应的器材建模、实验场景构建、虚拟仪器开发，并提供通用的仿真器，最后为上层提供实验结果数据的格式化输出。

（5）应用层

应用层基于底层来解决具体问题，最终自行车智能装配工艺虚拟仿真项目实现开放共享。该架构的应用层具有良好的扩展性，企业工程技术人员可根据实际需要利用服务层提供的各种通用服务组件和仿真层提供的相应的器材模型，设计各种典型项目实例，最后面向社会开展具体应用。

下面介绍自行车智能装配工艺虚拟仿真项目的总体目标：

1）通过三维仿真及虚拟现实技术手动和自动漫游自行车智能装配工厂全景，学生通过交互操作了解自行车智能装配工厂的布局和生产过程，全局直观地认识数字化工厂。

2）根据自行车智能装配的工艺规程，采用单人练习模式，通过人机交互操作界面了解自行车智能装配工艺过程，认识自行车从物料上线到包装下线的整个智能装配的过程。

3）通过交互操作方式，了解机器人的结构、工作原理和动作控制方法，熟悉通过机器人及其配套工夹具进行自动化装配的工艺过程。

2. 自行车智能装配工艺虚拟仿真参数设置

（1）自行车智能装配工艺虚拟仿真准备

自行车智能装配工艺虚拟仿真项目平台开发采用 Unity 3D 软件作为引擎，通过机械三维建模软件建立数字化工厂、工业装配机器人和自行车模型，并采用 Photoshop 软件进行贴图处理，主要对智能装配车间进行漫游仿真，对自行车智能装配工艺进行虚拟仿真，模拟自行车 OP10—OP100 工序的装配过程，图 11-5-1 所示是自行车智能装配工厂仿真场景。

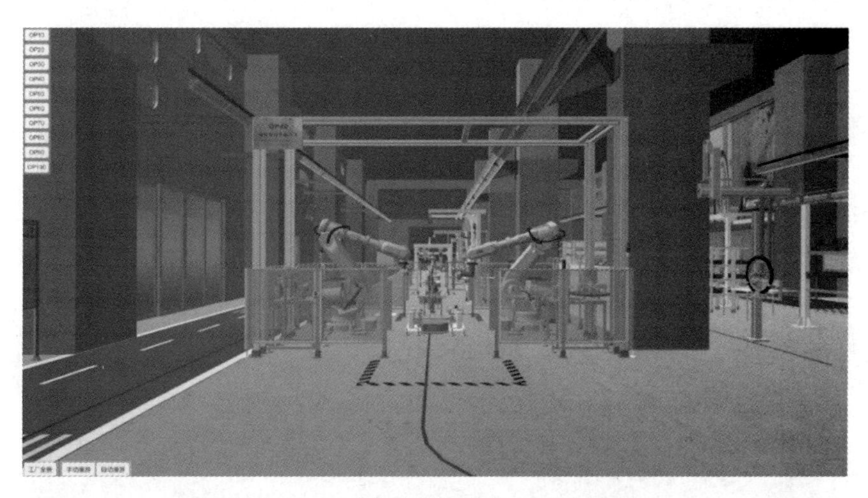

图 11-5-1　自行车智能装配工厂仿真场景

（2）自行车智能装配工艺虚拟仿真参数设置

该虚拟仿真项目平台以数字化工厂中自行车智能装配工艺过程为依托进行设计开发，所有机电设备组成、安装方式、配套关系以及设备结构参数、工作参数匹配与真实生产完全一致，严格仿真自行车智能装配工艺过程，以满足企业生产的日常需求。预设参数如下：

① 设置 AGV 的行进速度参数，预设参数为 100 m/min；设置 AGV 的转弯半径，预设参数为 1 m；设置 AGV 的单向激光导航距离，预设参数为 2 m。

② 设置 ABB 机器人的抓取质量，预设参数为<200 kg；设置 ABB 机器人的运动高度，预设运动高度为 2.6 m；设置 ABB 机器人的运动控制，设置的各轴的工作范围（角度）及最高速度见表 11-5-1。

表 11-5-1　机器人各轴工作范围(角度)及最高速度

轴编号	工作范围(角度)	最高速度/(°/s)
1	-180°～+180°	175
2	-95°～+155°	175
3	-180°～+75°	175
4	-175°～+175°	360
5	-120°～+120°	360
6	-400°～+400°	500

③ 设置桁架机械手的行进速度参数,预设参数为 100 m/min,设置拧紧枪的拧紧扭矩与转速,预设扭矩为 20 N · m,转速为 1 500 r/min。

3. 自行车智能装配工艺虚拟仿真场景

虚拟仿真场景以自行车智能装配工艺为核心,将所有机电设备的组成、安装、配套、布局以及工作参数以 1 : 1 的比例逼真模拟呈现,以满足智能装配工厂实践的需求,首先利用三维虚拟仿真和 VR 教学资源,通过交互式操作,学生可沉浸式体验智能装配工厂中从装配物料上线到自行车包装下线的全过程,在此基础上,也可交互进行自行车智能装配工艺的虚拟仿真实验,主要包括智能装配工厂全景漫游和自行车智能装配工艺过程等环节实践。

自行车智能装配工艺过程包含十个工序,每一工序在一个工位上完成。每一工序装配内容完成后,AGV(智能输送小车)将自行车组件输送至下一工位。

如图 11-5-1 所示,页面左侧为 OP10—OP100 的 10 个工序的启动按钮,单击“OP10”按钮进入上料工序,如图 11-5-2 所示。工序内容见前文。

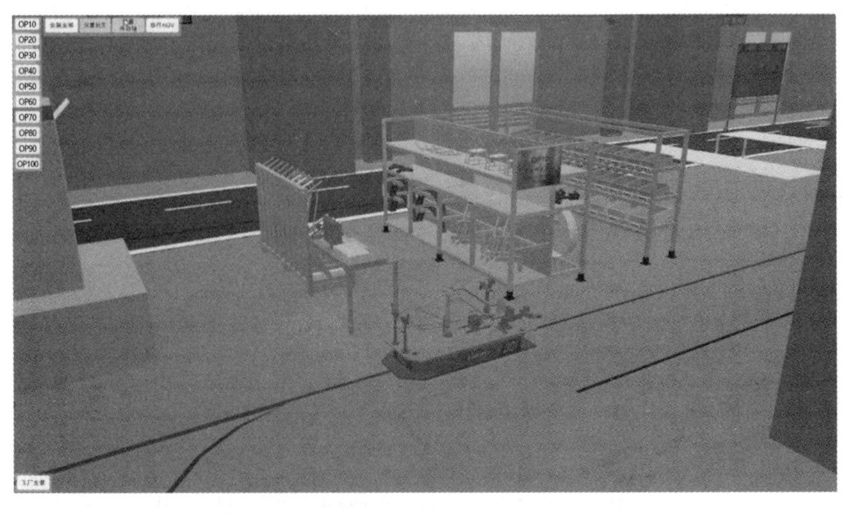

图 11-5-2　OP10 上料工序虚拟仿真场景

OP20 前叉装配工序如图 11-5-3 所示，工序内容见前文。

图 11-5-3　OP20 前叉装配工序虚拟仿真场景

OP30 传动轴及后车轮装配工序如图 11-5-4 所示，工序内容见前文。

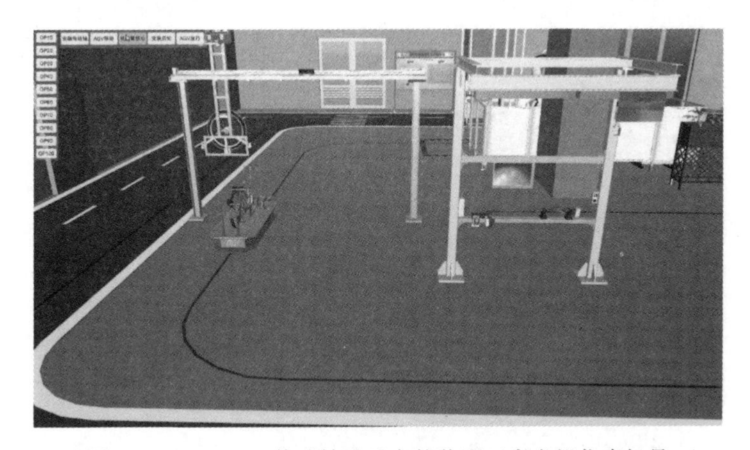

图 11-5-4　OP30 传动轴及后车轮装配工序虚拟仿真场景

OP40 前车轮装配工序如图 11-5-5 所示，工序内容见前文。

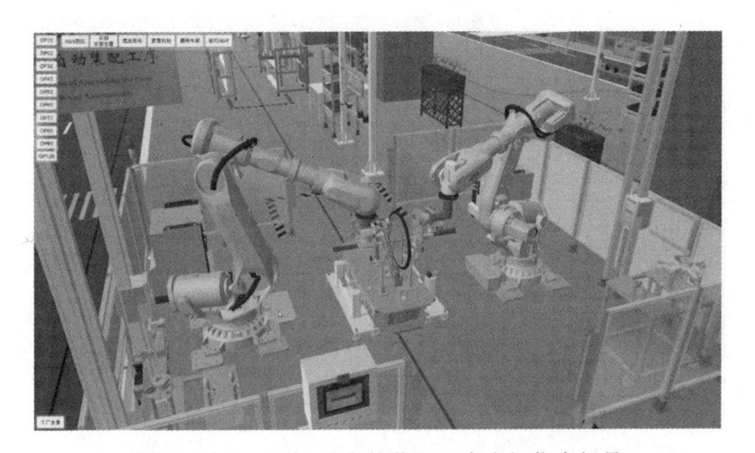

图 11-5-5　OP40 前车轮装配工序虚拟仿真场景

OP40 前车轮装配工序

OP50 支架及曲柄装配工序如图 11-5-6 所示,工序内容见前文。

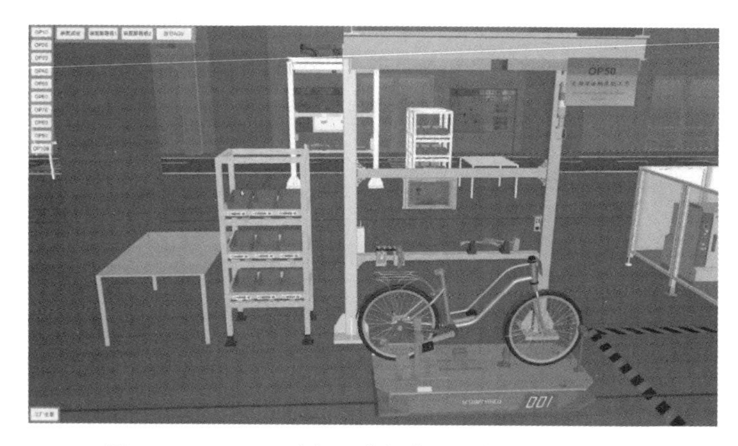

图 11-5-6　OP50 支架及曲柄装配工序虚拟仿真场景

OP60 车龙头装配工序如图 11-5-7 所示,工序内容见前文。

OP60 车龙头装配工序

图 11-5-7　OP60 车龙头装配工序虚拟仿真场景

OP70 车把装配及刹车调试工序如图 11-5-8 所示,工序内容见前文。

图 11-5-8　OP70 车把装配及刹车调试工序虚拟仿真场景

OP80 整车检测工序如图 11-5-9 所示,工序内容见前文。

OP80 整车检测工序

图 11-5-9 OP80 整车检测工序虚拟仿真场景

OP90 整车预调试工序如图 11-5-10 所示,工序内容见前文。

图 11-5-10 OP90 整车预调试工序虚拟仿真场景

OP100 整车装箱工序如图 11-5-11 所示,工序内容见前文。

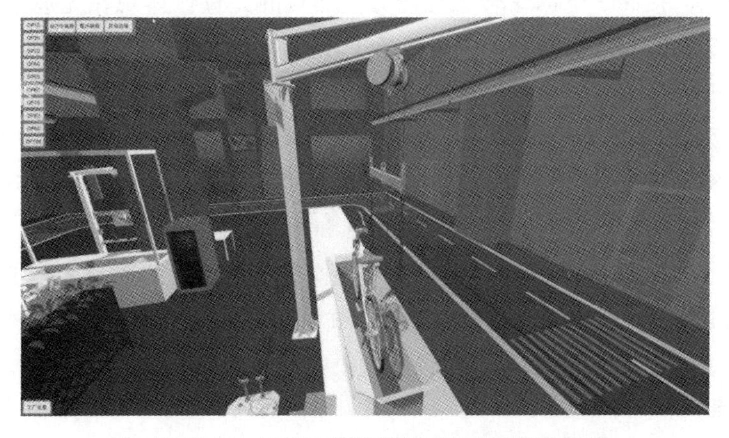

图 11-5-11 OP100 整车装箱工序虚拟仿真场景

本小节对自行车智能装配工艺虚拟仿真项目进行了概述,并以自行车智能装配为例,详细阐述了自行车智能装配生产线及其工艺,分析了智能装配生产线的所有工序,并详细制定了工艺卡片。借助虚拟仿真的技术手段,有效地解决了在实际工程中出现的关键问题,将自行车智能装配生产线大工程背景融入虚拟仿真项目中。实践证明,将虚拟仿真技术应用到智能装配中,能够在生产线的验证、生产工艺的仿真设计和数字化工厂开发等多个环节得到应用,能有效解决实际项目中存在的各种问题。

11.6 自行车智能装配工艺虚拟仿真实验系统的特色

1. 建设的必要性

近年来,随着制造业的快速发展和中国制造强国战略的实施,智能制造数字化工厂技术水平不断提高,实验室条件已不能满足课程的实验教学需求。同时因数字化工厂空间大,智能装配系统性的综合工程实践时间周期长,有安全责任风险,且智能制造的设备比较贵重,消耗比较大,综合工程实践成本大,对企业生产有所干扰,严重制约了学生对数字化工厂相关内容的学习和实践。为此,虚拟仿真实验教学中心以自行车智能装配工艺仿真为对象,遵循“能实不虚,虚实结合”的原则,通过产教融合、校企合作开发了优质教学资源——自行车智能装配工艺虚拟仿真实验系统。

2. 建设的先进性

项目采用先进的三维虚拟仿真技术,以数字化工厂柔性生产线智能装配工艺为核心,将所有智能设备的组成、安装、配套布局以及工作参数以 1∶1 的比例逼真模拟呈现,以满足数字化工厂实践的实验教学需求。利用 VR 教学资源,通过交互式操作,学生可沉浸式体验数字化工厂,实践从装配物料上线到包装下线的智能装配工序全过程。在此基础上,学生可在教师指导下交互进行自行车智能装配工艺的虚拟仿真实验,实现对数字化工厂全局且直观的认识,全面了解和掌握数字化工厂自行车智能装配工艺的过程及其装配过程中所需的各种智能设备和工具,提高学生的综合工程能力。项目的先进性体现在先进三维虚拟仿真技术、先进智能装配技术和虚实结合的先进教学手段的应用。

3. 教学方法

自行车智能装配工艺虚拟仿真实验系统采用虚实结合的方式,以学生为中心,学生主导实验过程,操作实验设备,增强学生对知识的获取兴趣和能力。指导教师讲解实验方法和实验步骤,并对整个实验前、中、后全过程加以指导和引导,启发学生的创新意识,培养学生发现问题、解决问题的能力,调动学生学习的积极性。让学生直观感受数字化工厂智能装配工艺过程、分析掌握自行车的装配工艺。实验中,教师通过提问、质疑等方式激发学生充分发挥想象,发掘学生的创造潜能,引导学生提高解决实际问题的综合能力。

4. 评价体系

自行车智能装配工艺虚拟仿真实验系统能够对参加实验学生的全过程进行记录,并能够随时进行实验指导，对于学生预习效果、实验步骤以及实验成绩评价都具备完善的评价标准，提高评价的公正性。平台可建立完善的反馈机制，对参加实验学生所进行的各方面的建议、评价与反馈信息，都能进行全面系统的统计分析，为指导教师改进和完善实验提供参考，提高教学效果。

5. 传统教学的延伸与拓展

自行车智能装配工艺虚拟仿真实验系统不仅能够单机稳定可靠运行，并可置于基于 Internet 的开放教学管理平台上，可以为学生提供随时随地进行自主学习的环境，也可以给教师提供将因材施教、个性化辅导、集体上课以及高新技术相结合的教学方法。全新的教学方法使人感到既得心应手又随心所欲，这对传统的教学方法来说完全是一个有益补充，甚至是一个颠覆。项目建于 B/S 架构，不同学校、不同校区、不同专业的学生可同时共享使用。

将数字三维工艺引入实践教学课堂，对自行车智能装配工艺过程进行操作培训，能为学生的工程实践提供强有力的技术支撑，使其对接国际先进的智能技术，传承工匠精神，为制造业转型升级、区域经济社会发展提供高水平技术技能型人才。自行车智能装配工艺虚拟仿真被评为上海市教育委员会的“上海市首批虚拟仿真实验教学项目”，为自行车装配技术的创新打下基础，对于促进我国自行车行业和其他行业智慧工厂的发展具有深远的意义。

模块十二　生活垃圾压缩工艺虚拟仿真

生活垃圾压缩是生活垃圾收运处理、处置所采用的一种重要方法，是固体废物处理、处置课程教学的必修环节。通过生活垃圾压缩工艺虚拟仿真实验，学生可以了解和掌握实验室和生产实际过程中无法实现或观察到的现实场景，有助于学生对抽象教学内容的理解。“生活垃圾压缩工艺虚拟仿真实验”以生活垃圾压缩工艺为核心，能使学生对生活垃圾的处理过程有较好的认识，增强其工程实践能力，提高其工程素质，培养其创新精神和创新能力。

12.1　生活垃圾的分类处理

1. 生活垃圾的分类

随着经济社会发展水平和物质消费水平的大幅提高，生活垃圾产生量迅速增长，环境隐患日益突出，已经成为制约发展的重要因素。遵循减量化、资源化、无害化的原则，实施生活垃圾分类，可以有效改善环境，促进资源回收利用。生活垃圾分类就是通过回收有用物质来减少生活垃圾的处置量，提高可回收物质的纯度并增加其资源化利用价值，减少对环境的污染。生活垃圾分类的基本原则是按生活垃圾的不同性质进行分类，并选择适宜而有针对性的方法对各类生活垃圾进行处理、处置或回收利用，以实现较好的综合效益。具体的分类原则主要包括：可回收物与不可回收物分开；可燃物与不可燃物分开；干垃圾与湿垃圾分开；有毒有害物质与一般物质分开。

生活垃圾一般可分为四大类：可回收物、有害垃圾、湿垃圾和干垃圾。可回收物是指废纸张、废塑料、废玻璃制品、废金属、废织物等适宜回收、可循环利用的生活废弃物。有害垃圾是指药品、电池、灯管、油漆及其容器等会对人体健康或者自然环境造成直接或者潜在危害的生活废弃物。湿垃圾即易腐垃圾，是指剩菜剩饭、过期食品、食材废料、瓜皮果核、花卉绿植、中药药渣等易腐的生活废弃物。干垃圾即其他垃圾，是指除可回收物、有害垃圾、湿垃圾以外的其他生活废弃物。图 12-1-1 为上海市生活垃圾分类标识。

生活垃圾的具体分类标准可以根据经济社会发展水平、生活垃圾特性和处置利用需要予以调整。

2. 生活垃圾的处理

生活垃圾基本上是由有机物组成的，含有大量的碳、氢、氧、氮、硫、磷和卤素。我国生活

图 12-1-1　上海市生活垃圾分类标识

垃圾组分与国外生活垃圾组分相比差异较大,介于发达国家与发展中国家之间。常用的生活垃圾处理方法主要有填埋、堆肥和焚烧等。

(1) 填埋处理

垃圾填埋是垃圾处理最基本的方法。西方发达国家也有大量无害化的垃圾填埋场。填埋处置不仅仅是简单的堆、填、埋的过程,对其准确的表述是一种对固体废弃物进行“屏蔽隔离”的稳定化安全化工程储存。污染物进入垃圾填埋场后,将会在垃圾—微生物—填埋气体—渗滤液构成的微生态系统内发生如吸附、沉淀、生物降解等一系列物理、化学和生物反应过程,使污染物得到降解净化。但其缺陷为:浪费土地资源、场地选择困难、有可能埋掉可利用物、运行处理中存在各种污染环节。在填埋场后期的准厌氧条件下,腐烂是垃圾降解的唯一方式,需要 30~50 年的逐步反应时间才能稳定化。

客观而言,真正意义上达到标准化的填埋场的征地建设投资较高,运营成本也不低,其中包括工艺填埋作业,卫生消毒,高密度聚乙烯土工膜(4.50~8.00 元/平方米)的防渗顶层、底层覆膜,渗滤液收集/处理系统和甲烷收集处置系统等运行管理费用。我国近年来从美国引进了好氧型生物反应填埋技术,该技术的核心是:通过有控制地给垃圾填埋堆体内充气和回灌渗滤液及添加水分等手段,利用好氧微生物菌自身的生命代谢活动,对垃圾进行分解代谢(氧化还原过程)和合成代谢(生物合成过程),加速垃圾中有机物氧化降解,把大部分有机物转化为 CO_2 和 H_2O,经过中温—高温—降温三个反应阶段达到稳定化。该项技术在北京、武汉等地已实现了工程化应用,通过该技术建设的填埋场如图 12-1-2 所示。该填埋场中垃圾有机物降解速度比在正常环境下的降解速度快 30 倍,可在 1~2 年内迅速完成降解。我国也有一部分厌氧型产气填埋场出现,采用回灌渗滤液、pH 调节和微生物接种等手段实现液化水解阶段—酸化阶段—甲烷发酵阶段—成熟产气阶段,四个阶段相互衔接并保持动态平衡。其填埋气体中甲烷含量可上升到 50%~60%,收集净化提纯后,利用甲烷燃烧产生蒸汽并出售热能,达到有限资源化。不管是好氧还是厌氧,都是微生物起主导作用,生物技术是未来发展的重要方向。

(2) 堆肥处理

堆肥处理是在一定的人工控制条件下,通过生物化学作用,利用激活的微生物(细菌、放

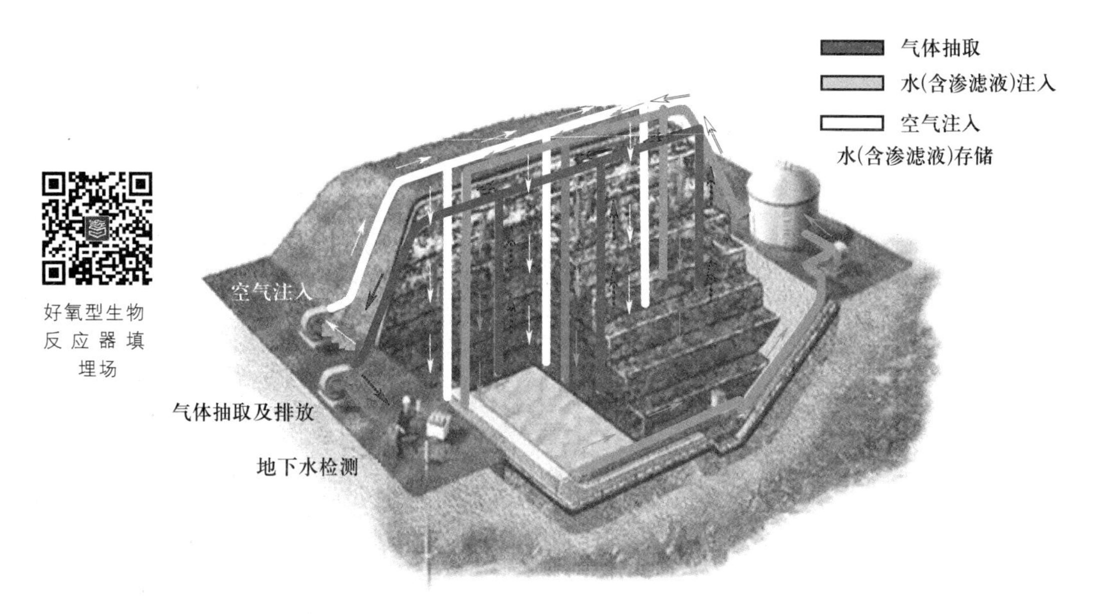

图 12-1-2　好氧型生物反应器填埋场

线菌、真菌等)将有机固体废物分解—腐熟—转化为比较稳定的腐殖质肥料的生物化学过程,实现了垃圾变肥料的资源回收。需要说明的是,堆肥只能对垃圾中的有机物成分进行处理,因此并非是针对垃圾中的全部组分进行处理的最终处理技术。垃圾中的石块、金属、玻璃、塑料等不能被微生物分解,需分拣另行处理。该处理技术的缺陷为周期长、占地大、卫生差、肥效低、效益差。垃圾堆肥处理工艺没落的主要原因是:堆肥处理不够彻底,只有 10~15 mm孔径的筛下物才可加工堆肥,其筛上物仍需送去焚烧或进行填埋处理,而且垃圾中较高含量的重金属也无法妥善处理;堆肥产品无法达到有机质含量在25%~30%以上的有机肥国家标准,营养元素包括氮、磷、钾的含量也难以达到 3%~6%的堆肥国家标准,肥效不高只能被称为高品质营养土或土壤改良剂;农民不愿意购买,产品销售半径太小,商品化困难。

垃圾堆肥处理有好氧和厌氧两种工艺。由于高温发酵(55 ℃以上可杀死大多数病原体)时间较长(30~60 天),堆肥需要达到比较彻底的稳定化才可以成为商品进行销售,因此缺乏有效的盈利模式和市场机制,故经济效益较差。

(3) 焚烧处理

垃圾焚烧能实现对垃圾的能源回收利用,同时垃圾减量化和无害化效果显著,该项垃圾处理技术得到世界性的普遍推广应用。生活垃圾中含有多种有机物成分,其焚烧过程是垃圾中的可燃烧成分与空气中的氧气在一定温度条件下的化合。根据可燃物种类的不同,垃圾对应的燃烧方式为:① 蒸发燃烧;② 分散燃烧;③ 表面燃烧等,使可燃废物转变为二氧化碳和水。焚烧过程产生的有害气体和物质包括二噁英、氯化氢、氟化氢、硫化氢物、一氧化碳、氮氧化物、重金属和颗粒状炉渣和粉末状飞灰。通过焚烧可使垃圾量减少 85%~90%。

垃圾焚烧处理量大、减量化彻底,实现无害化的同时也能够实现资源化。垃圾焚烧工艺一般以焚烧设备作为分类依据,焚烧设备主要包括:机械炉排炉、循环流化床炉、回转窑炉、立式窑炉等几种。我国通过多年的摸索实践和反复比较论证,确定重点推广机械炉排炉,慎用循环流化床炉。其他焚烧设备均因垃圾热值低、燃烧不稳定、无害化不彻底、不能发电实现资源化、难以实现大型化等因素而难以推广。

机械炉排炉的主要核心设备是炉排,下面以工程化应用较多的马丁炉排(图 12-1-3,逆推倾斜往复炉排)为例介绍炉排工作原理。炉排由一排固定炉排和一排活动炉排交替安装构成,炉排运动方向与垃圾运动方向相反。炉排在炉内约呈 26°倾角,每块炉排片间有 20 mm的错动动作。炉排保持进风面积占炉排总面积的 8%~10%,加热到 200 ℃左右的空气从炉排块间隙吹出实现供氧助燃及自身冷却。由于倾斜和逆推作用,底层垃圾上移,上层垃圾下移,垃圾不断翻转搅拌从而与空气充分接触,垃圾在炉内停留时间长,能实现完全充分的燃烧。

图 12-1-3　垃圾焚烧马丁炉排

12.2　生活垃圾的压缩技术

随着城市建设规模的不断扩大和人们生活水平的不断提高,一方面生活垃圾的成分发生了很大变化,主要特点是垃圾密度降低,可压缩性增加,如果继续采用常规的垃圾转运方式则容易造成亏载;另一方面近郊可用来填埋垃圾的场地越来越少,人们不得不考虑在远郊建立垃圾处理场所。据统计,国内几个大城市的垃圾处理厂与市区的距离均在 50 km 以上,运输费用占垃圾处理总费用的比例较高,在一些发达国家运输费用已占垃圾处理总费用的 80%以上。所以,降低垃圾运输费用是降低整个生活垃圾处理处置费用的关键。

垃圾压缩转运可以很好地解决垃圾运输中的亏载问题,更能有效提高垃圾运载效率,降低垃圾转运频率,节省垃圾运输费用,改善交通拥挤状况和消除清运中的二次污染问题等,是城市生活垃圾集运的发展方向。

1. 垃圾转运站的设置

垃圾作为人们生产或生活中废弃的物品,从投进垃圾箱(桶)到最终处理经历了一个复杂的过程。随着城市的发展,在市区垃圾收集点附近找到合适的地方设立垃圾处理工厂或垃圾处置场已越来越困难。垃圾处理点不宜离居民区太近,土壤条件也不允许垃圾管理站离市区太近。因此城市垃圾要远运将是必然的趋势。垃圾要远运,最好先集中,因为垃圾清运车是专用车辆,先进但成本高,常需 2~3 人操作,不适合进行长途运输,若用于长途运输则费用会很高,还会造成空载行程,并且城市垃圾的产生量具有一定的可变性和随机性,设立转运站来进行垃圾的转运就显得十分必要。

垃圾转运站是把用中、小型垃圾清运车分散收集到的垃圾集中起来并借助机械设备转装到大型垃圾转运车的,由建筑物、构筑物群组成的环境卫生工作场所。垃圾转运的突出优点是可以更有效地利用人力和物力,使垃圾清运车更好地发挥效益,也使大载重量运输工具能经济而有效地进行长距离运输。图 12-2-1 所示为垃圾转运工艺流程。

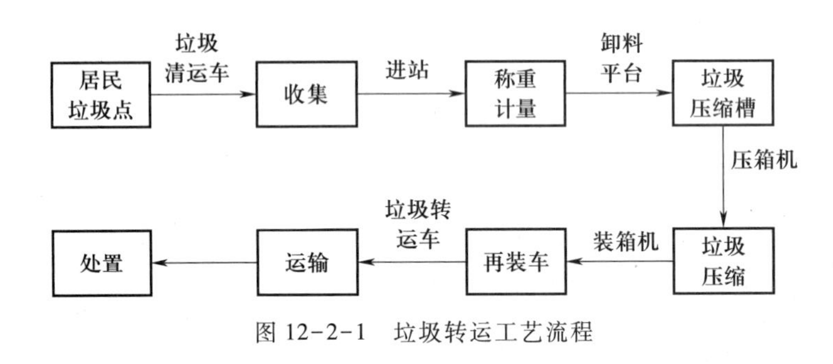

图 12-2-1 垃圾转运工艺流程

2. 生活垃圾压缩技术

垃圾转运站成套设备由垃圾压缩装置、垃圾储料槽、垃圾转运车、电气控制系统、除尘除臭系统和污水处理系统等构成。压缩装置作为整个压缩设备的核心部件,要求在垃圾压缩过程中具有足够的强度和刚度,不发生永久性变形,并且运动平稳等。

生活垃圾经过压缩处理可以减小其体积,便于运输。压缩又称压实,是指通过机械压力作用减少物料的体积和增加其容重,以提高物料的密实程度。当固体废物为均匀松散物料时,其压缩比可达 3~10。对固体废物实施的压强,根据不同物料有不同的压强范围,一般可达几十到几千帕。垃圾压缩设备分为分离式和一体式两种,主要区别是前者的填料压缩装置与车厢分离置于垃圾转运站内,而后者的填料压缩装置与车厢连成一体成为后装垃圾压缩车,其工作原理是利用垃圾运输车上的车厢作为压缩机构的压缩腔,垃圾通过填料器的刮板式压缩机构分多次被压入车厢,装满后进行几次加压及保压,在此过程中垃圾被连续减容。

日本采用高压压缩技术来处理生活垃圾。此技术将垃圾压缩三次,最后一次的压强为 2 530 Pa,将垃圾制成垃圾块后用铁丝网成捆包扎,表面涂上沥青以防碎裂和渗漏。垃圾捆的密度为 1 125.4~1 380 kg/m^3,较一般压缩法所得垃圾密度高一倍。垃圾在高压压缩过程中受到挤压和升温,其中的生化需氧量(BOD)从 6 000 mg/L 降到 200 mg/L,化学需氧量

(COD)从 8 000 mg/L 降到 150 mg/L,大大降低了腐化性,不再滋生昆虫,从而可减轻对环境的污染。对垃圾捆进行切片检验,在显微镜下显示出一种均匀的类似塑料的实体结构。在东京湾暴露 3 年后进行检验,没有发现任何递降分解痕迹,它成为一种惰性材料。用垃圾捆作为地基、填海造地材料,上面仅覆盖很薄的土层,不必做其他处理或等待多年完成沉降即可利用。

目前垃圾压缩装置需求量很大,企业生产前景广阔。近年来国内很多企业加入了生产行列,使得竞争加剧。随着竞争的进一步加剧,产品开发手段的完善和创新设计能力的提升必然成为各企业竞争的核心内容,也是企业做大做强的一个重要法宝。以往企业在设计垃圾压缩装置时往往是靠经验积累,其特点是适用性不广,而且有时往往不可靠。现有的垃圾压缩装置在使用中普遍存在压实度不够、载荷分布不均等现象,造成转运车辆在不同程度上亏载和车辆后桥载荷超标等问题,增加了垃圾转运成本。在设计方面,由于受设计手段限制,整个垃圾压缩装置结构不合理,可靠性比较低,维护不方便。

在对垃圾压缩装置提出更高要求的同时,企业基于物理样机的设计、验证过程已经严重制约产品质量和市场占有率的提高、成本的降低等,虚拟样机技术的引进为这些问题的解决提供了强有力的工具和手段。虚拟样机技术是从分析解决产品整体性能及相关问题的角度出发,从而解决传统设计与制造过程弊端的高新技术,它涉及多体系统动力学、计算方法与控制理论等学科。将该技术引入垃圾压缩装置的研究,必能在一定程度上解决现阶段技术上的不足,加快研发速度和提高企业自主研发能力。在虚拟样机技术中,设计人员可利用 CAD 系统所提供的各零部件的物理信息及几何信息,在计算机上定义零部件间的连接关系并对机械系统进行虚拟装配,从而获得机械系统的虚拟样机。通过系统仿真软件,可在各种虚拟环境中真实地模拟系统的运动,并对其在各种工况下的运动和受力情况进行仿真分析,观察并试验各组成部件的相互运动情况;并可在计算机上方便地修改设计缺陷,仿真试验不同的设计方案,对整个系统进行改进,直至获得最优化的设计方案,最后再做出物理样机。

3. 垃圾压缩装置的发展方向

随着城市的发展和对环卫工作的要求不断提高,垃圾压缩装置正朝着以下几个方面发展。

(1) 大型化

随着社会的发展,城市人口不断增加,城市规模不断扩大,道路条件不断改善,垃圾处理厂的距离越来越远,为降低垃圾转运成本,垃圾压缩装置和转运车辆必将向大型化方向发展。

(2) 高压缩比

提高垃圾的压缩比能直接提高垃圾转运的效率。对于垃圾压缩装置,提高压头的压力即能提高垃圾的压缩比,但压力提高会带来一系列的设计问题。首先,垃圾的压缩比与压头压力之间并不呈线性关系,需要深入研究其规律。其次,提高压力会引起一系列结构、强度和刚度问题。

(3) 智能化

为了节省环卫工人的劳动强度,垃圾收集压缩过程应该完全实现机械化,要求垃圾收集压缩装置具有单独装载和连续转载的功能,能实现一次循环、连续循环、反向操纵和短循环等动作,且连续顺序动作必须保持连贯,不发生干涉现象。整个操作过程能实现计算机监控,故垃圾压缩装置采用微型计算机控制代表了今后的发展方向。

(4) 高可靠性

随着我国环保意识的加强以及对生活环境质量的重视,生产垃圾压缩装置的企业越来越多,但是这些企业的技术力量大多并不强,压缩装置存在可靠性低、笨重、故障率较高和利用率低的缺点,与世界同类产品有一定差距。因此,提高压缩装置的可靠性刻不容缓。

(5) 高密封性

为了防止垃圾中的渗沥水漏出而造成压缩转运中的二次污染,垃圾压缩装置的锁紧密封一定要可靠。其发展趋势是采用机液一体化方案,提高密封锁紧过程的自动化程度。

综上所述,大型化、高压缩比、智能化、高可靠性、高密封性且结构简单合理、经济耐用的垃圾压缩装置必将成为发展热点。

12.3 生活垃圾压缩工艺虚拟仿真设计

生活垃圾压缩是生活垃圾收运处理、处置所采用的一种重要方法,是固体废物处理、处置课程教学的必修环节。通过生活垃圾压缩工艺虚拟仿真实验,学生可以了解和掌握在实验室和生产实际过程中无法实现或观察到的现实场景,有助于学生对抽象教学内容的理解。

1. 生活垃圾压缩工艺虚拟仿真实验原理

生活垃圾压缩工艺虚拟仿真实验涵盖了生活垃圾分类收集及转运、压缩处理等实验过程,包含 5 个知识点。

(1) 生活垃圾分类收集

目前大部分地区将垃圾分为有害垃圾、可回收物、湿垃圾和干垃圾。

(2) 垃圾压缩工艺

通过交互操作方式,了解垃圾压缩机等设备的结构原理和动作控制,认识生活垃圾压缩的工艺过程。

(3) 垃圾转运站

通过三维仿真及虚拟现实技术构建生活垃圾压缩工艺全景,学生通过交互操作能对垃圾压缩涉及的设备有实物认识和感性认知,了解生活垃圾压缩工艺站的布局和生产过程,从而能比较全局直观地认识生活垃圾转运站。

(4) 生活垃圾压缩工艺规程

采用单人练习模式,通过人机交互方式按工序逐一进行垃圾收集及压缩工艺操作,熟悉生活垃圾压缩的工艺过程。

（5）固体垃圾压缩（压实）程度度量

固体垃圾压缩（压实）程度度量参数包括孔隙比和孔隙率、湿密度和干密度、体积减小百分比、压缩比和压缩倍数。

2. 生活垃圾压缩工艺虚拟仿真实验的目的

生活垃圾压缩工艺虚拟仿真实验以生活垃圾压缩工艺为核心，使学生对生活垃圾的处理过程有较好的认识，增强其工程实践能力，提高其工程素质，培养其创新精神和创新能力。生活垃圾压缩工艺虚拟仿真实验的目的如下：

（1）提供一个全方位的了解生活垃圾收集、清运、压缩和转运工艺过程的虚拟环境。

（2）了解压缩工艺的基本原理和操作过程、垃圾压缩程度的度量方法，深刻理解生活垃圾压缩的常规操作，借助虚拟仿真实验切身体验生活垃圾压缩场景与运行情况。

（3）了解生活垃圾分类的有关知识，深刻理解生活垃圾分类管理的意义，借助虚拟仿真实验切身体验生活垃圾收集、清运的场景与运行情况。

（4）让学生结合所学的专业理论知识，思考生活垃圾压缩工艺与主要设备功能的内在联系，并在课程设计、毕业论文或大学生创新设计项目中，充分运用这些知识来解决问题。

（5）生活垃圾的收集、压缩、转运过程复杂，现场环境恶劣，甚至存在有毒、有害气体，不适宜学生进行现场实践，本虚拟仿真实验系统可提供可靠、安全和经济的实训环境。

3. 生活垃圾压缩工艺虚拟仿真实验设备

（1）演示实验设备

演示实验设备包括沉浸式 HoloSpace 虚拟投影系统，配有 ART 追踪系统和 VR 操作手柄，老师进行实验项目演示，学生佩戴 3D 立体眼镜进行观看学习，实验场景见图 12-3-1。

图 12-3-1　沉浸式 HoloSpace 虚拟仿真实验

(2) 课堂实验设备

课堂实验设备包括 zSpace 桌面式虚拟现实系统和 HTC VR 头盔，学生用 3D 追踪眼镜、光笔和 VR 操作手柄进行实验操作，实验场景见图 12-3-2。

图 12-3-2 zSpace 桌面式虚拟仿真实验

(3) 生活垃圾转运站压缩处理设备

SGC-1-4 型垃圾压缩机、垃圾压缩箱、勾臂车等。

(4) 生活垃圾压缩工艺虚拟仿真实验系统

学生在线操作部署在校园网和云仿真机房上的虚拟仿真实验系统，系统包括虚拟仿真垃圾分类收集、压缩转运和处置等工艺模块。

12.4 生活垃圾压缩工艺虚拟仿真

1. 生活垃圾压缩工艺虚拟仿真实验平台架构

生活垃圾压缩工艺虚拟仿真实验的开放运行依托于开放式虚拟仿真实验教学平台的支撑，二者通过数据接口无缝对接，保证用户能够随时随地通过浏览器访问该平台，并通过平台提供的面向用户的智能指导、互动交流等服务功能，尽可能帮助用户实现自主实验，加强实验项目的开放服务能力，提升开放服务效果。

开放式虚拟仿真实验教学平台以虚拟仿真技术、多媒体技术和网络技术为依托，采用面向服务的软件架构开发，集实物仿真、创新设计、智能指导、虚拟实验结果自动批改和教学管理于一体，是具有良好自主性、交互性和可扩展性的虚拟实验教学平台。

虚拟仿真实验教学平台架构共分为五层，即数据层、支撑层、通用服务层、仿真层和应用层，如图 12-4-1 所示。每一层都为其上层提供服务，直到完成具体虚拟环境的构建。下面将按照从下至上的顺序分别阐述各层的具体功能。

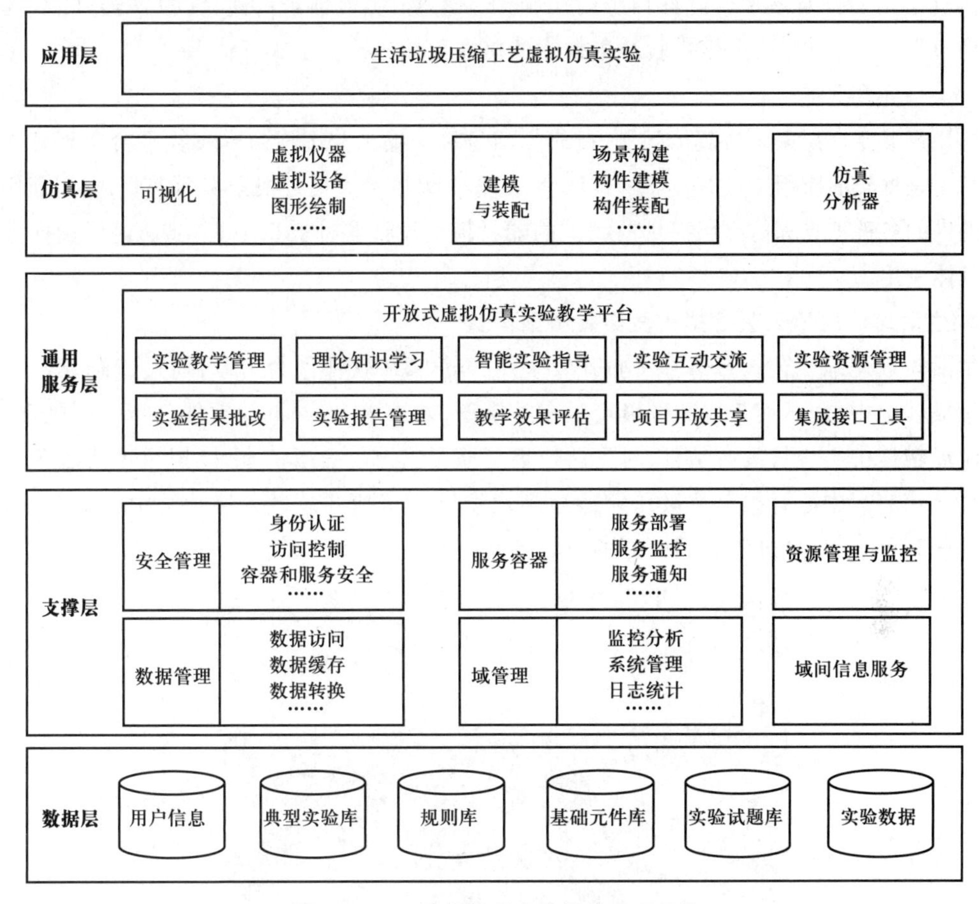

图 12-4-1　虚拟仿真实验教学平台架构

（1）数据层

虚拟仿真实验涉及多种类型的虚拟实验组件及数据，这里分别设置虚拟仿真实验的用户信息、典型实验库、规则库、基础元件库、实验试题库、实验数据等来实现对相应数据的存放和管理。

（2）支撑层

支撑层是虚拟仿真实验教学平台的核心框架，是虚拟仿真实验正常开放运行的基础，负责整个基础系统的运行、维护和管理。支撑层包括以下几个功能子系统：安全管理、服务容器、资源管理与监控、数据管理、域管理和域间信息服务等。

（3）通用服务层

通用服务层即开放式虚拟仿真实验教学平台，为虚拟环境提供一些通用支持组件，以便用户能够快速在虚拟环境中完成虚拟仿真实验。通用服务包括：实验教学管理、理论知识学习、智能实验指导、实验互动交流、实验资源管理、实验结果批改、实验报告管理、教学效果评估、项目开放共享等，同时提供相应的集成接口工具，以便该平台能够方便集成第三方的虚拟软件进入统一管理。

（4）仿真层

仿真层主要针对该平台进行相应的实验设备建模、实验场景构建、虚拟仪器开发、提供通用仿真器，最后为上层提供实验结果数据的格式化输出。

（5）应用层

应用层基于底层来解决具体问题，最终生活垃圾压缩工艺虚拟仿真实验平台实现开放共享。基于该框架的应用层具有良好的扩展性，企业工程技术人员可根据实际需要，利用通用服务层提供的各种工具和仿真层提供的相应的器材模型设计各种典型项目实例，最后面向社会开展具体应用。

2. 生活垃圾压缩工艺虚拟仿真实验参数设置

生活垃圾压缩工艺虚拟仿真实验开发采用 Unity 3D 软件作为引擎，通过三维建模软件建立垃圾转运中心、压缩装置和垃圾清运车等模型，并采用 Photoshop 软件进行贴图处理，主要对垃圾转运中心进行漫游仿真，对生活垃圾压缩工艺进行虚拟仿真，模拟垃圾清运车从进入垃圾分流转运中心开始至垃圾压缩最后到垃圾转运车离开垃圾分流转运中心的全过程，图 12-4-2所示是垃圾分流转运中心的仿真场景。

图 12-4-2　垃圾分流转运中心

生活垃圾压缩工艺虚拟仿真实验参数与真实生产中的参数完全一致，严格仿真生活垃圾压缩工艺过程，以满足企业生产的日常需求。预设参数如下：

（1）垃圾清运车总质量为 3 t，额定载重为 6.2 t。

（2）垃圾压缩箱压缩质量为 8 t，压缩箱尺寸为 5 m×2 m×2 m。

（3）主压缩机最大推力为 40 t，垃圾压缩比为 1∶2.5，主压缩机理论压装能力为 2 t，主压缩机每循环工作时间为 60 s。

3. 生活垃圾压缩工艺虚拟仿真场景

虚拟仿真场景以生活垃圾压缩工艺为核心，同时涉及垃圾的收集和运输部分内容，将所有操作步骤以及工作参数以 1 : 1 的比例逼真模拟呈现,很好地满足了实验教学的需求。首先利用三维虚拟仿真和 VR 教学资源,通过交互式操作,学生可沉浸式体验垃圾清运车从进站开始至垃圾压缩最后到转运车出站的全过程。在此基础上,学生可在教师指导下交互进行生活垃圾压缩工艺的虚拟仿真实验,主要包括垃圾转运站全景漫游和生活垃圾压缩工艺过程操作等环节。学生交互性操作分如下 11 个步骤:

(1) 垃圾分类收集

垃圾分类收集步骤包括以下三个子步骤:① 居民点垃圾箱分类(图 12-4-3);② 垃圾清运车收集不可回收垃圾(图 12-4-4);③ 垃圾清运车运输。

垃圾分类收集

图 12-4-3　垃圾分类收集

图 12-4-4　垃圾清运车收集不可回收垃圾

(2) 垃圾清运车进中转站

包括以下几个子步骤:① 垃圾清运车进入地磅称重(图 12-4-5);② 称重计量;③ 垃圾清运车到平台等候。

图 12-4-5　垃圾清运车进入地磅称重

（3）垃圾清运车进工作区

包括以下子步骤：① 垃圾清运车倒车到压缩设备；② 打开后盖（图 12-4-6）。

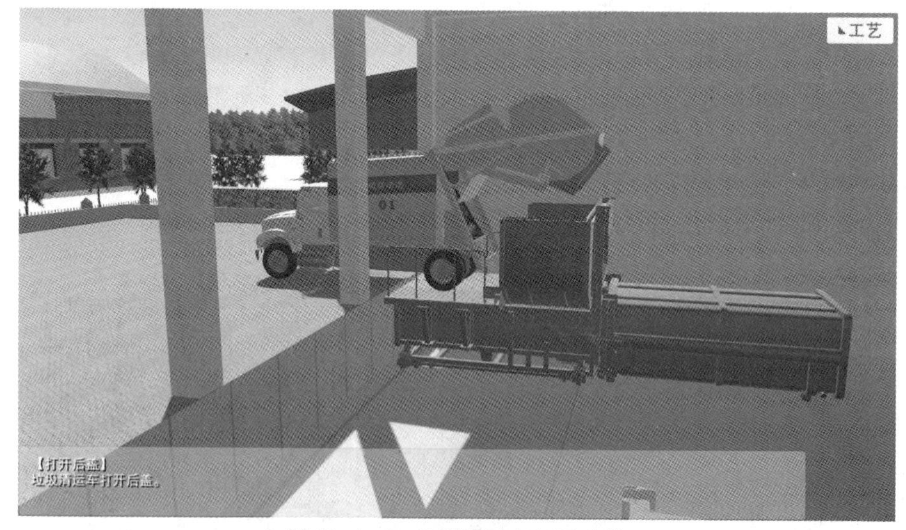

图 12-4-6　垃圾清运车打开后盖

（4）垃圾清运车卸料

包括以下子步骤：① 推出垃圾到压缩设备垃圾槽（图 12-4-7）；② 喷淋除臭；③ 垃圾清运车开走。

（5）垃圾压缩

包括以下子步骤：① 压缩推头将垃圾推到压缩箱；② 推头加压进行压缩，停留 60 s（图 12-4-8）；③ 将污水排到污水槽；④ 推头再次加压两次。

（6）其他清运车再进压缩区

包括以下子步骤：① 其他垃圾清运车倒车到压缩设备（图 12-4-9）；② 打开后盖。

图 12-4-7　垃圾清运车卸料

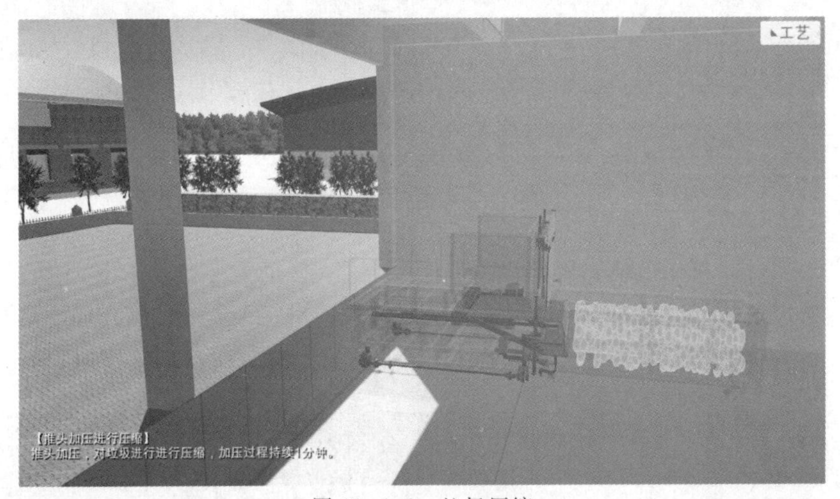

图 12-4-8　垃圾压缩

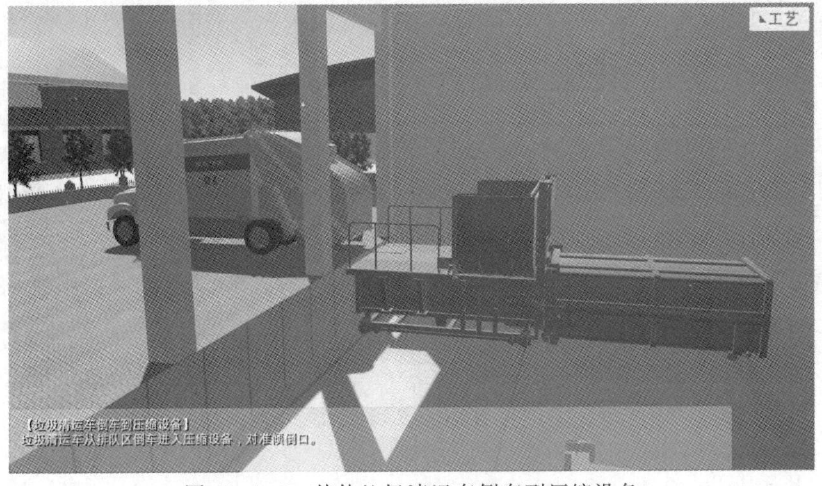

图 12-4-9　其他垃圾清运车倒车到压缩设备

(7) 其他清运车再卸料

包括以下子步骤:① 将垃圾推到压缩设备垃圾槽;② 喷淋除臭(图 12-4-10);③ 垃圾清运车开走。

图 12-4-10　喷淋除臭

垃圾再压缩

(8) 垃圾再压缩

包括以下子步骤:① 压缩推头将垃圾推到压缩箱;② 推头加压进行压缩,停留 60 s;③ 将污水排到污水槽;④ 推头再次加压二次(图 12-4-11)。

图 12-4-11　推头再次加压二次

(9) 松开压缩机

包括以下子步骤:① 松开压缩机(图 12-4-12);② 推开压缩箱;③ 排污阀打开。

图 12-4-12　松开压缩机

(10) 平移压缩机

包括以下子步骤:① 平移压缩机(图 12-4-13);② 到下一个空压缩箱。

图 12-4-13　平移压缩机

(11) 垃圾压缩箱转运

包括以下子步骤:① 勾臂车拖走垃圾压缩箱;② 垃圾压缩箱装车(图 12-4-14);③ 转运。

垃圾压缩箱转运

4. 生活垃圾压缩工艺虚拟仿真实验报告

虚拟仿真实验报告内容包括垃圾中转基本知识,垃圾压缩工艺与专业发展前沿的关系,垃圾压缩工艺分析,工艺特征描述,各个工艺环节训练与岗位角色扮演的心得体会及参考资

图 12-4-14 垃圾压缩箱装车

料等内容。实践证明，将虚拟仿真技术应用到生活垃圾压缩工艺中，能够使学生充分了解生活垃圾清运、压缩等多个环节，有效解决实际项目中存在的各种问题。

12.5 生活垃圾压缩工艺虚拟仿真实验的特色

1. 实验方案设计思路

该虚拟仿真实验以生活垃圾压缩工艺为核心，同时涉及垃圾的收集和运输部分内容，将所有涉及的设备以及工作参数以 1 ∶ 1 的比例逼真模拟呈现，很好地满足了实验教学的需求。首先利用三维虚拟仿真和 VR 教学资源，通过交互式操作，学生可沉浸式体验垃圾清运车从进站开始至垃圾压缩最后到转运车出站的全过程。在此基础上，学生可在教师指导下交互进行生活垃圾压缩工艺的虚拟仿真实验，主要包括垃圾转运站全景漫游和生活垃圾压缩工艺过程操作等环节。

2. 教学方法

生活垃圾压缩工艺虚拟仿真实验系统以学生为中心，学生主导实验过程，操作实验设备，通过实验能增强学生对知识的获取兴趣和能力。指导教师讲解实验方法和实验步骤，并对整个实验过程加以指导和引导，启发学生的创新意识，培养学生发现问题、解决问题的能力，调动学生学习的积极性。让学生直观感受数字化生活垃圾压缩工艺过程，从而分析掌握生活垃圾压缩的工艺特点。实验中，教师通过提问、质疑等方式使学生充分发挥想象力，发掘学生的创造潜能，引导学生提高解决实际问题的综合能力。

3. 评价体系

生活垃圾压缩工艺虚拟仿真实验系统能够对参加实验学生的全过程进行记录，并能够随时进行实验指导，对于学生的预习效果、实验步骤以及实验成绩评价都具备完善的评价标准，能提高评价的公正性。系统建立了完善的反馈机制，对参加实验学生所进行的各方面的建议、评价与反馈信息进行全面、系统的统计分析，为指导教师改进和完善实验提供参考，从而提高教学效果。

4. 传统教学的延伸与拓展

生活垃圾压缩工艺虚拟仿真实验系统不仅能够单机稳定可靠运行，并可置于基于Internet的开放教学管理平台上，不同校区、不同专业的学生可以同时共享使用，并且系统基于B/S架构，可以在提供授权的网络环境下开展实验。系统有完善的加密机制，具有看门狗功能，可以进行日志管理、数据备份、系统监控，以及网络及信息安全保护功能。

将虚拟仿真技术引入实践教学课堂，对生活垃圾压缩工艺过程进行虚拟仿真教学，能为学生的工程实践提供强有力的技术支撑，生活垃圾压缩工艺虚拟仿真被上海市教育委员会评为“上海市虚拟仿真实验教学项目”，为环境工程的技术创新打下基础，对于促进环境工程和其他行业虚拟仿真技术的应用发展具有深远的意义。

模块十三　智慧工厂布局规划虚拟仿真

近年来，随着经济全球化、区域经济一体化的加强，制造业正面临着越来越激烈的挑战，物资流通的速度与效率成为衡量一个企业经济实力的重要指标。生产物流作为现代生产的重要组成部分，随着生产力水平的日益提高，其蕴含的巨大潜力也越来越多地引起人们的注意。而作为制造产品的工厂，其布局的优劣对生产物流起到决定性的作用。随着计算机、传感、网络通信等技术的快速发展，虚拟仿真技术逐渐向工业领域渗透应用，为制造业的研发、生产、管理和服务等各环节带来了深刻变革，进一步推动了智慧工厂的发展。

智慧工厂布局规划虚拟仿真是指通过建立厂房结构、设备、工装、机器人、物流容器、标识线、输送线等生产资源的三维数字模型，以三维沉浸式虚拟环境取代传统的二维环境进行布局规划，实现交互式设施布置和生产物流规划。虽然就现状而言，虚拟现实技术在消费品市场应用较多，但这项技术在智慧工厂方面的应用前景会更加广阔，因为它可以为制造业工厂解决当前面临的以下三大难题。

（1）成本问题

使用 VR 和 AR 技术，通过在眼镜屏幕上叠加参数图片和操作指令，可以指导操作人员随时查询和执行任务作业。虚拟现实技术与智慧工厂等信息技术交叉应用之后，一个缺乏经验的新人也能通过查询每台设备的参数和互动式的操作手册完成专业级的检修、操作等任务。这能大大降低操作专业设备所需要的技术门槛，节约培训时间，并借此降低劳动力的雇佣成本和风险成本。可以预见，随着 VR 和 AR 技术的发展，相关虚拟场景的交互性会越来越友好，学习成本也会不断降低。

（2）效率问题

在没有建立起一个工厂的数字孪生模型之前，往往只有经验丰富的人员才能根据各种现场状况查找问题、研判可能的故障位置以及制定应对策略等。而当建立了数字孪生模型以及相关的经验数据库之后，计算机可以根据相关的传感器数据，全局显示当前生产系统的运行状况、负载，并大致推断出故障和给出检修方案。通过实时纠偏和机器学习，虚拟模型和真实模型形成双向数据流，不断地迭代、优化，最终实现最优的生产模型。

（3）时效性问题

通过虚拟现实技术和远程数据传输，能够有效缩短问题诊断与修复的时间，且不再需要另外派遣专家前往发生故障的远端据点。事故现场的操作人员可通过 AR 眼镜与远端专家进行视频协作，完成检查、修复等任务，因此拥有极高的时效性并且可省下专家前往现场进行协助的各项费用。另外,现场的操作人员可经由通信与实时视频分享,让有经验的人员协助提供问题诊断及修复的建议,问题解决的同时还提高了准确性。

13.1　智慧工厂布局规划概述

布局规划就是将一些物体按照一定的要求合理放置在一个空间内,它是一个涉及参数化设计、人工智能、图形学、优化、仿真等技术的交叉学术领域,在很多领域都有重要的应用,如在机械设计领域中,车间各种设备的布局设计问题;造船舶、汽车等交通工具内不同形状、大小的物体放置问题;在航空航天工业中,航天器上各种仪器的布局问题;在建筑设计中,各个房间的合理布置及厂房、设备等的布局问题。

布局规划问题具有广泛的背景,布局结果的好坏对整个生产的经济性、可行性、安全性和柔性等都有重大的影响。智慧工厂布局规划是指在确定的区域内合理地安排物力设备,如在车间〈生产线〉安放机器。广义地讲,车间布置包括物料的运送和存放、机器设备和人员工作的位置以及其他维持生产的活动安排,狭义地讲,是以机器及运送物料的设备安排为主的活动安排。生产车间布置的首要问题是考虑生产制造过程或物流的需求。生产车间就是一个复杂的生产物流系统,它直接承担着企业的生产加工、装配等任务,是将原材料转化为产品的部门,其布置工作一般包括基本生产部分、辅助生产部分、仓库部分、通道部分、车间管理部分等的布置。

由于工厂车间布置决定了车间的物流方向和流通的速率,因此,布局设计的优劣直接影响系统潜力的发挥。在相同的人员、设备和技术条件情况下,仅仅是布局设计有差异,生产系统功能的发挥可能就有天壤之别。企业生产物流系统的设计和车间设施的布置是同步进行的,如何设计一个高效的生产系统已经越来越受到人们的重视。

13.2　智慧工厂布局规划的关键技术

在当前智能制造的热潮之下,很多企业都在规划建设智慧工厂,智慧工厂的布局规划是一个十分复杂的系统工程,智慧工厂布局规划虚拟仿真以其突出的优势受到企业的重视与青睐,其涉及的关键技术有以下几种:

1. 数字建模技术

数字模型是现实中物理实体的信息载体,可以体现出物理实体的几何结构、性能指标、装配工艺、功能动作等多种信息。数字建模技术是建立智慧工厂的基础,开发者根据各种零部件的数据信息所建立的对应的数字模型是实现数字化仿真和分析的前提条件。

不过一般而言,现实生活中的生产制造系统是离散的非线性系统。这类系统的模型构造比较复杂,建模方法也很多。基于不同的用途,对同一个系统有多种建立模型的方法。然而模型能否准确反映系统的真实运行情况，对于仿真结果的准确性有决定性的作用。合理有效的数字化建模方法，有助于确保仿真数据的完整性、一致性和可追溯性。这对于确保最终设计方案的正确性、支撑整个生产过程的相关设计、配合上下游单元协调工作，具有重大意义。

2. 仿真优化技术

仿真优化技术是实现传统制造向可预测制造、科学制造转变的关键技术。随着计算机科学与技术的发展，这项技术得到了广泛的应用。仿真优化即基于用户建立的数字化模型，使用计算机对整个生产制造系统进行模拟仿真。通过对仿真运行过程进行分析，不需要开动现实中的任何设备即能找出整个系统的性能瓶颈。然后基于分析结果对系统进行改进优化，进而提高系统的生产效率和产品质量。仿真优化已经成为现代化工业生产设计的必要步骤。

仿真优化在一定程度上减轻了工程人员的工作强度，使得工程人员可以将精力集中在解决生产制造系统的瓶颈问题上，从而对生产制造系统进行快速且精准的优化。因此，数字建模技术和仿真优化技术是实现智慧工厂不可或缺的核心技术。

3. 虚拟现实技术

虚拟现实技术能够为用户生成包括视觉、听觉、触觉在内的一体式逼真虚拟环境。与过程内容固定的视频等不同的是，虚拟现实场景具有和用户进行交互的功能，具有想象性、交互性、沉浸性等特点。仅仅依靠文本信息，常常很难清晰界定生产企业的需求，例如对于危险性较大的生产环境，必须考虑作业人员的人身安全。使用虚拟现实技术，在计算机上模拟危险的产品制造场景，创建沉浸式虚拟交互环境，可使用户身临其境地体验整个生产流程，以此检验车间生产环境的安全性，并根据检验结果对生产环境进行改进。对于这些文本或视频难以描述的问题，虚拟现实技术提供了一种有效的解决办法。

4. 集成应用 app

智慧工厂布局规划涉及数字化信息的有效传递。数字化信息的传递既包括生产过程内各个生产单元间的传递，也包含与供应链相关的上下游企业之间的传递。所以智慧工厂布局规划的虚拟仿真集成应用 app 软件需要能与其他软件(例如一些企业管理软件)之间实现信息的无缝交换与集成。集成应用的目的是帮助企业管理者及时做出正确的商业决策，提高管理效率，实现管理控制的一体化、数字化、网络化和智能化。对智慧工厂进行布局规划是使生产制造系统对应的数字化虚拟仿真方案能够指导现实中的物理系统搭建。这要求虚拟仿真集成应用 app 的搭建方案、模拟过程、分析结果等必须能够转化为各种指导文件。所以，智慧工厂必然具备配套的工具，能生成各种格式的工程文档，例如统计报表、控制程序、CAD 设计等。

13.3 智慧工厂布局规划分析

智慧工厂布局规划的实质就是对制造资源(包括人、设备和物料)在空间上进行有机结合，在时间上进行有序连接，减少物料搬运量，节省物料的流通费用，布局规划的过程实质上就是物流优化的过程。合理的布局规划不仅能降低流通费用,还能提高企业的生产能力。

1. 工厂布局与生产物流

对于制造业来说,工厂物流系统要按照生产工艺流程来组织,生产物流是制造产品的工厂企业所特有的,它与生产是同步的,而生产过程又是在一定的车间范围内进行的。所以,车间的布局设计是物流系统优劣的先决条件。车间的布局设计决定了生产物流,生产物流合理、顺畅、没有过多的交叉和迂回对企业效益是非常重要的。一个企业车间布局设计的优劣不但决定了物流系统的运行状态以及生产是否能够有序顺畅进行,而且也是企业能否取得高效益的关键性因素之一。

从企业的原材料、外购件入库起,到企业成品库的成品发送为止,这一全过程的物流活动称为生产物流。它包括从原材料和外购件的采购供应开始,经过生产过程中半成品的存放、装卸、输送和成品包装,到流通部门的入库验收、分类、储存、配送,最后送到客户手中的全过程,以及贯穿于物流过程中的信息传递。工厂布局规划的目的就是要保持物流协调、畅通、快速、准确、安全、高效地运行,从而降低企业生产成本;通过缩短生产物流作业时间,来保证产品交货期;通过提高物流作业质量,来保证产品质量;通过优化物流作业空间,来提高生产物流设施利用效率;通过减少生产物料库存及在制品数量,来减少流动资金占用,降低产品制造成本;通过降低蕴含在整个生产过程中的物流成本,例如燃料中的物流成本、材料中的物流成本、人力中的物流成本、加工过程中的物流成本等,减少消耗和占用,降低生产的总成本。

生产物流系统区别于其他物流系统的最显著的特点是它和工厂生产紧密联系在一起。如果物流过程的组织水平低,达不到基本要求,即使生产条件、设备再好,也不可能顺利完成生产过程,更谈不上取得较高的经济效益。合理组织生产物流的基本要求是:

① 物流过程具连续性。生产是一道工序接一道工序往下进行的,因此要求物料能顺畅、最快、最省地走完各个工序,直至成为产品。每个工序的不正常停工都会造成不同程度的物流阻塞,影响整个企业生产的进行。

② 物流过程具平行性。一个企业通常生产多种产品,每一种产品又包含多种零部件,在组织生产时,一般将各个零部件分配在各个车间的各个工序上生产,因此要求各个物流平行流动,如果一个支流发生问题,整个物流都会受到影响。

③ 物流过程具节奏性。物流过程的节奏性是指产品在生产过程的各个阶段,从投料到最后完成入库,都能保证按计划有节奏或均衡地进行,要求在相同的时间段内生产大致相同数量的产品,均衡完成生产任务。

④ 物流过程具比例性。组成产品的各个物流量是不同的,之间存在一定的比例,因此形成了物流过程的比例性。

⑤ 物流过程具适应性。当企业产品改型或品种发生变化时,生产过程应具有较强的应变能力。也就是生产过程应具备在较短的时间内,可以由一种产品迅速转换为另一种产品的生产能力。物流过程同时应具备相应的应变能力,与生产过程相适应。

2. 工厂布局规划的流程

当建设新厂房、生产新产品或者升级变更产品线时，企业都需要进行工厂布局规划。合理的布局规划方案能使生产流程更加顺畅，提高设备和能源的利用率，提高企业的生产效率。通常智慧工厂布局规划的步骤依次为绘制物流逻辑图、绘制价值流图和智慧工厂仿真。在确定主要生产产品后首先应绘制物流逻辑图，根据物流逻辑图绘制各层级价值流图，确定设备、人员需求，然后进行生产布局及智慧工厂仿真分析。

① 物流逻辑图。物流逻辑图是以产品总体装配线为主体，以各结构件生产为分支所绘制的“鱼刺形”结构图。主要包含 3 个要素：工艺流程，主要一级自制件及外购件名称，生产提前期。

② 价值流图。价值流图是用简单的图形或图标表示出公司生产的信息流程、物流流程与生产顺序的运作状况，反映当前产品通过其基本生产过程所要求的全部活动。其主要作用是确定资源需求，识别浪费，优化布局。

③ 智慧工厂仿真。智慧工厂是由数字化模型、方法和工具构成的综合网络系统，包含仿真和 3D 虚拟现实可视化，通过连续的数据管理集成在一起，实现与产品关联的工厂中所有重要的过程和资源的整体规划、评估和持续改善。

常用的虚拟仿真开发软件有 Plant Simulation、Unity 3D 等，智慧工厂仿真集成了产品开发、测试和优化，生产工艺过程开发与优化，工厂设计与改善，生产计划执行与控制。

如图 13-3-1 所示，首先通过 NX、3ds Max 等三维建模软件对厂房结构、工装、设备等所有生产资源进行三维实体建模。然后将三维实体模型格式转化为 Unity 3D 所接受的 *.fbx 格式。再利用智慧工厂仿真软件对布局规划进行验证，检查物流是否拥堵、设备及物料是否干涉、空间布置是否合理，发现问题及时对布局进行调整。

图 13-3-1　工厂布局

3. 工厂布局规划的布置形式

智慧工厂中生产线的规划与布局涉及生产线中的工位、设备、缓存区的数量和位置，其布置形式有4种：产品原则布置、工艺原则布置、产品聚簇布置、固定工位布置。其中产品原则布置是以生产线要求为导向进行布置；工艺原则布置则按照设备机群为导向进行布置；产品聚簇布置按照对产品进行分组归纳的方式来进行布置；固定工位布置则以工位要求为导向进行布置。以下是4种布置形式的具体阐述：

① 产品原则布置。产品原则布置又称产品专业化布置，是指在生产线布置中，将设备、人员及物料按照加工或装配的工艺过程顺序进行布置。这种布置方式顺应工艺过程，上下工序之间衔接自然，物料搬运的工作量较少，因此物流畅通，生产速度较快，生产计划简单且易于控制。这种布置形式适用于产品种类较少、产量大的生产模式。

② 工艺原则布置。工艺原则布置又称功能布置，是指在生产线布置中，将功能类似的设备集中放置在一起的布局方式。在工艺原则布置中，生产线的布置是柔性可变的，从而使得工件的物流路线也是柔性可变的。虽然增加了物料搬运的工作量，但是这种布置方式大大降低了生产线布置修改的成本。由于其具有非常高的灵活性，因此这种布置方式适用于单件生产及多品种小批量生产模式。

③ 产品聚簇布置。产品聚簇布置又称成组布置或单元布置，是指在生产线布局中，将产品原则布置与工艺原则布置方式结合起来进行布置，是按照产品的外形特点和工艺特点对生产线设施进行分组和归纳，将类似设施分组或归纳为一个单元，并按照归纳结果进行生产线的布置。这种布置方式适用于多品种、中小批量生产模式。

④ 固定工位布置。固定工位布置是指由于工件的体积或重量过于庞大，物料搬运成本极高，因此把加工资源和设备移动到工件的周围，而不是将工件移到设备处的布置方式。这种布置方式一般在造船和建筑等场合应用较多。

上述4种布置方式中，产品原则布置与工艺原则布置之间的区别仅在于工作流程的路线不同。在产品原则布置中，设备服务于生产线，采用以工艺过程为导向的设备布置，能尽量避免物料迂回，实现物料的直线运动。当给定产品或零部件的批量远大于所生产的产品或零部件种类时，采用产品原则布置方式能达到效率的最优化。在工艺原则布置中，重点在于物流路线的高度柔软性，是可以随需要随时变化的，同一个工件在生产周期内可能会多次经过同一个加工或装配工位。这样做虽然增加了物料的物流成本，但相对于生产线布置修改的成本，在多品种小批量生产模式中，还是十分划算的。

4. 工厂布局规划的原则与评价方法

工厂合理的布局规划方案能使生产流程更加顺畅，提高设备和能源的利用率以及企业的生产率。在进行智慧工厂布局规划的过程中，还需要尽量考虑工厂布局规划的原则，其具体的原则与内容见表13-3-1。

表 13-3-1 工厂布局规划的原则与内容

原则	内容
最短路径原则	尽量使产品通过各设备的加工路线最短,工人的行走距离最短
面积合理原则	沿纵向、横向或斜角排列设备,充分利用生产面积
专业化原则	按照工艺专业化或者产品专业化布局,从而提高生产率与管理效率
协调原则	各单元协调工作,用系统的、整体的观念合理规划各设备之间的关系
关联原则	把紧密关联的设备紧靠在一起,有利于加工过程中工件的移动
分工原则	生产设备要合理分工,合理分工有利于管理、环境保护和安全
弹性原则	布局要考虑未来发展的需要,为企业今后的发展留有可扩展的空间
安全原则	各设备之间应有一定的距离,设备的传动部分要有必要的防护装置

总体而言,工厂布局规划就是要在以上原则的约束下,尽量综合考虑各种相关因素,对工厂车间的各个模块进行分析、规划、布局,以达到系统资源的合理配置,使整个工厂车间有机地组织起来。工厂布局规划应满足的条件如下:

① 与生产大纲相适应。因此进行工厂布局规划时,首先要根据车间的生产大纲,分析产品与产量的关系,确定生产类型是大量生产、成批生产还是单件生产,由此决定生产线布置形式。

② 满足工艺流程。要求工厂布局应保证工艺流程顺畅,物料搬运方便,减少或避免物流的交叉和回退现象的产生。

③ 实行定制管理,确保工作环境整洁、安全。进行工厂布局规划时,除对主要生产设备安排适当位置外,须对其他所有组成部分包括在制品存放地、废品废料存放地、检验试验用地、工作用地、通道及辅助部门等安排出合理的位置,确保工作环境整洁及安全。

④ 所选择的建筑形式适当,确保满足工艺流程要求及适应产品特点,并配备适当等级的运输设备。之后进一步确定建筑物高度、跨度、柱距及形状。

⑤ 具备适当的柔性,适应生产的变化,考虑采光、照明、通风、采暖、防尘、防噪声等要求。

布局规划方案评价是布置设计的最后环节,只有做好方案评价才能确保布局规划的成功。常用的布局规划方案的评价方法有经济因素评价法和非经济因素评价法两种技术指标评价法,如加权因素法和费用对比法等。

5. 工厂布局规划的步骤

在进行工厂布局规划时,还需要考虑诸多因素,包括且不限于设备种类与数量、场所面积需求,甚至场所形状特征等。从工厂布局规划的原则考虑,一个优良的生产环境应尽量达到工艺过程流畅、工序协调、运输距离短、避免迂回和往返的要求,同时又需要保证生产和操作安全。在一般情况下,工厂布局规划过程可描述为以下六个步骤。

① 明确目标。在进行工厂布局规划时,需要先明确工厂要达到的目标,之后才能做出正确布局规划,并且在已有规划的基础上反复进行优化迭代,最终达到最优的布局。

② 资料收集。收集工厂和产品的基础数据,包括产品的种类型号、结构、工艺和产量等。

③ 计算面积。计算和确定各个工位和辅助设施所需的面积,并把空间布置得合理,达

到既满足工作的要求，又满足面积的高效利用。

④ 初步方案。在综合考虑资源和成本等因素之后，根据优化目标制定出不同的优化方案。

⑤ 方案评估。综合考虑工厂评估的各项因素，用技术经济的方法对工厂车间的优化方案进行评估。

⑥ 方案实施。根据优化和评估的最佳方案，对工厂进行布局规划，最后进行数字化方案的验证。

市场是不断变化的，工厂布局规划并非一劳永逸。由于生产需求会不断变化，所以对工厂进行的布局规划，必须要能够根据生产需求的变化及时做出修改和调整。因此在工厂布局规划的过程中，除了要考虑一般的流程规划，同时也需要兼顾柔性布局，以便于生产方及时调整布局，从而使工厂满足不同层次的生产需求。工厂布局规划的实现，是在基于实际情况做出细致分析和计划的基础上，根据需求变化不断进行修正和改进的过程。

13.4　智慧工厂布局规划虚拟仿真系统

智慧工厂布局规划虚拟仿真系统可以实现工作区手动和自动漫游、设备增添和摆放、测距和视角变换等功能。系统采用二维界面、三维模型的用户操作界面，操作界面友好，方便进行智慧工厂的三维布局规划。其主要功能如下：

1. 漫游模式和设计模式

如图 13-4-1 所示，启动软件后，会自动弹出“漫游模式”和“设计模式”按钮。用户若选择“设计模式”，则可以使用手动或自动漫游、设备增添和摆放、测距和视角变换等所有功能。用户若选择“漫游模式”，则无法使用设备增添和摆放功能。设计漫游模式的目的，是为了服务并无改动设备需求的用户，防止他们在漫游或演示中误触设备的摆放功能。

漫游模式

设计模式

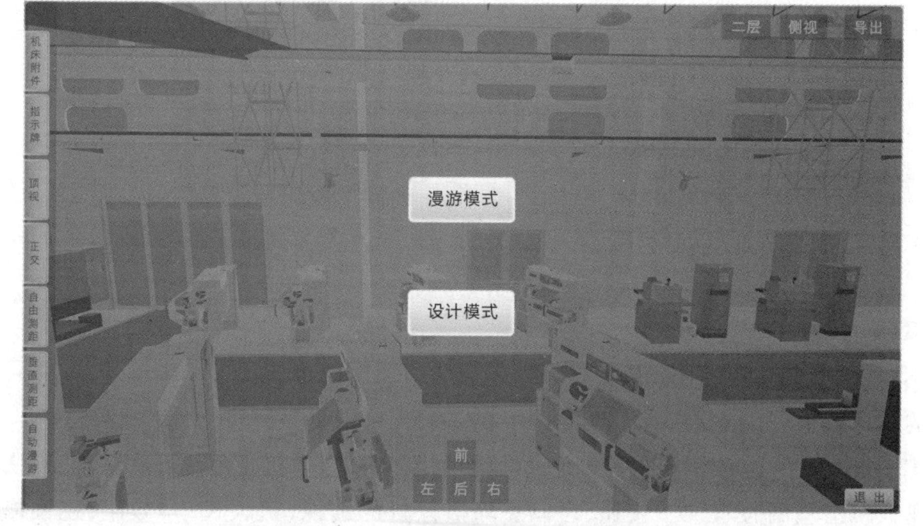

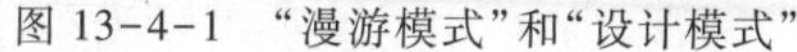

图 13-4-1　“漫游模式”和“设计模式”

漫游采用键盘和鼠标控制方式或界面按钮控制方式。无论用户选择漫游模式还是设计模式,都可以通过键盘和鼠标进行操作,或者单击界面上的“前”“后”“左”“右”按钮进行场景漫游。

键盘和鼠标控制方式:按住鼠标右键拖拽,可以改变摄像机的视角。使用键盘上的“W”“S”“A”“D”按键,可控制摄像机的前进、后退及左右平移。

界面按钮控制方式:按住鼠标右键拖拽,可以改变摄像机的视角。使用鼠标单击界面上的“前”“后”“左”“右”方向按钮(图 13-4-2),可控制摄像机的前进、后退及左右平移。

无论用户选择了漫游模式还是设计模式,都可以通过单击左下角的“自动漫游”按钮在场景内进行自动漫游。自动漫游过程中,相机会按照预先设定的轨迹自动运行。再次单击“自动漫游”按钮可退出自动漫游模式。

2. 添加、移动和删除设备设备

单击左侧的“机床附件”按钮,会弹出所有可摆放的机床列表,如图 13-4-3 所示。单击其中的某个机床,然后再单击场景中的某个空白位置,即可在此位置添加此类型的机床。单击某个已经添加到场景中的三维模型,模型底部会出现黄色高亮框,如图 13-4-4 所示,此时可拖动模型来改变其摆放位置。操作对象必须是可移动的对象,比如车床、家具等;对不可移动的对象例如墙壁等,无法进行此操作。当选中某个设备时,会弹出设备的摆放角度界面,如图 13-4-5 所示。单击左旋按钮,对象模型会顺时针旋转 30°;单击右旋按钮,对象模型则逆时针旋转 30°。单击垃圾桶按钮,可直接删除选中的设备。

图 13-4-2 界面上方向按钮

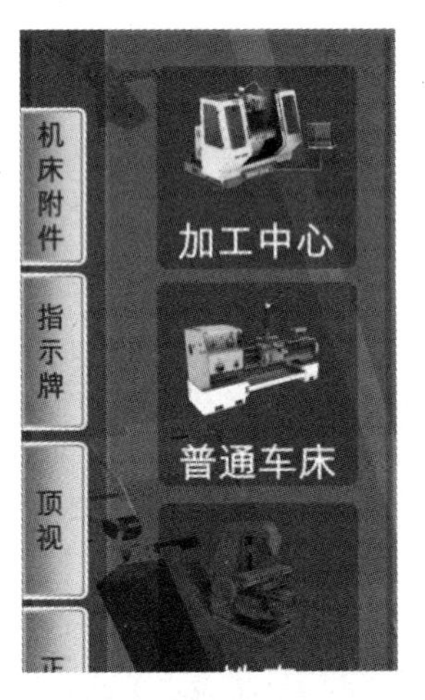

图 13-4-3 添加设备菜单

3. 视角变换

单击图 13-4-1 中的“顶视”按钮,可以将界面切换到顶视视角,如图 13-4-6 所示,并且取消摄像机的透视效果;单击图 13-4-6 中的“平视”按钮,可以将界面切换回平视视角。

单击图 13-4-1 中右上角的“侧视”按钮,可以切换到侧面摄像机视角。再次单击,则恢复到漫游视角。单击左侧的“正交”按钮,可以去除摄像机的透视(近大远小)效果,视锥内

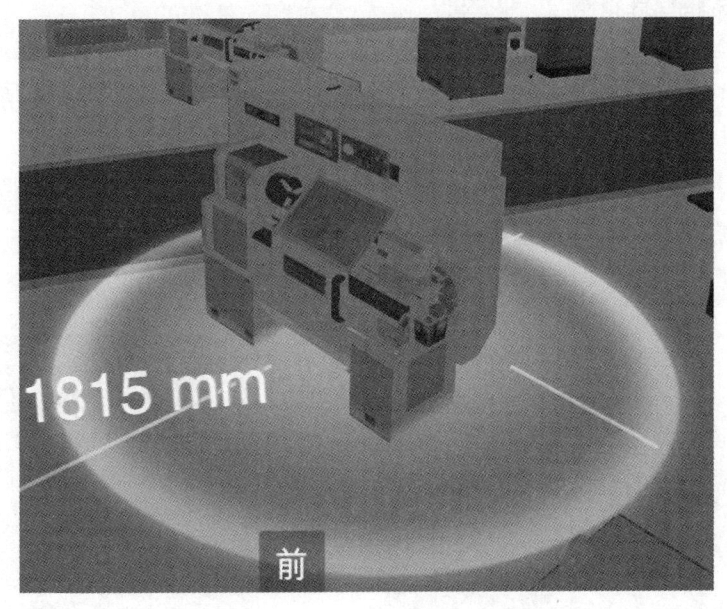

图 13-4-4　添加设备到布局场景

视角变换

图 13-4-5　旋转设备和删除设备

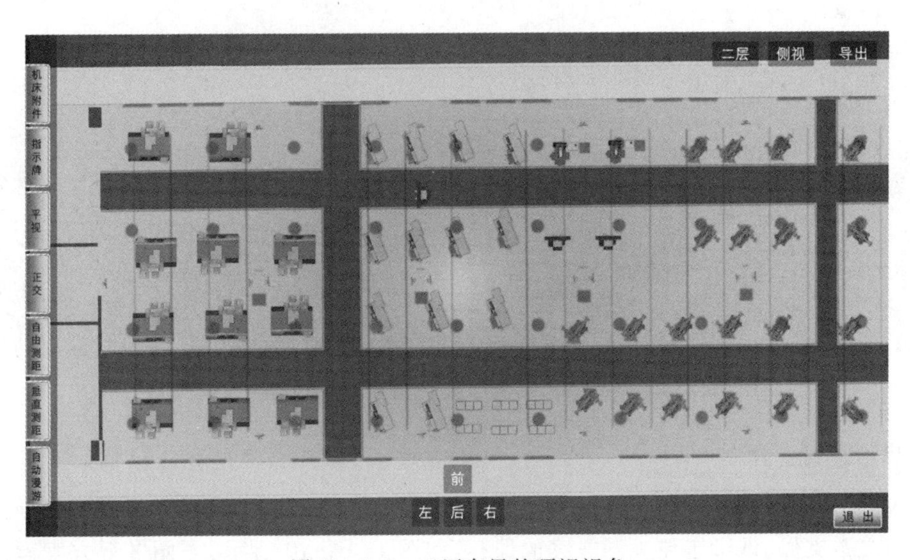

图 13-4-6　工厂布局的顶视视角

的所有物体,单位大小完全一致,此时单击“透视”按钮,则恢复摄像机的透视效果。

4. 自由测距和垂直测距

单击图 13-4-1 左侧的“自由测距”按钮,可以开启自由测距模式。在自由测距模式下,单击场景中的任意两点即可得到这两点之间的距离,如图 13-4-7 所示。该功能便于保证设备之间的距离达到要求。

自由测距和垂直测距

单击图 13-4-1 中左侧的“垂直测距”按钮,可以开启垂直测距模式。在垂直测距模式下,单击场景中的任意高低两点,即可得到这两点之间的横向距离和高度差,如图 13-4-8 所示。

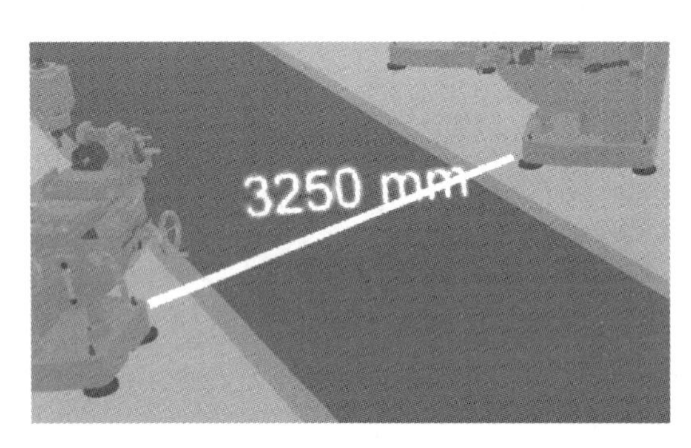

图 13-4-7 自由测距功能

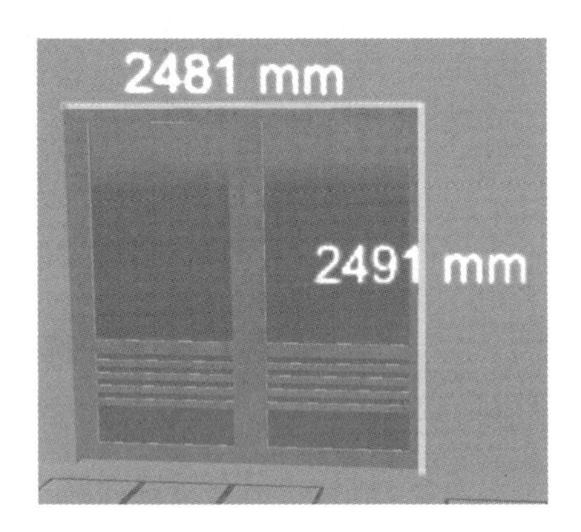

图 13-4-8 垂直测距功能

5. 场景跳转

工厂布局规划虚拟仿真软件可以进行不同车间的布局规划,如大楼工作区有上下两层,单击图 13-3-1 中右上角的楼层跳转按钮 ,可以让界面跳转到另一楼层所在的工作区,如图 13-4-9 所示。

图 13-4-9 不同楼层工作区场景的跳转

6. 导出配置文件

当用户完成工作区的布局之后,可以单击图 13-4-1 中右上角的“导出”按钮将当前布局导出为文本文件,进行布局规划方案的保存,如图 13-4-10 所示,方便进行方案评价或者在其他智慧工厂的应用中使用。

图 13-4-10 导出布局规划方案配置文件

13.5 智慧工厂布局规划虚拟仿真系统的应用

太阳能是21世纪最重要的新能源，它具有资源分布广、可再生、清洁无污染、使用安全等特点。1954年美国贝尔实验室研制出第一只扩散PN结单晶硅太阳能电池，由此开始了太阳能电池的制造，到20世纪80年代中后期，我国开始引进太阳能电池生产线和关键设备，初步形成太阳能光伏产业，然而由于太阳能电池技术发展迅速，使得太阳能电池的工艺越来越复杂，制造成本变得越来越高。如何提高制造系统的效率，降低制造成本，已成为我国太阳能电池行业提高国际竞争力的关键。智慧工厂布局规划虚拟仿真是为未来生产服务的，充分体现在生产效率提高，物流改善，质量改进，制造成本降低，以适应智慧工厂的生产。下面以太阳能电池制造工厂的布局规划为例，介绍智慧工厂布局规划虚拟仿真的实施。

1. 制造系统建模与仿真

智慧工厂布局规划虚拟仿真的第一步，需要以制造系统实际资源为依据，收集制造系统的信息，将其录入到制造系统资源库。然后对收集到的信息按照功能模块进行结构划分，用于制造系统建模与仿真。

制造系统建模与仿真是用虚拟仿真模型来研究制造系统。通过对虚拟仿真模型的实验，达到研究实际系统（包括尚未建立的制造系统）的目的。根据所研究的实际系统不同的性质，制造系统可分类为连续型制造系统和离散型制造系统。连续型制造系统是指系统状态随着时间呈现连续变化的系统，离散型制造系统则是指系统状态只在离散时间点上发生跳变的系统。本文以典型的离散型制造系统——太阳能电池制造系统为例，介绍其虚拟仿真系统的建设过程，从对实际系统进行抽象到虚拟仿真系统的建模与搭建，其具体步骤如下：

（1）数据收集。收集建立虚拟仿真制造系统需要的相关资料。虚拟仿真模型与制造系统是在虚拟环境中对真实制造系统的映射，所以需要收集整理生产过程中各个阶段的数据，如生产设备、生产工艺、物流和仓储过程、设备布置和装配时间等数据。

（2）模型抽象。在进行模型抽象的过程中，一般由于实际制造系统比较复杂，全面的虚拟仿真费时费力也没有必要，虚拟仿真的关键在于与生产效率联系最紧密的那些环节。因此建立虚拟仿真模型时，可以将与生产效率不相关的部分去除，对相关性较小的部分进行简化，对紧密相关的部分则尽可能保持实际制造系统的原状进行抽象。

（3）虚拟仿真建模。以虚拟仿真软件为工具，依照实际制造系统建立能够被计算机识别和处理的数字模型。

（4）模型检验。检验虚拟仿真模型本身的建模逻辑和参数输入，以确保虚拟仿真模型系统的逻辑、行为、状态符合实际制造系统。

（5）运行仿真。在虚拟仿真软件平台上搭建好虚拟仿真模型之后，从不同的考察角度使用虚拟仿真工具进行测试运行，以得到符合实际制造系统的运行结果。

（6）结果分析。整合从不同考察角度所得到的虚拟仿真制造系统数据，并对其进行分析，以此评价实际制造系统，并输出评价结果和改进意见。

（7）仿真应用。把虚拟仿真制造系统的评价结果和改进意见作为实际制造系统改进的参考，并在实际制造系统中实施，指导实际制造系统的运作。

制造系统建模与仿真的流程如图 13-5-1 所示。

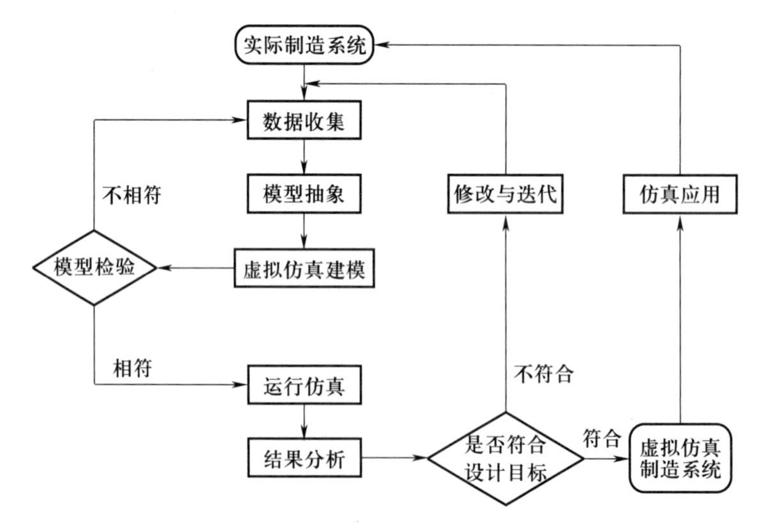

图 13-5-1　制造系统建模与仿真流程图

为了便于快速实现制造系统的虚拟仿真建模，本案例使用 Plant Simulation 作为建模工具。在充分准备好制造系统资源库之后，虚拟仿真制造系统建模就是根据制造系统信息，不断地从资源库提取 Plant Simulation 对象进行组合的过程，所以制造系统资源库和场景中的 Plant Simulation 对象是 1 对 n 的关系。在建模过程中需要对模型之间的层级关系进行约束，不同产品的约束条件有很大不同。这是由于无论是何种类型的制造系统，都是针对所要生产的产品进行配置的。即使是同一类型的制造系统，由于生产的产品不同，其工艺流程等也各不相同。即产品的工艺流程会制约虚拟仿真制造系统建模的顺序和安排。太阳能电池制造系统是一个复杂的制造系统,太阳能电池的制造流程如图 13-5-2 所示。

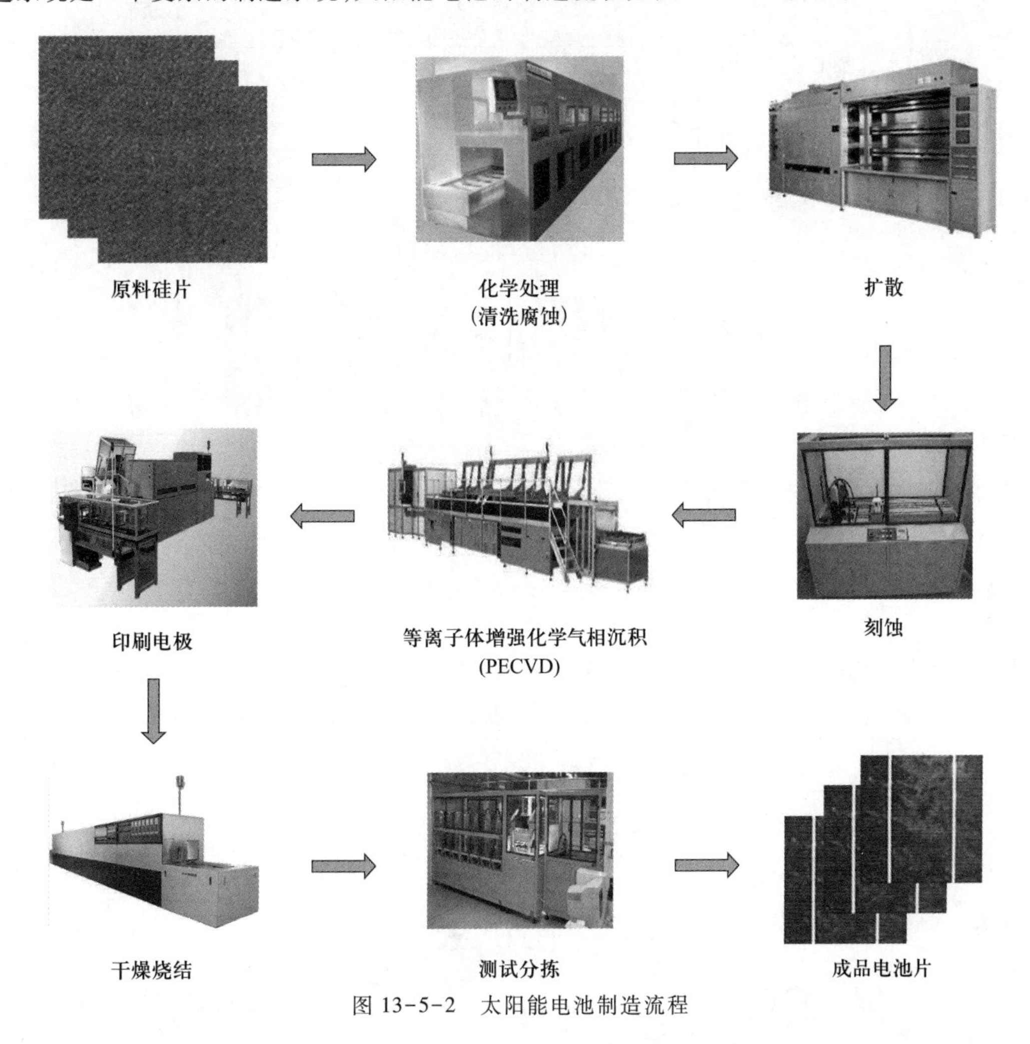

图 13-5-2　太阳能电池制造流程

为减小太阳能电池虚拟仿真制造系统建模的复杂性,提高模型的可重用性,需对太阳能电池制造系统进行层次分析,自顶向下将太阳能电池虚拟仿真制造系统依次划分为系统层、单元层和设备层。在层次化建模中,下层模型被看作是其上层模型的一部分,上下层模型之间的衔接决定着虚拟仿真中的物流、信息流和控制决策信息的准确传递,是层次化建模中的关键问题。一般认为,层次间的衔接需要从信息的输入、输出和加工这 3 个方面进行评价。

太阳能电池制造过程中,主要的等待时间集中在经常成为瓶颈的设备单元,因此,将这类设备单元作为关键,将其他的非关键设备单元作为无限能力处理,简化为固定的延时。由于太阳能电池制造的缓冲区和物料输送系统的设计能力大于在制品水平,可不考虑缓冲区和物料输送系统的能力约束。系统层的模型如图 13-5-3 所示。

太阳能电池虚拟仿真制造系统的单元层由若干个制造单元构成,有两种基本的组织形式:将工艺性能相似的制造资源加以聚合,得到的是具有并行机特点的并行单元;将具有工

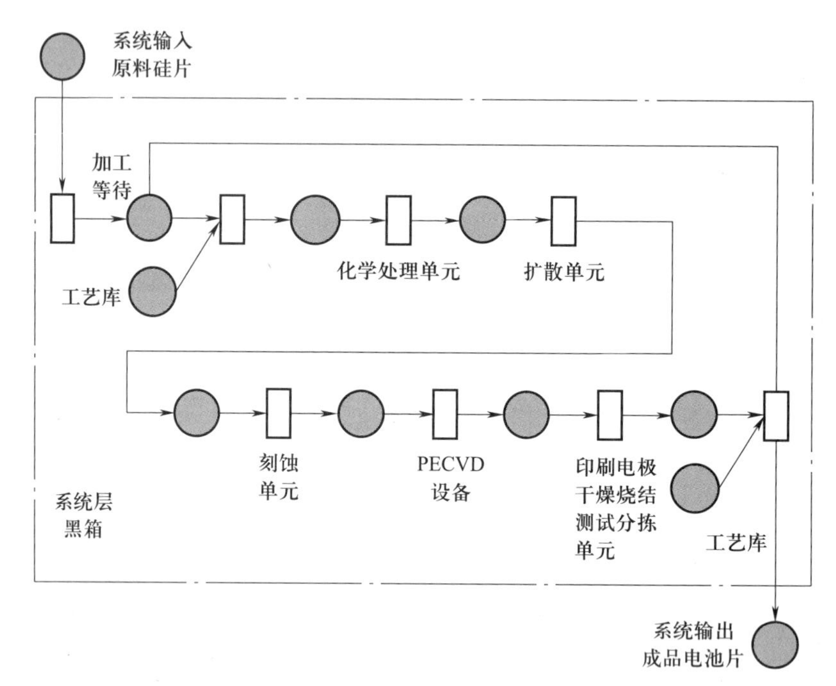

图 13-5-3　太阳能电池虚拟仿真制造系统系统层模型

艺紧密连续性的制造资源加以聚合,得到的是具有串行机特点的串行单元。图 13-5-4 所示是扩散并行单元层模型,图 13-5-5 所示的是印刷电极、干燥烧结、测试分拣串行单元层模型。

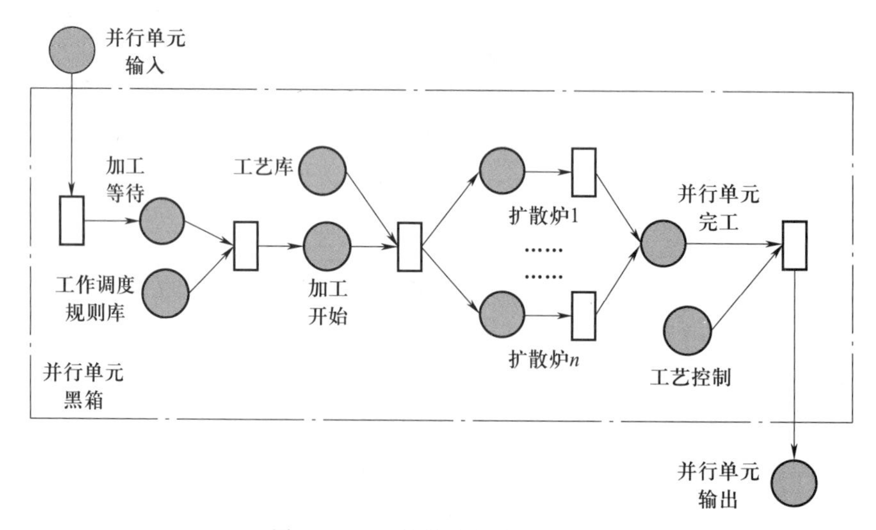

图 13-5-4　扩散并行单元层模型

太阳能电池虚拟仿真制造系统中,设备层是系统的基本元素,包括加工设备、缓冲区和搬运设备等。加工设备是设备层的核心,其虚拟仿真模型需要描述设备准备、加工与重加工、故障与维修等内部行为特性。太阳能电池的加工设备一般为批量加工设备。图 13-5-6 所示是 PECVD 设备层模型。

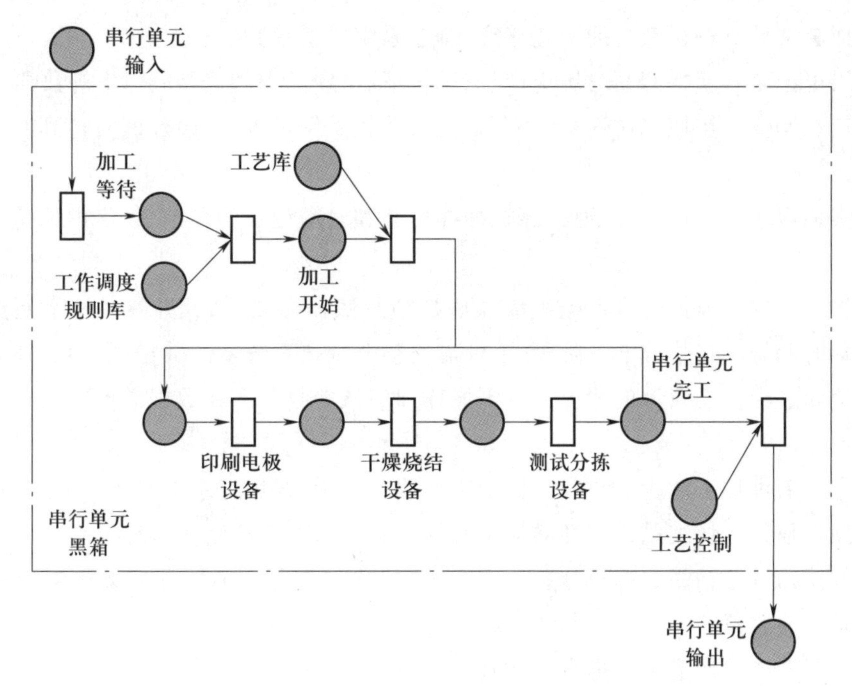

图 13-5-5　印刷电极、干燥烧结、测试分拣串行单元层模型

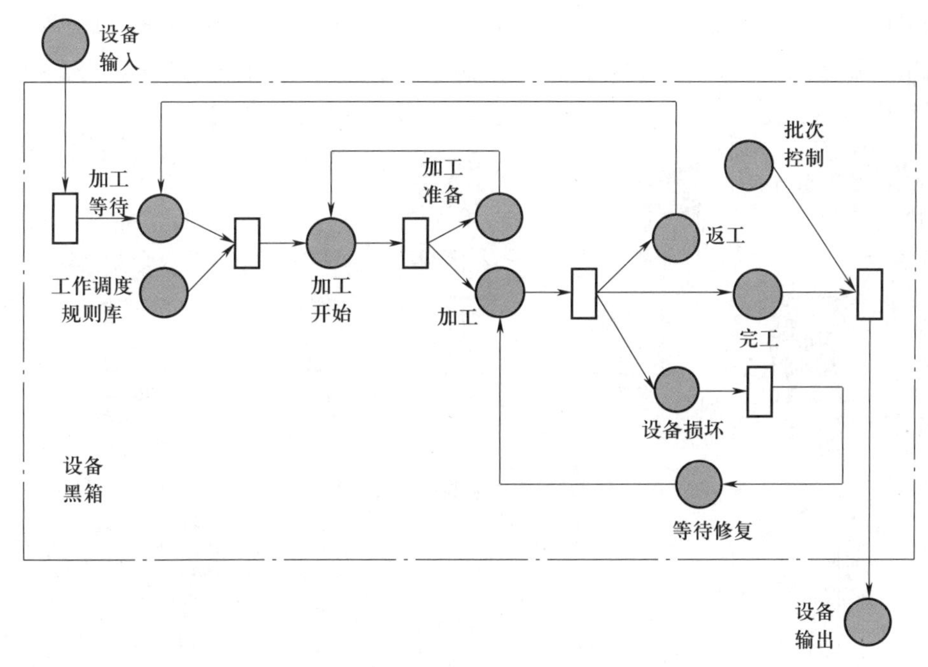

图 13-5-6　PECVD 设备层模型

2. 运行仿真的数据准备

数据是制造系统建模与仿真的基础，它在制造系统建模与仿真的过程中起到至关重要的指导和规范性作用。在准备数据的过程中，需要尽量充分地从不同的数据源得到有效的数据，包括配套文件、历史纪录、走访调查和实地观察。各种数据调研方法的具体实现如下：

(1) 配套文件。获得产品的工艺路线、制造系统类型等数据。

(2) 历史记录。获得产品的历史产量、销售情况、废品率和机器故障率等数据。

(3) 走访调查。实地采访现场工人、工程师及相关管理人员,通过询问得到有效的数据和信息。

(4) 实地观察。现场研究,通过随机抽样检查和时间记录的方法,收集虚拟仿真需要的信息。

在收集并确定了虚拟仿真数据组成和虚拟仿真数据源以后,就开展对整个制造系统虚拟仿真信息的调研。在数据准备阶段,不仅需要整合制造系统上的数据源信息,还要结合实际制造系统和虚拟仿真模型的情况进行更加详细信息的收集。在数据准备阶段中主要采用的流程如下:

(1) 定义工件加工流程。绘制工件加工步骤流程图,详细记录工件在工位间的流动。

(2) 操作描述。详细描述工件的加工时间、搬运方式、搬运路线与时间。

(3) 数据筛选。精简数据,剔除无用或意义不大的数据。有时还必须针对一些无法得到的数据做一些假设。

以对太阳能电池制造系统进行的实地调查为例,太阳能电池制造系统的虚拟仿真主要是对复杂制造装备(如 PECVD、扩散炉等)的虚拟仿真和对整个制造系统的虚拟仿真。虚拟仿真的目的在于确定设备的能力和运行情况,包括加工路线、资源的分配、物料的供应等。太阳能电池制造系统就是在这样紧密配合的环境下完成的。图 13-5-7 所示为太阳能电池制造系统虚拟仿真模型,图 13-5-8 所示为扩散单元层的虚拟仿真模型。

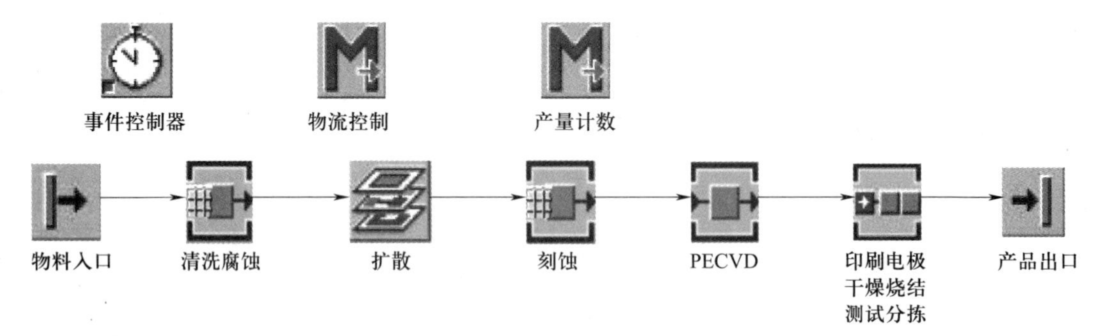

图 13-5-7　太阳能电池制造系统虚拟仿真模型

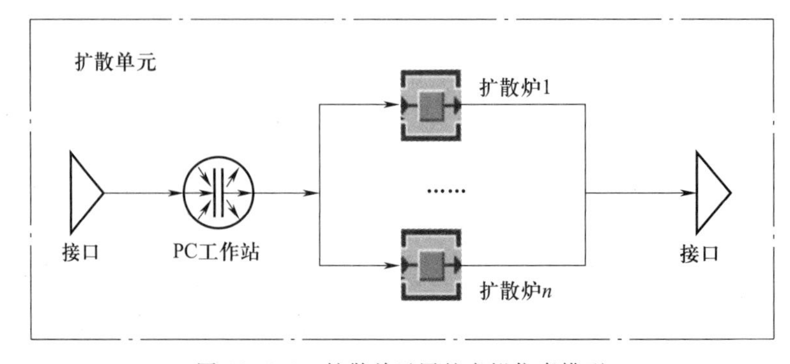

图 13-5-8　扩散单元层的虚拟仿真模型

太阳能电池制造系统十分复杂,存在许多不确定因素和随机情况,难以找到一种解析的模型和算法对其进行描述和分析。在此情况下,虚拟仿真方法就是一种行之有效的分析方法。通过虚拟仿真分析,可以真实地记录生产线制造过程的运行状态和属性变化,分析系统性能,判断瓶颈环节,优化资源配置,改进过程方案。虚拟仿真算法是虚拟仿真系统的核心部分,虚拟仿真过程中,虚拟仿真引擎将根据输入的不同模型元素选择不同的算法,进行调度执行。图 13-5-9 显示了太阳能电池制造系统的虚拟仿真流程。仿真运行时,仿真钟记录仿真时间,并利用事件调度机制推进仿真钟。仿真引擎要获取事件的时间和状态属性,计算仿真结果。处理逻辑模块时,根据它们的约束规则来决定后续分支流程。

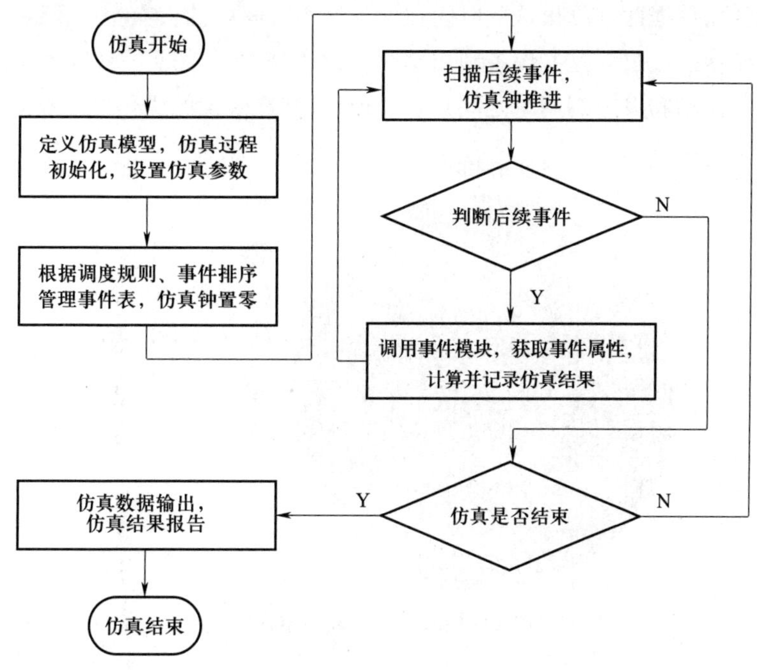

图 13-5-9　太阳能电池制造系统的虚拟仿真流程

3. 基于仿真结果的数据分析

基于仿真结果的数据分析包括以下方面:

(1) 可靠度分析

仿真系统与现实系统的吻合程度即仿真系统的可靠度,可靠度将直接影响现实系统布局规划的评估结果。因此需要采用定量的评估方法,将仿真系统与现实系统的运行结果进行对比和分析,以确定其可靠度。在仿真系统运行的输出结果中,生产时间、设备利用率、人员利用率这三项关键指标对现实系统的评估具有较大影响,并且这三项指标也较容易获得,因此对这三项指标采用定量分析法进行评估。假设仿真系统的可靠度为 R,其可由下式得到:

$$R = \left(1 - \frac{\sum_{i=1}^{n} \frac{|x_i - y_i|}{y_i}}{n} \right) \times 100\%$$

其中x_i为仿真系统的设备利用率、人员利用率和生产时间，y_i为现实系统中的这些数据。n为以固定生产时间为间隔的采样次数。对于计算结果，若 $R \geqslant 90\%$，说明此仿真系统的可靠度较高，可靠性较好，可以满足设计和生产需要；若 R 为 80%～90%，说明此仿真系统可靠性一般，数字模型和算法需要进行适当的修正；若 $R<80\%$，则说明此仿真系统的可靠性较差，数据采集或调度算法存在问题，难以作为现实系统的设计参考。

（2）设备利用率分析

在对制造系统进行仿真的基础上，采用数据采集和大数据统计的方法对加工流程中主要设备的利用情况进行统计计算。待统计的参数包括：加工时间、等待时间、阻塞时间、故障时间、闲置时间等，并据此计算出这些时间在设备使用时间中的占有率。不同的设备可以用不同的图标来显示。通过对这些设备利用率的统计和分析，如图 13-5-10 所示，可以有效评估出当前设备负荷率和设备利用率之间是否合理，为制造系统的优化提供理论依据。

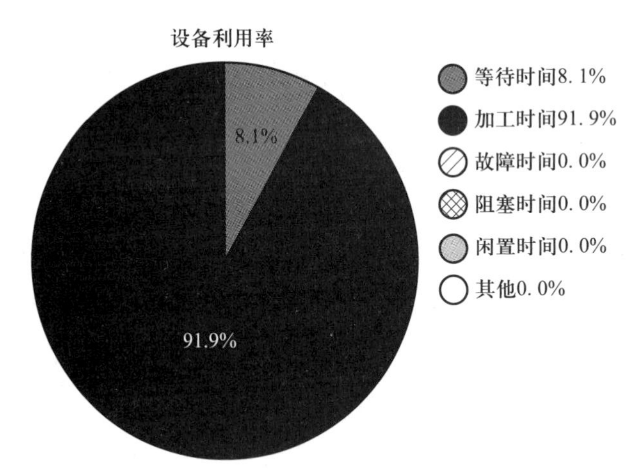

图 13-5-10　设备利用率评估

（3）瓶颈分析

生产线整体的生产能力往往取决于生产线上众多设备中能力最差的设备。这种制约了生产线整体生产能力的设备，即为该条生产线的“瓶颈”。只要扩大生产能力最小的设备的生产能力，就能打破原有的瓶颈，提高整个生产线的生产能力。目前确定生产工艺瓶颈的方法主要有以下几种：关键路径法、设备负荷率分析法、物流量统计法、基于仿真的瓶颈分析法。

采用基于仿真的瓶颈分析法，通常会从以下几个角度进行分析：

① 设备利用率。以设备的工作状态作为统计和分析对象，即工作时间占总时间的比例。

② 设备缓存区的备料数量。一般来说，设备缓存区的备料数量越多，说明该设备的加工能力跟不上生产需要的可能性越大。

③ 工序加工能力。以各种产品的成品作为分析对象，通过仿真模拟得到每种产品的最终数量，并进行分析。

制造系统的生产效率在很大程度上取决于关键工序，即瓶颈工位的生产能力。制造系统中存在瓶颈工位，限制了制造系统的产出速度，也影响了其他环节生产能力的发挥。任何人力不足、物流调度不及时、设备故障、信息阻滞等情况，都有可能使得当前环节成为瓶颈工位。瓶颈工位并非一成不变的，还可能发生“漂移”。这取决于在特定时间段内生产的产品或使用的人力和设备。瓶颈工位不仅造成工时损失、产品存滞，严重时甚至还可能造成整个生产中止。所以，找出制造系统瓶颈并针对性地采取措施，提高其生产能力，是进行制造系统优化的重中之重。

通过观察可以发现太阳能电池制造系统的瓶颈工位位于扩散单元，工件在这个单元上发生了堆积，限制了整个制造系统的产能。因此提高这个单元的生产能力就能提高整个制造系统的生产能力。针对这种情况，一般有若干种改进措施，如提高设备和工艺水平、提高工人的操作水平、适当改进工作地布置等。每一种措施都是着眼于时间而展开的。对于本案例中的太阳能电池制造系统，可以采取使用并行设备、提高工人的操作水平等措施来提高瓶颈工位的生产能力。

根据统计数据，在工业化高度发达的地区，生产过程中会有5%~10%的生产时间消耗在平衡延迟上。由于作业细分后，无论是在理论上还是在实际中，各个工序的作业时间都不可能完全相等。为了解决这种各工序间的不平衡现象，就必须对各工序的作业时间总量进行平均化，同时对作业过程进行标准化，以使制造系统能顺畅运作。制造系统平衡就是对生产的全部工序进行平均化，通过调整各作业负荷，使得每个作业时间尽可能相近。制造系统平衡的主要目的，就是使制造系统的生产过程从时间上得到优化，通俗地说就是以将每个工位的空闲时间降到最少为目标进行调整。通过发现问题、分析问题和改善问题，帮助制造系统达到一个更高的新的平衡。然后在新的条件下，再通过发现问题、分析问题和改善问题这一过程的反复迭代，达到极限提升生产效率的目的。制造系统平衡的具体步骤，首先是要对产品工艺步骤的先后顺序进行优化，这一般是由产品设计和生产工艺所确定的作业元素的先后顺序所决定的。在制造的作业顺序中，当且仅当一个作业元素的所有近前作业元素被分配完毕，这个作业元素才能被分配。

本例中基于ECRS法则（表13-5-1）对太阳能电池制造系统进行制造系统平衡优化。

表13-5-1　ECRS法则

符号	名称	具体操作
E	取消（Eliminate）	对于不合理、多余的动作或工序给予取消
C	合并（Combine）	对于用时少且简单的必要工序进行合并
R	重排（Rearrange）	经取消、合并后，根据制造系统逻辑进行重排
S	简化（Simplify）	经取消、合并、重排的工序，考虑设备替代

在ECRS法则的使用过程中，需要根据制造系统的实际情况进行优化。通过对制造系统进行平衡和优化，使得设备利用率趋向均匀，提高了制造系统效率。

制造系统物流配送是根据订单需要，按产品生产所需零部件的数量进行配送。对于不同类型的物料,对配送数量的准确性要求不一样,另外配送的经济性也不一样。在物流配送的调度中,有粗略配送和精确配送两种配送方式。

按照批量计划进行配送的物料或者有备料区的物料不需要精确计算配送量,因此采取粗略配送方式;精确配送则是按照产品需求量进行计算,按计划进行分解,将产品需求量转换为物料需求量、配送条件设计,并以此计算配送数量、批次和时间。

在现实太阳能电池制造系统中,采用粗略配送的方式进行物流调动,在虚拟仿真制造系统中的粗略配送调度算法流程如图 13-5-11 所示。

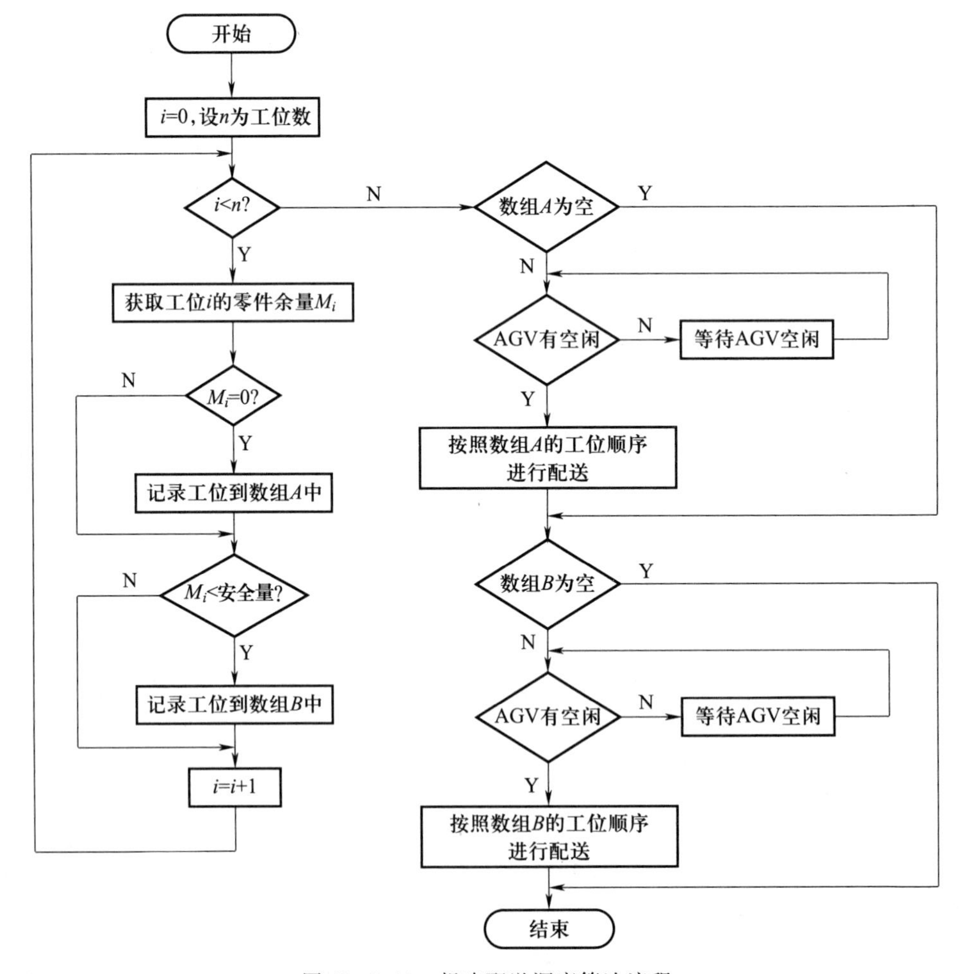

图 13-5-11 粗略配送调度算法流程

由于生产过程中设备的利用率存在一定的波动,有时还会出现设备故障,所以粗略配送往往满足不了制造系统高效运作的要求,需要在虚拟仿真物流的基础上进行精确配送。精确配送调度算法流程如图 13-5-12 所示。

粗略配送和精确配送的配合使用可以使制造系统资源利用率和制造系统效率达到最大。

一般来说,制造过程的量化分析主要包括时间、成本、产量、资源利用率和事务队列五个

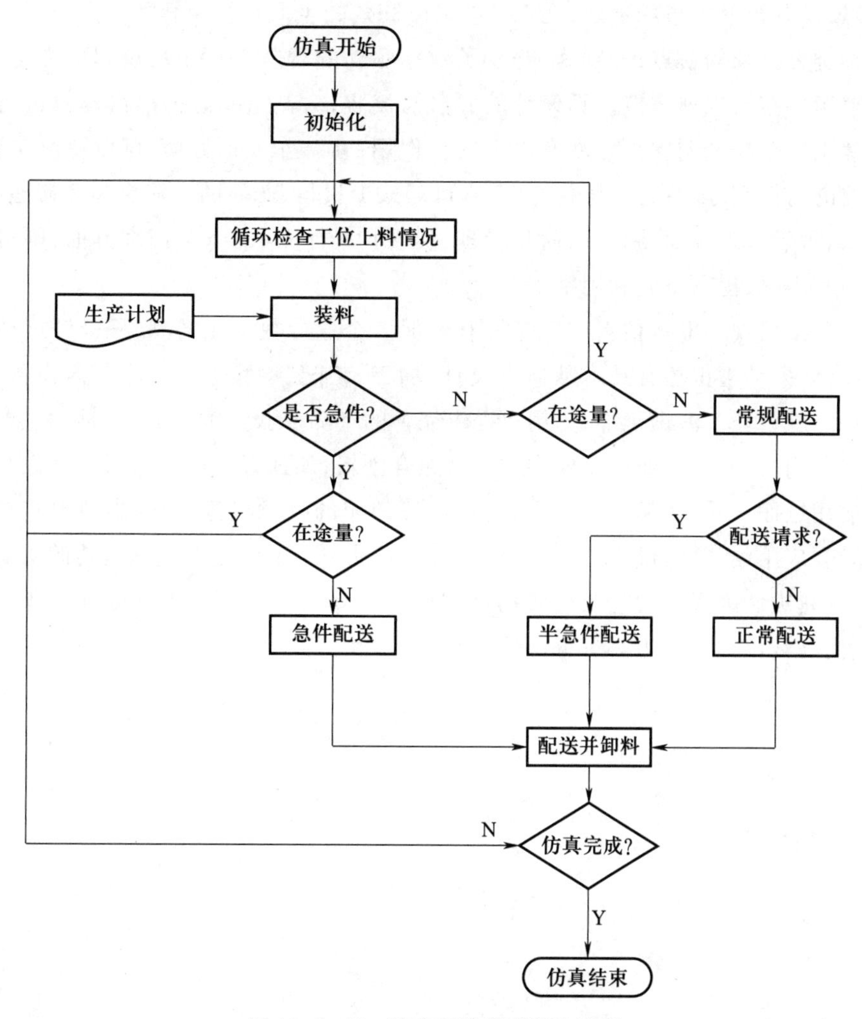

图 13-5-12　精确配送调度算法流程

性能指标。太阳能电池虚拟仿真制造系统的优化主要以时间指标为目标函数,兼顾其他指标。当分析所针对的对象不同时,时间量化指标的构成和含义也不同。制造过程的时间量化指标主要包括过程周期时间、过程执行时间、过程等待时间和过程非活动时间。活动单元的时间量化指标主要包括活动执行时间、活动等待时间和非活动时间。制造资源的时间量化指标主要包括资源工作时间、资源空闲时间、资源无效时间、资源非活动时间和资源利用率。

13.6　智慧工厂布局规划虚拟仿真的意义

结构决定功能,由于设计结构的差别,每一种产品所具备的功能也不尽相同。任何一个组织如果没有相应的组织架构就不会具备相应的业务功能,无法达到相应效率和产出相应效益。所以,没有合理的布局规划,就不可能造就高效的生产系统。智慧工厂布局规划虚拟仿真应用案例有三个创新点,分别为:开发了数据驱动的智慧工厂布局规划虚拟仿真软件,提出了智慧工厂布局规划虚拟仿真设计的方法与流程,对制造系统的层次建模进行了仿真优化。智慧工厂布局规划虚拟仿真有以下几个作用:在工作人员方面,可以提高工作热情,减少不必要的动作和走动;对于材料方面,则可以减少材料、产品的运输距离和搬运次数,减少中间制品;对于管理方面,则可以简化管理,实现均衡生产;对于利用率方面,则可以提高人和设备的利用率,提高空间利用率。

智慧工厂布局规划虚拟仿真应用能够有效促进企业的数字化转型,积极开展数字化智慧工厂建设,能推动虚拟仿真技术从研发设计、加工、装配、检验等生产环节向设备管理、远程诊断维护等服务环节渗透延伸,为用户提供完善的产品及服务解决方案,推动生产组织方式变革。与此同时,制造企业也需要注重技术融合创新,加强行业应用渗透。信息技术企业从服务与应用层面入手,凭借在云计算、传感器等领域的技术优势,加强虚拟现实技术在工业领域的融合应用创新。智慧工厂布局规划的好坏是一个工厂能否良好运转的决定性因素之一,而且是先决性因素。智慧工厂布局规划虚拟仿真的应用对于促进传统企业的数字化转型升级、提高其核心竞争力具有重要的意义。

模块十四　风扇叶片智能制造的虚拟仿真

风扇叶片(下文简称为叶片)是航空发动机最具代表性的重要零件,航空发动机的性能与它的发展密切相关,叶片失效是导致航空发动机发生故障的重要因素之一。初期的叶片材料为钛合金,具有实心、窄弦、带阻尼凸台结构。现今,叶片在材料、结构方面已改进许多。这些材料新、叶身长、叶弦宽、结构复杂的叶片的制造方法是非常复杂的。因此,叶片的制造始终是航空发动机的关键制造技术之一。航空发动机叶片常见的加工方法有电解加工、精密锻造和数控切削加工等。其中数控切削加工方法因具有较短的生产周期和良好的加工质量而成为中小批量叶片首选的加工方式。

随着多轴数控机床用于加工复杂曲面技术的不断成熟,叶片的制造方法也发生了重大变化,如今已开始采用精密数控加工技术加工叶片,不仅提高了叶片的精度,还大大缩短了叶片的制造周期。目前中国国内叶片制造厂商已普遍采用数控加工技术,但仅限于叶片半精加工,型面仍需留少许余量,叶片型面的最终精度仍然要靠抛光保证。美国等西方发达国家已经实现了叶片无余量数控加工。叶片无余量数控加工是指叶片最终精加工采用数控加工的方法,叶片抛光仅仅是为了去掉刀具加工痕迹,提高表面质面,叶片最终质量依靠数控精加工来保证,使用三坐标测量机测量叶片复杂型面的误差来进行误差控制,使叶片的制造周期大大缩短,制造质量得到有效的保证。

14.1　智能制造信息模型技术

智能制造信息模型的创建以基于模型的定义(Model Based Definition,简称 MBD)作为基础,MBD 技术是目前飞机制造行业推行的新一代产品定义方法,其核心是全三维的特征表述、并行协同的文档驱动模式、高度工程化等。MBD 技术改变了传统的由三维实体模型来描述几何形状信息,用二维工程图来定义尺寸、公差和工艺信息的分步产品数字化定义方法。同时,MBD 技术使三维模型作为生产制造过程中的唯一依据,改变了传统的以二维图为主,而以三维模型为辅的制造方法。

1. 工程语言的演变

在零件的设计、制造、检测等过程中需要详细的工程定义,而这些工程定义需要用到工程语言。随着科学技术的发展和信息化技术的不断应用,工程语言主要历经了以下演变过程:

第一代工程语言——手工绘图。主要是应用几何绘图原理,严格按照各类标准的投影规则和剖切规则将零部件的各部分几何信息和非几何信息在二维工程图中进行表达。在二维工程图的应用过程中,工程技术人员需要经历二维工程图转三维模型,然后三维模型再转二维工程图的过程,造成工作效率低下以及理解误差等问题,影响了产品的加工效率与质量。

第二代工程语言——计算机绘图。在该过程中,通过对计算机的应用逐步引入了计算机二维制图,由此减轻了部分劳动强度。随着三维技术的迅速发展,三维建模技术也逐步应用于工业中,因此,在加工制造中出现了以二维工程图为主、三维模型为辅的加工制造模式。但是在该过程中暴露出了众多问题,例如数据源非单一化、定义不规范等。

第三代工程语言——MBD 技术。航空工业是应用高科技和新技术最多的产业,其中在工程语言方面经历了以上两代语言的演变后,为有效解决现有工程语言表达的不足,提高工作效率,从 20 世纪 90 年代初开始,波音公司就开始通过应用三维软件从事对 777 型飞机的研制,然后在 737-NX 项目中继续推广数字化设计与数字化定义技术的使用,并在 787 客机的研制过程中采用了全新的工程语言。在工程运作工程中,采用全三维的定义方式,通过三维数据集中表达了所有的产品信息,完全取代了二维工程图的使用,即所谓的第三代工程语言——MBD 技术,如图 14-1-1 所示。

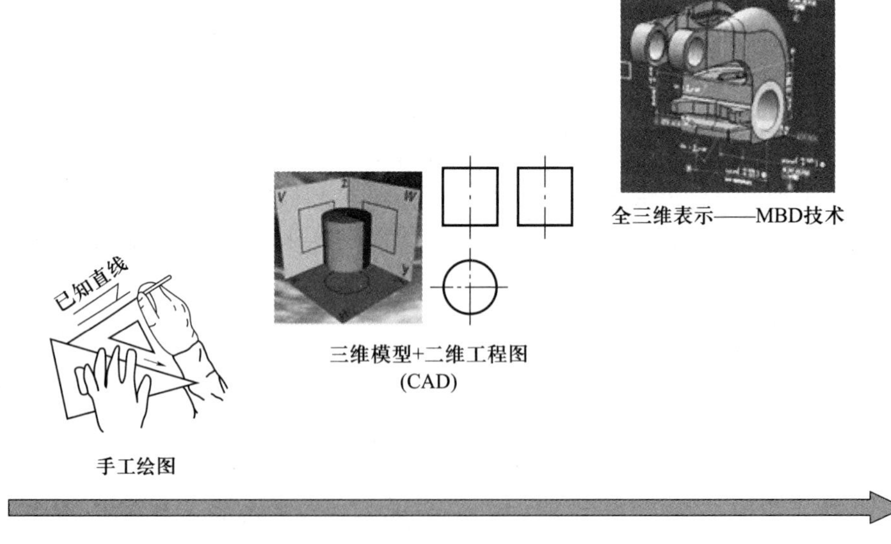

图 14-1-1　工程语言的演变

MBD 技术是一个用集成的三维模型来完整表达产品定义信息的方法体,即将制造信息和设计信息(三维尺寸标注及各种制造信息和产品结构信息)共同定义到产品的数字化三维模型中。随着 MBD 技术在航空、汽车等制造行业的广泛应用,由三维设计信息和三维产品制造信息定义的 MBD 模型成为制造的唯一依据。其主要核心思想为:全三维基于特征的表达方法,基于文档的过程驱动,融入知识工程、过程模拟和产品标准规范等。而且随着 3D 技术的发展,逐步将三维设计绘图应用于航空行业的设计领域,3D 技术的应用实现了零件的空间可视化,方便工作人员对零件结构进行构想。此前,在航空行业中零件生产制造往往以二维工程图为主,以三维模型为辅,在实际的生产过程中产生了一系列的问题,不利于提高工作人员的工作效率。基于 MBD 技术的三维模型作为传递产品信息的载体,实现了产品研发过程中各类数据的集成表达,可以有效解决上述二维工程图研发模式中的各类问题。因此,在飞机各类结构件以及其他功能件的研发制造过程中采用了 MBD 技术,以 MBD 数据集的方式全面表达各类零部件的设计信息、制造信息、质量信息、管理信息等各类属性。

实现产品从设计→工艺→制造→质量检测的每个环节的数据统一,并集成现有的产品数据管理(Product Data Management,简称 PDM)、企业资源计划(Enterprise Resource Planning,ERP)等系统,已成为当前产品智能制造的又一发展趋势。MBD 是一种新的基于 CAD 模型的产品全生命周期管理(Product Lifecycle Management,简称 PLM)策略。与传统 CAD 模型仅包含几何信息不同,MBD 策略将产品全生命周期的全部信息整合到 CAD 模型中,实现对各种产品信息的统一管理。MBD 模型是产品设计过程中输出的唯一结果,也是贯穿于产品全生命周期过程中的唯一数据源。它在完整、全面地描述产品信息和反映设计者意图的同时,保证下游各应用环节如产品的设计、制造、检验分别对应着设计 MBD 模型、加工工艺 MBD 模型以及质量 MBD 模型。

2. 设计 MBD 模型

产品的设计包括需求分析、概念设计和详细设计等阶段。设计部门根据需求分析对产品进行概念设计和详细设计,创建零件的三维模型。为了使三维模型作为生产制造过程中的唯一依据并贯穿产品的全生命周期,设计人员需根据一定的标准规范对零件三维模型标注产品制造信息,构建零件的设计 MBD 模型。设计 MBD 模型并不是三维模型与三维注释的简单堆积,设计 MBD 模型在充分表达零件几何结构特征的同时也包含了零件的加工制造信息,其中包括几何尺寸、几何公差、粗糙度、技术要求、属性信息、版权信息等等,如图 14-1-2所示。

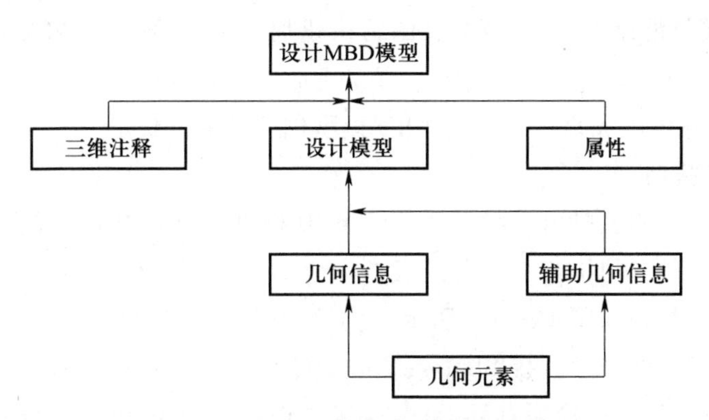

图 14-1-2　零件设计 MBD 模型的构成

3. 加工工艺 MBD 模型

设计部门发放的设计 MBD 模型是按照零件的功能进行定义的,仅包含了零件的最终几何模型及其工艺信息,并没有考虑零件制造的中间状态。而零件的加工过程通常是分阶段的,并且每个加工阶段都要定义相应的加工工艺信息(如加工公差),以保证零件的最终加工质量。同时,在零件的工艺规划过程当中,为了零件定位与制造装夹的方便,需要对原有设计模型进行修改。因此,设计部门发放的设计 MBD 模型很难直接用于车间生产指导,所以需在产品设计 MBD 模型的基础上创建加工工艺 MBD 模型。加工工艺 MBD 模型即加工工艺部门通过对设计 MBD 模型的引用而生成的包含各类加工工艺信息的模型,其中包括加工工艺的编制、刀具轨迹的创建、NC 代码的生成以及后处理等数据的添加。加工工艺 MBD 模型如图 14-1-3 所示。

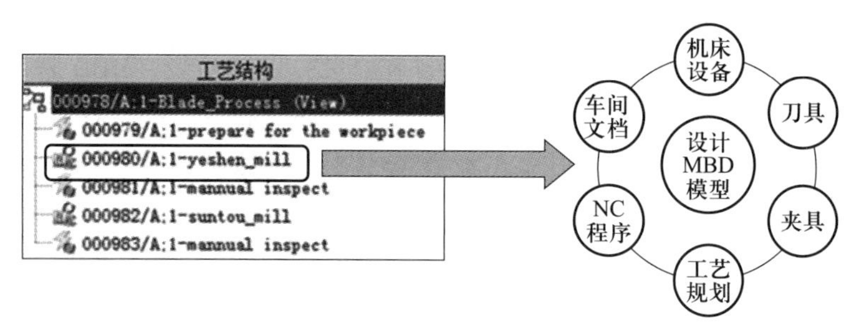

图 14-1-3　零件加工工艺 MBD 模型

加工工艺 MBD 模型的创建及管理需在 PDM 系统中进行,PDM 系统通过工作流的形式串联企业的各个部门,加工工艺人员从设计部门获得设计 MBD 模型后,根据模型的特征要求以及其他信息,结合企业的实际情况,合理地配置资源,对工件进行加工工艺制定。如图 14-1-3所示的零件加工工艺 MBD 模型,它通过工艺结构进行组织和管理,每道加工工序均是引用设计 MBD 模型,为其加载工艺资源来创建工艺信息所构成的。在加工工艺 MBD 模型创建过程中并不重复创建零件的三维模型,不违背单一数据源的原则。设计部门创建设计 MBD 模型并将其上传至数据库中,PDM 系统与企业制造系统相集成,已建立典型零件的加工工艺模板,加工工艺人员只需将零件的设计 MBD 模型发送到零件规划器,调用加工工艺模板从而生成与设计 MBD 模型关联的结构化加工工艺,再加载相关的加工工艺资源,调整加工工艺步骤,生成加工工艺信息,便可完成加工工艺 MBD 模型创建。可见三维工艺设计、CAM 数控程序的生成是加工工艺 MBD 模型创建的关键技术。

4. 质量 MBD 模型

零件的质量 MBD 模型是由引用零件设计 MBD 模型以及所创建的检测设置环境和检测路径,再经后处理所得到的检测文件所组成的完整的用于零件质量检测的数据集。零件质量 MBD 模型的组织结构如图 14-1-4 所示。质量 MBD 模型和加工工艺 MBD 模型相同,通过 PDM 系统进行组织和管理。在 PDM 系统中创建检测工艺结构,检测工艺结构根据检测特征的不同分成各个不同的检测过程,每个检测过程都包括完整的检测环境、检测资源、检测路径以及标准的检测文件。每个检测过程都可以实现对单个特征的质量控制。

整个质量 MBD 模型引用零件的设计 MBD 模型,为其加载检测设备,刀具、夹具以及探针等资源,将设计 MBD 模型限定在特定的检测环境中。然后通过链接设计 MBD 模型中的产品制造信息,自动识别零件的各特征,并自动选择检测方法生成针对特征的检测程序。通过对平面、圆柱、曲面、孔等基本特征的质量控制,来最终实现在制造过程中对产品质量的保证。

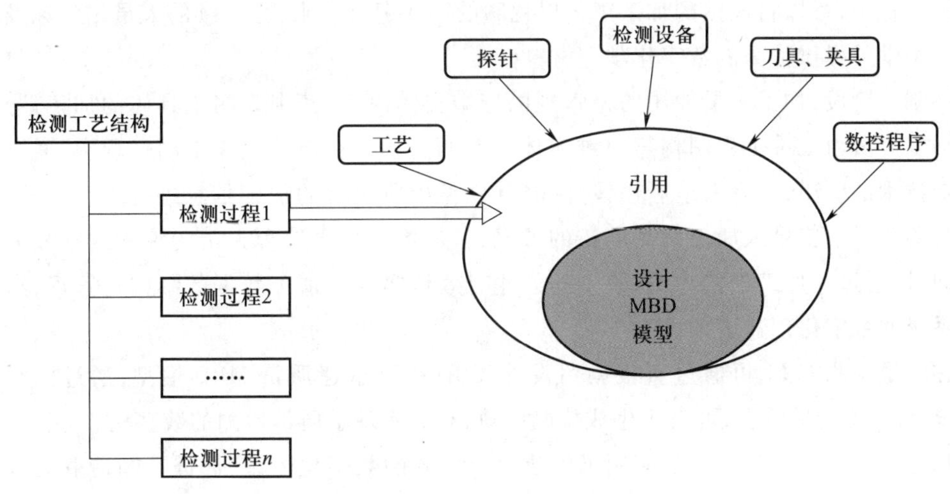

图 14-1-4　零件质量 MBD 模型

5. 设计 MBD 模型与加工工艺 MBD 模型、质量 MBD 模型的关系

在 MBD 技术的应用过程中，加工工艺 MBD 模型以及质量 MBD 模型是通过引用设计 MBD 模型而创建的装配体，由此实现了单一的数据源。在设计 MBD 模型中同样存在了加工信息和检测信息。在加工制造过程中，如出现加工问题，可及时地反馈至设计 MBD 模型；检测质量时可适时地将信息反馈至加工工艺部门和设计部门，及时将相关问题进行修正，由此实现了各部门的协同工作，有利于各部门之间协调性和产品质量的提高，如图 14-1-5 所示。

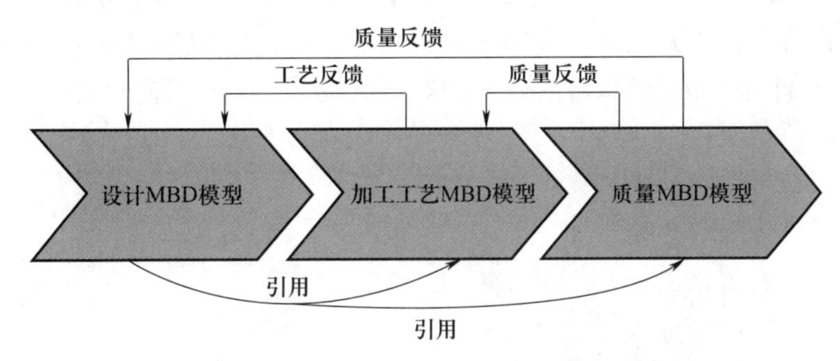

图 14-1-5　各 MBD 模型间的关系

6. MBD 技术的应用优势

MBD 技术是工程领域中的第三代工程语言，它改变了传统的以三维实体模型表达几何结构信息，以二维工程图表达制造信息的表达方式。其实施优势在设计、加工工艺编制、制造以及质量检测等领域均可得到有效体现。

在设计阶段，零件的设计完全由三维实体模型实现，进一步实现了 CAD 到 CAM 的集成，有效地避免了以往三维实体模型和二维工程图所出现的数据冗余现象以及三维实体模型和二维工程图之间信息不一致的问题。通过对 MBD 技术的应用方便了数据的有效管理。

在加工工艺编制阶段，加工工艺人员可以通过利用各类数字化信息直观地创建相应的加工工艺工序步骤，并且可对其进行仿真校验，提高加工工艺的可行性。同时，在创建加工工艺的过程中,可以将成熟的加工工艺以视频的形式记录下来,为后续的人员培训以及其他的新员工学习提供优秀的数字化学习材料。

在制造阶段,加工人员使用的是直观的三维实体模型,其中表明了具体的加工信息,减少了加工人员由二维工程图构想三维实体模型的过程。在刀轨程序编制过程中,通过对智能制造技术的应用,可有效地利用设计 MBD 模型中所包含的加工信息进行加工工艺推理。有效地避免了手工录入加工信息出错的情况,从整体上提高编程人员的编程效率和编程质量。同时,通过对加工工艺 MBD 模型的创建有效地实现了加工数据的结构化管理,给制造管理系统的数字化创造了条件。

在质量检测方面,可通过直接调用设计 MBD 模型创建质量 MBD 模型,通过比对设计 MBD 模型上的质量信息,可自动生成检测刀轨,有效实现了质量检测的数字化。

总之,通过对 MBD 技术的应用可构建一套完善的数字化体系,促进了制造业的数字化建设以及 CAD/CAM 与 PDM/PLM 的集成,同时有利于并行工程和协同的实现。

14.2　风扇叶片结构分析与智能制造信息模型

1. 叶片的结构分析

航空发动机主要由前端风扇、低压压气机、高压压气机、燃烧室和涡轮四大部件以及一些辅助系统(燃油系统、滑油系统、空气系统、电气系统、进排气边系统及轴承传力系统等)组成。风扇处于发动机的前端位置,由轴、风扇盘和叶片构成。航空发动机叶片主要由叶身和榫头两大部分组成,其中叶身可根据结构特征分为前缘、后缘、叶盆、叶背四部分,如图 14-2-1 所示。

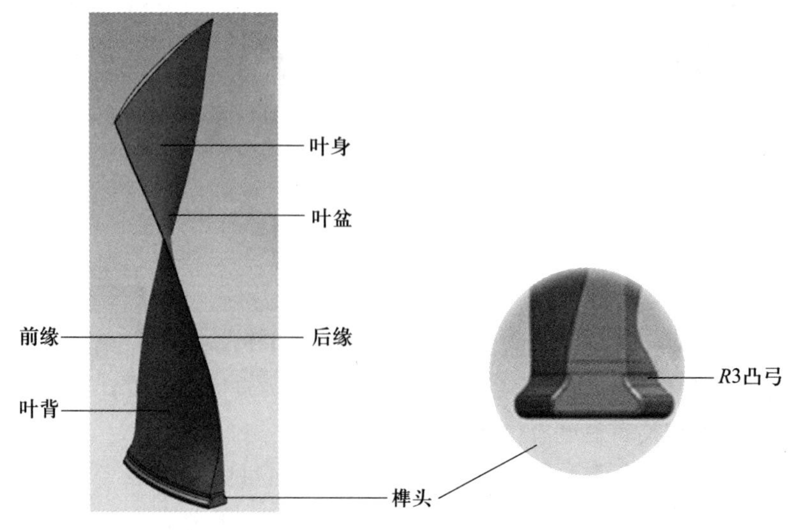

图 14-2-1　叶片的结构

图 14-2-1 所示叶片为一级钛合金风扇叶片,其结构和制造工艺特点如下:叶片属于典型的薄壁复杂曲面零件,其叶身长度为 340 mm, 宽度为 120 mm,进排气边厚度为 0.45～

0.85 mm，叶片进排气边圆弧半径为 0.23～0.45 mm，壁厚和长度之比为 1/400～1/200。叶片截面之间扭曲大，叶身的每个截面由叶盆、叶背两条样条曲线和进排气圆弧光顺拼接。为避免应力集中，对叶身曲面和榫头之间过渡光顺性要求很高。榫头部分轮廓精度达到 0.02 mm。从以上分析不难看出，叶片属薄壁零件，曲面精度高，结构元素和加工元素复杂，导致数控加工工艺复杂，编程难度明显很大。

智能制造信息模型主要包括三维模型、三维注释和属性三部分，如图 14-2-2 所示，具体可分解为零件的几何元素、零件的尺寸和公差标注、零件结构树几何定义、零件结构树标注定义、关键特征的标注、零件的注释说明、零件加工工艺过程所必须提供的产品描述性定义信息和装配定义。

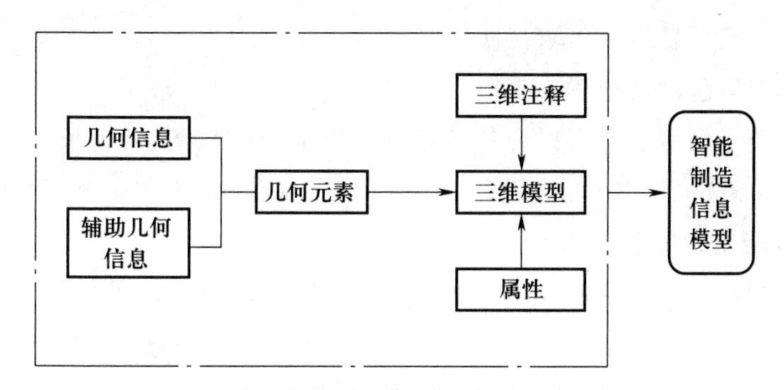

图 14-2-2　智能制造信息模型的结构

2. 智能制造信息模型创建标准规范

设计人员在创建智能制造信息模型时应遵循相应的规范和标准，例如 ISO、ASME 标准或相关行业标准，以便于所创建的智能制造信息模型被有效地利用。同时应对智能制造信息模型的创建环境进行规范设置，创建航空行业零件设计的种子文件，提高零件设计的效率，保证设计零件的规范统一。创建智能制造信息模型时应遵循的规范、标准通常包括以下几点：

（1）建模环境规范

一般在 NX 中创建模型时，应根据所创建模型的实际要求，对建模环境进行设置，包括各类公差、曲线精度、样条曲线阶次、曲线啮合精度以及公差标准等。对此在企业内部可根据自身需要创建相应的种子文件以便于使用。

（2）图层设置规范

在 NX 软件中使用图层对各类信息进行分类存储，有利于对相关信息的快速查看与隐藏。当模型包含大量信息时，通过使用图层，可以使智能制造信息模型中的产品制造信息条理清晰、层次分明，增强智能制造信息模型的合理性并最终提高零件设计的工作效率。在智能制造信息模型中包括各类辅助基准面/轴、草图、几何尺寸、实体特征、工具片体、所有权、技术注释等信息，通过按规范设置的图层来分类存储各类信息。

（3）引用集规范

在智能制造信息模型技术的应用过程中，智能制造信息模型不仅仅用于制造以及质量分析，同时可用于各类结构的展示、尺寸的分析以及各类装配的使用中，因此应在相应的种子文件中创建相应的引用集以便于后续工作的顺利开展。

(4) 视图规范

在 NX 建模环境中创建智能制造信息模型时,可对该模型创建各类视图(模型视图和摄像视图),以利于展示设计模型的特征,方便智能制造信息的标注。同时将智能制造信息分别标于不同的视图,从而有效地避免了视图信息的复杂性,利于阅读。对于模型视图和摄像视图的命名应遵守一定的规范,以便于对智能制造信息的管理。

(5) 标注规范

在 NX 中对智能制造信息模型的制造信息所进行的标注应布局合理,清晰明确,同时应确保相关的加工信息与对应的模型结构特征相关联,以使在后续的制造和质量检验环节可以顺利地对产品制造信息进行提取与使用。

(6) 辅助几何信息命名规范

在智能制造信息模型中使用到的各类辅助基准面/轴、草图、几何尺寸、实体特征、工具片体等辅助几何信息应有统一的命名规范,以和智能制造信息模型的几何特征相区别。

3. 叶片的智能制造信息模型

叶片的智能制造信息模型包含了叶片全制造信息,如图 14-2-3 所示,包括几何尺寸、公差、属性、技术要求等所有在二维工程图中可以表达出的产品信息。并使用统一的标准来规范表达这些信息,使产品制造信息布局合理、清晰明确。通过模型视图和摄像视图来展示设计模型的局部产品信息,使产品制造信息层次分明、利于阅读。使用引用集使智能制造信息模型更好地在各类结构的展示、尺寸的分析以及各类装配中使用。使用图层对各类信息进行分类存储,有利于对相关信息的快速查看与隐藏。

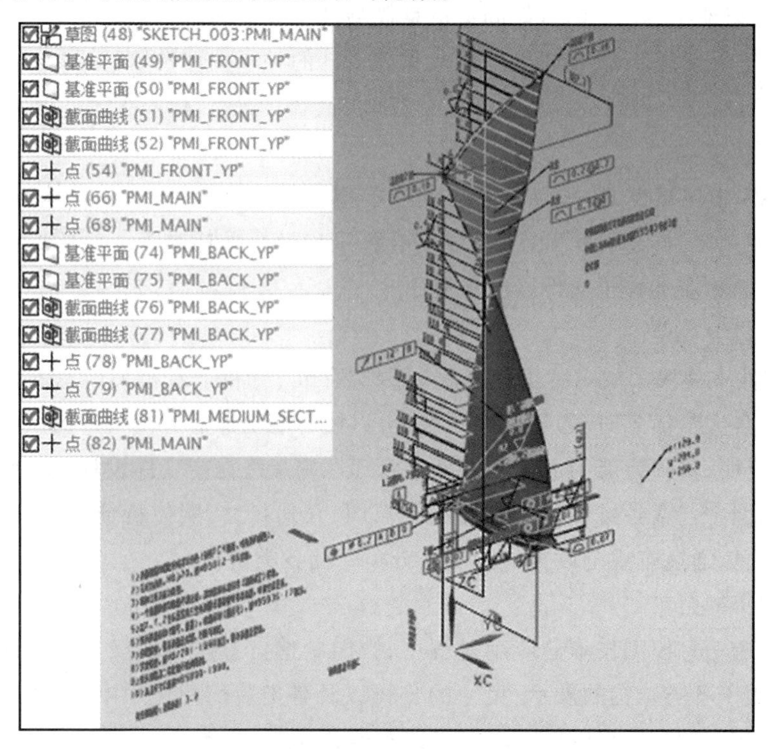

图 14-2-3 叶片智能制造信息模型

零件的智能制造信息模型包含了零件二维工程图中所有的产品信息。随着智能制造信息模型技术的应用和普及,零件的智能制造信息模型必将取代二维工程图,成为产品设计制造过程中的唯一依据。设计人员构建完成零件的智能制造信息模型后,将其上传至服务器,使其成为唯一的产品数据源。工程技术人员通过企业内部网络,依据自身权限从服务器下载智能制造信息模型的相关产品信息,可以方便、快捷地进行查看及使用。这种方式有利于企业对产品信息进行归档,单一数据源又提高了产品数据的重用性,同时也避免了产品数据在各部门的传递过程中所造成的误差和分歧。智能制造信息模型将产品的制造信息作为产品部件的固有属性附着在三维模型中,为后续的智能制造奠定了基础。基于特征的加工和基于三坐标测量技术的质量检测程序的编制都需要从智能制造信息模型中读取产品的制造信息。此时创建的叶片智能制造信息模型,可以直接用于后续叶片的智能制造。

14.3　基于特征的智能制造

1. 基于特征的制造技术

基于特征的制造(Feature-Based Manufacturing,简称 FBM)是目前 CAM 软件中的一种新的制造操作创建方式。通过将被加工特征与加工知识库中的识别规则和加工规则进行比对,实现特征的识别以及工艺的自动创建。FBM 的顺利应用以加工知识库作为支撑。随着参数化特征造型技术的不断完善和发展,基于特征的刀具轨迹生成方法使数控编程人员不再对那些低层次的几何信息如点、线、面、实体进行操作,而转变为直接对符合工程技术人员习惯的特征进行数控编程,大大提高了编程效率。采用基于特征的制造技术消除了实体零件铣削和钻削编程操作中所涉及的特征识别的手动工艺流程,是实现自动数控编程的一种有效方法和手段。

加工几何特征可以看成是一组具有特定属性的实体,它反映了一个实际工程零件或部件的特定几何形状和特定工艺要求。基于加工几何特征的数控自动编程技术是当前 CAD/CAM 领域研究的技术难题,近十年来,对特征技术的研究不断深入并在实际生产设计中得到了一定范围的应用。基于特征的制造技术以零件模型中的特征作为操作对象,实现对其加工方式的自动创建以及加工资源的自动添加,该过程主要涉及特征的识别、加工资源的创建、加工方式的创建、切削参数的赋值、刀轨的生成、刀轨的仿真、刀轨的后处理以及车间文档的生成等过程。其中特征的识别、加工资源的创建、加工方式的创建以及切削参数的赋值以加工数据库为基础,通过对加工数据库的使用实现了以上过程的自动化与智能化,如图 14-3-1 所示。

基于特征的制造的顺利实现是在一定的操作环境下完成的,该环境中应包含合适的加工方式,例如型腔铣或固定轴铣。在此技术应用中,对于加工环境的定义是通过加工操作模板集来实现的。加工操作模板集由数个加工文件构成,在每个文件中定义了相应的加工方式、程序组、几何体类型、坐标系类型等对象。在基于特征的制造过程中,通过在后续的逻辑推理中实现对相应加工方式的自动调取,从而实现加工方式的自动创建。

基于特征的制造流程（上）

基于特征的制造流程（中）

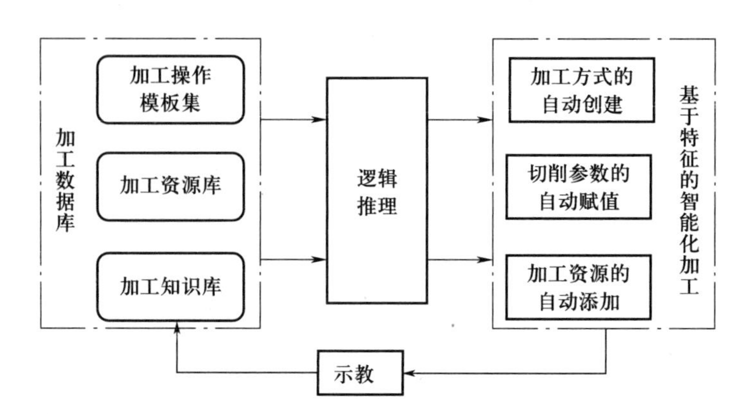

图 14-3-1 基于特征的制造流程

基于特征的制造流程（下）

加工资源库由多个定义加工资源的文件组成，其中所涉及的加工资源包括刀具、夹具、机床等信息，相对应的加工资源库包括刀具库、夹具库、机床库。在每一个库中定义了相应的加工资源参数、几何模型等信息。例如，在刀具库中可分别定义不同种类的刀具（立铣刀、球头铣刀、外圆车刀等），并针对不同的刀具定义不同的属性，例如，对于球头铣刀可分别定义球直径 D、锥角 β、长度 L、刀刃长度 FL，如图 14-3-2所示。

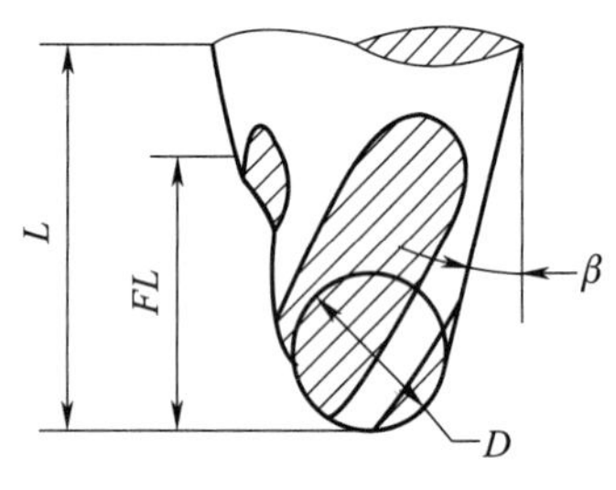

图 14-3-2 球头铣刀

在加工知识库中定义了智能制造过程所用到的相关信息，包括：

（1）特征库。主要存储了相关特征的属性、拓扑结构等信息。

（2）规则库。主要包括特征识别规则库、特征映射规则库以及加工规则库。

（3）加工操作库。主要是以链接的方式，实现对加工操作模板集中的有关加工操作类型进行调用与关联。

（4）加工资源库。其定义方式同加工操作库，同样是以链接的形式呈现在加工知识库中。

基于特征的制造技术的使用主要是通过查找特征（特征识别）和创建特征工艺两个步骤完成。特征识别主要是指通过对零件模型进行搜索，查找与特征库中相匹配的特征类型，然后将其列出，完成对目标零件模型的特征查找。

特征映射规则库将标准的可识别的特征映射至自定义的特征，或将自定义的特征映射至标准特征中。当公司内部有成熟的 FBM 加工工艺时，并且希望利用该工艺来加工按照公司标准创建的零件时，或者希望利用标准的工艺来加工其他自定义特征时，可利用特征映射功能来实现。由于特征映射规则主要是实现不同特征之间的映射，因此其中不包括对加工资源的筛选与定义。

加工规则库主要是在对特征库中的不同特征创建加工工艺时所需满足的条件进行定义的。在加工规则的应用过程中，除与相应特征相对应外，对加工规则的应用条件需做出相关规定，其中的应用条件包括规则的应用条件、输入特征的属性、刀具属性、操作属性四方面内容。只有以上四个方面的内容全部符合应用条件,该加工规则才能被成功应用。同时可对该规则中所应用的常量、适用的毛坯材料、适用的机床类型以及其他附加条件进行定义。在附加条件中可定义以下内容:断削钻周期、所有操作属性中的知识融接参数、非切削运动、型腔铣的切削层以及用户定义事件。

完成对加工数据库的定义后,在基于特征的制造技术应用过程中,用户可通过查找特征,快速地完成对待加工模型的特征筛选,然后选择已识别的特征,通过提取加工知识库中的加工规则库内容,对已识别的特征进行工艺创建。在工艺创建的过程中,主要是对特征类型以及加工制造信息进行比对。如果满足条件,则可实现加工工艺的自动创建。其操作步骤如图 14-3-3 所示。

图 14-3-3　基于特征的制造技术操作步骤

同时,在应用基于特征的制造技术时,其特征库以及加工规则库的内容是有限的。为实现对加工数据库的补充,在实际应用过程中,应用人员一方面可通过“示教”实现对特征库内容的添加以及加工规则的自动生成;另一方面可通过特有的加工知识编辑器对加工知识进行编辑更改。以上方式的应用有效地避免了现有加工数据库操作烦琐性的问题。

叶片的智能制造主要通过 FBM 技术来实现。FBM 通过使用 NX 系统中现有的加工知识库和用户自定义的加工知识库,实现对某些几何特征的识别和加工工艺的自动创建。在 NX 现有的加工知识库中,已定义了一般模具中比较常见的孔、槽、面等特征的识别规则和加工规则,可实现对这些特征的快速识别与加工操作的自动创建。同时用户可根据自身需要对加工知识库进行编辑,将一些特定特征的识别规则和加工规则添加到加工知识库中,实现对用户自定义特征的快速识别和加工操作的自动创建。图 14-3-4 所示为 FBM 技术方案。

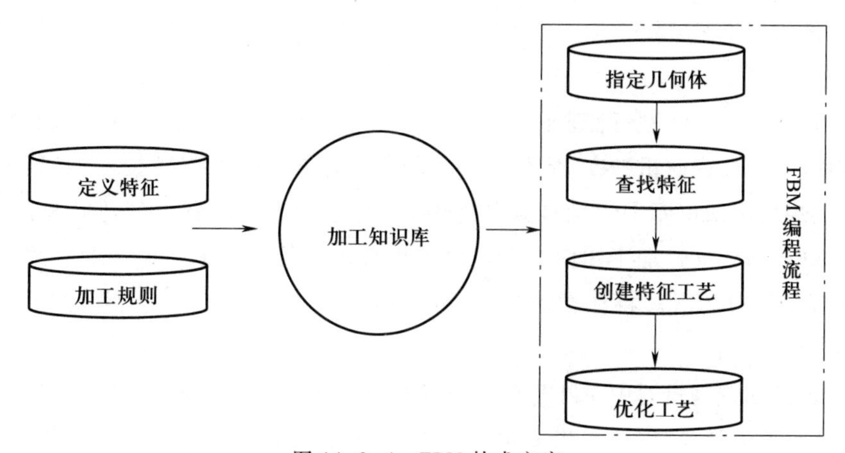

图 14-3-4　FBM 技术方案

叶片可被划分为典型特征,如叶盆、叶背、前缘、后缘等特征。特征的定义可以分为两部分,一是对特征识别规则的定义,二是对特征加工规则的定义。首先使用加工知识编辑器编辑各个特征的识别规则,将其定义到加工知识库中;然后加工知识编辑器再将针对该特征的加工工艺固化在加工知识库中,再定制加工规则。加工规则包括规则名称、操作类、优先级、刀具、输入特征类型、输出特征类型以及该规则的应用条件、应用特征的材料、机床类型等信息。

FBM 的应用改变了编程人员的编程方式,提高了编程的效率。如图 14-3-4 所示,进入编程流程后,编程人员只需指定几何体→查找特征→创建特征工艺→优化工艺四个步骤,便完成对加工操作的自动创建。

2. 风扇叶片识别规则和加工规则的定义

智能制造信息模型在基于特征的制造中的顺利应用一方面取决于加工知识库的合理制定,另一方面也取决于智能制造信息模型创建的规范性。例如,在智能制造信息模型中标注某特征的表面粗糙度时,应确保该表面粗糙度与该特征实现关联,只有标注与特征之间实现关联,在基于特征的制造过程中才能有效地将智能制造信息模型中的特征及其属性进行识别并以此创建合适的加工工艺。

基于特征的制造过程中对特征的定义并非是针对整个叶片的,而是对叶片的特征进行分解,将不同的特征进行分类,然后读取附着在特征上的产品制造信息。再根据产品制造信息定义特征的识别规则和加工规则,将其分别存储于加工知识库中。其一般步骤为:在加工知识库中创建该类特征的识别规则→将成熟的加工工艺以规则的方式存储于加工知识库中→对加工知识库进行编辑优化。编写加工规则时可有效地利用智能制造信息模型中所包含的加工信息,例如在智能制造信息模型中包含一待加工孔,可根据此孔所标注的直径大小选择刀具尺寸,根据孔表面所标注的表面粗糙度值来决定该孔的加工是采用普通钻头、扩孔钻、铰孔还是镗孔等加工手段。

叶片的加工编程对编程者的技术水平要求较高,只有具备丰富编程经验的技术人员才能编制出合理有效的程序。为了实现企业内部加工知识的共享,提高复杂零件的编程效率,可以将成熟的加工工艺存储在加工知识库中,通过 FBM 技术,使成熟的加工工艺在特征加工中重复使用。

现以叶片叶身中的叶盆特征来说明识别规则和加工规则的定义。在叶片的智能制造信息模型中对叶身标注表面粗糙度 Ra 值为 0.4 的三维注释,采用 FBM 技术加工叶身的叶盆时,应首先实现加工知识库中识别规则的定制,在加工知识编辑器中创建叶身的识别规则(YESHEN_YEPEN),通过加工知识编辑器可看出该规则的定义主要由三部分组成:规则名(Name:YESHEN_YEPEN)、特征类名(Feature class:YESHEN_YEPEN)、优先级(Priority:1.0),如图 14-3-5 所示。

然后在加工知识编辑器中对叶身创建加工规则,在编写之前应首先确定有效的加工方式,比如该叶片的毛坯为铸件,一般对叶片的加工采用粗加工、半精加工、精加工的加工方式,为此在加工知识编辑器中编写所对应的三道工序的加工规则(YESHEN_YEPEN_ROUGH_YESHEN_YEPEN、YESHEN_YEPEN_SEMI_FINISH_YESHEN_YEPEN、YESHEN_YEPEN_FINISH_YESHEN_YEPEN),分别对应叶身叶盆特征的粗加工、半精加工、精加工的

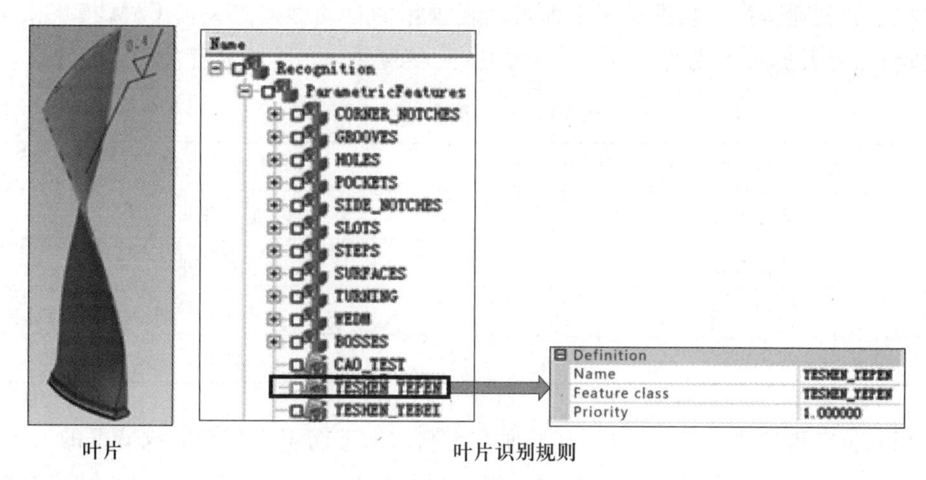

叶片　　　　叶片识别规则

图 14-3-5　叶身识别规则

加工规则,如图 14-3-6 所示。各条加工规则的定义包含规则名(Name)、操作类型[OperationClass(oper.)]、优先级(Priority)、输入特征[InputFeature(lwf)]、输出特征[Output Feature(mwf)]、刀具类[Resources(tool)]以及该规则的执行条件等内容。例如,半精加工采用的刀具类为 Ball Mill(non indexable),对刀具的尺寸要求为刀具直径小于等于 25 mm,切削刃长度大于等于 40 mm,如图 14-3-6 所示。其中将表面粗糙度 *Ra* 值为 0.4 作为该规则应用的条件之一,如图 14-3-6 中被标出加粗下画线的语句。

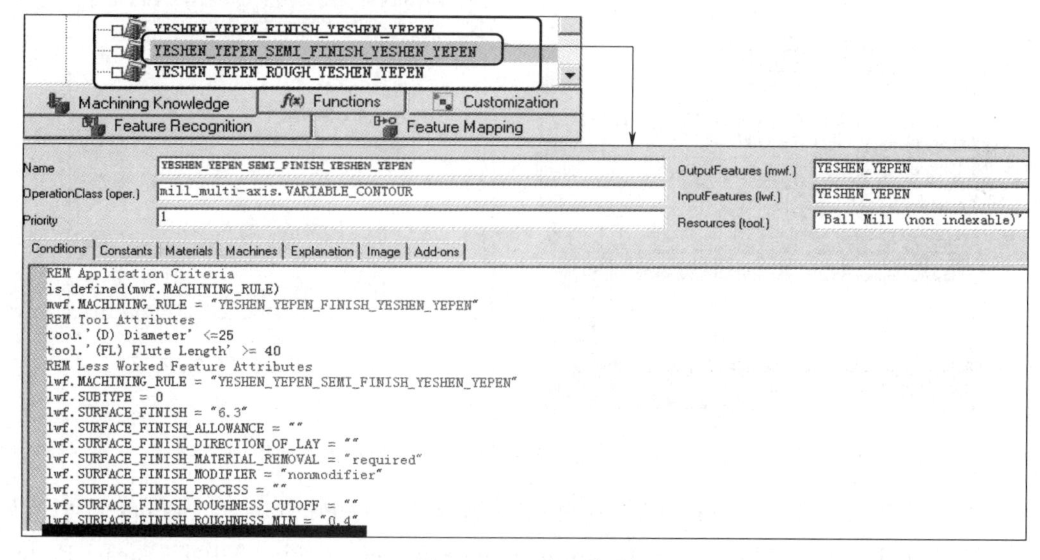

图 14-3-6　加工规则

3. 叶片的智能编程流程

使用基于特征的制造(FBM)技术进行特征编程将改变传统的编程方式。在表 14-3-1 中将一般的 CAM 编程和 FBM 编程的流程作了简单对比,从表中可以看出 FBM 编程操作简单,效率大大优于一般的 CAM 编程。FBM 编程的流程为:首先,编程人员指定工件,然后通过查找特征和创建特征流程两个指令即可实现操作的自动创建，NX 的 CAM 模块便会自动生成刀轨，编程人员对生成的刀轨进行调整优化，便可快速地生成特征的加工程序。

表 14-3-1　程序过程比较

CAM 编程过程	FBM 编程过程
1. 指定工件	1. 指定工件
2. 创建加工方法	2. 查找特征
3. 创建工具	3. 创建特征流程
4. 创建操作	4. 优化

编程人员在创建零件的加工操作时，通过定制的加工知识库自动完成特征的工艺创建，其创建的依据是通过判断特征的拓扑关系以及所标注的产品制造信息，即通过读取智能制造信息模型中的有效数据进行推理判断，完成工艺的自动创建，从而实现基于智能制造信息模型的数控编程。

在刀轨程序编制过程中，需选择合适的加工模板。首先选定之前已定义的加工规则，然后查找特征，完成对叶盆的识别后，即可看到已识别的叶盆特征，如图 14-3-7 所示。

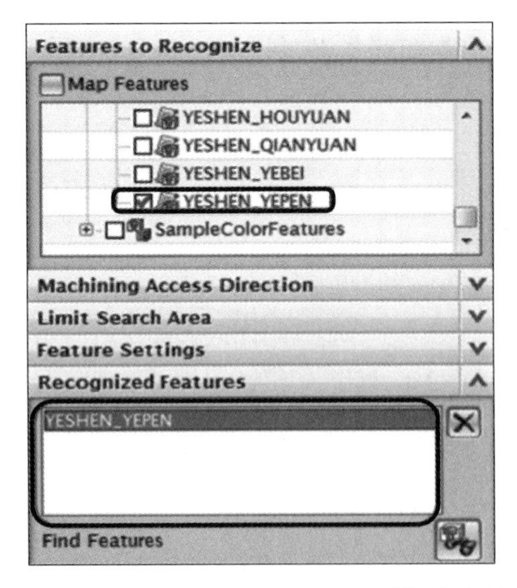

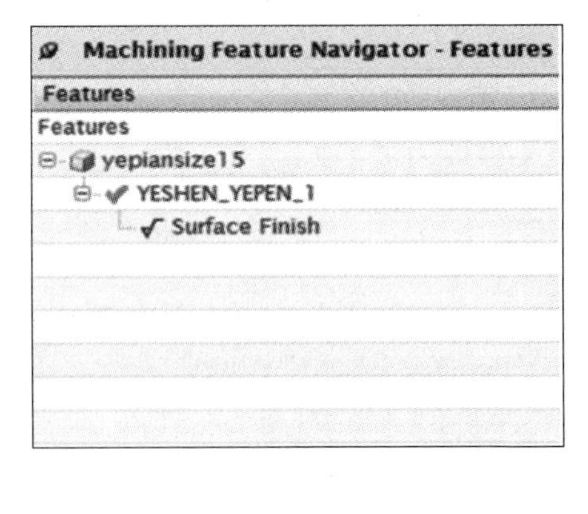

图 14-3-7　特征识别

对已识别的特征创建加工操作时，通过在“Machining Feature Navigator-Features”中所列的特征名上单击右键，在菜单中选择“Create Feature Process”命令，将弹出“Create Feature Process”（创建特征工艺）对话框，选择合适的工艺类型后单击“确定”按钮即可完成叶身工艺的自动创建，如图 14-3-8 所示。所创建的加工工艺同时具备之前在加工知识库中定义的各类加工参数，避免了工程人员的重复性输入。

在加工知识库的帮助下，编程人员可快速完成工艺的创建。以智能制造信息模型中所包含的各类信息作为基础，将其以加工知识的形式组织在加工知识库中，通过此方式有效地利用了智

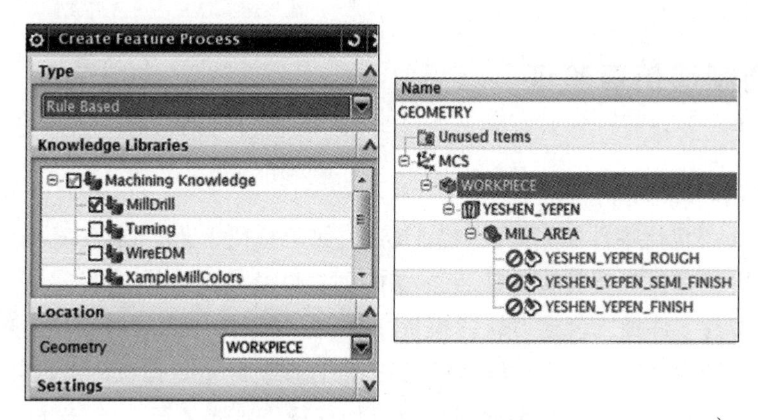

图 14-3-8　创建工艺特征识别

能制造信息模型中的相关信息,改变了工程人员的工作方式,提高了工程人员的工作效率。

刀轨生成后,可以对生成的刀轨进行可视化验证,以确认刀轨是否符合要求,以及是否发生碰撞和干涉,以便及时地修改加工参数,优化刀轨。选中创建的刀轨,然后选择工具栏中的"确认刀轨"按钮,弹出"Tool Path Visualization"(刀轨可视化)对话框,如图 14-3-9 所示,即可对刀轨进行可视化验证。

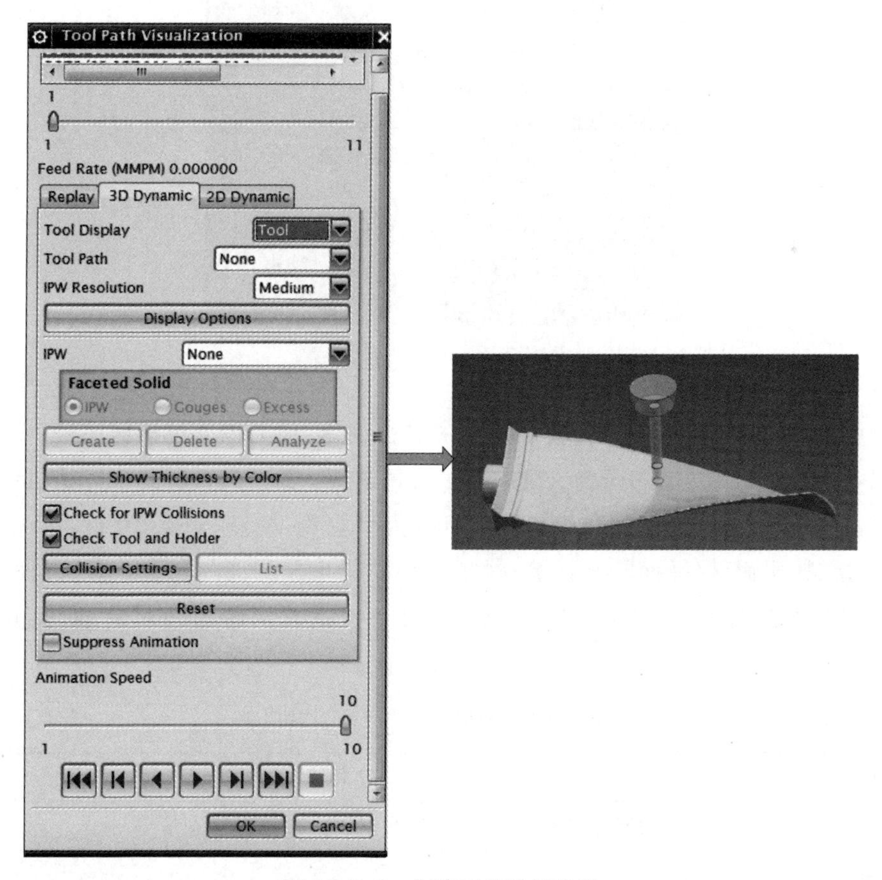

图 14-3-9　创建工艺特征识别

14.4　智能制造仿真验证

1. 智能制造的定义

FBM 技术主要包括零件加工定义、特征查找、创建特征工艺、刀轨仿真等内容。其中零件加工定义主要包括加工环境的创建、坐标系的创建以及几何体的定义。

加工环境即为零件加工创建刀轨的模板文件，在对零件加工的加工环境进行创建时可根据实际加工环境为其定义装配环境，将待加工件直接装配至目标机床上进行加工，使加工更为逼真，如图 14-4-1 所示。同时也可以仅对加工操作方式进行定义，此方法操作简单，但因缺少机床、夹具等内容，因此不能实现机床仿真。

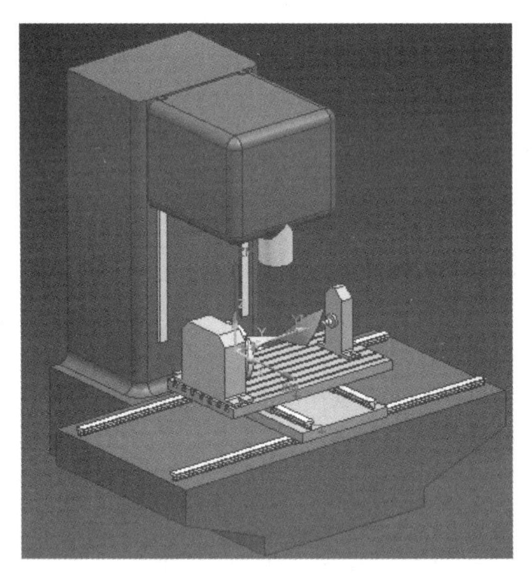

图 14-4-1　加工装配环境

一般加工环境需结合待加工件的加工需求进行创建，加工环境包括程序组、加工方法、加工方式等。其中加工方式可分为铣削、车削、线切割等。对于每一种加工方式可针对加工对象及其方法进行进一步的划分，例如铣削可分为型腔铣、插铣、轮廓 3D 铣、实体轮廓 3D 铣、可变轮廓铣、平面铣、平面轮廓铣等；对于车削同样可分为面加工、粗车外圆面、车外部槽、车内部槽、车外螺纹、车内螺纹等。每一种加工方式均有特定的用途，见表 14-4-1、表 14-4-2。

表 14-4-1　部分铣削加工方式及其用途

铣削加工方式	用途
型腔铣	主要用于零件的型腔加工，也可用于毛坯料的大余量去除
插铣	用于粗加工

续表

铣削加工方式	用途
轮廓 3D 铣	根据边界边或曲线确定轮廓深度的定制平面铣,常用于修边模
实体轮廓 3D 铣	从选定的竖直壁确定轮廓深度的定制平面铣 3D 轮廓操作子类型
可变轮廓铣	主要用于零部件的外轮廓加工,可通过指定相应的参数来控制刀轴的方向
平面铣	主要用于零部件平面特征的粗或精加工
平面轮廓铣	主要用于轮廓侧壁的精加工

表 14-4-2　部分车削加工方式及其用途

车削加工方式	用途
面加工	主要用于粗车削垂直于主轴轴线的部件端面
粗车外圆面	主要用于粗车削与主轴轴线平行的部件外轮廓面
车外部槽	粗加工部件外侧的槽特征
车内部槽	粗加工部件内侧的槽特征
车外螺纹	车削部件外侧的螺纹特征
车内螺纹	车削部件内侧的螺纹特征

在基于特征的制造中,坐标系的创建应着重考虑机床坐标系和工件坐标系的方向问题。机床坐标系用于确定工件在机床中的位置、机床运动部件的特殊位置及运动范围。而工件坐标系是工程人员在编程时创建的坐标系,又称为编程坐标系。为保证所创建的加工程序能够成功地应用于机床上,在工件装夹时应确保工件坐标系与机床坐标系保持一致。

在确定机床坐标系 X、Y、Z 轴的方向与位置时,一般采用右手笛卡儿定则,然后通过应用右手螺旋定则可确定围绕三轴的旋转运动的正方向,分别为$+A$、$+B$、$+C$。具体确定方法如图 14-4-2 所示。

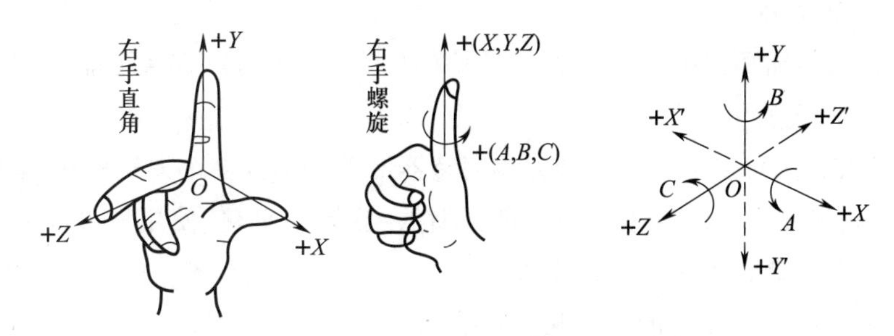

图 14-4-2　机床坐标系方向的确定

在确定机床坐标系时,根据不同的机床结构可首先确定机床的 Z 轴坐标方向,一般对于具备主轴的机床如车床,其主轴轴线为 Z 轴;而机床不含有主轴时,其 Z 轴方向为与装夹工件的工作台垂直的方向,例如刨床。然后可通过观察机床主轴的夹持对象以及主轴的方向确定 X 轴的方向。当机床主轴带动工件旋转时,则 X 轴的方向为垂直于主轴轴线的水平方向，其正方向为刀具离开主轴轴线的方向。当机床主轴带动刀具旋转时，此时主轴可为竖直方向和水平方向两种形式。当为竖直方向时，X 轴的正方向为面对主轴时的右侧方向；当主轴为水平方向时，规定 X 轴的方向为面对主轴的左侧垂直方向。确定完 Z 轴与 X 轴后，Y 轴的方向可根据右手笛卡儿坐标系进行推断。

完成机床坐标系的确认后，在进行刀轨编制时，应创建工件坐标系。工件坐标系的原点即为实际加工中的对刀点，因此，工件坐标系的定义应有利于编程的计算、机床的调整以及机床对刀。工件坐标系的原点一般为毛坯的几何基准点，一般为零件上最重要的设计基准点。应优先选择零件的设计基准，以及尺寸精度高且表面粗糙度低的表面上的点作为工件坐标系的原点。为了便于测量与检测，工作坐标系的原点应尽量定位于工件的对称中心。

几何体的定义包括几何零件的定义以及毛坯的定义，对于几何零件的定义即指定为零件本身。而毛坯的定义则需根据实际生产中所需的坯料大小进行建模，然后将其指定为毛坯件。在定义毛坯时应考虑装夹、经济性、可加工性等问题。

2. 刀轨的仿真

在实际数控程序编制过程中，往往会因为刀轨的问题而导致干涉、过切、碰撞等现象。基于特征的制造技术有效地提高了编程人员的工作效率，但在刀轨使用过程中，仍需对刀轨做出仿真验证。尤其是在加工复杂零件时，因其更易发生干涉和过切现象，因此对程序的质量要求更高，加工刀轨的仿真对于提高切削程序的质量具有重要作用。

基于特征的制造技术主要以三种动画技术对刀轨进行仿真，包括重播、3D 动态、2D 动态。在“重播”动画技术中因不包括材料的移除过程，因此它是三种刀轨可视化技术中速度最快的一种。通过使用“重播”技术可以实现以下目的：

（1）显示一个或多个刀轨的刀具或刀具装配。

（2）显示线框或实体模型刀具或由刀具装配出的刀具。

（3）显示过切（如果存在的话），查看有关过切的报告。

（4）控制刀轨显示。

在使用重播技术时可同时实现对各种过切的检查，方便用户查看可能存在的过切与碰撞现象，如图 14-4-3 所示。

应用 3D 动态技术可以显示刀具和刀具夹持器沿着一个或多个刀轨移动，以此表示材料的移除过程，还允许在图形窗口中对画面进行缩放、旋转和平移，使用户可以从多个角度查看零件的切削情况。通过该技术可以实现：

（1）显示一个或多个刀轨的刀具与刀具装配。

（2）显示线框或实体模型刀具或由刀具装配出的刀具。

（3）显示过切（如果存在的话），查看有关过切报告。

（4）检查碰撞。

（5）控制刀轨显示。

其设置对话框如图 14-4-4 所示。

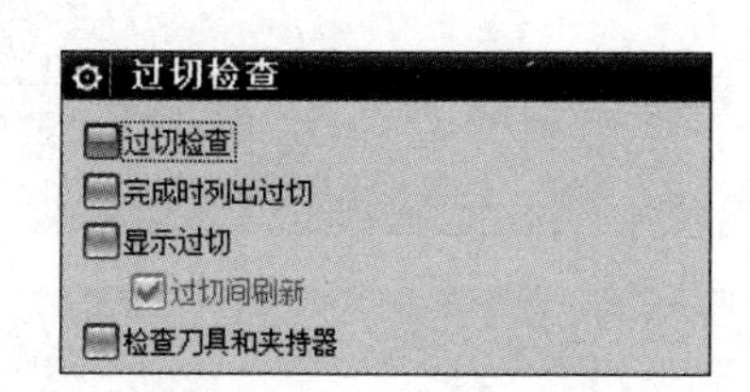

图 14-4-3　过切检查

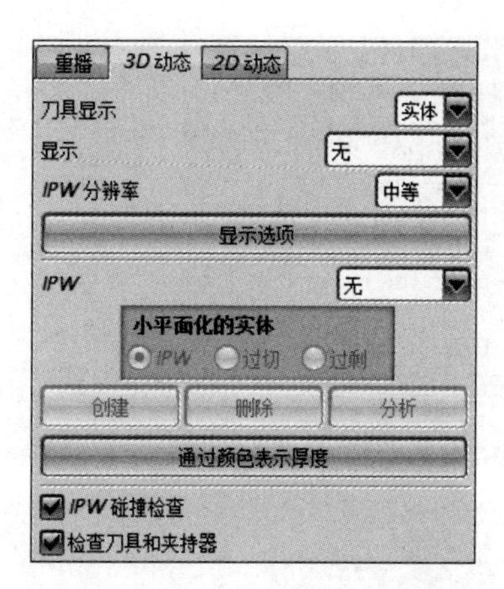

图 14-4-4　3D 动态技术设置

使用 2D 动态技术可以显示包括材料移除在内的刀轨显示过程。通过该技术可以实现：

（1）查看一个或多个操作的材料动态移除动画。

（2）将“小平面化的实体”作为后续操作的输入。

（3）确认铣削和钻孔操作。

（4）在基于像素的视图中查看毛坯的显示和材料的动态移除过程。

通过对刀轨的反复仿真验证，可有效地降低加工事故的发生率，提高产品的合格率，从整体上提高企业利润，促进企业的发展。

3. 加工的虚拟仿真

当零件所有的加工刀轨都已生成，并经过刀轨的可视化验证确认无误后，为了进一步确保刀轨的准确性以及避免干涉和碰撞现象的发生，应对程序进行机床仿真。机床仿真又可以分为两种情况。一是在机床上对未经后置处理的刀轨源文件直接进行仿真加工，这种仿真方式和后置处理无关，只是将刀轨源文件在虚拟的工艺系统中执行，仿真生成刀轨路径，看在虚拟工艺系统中是否会发生干涉。另一种是将刀轨源文件进行后置处理，生成 NC 代码以后再控制机床几何模型运动。虚拟机床中的后置处理器处理刀轨源文件所生成的 NC 程序的格式和实际加工中所选用机床的 NC 程序的格式是相同的，这种仿真更接近机床加工的实际情况，能更好地预测实际加工中可能产生的碰撞和干涉，以便于及时修改加工参数，优化 NC 程序，确保实际加工的安全准确性。叶片的加工仿真如图 14-4-5 所示。

机床加工虚拟仿真能够真实反映数控机床的运动及其控制器的动作，所以在零件刀具路径的生成过程中可以发现很多和机床相关的实际问题，而这些问题和信息在反馈给零件设计者之后可以帮助他们对零件的可制造性和可加工性进行重新评估和改进。等到零件实际加工时，应该已经确定其在机床上是可加工的。这样不仅节省了成本也提高了加工效率，不会因为加工中出现的问题而中断加工。

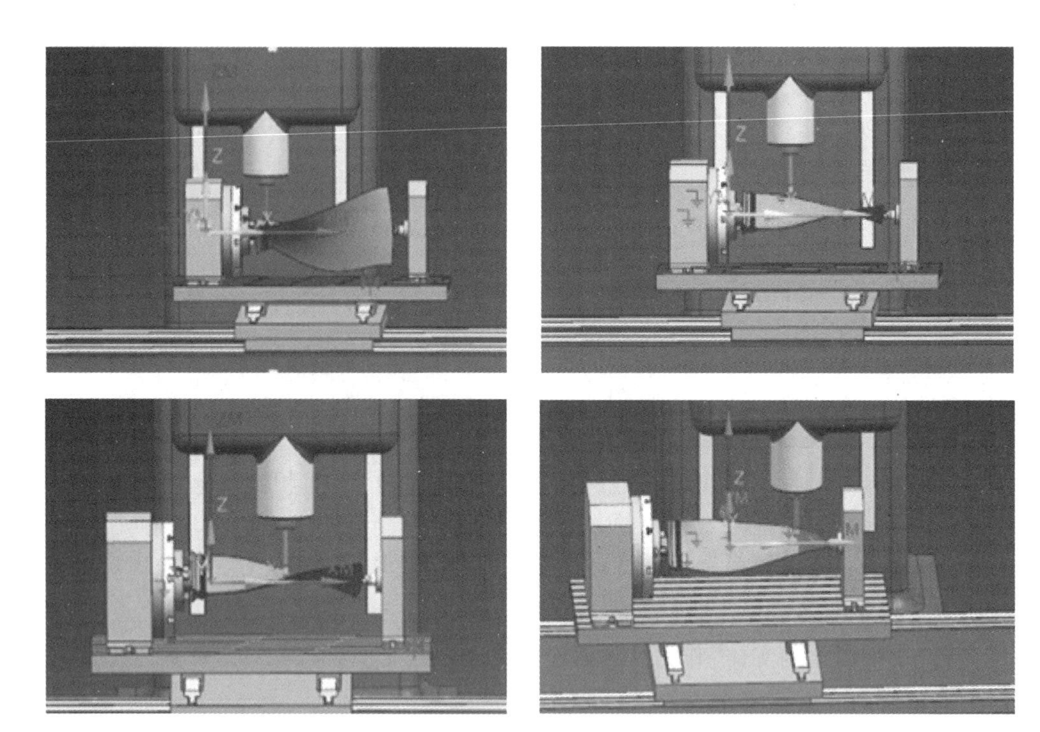

图 14-4-5 叶片加工的虚拟仿真

14.5 风扇叶片智能制造的数据管理

涡扇航空发动机风扇叶片在由毛坯到合格零部件的过程中,将经历多个加工生产过程,包括各类去料切削、热处理等步骤,涉及多种加工资源、加工数据以及加工工艺、工序、活动等,因此如何实现叶片加工工艺数据的规范管理具有重要意义。

1. 智能制造的业务对象和资源

基于 MBD 模型特征的智能制造技术是通过对零部件模型中的特征进行操作处理,产生工艺文件、刀轨文件、车间文档等数据的先进技术。在此过程中,主要涉及的业务对象包括:零件模型、工序类型、数据集类型等,通过结合实际的生产需求对智能加工的业务对象进行定制可有效提高智能制造数据管理的便捷性和高效性。业务对象即在数据管理过程中对加工数据进行形象表示的实例化模型。通过对业务对象的使用,有效地提高了加工数据表示的直观性,使操作人员易于理解,同时可有效地实现业务对象本身所具有的相关属性、特点,即加工数据之间的关联以及版本控制。

在智能制造过程中,为提高加工的效率,企业将根据不同的生产对象使用不同的加工资源,以便于发挥加工资源的最佳使用效率,提高企业的生产效率,同时有利于产品质量的保证。加工资源包括机床、刀具、夹具以及其他测量装置等。随着计算机技术的广泛应用,在实际加工中通过计算机技术对设计以及加工制造过程进行构造及仿真,可有效改善现有的产品表达方式以及提高加工过程的可靠性。在充分利用计算机技术创建与产品相关的信息的同时,产生了大量的电子文件。由于在现有制造型企业中不同部门之间“信息孤岛”的存在,使各类数据无法得到共享而造成严重的数据冗余,严重降低了企业各部门的工作效率。为有效解决现有的问题,通过在智能制造数据管理平台中对加工资源进行分类管理,提高信息的共享性以及数据的重用性,可以有效地提高企业信息管理的规范化与高效化。加工资源的分类定义是指根据加工资源各自的属性特征及用途等对其进行分类存储,从而使用户可以搜索独立于产品结构位置的零件,以实现对现有零件的重用,并减少与重复设计工作有关的成本。

分类是通过对加工资源进行属性分析实现的。加工资源设计人员在完成加工资源(刀具、机床、夹具等)的设计后,应为其编写相应的属性,例如尺寸、适用条件、生产厂家等等。完成对各类加工资源的模型创建和属性编写后,加工资源设计人员可根据一定的分类规则将其进行分类。

加工资源的类型、结构是多种多样的,工作人员对加工资源进行查找使用时,除使用常规的搜索功能进行查找外,同时也可以对其结构树进行展开查看。在创建分类时以结构树的方式对各类加工资源进行分类存储,既有利于加工资源的分类,同时也方便对加工资源的查找。

加工资源的结构是以加工资源对象为基础进行创建的。在完成各类加工资源的对象创建并添加至分类后,此时该零部件模型并不能直接应用于制造工艺中。为了使零部件能够作为加工资源应用于各类加工制造工艺中,通常需要在资源管理器中创建加工资源,然后将其以装配的形式添加至分类中。

加工资源仅表示一个装配性文件,为了实现该加工资源的合理利用,需要向该文件中添加具体的零部件以便于使用。在向加工资源装配件中添加零部件时,可通过以下两种方式进行:自顶向下设计法和自加工资源库中添加现有的资源。

以上两种添加方式的应用,一方面增加了现有加工资源的重用性,另一方面使加工资源的设计更为灵活。完成各类零部件的添加或设计后,通过在装配环境中定义各零部件之间的约束关系,实现各类零部件之间的位置约束。

2. 加工数据管理的模型

随着计算机技术和数控技术在制造业中的广泛应用,改变了传统的加工方式以及数据表达方式。在生产过程中会产生大量的电子文件,传统的纸质存档方式已不能满足当前文件存储的需求。同时,随着企业内部各部门之间协同性与合作性的增强,企业各部门之间“信息孤岛”的现象越来越明显,从而造成了数据之间不畅通以及数据冗余严重等现象。

在零件加工过程中,一般由设备、劳资、生产、财务等部门根据工艺数据安排和组织生产。在此过程中,零件工艺规程发挥着重要的作用,其中所包含的各类零件的加工信息、加工要求、加工资源信息等内容是以上各个部门高效工作的主要依据。

在传统的零件加工过程中,其所涉及的各类工艺数据往往以文字的形式进行描述表达,各类数据之间的关联性差,不便于查询,各部门之间数据冗余性极高。为适应制造业数字化的开展，通过对智能加工数据管理平台的使用，实现对零件工艺数据的关联性管理，在该平台中引入“主模型”的概念来设置装配零件。通过对“主模型”的使用可以将零件的衍生数据与本身的几何定义分离开来，其基本结构如图 14-5-1 所示。

通过对主模型概念的使用，可以将与零件加工制造过程中所有相关的数据进行关联，并显示在分类树的子类下，如图 14-5-2 所示。在智能制造数据管理平台中，零件工艺数据的管理包括加工工艺、工艺模板、加工资源、车间文档、后处理文件、刀位源文件等内容，加工工艺以及加工资源可通过分类管理实现其快速调用。在生产应用过程中，可通过将成熟或较为通用的工艺以模板的形式存储在数据管理平台中。

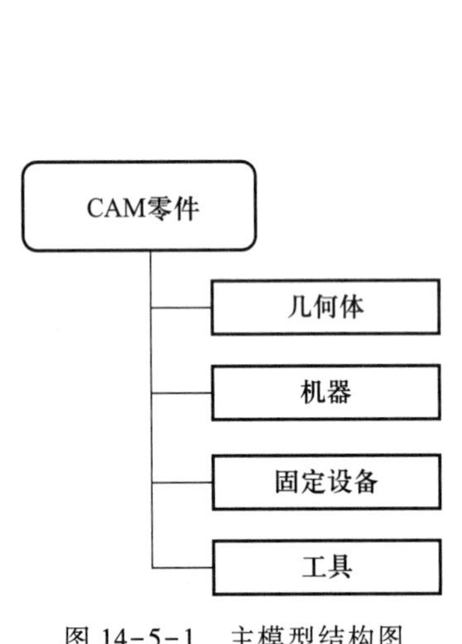

图 14-5-1　主模型结构图

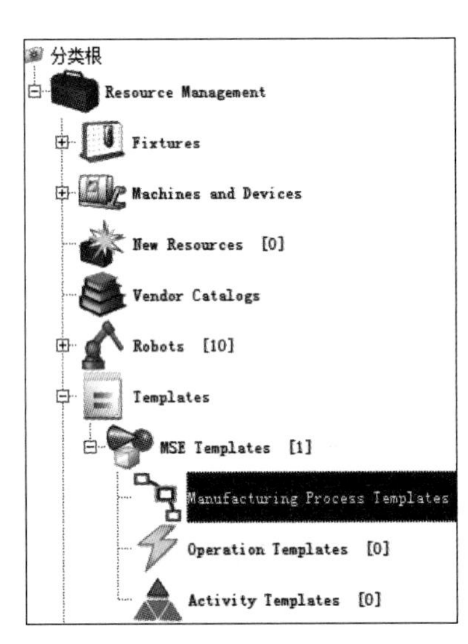

图 14-5-2　分类树

在零件加工过程中，工艺人员完成对其工艺的编制后，编程人员按照每道工序的先后顺序添加执行对应的工序活动，通过各类工序活动的执行将创建适当的切削刀轨，通过对刀轨的后处理以及车间文档的创建，PTP 文件、刀轨源文件以及车间文档将作为数据集添加至对应的工序活动中。

3. 叶片工艺模板的创建

在叶片加工过程中，一般需创建一套合格的加工工艺以便于指导其他工程人员完成相应的工作，最终实现合格产品的制造。

在智能制造数据管理平台中，工艺人员可以将成熟、标准的加工工艺作为模板保存在该平台中。在后续的工艺创建中可以重用这些标准为相似零件创建工艺结构，通过此种方式可以有效地提高工作人员的工作效率。

在工艺创建过程中，工艺人员可选择创建工艺的各个命令，完成对工艺、工序的创建。在完成对标准零件加工工艺的创建后，工程人员可选择所创建的加工工艺并将其发送至分类，实现对该加工工艺的存储。在分类应用程序中，工程人员需选择目标分类组，以便于存储该加工工艺模板，如图 14-5-3 所示，通过此种方式实现对标准模板的存储。

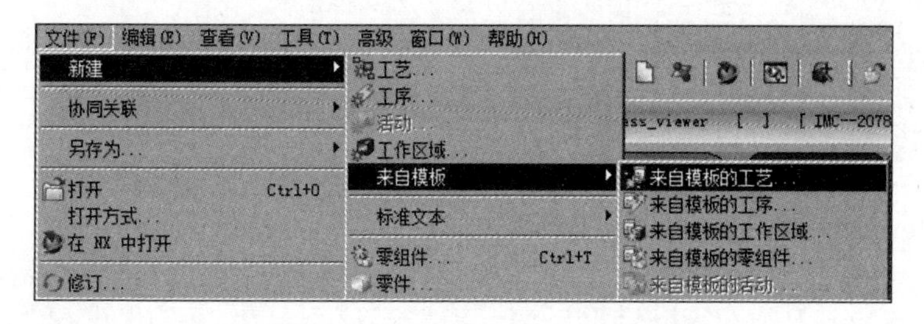

图 14-5-3　通过模板创建加工工艺

4. 叶片加工工艺的创建与使用

在智能制造数据管理平台中，对于叶片加工工艺的创建可通过两种方式实现。一种是由工程人员结合实际情况，为待加工叶片创建各道工序，实现加工工艺的创建；另一种是通过调用已存储的加工工艺模板，实现加工工艺的快速创建。

当通过模板创建加工工艺时，工艺人员在智能制造数据管理平台中选择如图 14-5-3 所示命令。完成对以上命令的执行后，将对加工工艺创建做出引导，选择已保存的加工工艺模板。完成对加工工艺的创建后，工艺人员需为已创建的加工工艺与产品结构或工作区域创建关联，以便于对后续各类加工资源的关联性管理。例如，在图 14-5-4 所示对话框中可实现对目标产品的添加，结果如图 14-5-5 所示。

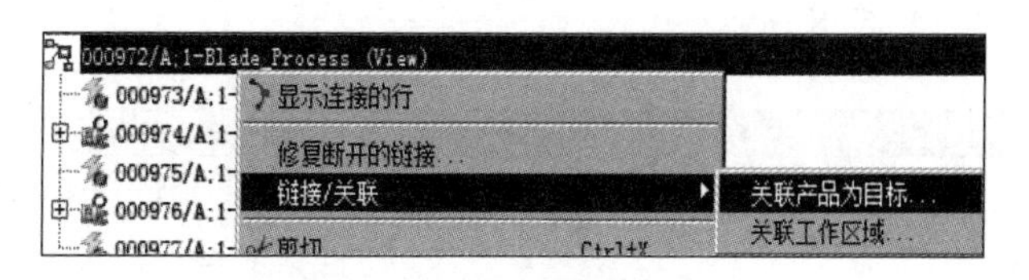

图 14-5-4　关联指令

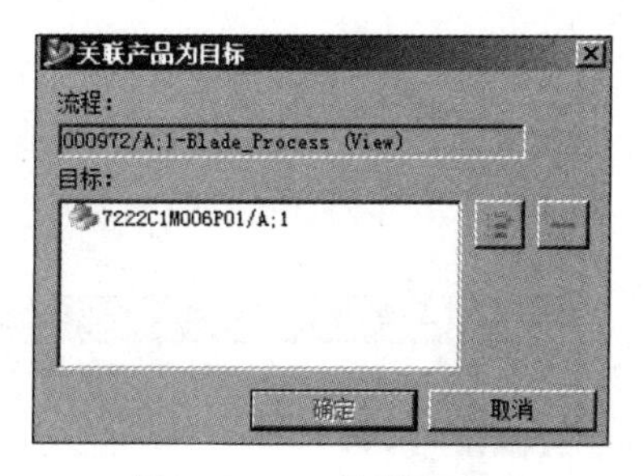

图 14-5-5　关联设置图

完成对加工工艺与产品的关联后，当在加工工艺中出现需要编制刀轨的工序时，在 CAM 环境中可实现与该加工工艺的集成，通过此种方式可实现对加工数据的集成式管理，如图 14-5-6 所示。

通过对关联的创建与移除，可实现加工工艺与产品结构、工作区域的关联创建，在后续的加工制造过程中实现对加工资源以及加工数据的规范性管理。

5. 叶片工艺数据的管理

涡扇航空发动机风扇叶片制造过程中所需要的各类加工资源以及产生的加工数据可在智能制造数据管理平台中进行查看与编辑。

在智能制造数据管理平台中，产品、工艺、工作区域分别显示零件制造中所涉及的各个对象。在数据管理平台中，打开产品、工艺、工作区域中的任意一个，可自动打开与其关联的另外两个树形结构，以表示各个对象的结构特征，如图 14-5-7 工艺结构图所示。

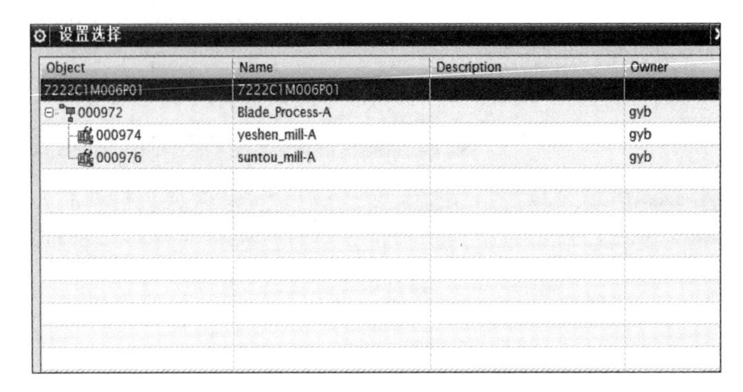

设置选择

Object	Name	Description	Owner
7222C1M006P01	7222C1M006P01		
000972	Blade_Process-A		gyb
000974	yeshen_mill-A		gyb
000976	suntou_mill-A		gyb

图 14-5-6　CAM 集成工艺图

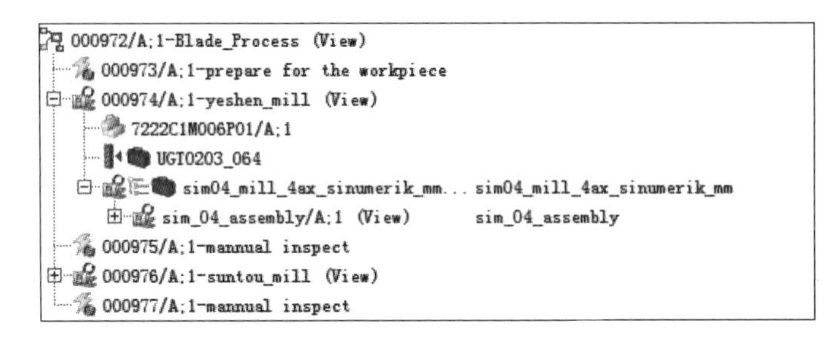

图 14-5-7　工艺结构图

在工艺结构图中显示了每道工序所包含的相关内容，对于每一道工序可将其以活动的方式打开，查看每道工序的各个活动，如图 14-5-8 所示。

行	描述	活动描述	开始（秒）...	持续时间...	启动（计算...	持续时间（计
000974/A	Activity Ro...	Activity Root Object	0	0	0	6,015.15
yeshen_yepen_finish	UG CAM prog...	UG CAM program group	0	1,053.12	0	869.73
mill_finish	UG CAM prog...	UG CAM program group	0	6,974.23	0	6,015.15
UGT0203_064	Post	Post	0	90.44	0	90.44
UGT0203_064	Post	Post	0	92.99	90.44	92.99
UGT0203_064	Post	Post	0	408.41	183.43	408.41
UGT0203_064	Post	Post	0	367.52	591.84	367.52
UGT0203_064	Post	Post	0	40.1	959.36	40.1
UGT0203_064	Post	Post	0	47.42	999.46	47.42
UGT0203_064	Post	Post	0	2,510.85	1,046.88	2,510.85
UGT0203_064	Post	Post	0	2,457.42	3,557.73	2,457.42
mill_rough	UG CAM prog...	UG CAM program group	0	6,980.59	0	5,996.84
mill_semi_finish	UG CAM prog...	UG CAM program group	0	6,940.93	0	6,006.01
yeshen_yepen_rough	UG CAM prog...	UG CAM program group	0	1,057.9	0	868.94

图 14-5-8　活动结构图

在实际加工过程中将产生刀轨源文件、后处理文件等加工数据，此类数据以附件的形式附加于各个工序活动中。查看此类数据时，可通过将各工序活动以附件的形式打开，如图 14-5-9所示。

在智能制造数据管理平台中，通过以上方式实现了各类加工数据的规范化管理，从根本上解决了制造型企业加工数据存储混乱和数据冗余的问题。

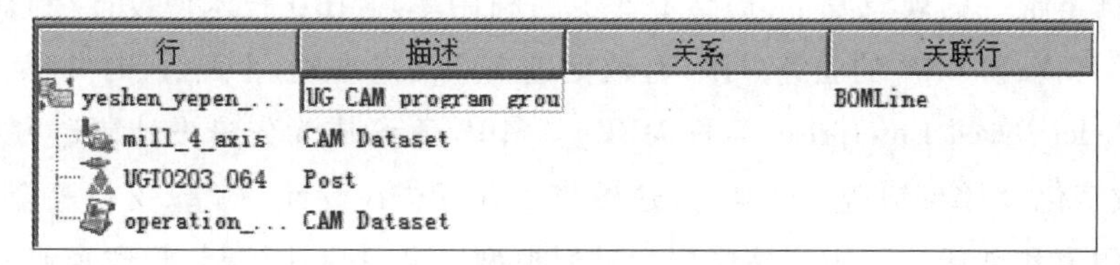

行	描述	关系	关联行
yeshen_yepen_...	UG CAM program grou		BOMLine
mill_4_axis	CAM Dataset		
UGT0203_064	Post		
operation_...	CAM Dataset		

图 14-5-9　附件结构图

14.6　风扇叶片智能制造虚拟仿真的应用意义

在当今制造业的飞速发展进程中,智能制造技术的应用越来越广泛,智能制造有效地提高了工作效率和工作质量。风扇叶片的智能制造虚拟仿真在智能制造信息模型技术基础上,制定了发动机叶片的智能制造信息的标注规范,并对风扇叶片进行智能制造信息标注,构建风扇叶片的智能制造信息模型。使用基于特征的制造技术实现对航空发动机风扇叶片的智能编程,编程人员通过指定几何体→查找特征→创建特征工艺→优化工艺的步骤完成对风扇叶片加工操作的自动创建。然后使用坐标测量机技术链接风扇叶片模型的智能制造信息,自动生成风扇叶片的质量检测程序,实现风扇叶片加工过程中的在线质量控制,最终实现了风扇叶片智能制造的虚拟仿真。

风扇叶片智能制造虚拟仿真有三个技术创新点,分别为:① 结合航空制造业中推行的 MBD 技术,在 MBD 技术的基础上研究制定了如何有效使用 MBD 模型中所包含的加工制造信息。通过基于特征的制造技术完成了对 MBD 模型中所包含信息的自动提取与加工知识的智能推理,实现了智能化加工,改善了现有的“二维工程图为主,三维模型为辅”的制造模式。② 构建了设计 MBD 模型、工艺 MBD 模型和质量 MBD 模型及其之间的相互关系,完成了 MBD 模型的创建,并结合其实际的加工需求完成了对加工环境的创建以及加工知识的整理,实现了零件的智能化制造。同时分析了在智能制造过程中所应用的设计 MBD 模型以及智能制造的实现步骤,通过对智能制造技术的应用,改变了以往创建加工操作的方法,加快了零件加工刀轨的创建,有利于高质量程序的编写。③ 发展了基于 MBD 模型的智能制造数据管理的相关技术,其中包括在加工数据时所使用的部分业务对象(加工文件、工序类型、数据集等);同时,分析了各类业务对象的结构特征以及创建方式。通过对主模型的使用,实现了数据管理平台与 CAM 的数据交换以及各类加工数据的管理,有效地加速了制造业数字化实现的进程。

风扇叶片智能制造的虚拟仿真能够高效地应用 MBD 模型中所包含的各类信息,提高设计人员的设计效率以及制造人员的工作效率,贯通了产品智能制造一体化的模式。在对 MBD 技术的应用过程中,大型装配、复杂零件等模型包含了大量的数据,在对其进行定义时需对其进行合理的规范化,保证读取模型信息的便利性,避免歧义,将各类数据进行数字化存储。通过将产品数据管理软件与 CAD/CAM 软件进行有效利用,避免了因多数据源并存而造成的数据不唯一的现象发生，提高了资源的利用率。MBD技术使设计/制造/质量融为一体，打破了PLM和ERP的业务界限，有效促进企业信息准确、全面、及时共享，形成基于模型的企业（Model Based Enterprise，简称MBE）。MBE逐渐成为先进设计制造方法的具体体现，也代表数字化设计与制造的未来，是建模与仿真方法在设计、制造、支持等全流程技术和业务的彻底颠覆和创新。利用产品模型和过程模型定义、执行、控制、管理企业的全部业务，可实现业务之间的无缝集成，并与战略管理对接，对于促进企业的数字化转型升级、促进社会经济的发展具有重大的意义。

模块十五　工业机器人应用系统数字孪生

数字孪生(Digital Twins)也称为数字镜像或数字双胞胎,是充分利用物理模型、传感器更新、运行历史等数据,集成多学科、多物理量、多尺度、多概率的仿真过程,在虚拟空间中完成映射,从而反映相对应的实体装备的全生命周期过程。数字孪生作为践行工业4.0、智能制造、工业互联网等先进理念的一种赋能技术,是智能制造深入发展的抓手和运行体现。数字孪生的核心是分析、推理、决策,与当前制造业智能化提升的本质内涵直接呼应。智能制造是感知、分析、推理、决策和控制的闭环过程,与数字孪生的信息物理融合的理念一脉相承。以信息物理(Cyber-Physical System,简称CPS)模式为核心的智能制造是面向产品、装备、系统的过程,目前数字孪生技术的应用也已经从传统的产品孪生向生产线、车间、工厂的系统级孪生方向发展,已经从传统基于三维可视化模型向直指本质的决策推理模型转变,数字孪生是当前智能制造理念物化落实的具体体现。

数字孪生与产品研制生产全生命周期具有融合的体现关系,在产品研发阶段的设计分析仿真评估、工艺设计阶段的工艺系统仿真验证、生产制造阶段的生产制造运行大数据和人工智能决策、制造资源状态评估与预防性维护等、试验测试阶段的虚拟试验测试评估、服役运维阶段的装备性能动态预测评估等方面,能够有效地与面向全生命周期跨地域/专业的综合研制集成融合,从而能够有效地支撑和发展形成制造业新模式。

近些年,随着信息技术的飞速发展,工业机器人的开发和生产技术更是突飞猛进,各种新型工业机器人的出现促进了智能制造技术的发展和进步。工业机器人作为智能制造中不可替代的重要装备和手段,在工业生产和人们生活中发挥了举足轻重的作用。自20世纪50年代末工业机器人问世以来发展至今,已经在工业、教育、医疗、文娱等各个领域遍地开花。工业机器人的广泛使用,大大改善了作业人员的生产方式,一方面改善了作业环境,使作业人员摆脱了恶劣的作业环境;另一方面,产品的质量和产量得到了提升,并且在很大程度上提高了生产效率。2022年国际机器人联合会发布的报告中称,2021年全球各地工厂中投入使用的工业机器人数量已高达300万台,相比2020年总体增长了10%;2021年全球工业机器人新增装机量达51万多台,同比增长31%。

当前,我国工业机器人产业快速发展,对工业机器人技术人才的需求也呈指数增长,随之导致了机器人产业人才紧缺的现象。为此,补齐人才短板成为当务之急,而高校培养的机器人相关技术人才大多从事理论研究,在机器人实际应用方面涉及较少,各大高校对机器人系统相关知识的教学普遍存在以下几个问题:① 成本大。工业机器人发展速度快,高校无法实现和满足各型号机器人的更新换代。② 成效性差和针对性弱。考虑时间、地点、学生数量、成本、教学内容、维护等因素,落实每位学生参加实际操作几乎不可能。③ 安全系数低。真实操作中,学生的误操作等将带来设备损耗,甚至会影响人身安全。如何有效落实每位学生一对一的实操是机器人系统相关知识学习的重中之重。

虚拟现实技术作为一种新兴技术蓬勃发展,在制造业和教育领域的应用越来越广,国内外高校开设的虚拟现实和数字媒体相关课程也呈爆炸式增长态势,2016 年更是被誉为虚拟现实的爆发元年。虚拟现实技术通过计算机模拟不但可以还原真实场景,而且能够实现人机交互功能,使用户具有更好的沉浸感和体验感,其具有以下优势:① 性价比高,可以满足任何种类和型号工业机器人设备的学习,降低前期设备投入成本以及后期维护成本。② 成效性高和针对性强,学员可以不受时间和空间的限制,可自行反复学习操练。③ 安全系数高,既可以保证学员操作环境的安全,又可以避免设备存在的安全隐患。④ 激发学习兴趣,培养学习爱好,有助于学生将所有理论知识应用到实际工程当中。

工业机器人应用一直是国内外关注的热点,虚拟现实与物理系统融合之后,可以作为一种更优化的实践教学手段,因此,通过对工业机器人应用系统数字孪生虚实融合的研发,意在解决高校工业机器人应用实践教学和科研工作中的瓶颈问题,具有重要的现实意义,体现在:

(1) 增强了工业机器人运动控制的模式。在虚拟仿真软件中可以对工业机器人的运动进行规划以及清楚地观察工业机器人的运动状态。使用示教器或仿真软件对工业机器人进行编程或操作,能够形象地在软件中看到机器人的运动过程。此外,可在虚拟仿真环境中对工业机器人运动过程中反馈的信息进行有效的调整,以便与实体工业机器人进行同步运动,达到更好的效果,对工业机器人运动控制和运动轨迹的研究具有良好的应用价值。

(2) 改善了工业生产实践。工业机器人普遍应用于汽车制造业、电子电气行业、金属制品业、橡胶及塑料工业和食品工业等,主要用于对产品进行自动搬运、码垛、装配、喷涂、打磨和焊接等。工业机器人装备具有大型化、连续化、自动化、智能化的特点,一旦发生事故,其影响、损失和危害都是不可估量的。工业机器人程序是工业机器人的指令文件,工业机器人的运动规划和加工应用都是依靠工业机器人程序编译的信息来控制完成的。但无论是计算机自动生成还是技术人员手工编写的工业机器人程序,因计算机的可靠性和技术人员水平参差不齐,不能确保程序的正确性。因此,在工业机器人程序正式应用于实体工业机器人运行前,为保证安全性,可对工业机器人运动进行仿真,通过在计算机上进行虚拟仿真完成对工业机器人程序的校验,检测所有可能发生的碰撞及其他错误,排除危险情况,从而节省更多的人力与物力。

(3) 更好地服务于工业机器人的实践教学和科研工作。对工业机器人应用系统数字孪生的操作,可以使学生更容易掌握相关的操作方法,还可以在线实现实验任务的预习操作,使得受训者有亲临实境的体验和操纵练习,这不仅可以使学生能够更近距离地体验工业机器人和有更多的操作机会,而且也可以使学校更好地进行人才的培养。而且工业机器人应用系统数字孪生也解决了实体工业机器人价格昂贵的问题,从而降低了高校的实践教学成本。通过对工业机器人应用系统数字孪生的研发,不仅对学校的工业机器人教学提供了一个新的模式,而且对工业机器人应用的科研工作提供了一个很好的解决方案,具有很强的理论和实用价值。

15.1　数字孪生的应用发展和结构模型

数字孪生技术应用场景广泛,当前覆盖智能制造系统中的产品、生产和企业三大领域,并朝着实现三大领域价值链条全面优化的方向发展。一是面向产品的数字孪生应用聚焦产品全生命周期优化。如美国空军研究实验室与美国国家航空航天局合作构建F-15战斗机数字孪生体,基于战斗机试飞、生产、检修全生命数据修正仿真过程机理模型,提高了机体维护预警准确度。二是面向生产的数字孪生应用聚焦生产全过程管控。如某飞机制造公司通过在关键工装、物料和零部件上应用射频识别技术,生成了某型号飞机总装线的数字孪生体,使工业流程更加透明化,并能够预测车间瓶颈、优化运行绩效。三是面向企业的数字孪生应用聚焦业务综合评估与管理。如某公司基于业务流程建模功能构建了面向企业业务的数字孪生体,并通过模拟评估业务流程预见企业未来的成本和绩效。

数字孪生应用发展依次经历虚拟验证、单向连接、智能决策、虚实交互四大阶段。在虚拟验证阶段,能够在虚拟空间对产品、生产线、物流等进行仿真模拟,以提升真实场景的运行效益。如某公司推出了一款配备了数字孪生技术的机器人软件,通过该软件,客户能够在虚拟生产线上对工业机器人的配置进行测试,在虚拟空间对工业机器人的拾取操作进行验证优化。在单向连接阶段,在虚拟验证的基础上叠加了物联网,实现基于真实数据驱动的实时仿真模拟,大大提升了仿真精度。如某公司构建了泵的仿真模型,并将其与真实的泵连接,基于实时数据驱动仿真,优化模拟。在智能决策阶段,在单向连接的基础上叠加了人工智能,将仿真模型和数据模型进行融合,优化分析决策水平。如某公司通过三维扫描构建了叶片的几何形状,与平台标准机理模型对比,并叠加人工智能分析,实现叶片的检测试验时间从2～3天降低至3～5分钟。在虚实交互阶段,在智能决策的基础上叠加了反馈控制功能,实现基于数据自执行的全闭环优化。如在西门子提供的产品体系中,设计仿真软件NX具备虚拟验证功能,MindSphere具备物联网连接功能,Omneo Performance Analytics具备数据分析功能,TIA具备自动化执行功能。未来有望基于以上产品整合,真正实现数字孪生的虚实交互闭环优化。

数字孪生的核心是模型和数据,为进一步推动数字孪生理论与技术的研究,促进数字孪生理念在产品全生命周期中落地应用,北京航空航天大学数字孪生研究小组结合多年在智能制造服务、制造物联、制造大数据等方面的研究基础和认识,将数字孪生模型由最初的三维结构发展为如图15-1-1所示的五维结构模型,包括物理实体、虚拟模型、服务系统、孪生数据以及连接。

基于上述数字孪生五维结构模型实现数字孪生驱动的应用,首先要针对应用对象及需求分析物理实体特征,以此建立虚拟模型,构建连接实现虚实信息数据的交互,并借助孪生

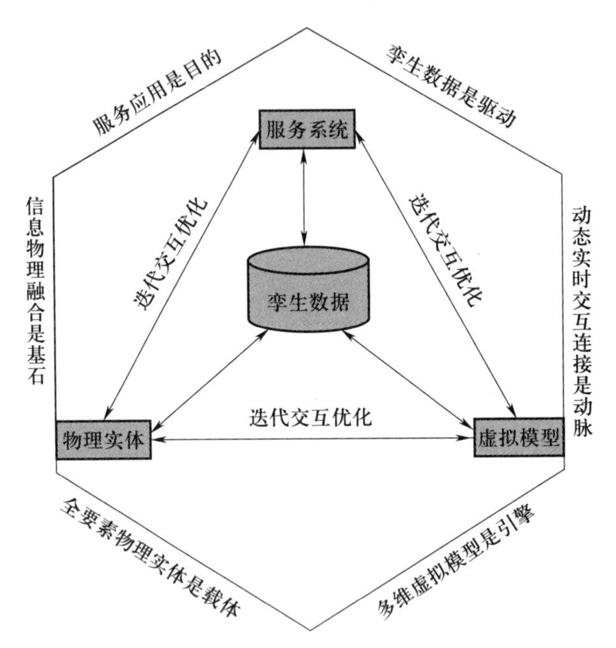

图 15-1-1 数字孪生五维结构模型与应用准则

数据的融合与分析,最终为使用者提供各种服务应用。为推动数字孪生的落地应用,数字孪生驱动的应用应遵循以下准则:

(1) 信息物理融合是基石。物理要素的智能感知与互联、虚拟模型的构建、孪生数据的融合、连接交互的实现、应用服务的生成等,都离不开信息物理融合。同时,信息物理融合贯穿于产品全生命周期的各个阶段,是每个应用实现的根本。因此,没有信息物理的融合,数字孪生的落地应用就是空中楼阁。

(2) 服务应用是目的。服务将数字孪生应用生成的智能应用、精准管理和可靠运维等功能以最为便捷的形式提供给用户,同时给予用户最为直观的交互,是数字孪生应用的"五感"。因此,没有服务应用,数字孪生应用实现就是无的放矢。

(3) 孪生数据是驱动。孪生数据是数字孪生最核心的要素,它源于物理实体、虚拟模型、服务系统,同时在融合处理后又融入各部分中,推动了各部分的运转,是数字孪生应用的"血液"。因此,没有多元融合数据,数字孪生应用就失去了动力源泉。

(4) 动态实时交互连接是动脉。动态实时交互连接将物理实体、虚拟模型、服务系统连接为一个有机的整体,使得信息与数据得以在各部分间交换传递,是数字孪生应用的"血管"。因此,没有了各组成部分之间的交互连接,如同人体动脉割断,数字孪生应用也就失去了活力。

(5) 多维虚拟模型是引擎。多维虚拟模型是实现产品设计、生产制造、故障预测、健康管理等各种功能最核心的组件,在数据驱动下多维虚拟模型将应用功能从理论变为现实,是数字孪生应用的"心脏"。因此,没有多维虚拟模型,数字孪生应用就没有了核心。

(6) 全要素物理实体是载体。不论是全要素物理资源的交互融合,还是多维虚拟模型的仿真计算,或者是数据分析处理,都建立在全要素物理实体之上。同时物理实体带动各个部分运转,使得数字孪生得以实现,是数字孪生应用的"骨骼"。因此,没有了物理实体,数字孪生应用就成了无本之木。

15.2　数字孪生的物理实体设计

1. 工业机器人应用系统组成

工业机器人应用系统综合了工业机器人、自动控制、气动控制、电机控制、可编程控制器、传感器等技术,是典型的机电一体化控制系统。该系统有助于学生对机械设计、电气自动化、自动控制、计算机技术、传感器与检测技术、工业工程等知识进行学习。对可编程控制器的程序设计、传感器与检测技术、电机驱动及控制等技术进行应用能够提高学生的设计、装配、调试等综合能力。

如图 15-2-1 所示,该工业机器人应用系统集成了工业机器人、控制器及机器人示教器、工业机器人手爪、安全单元、PLC 电气控制系统、气动系统、工业机器人应用单元及其外围设备等。该系统包含以下五个工作单元:工业机器人仓储单元、工业机器人码垛单元、工业机器人视觉单元、工业机器人打磨单元和工业机器人装配单元。以可编程控制器与工业机器人通信,通过人机交互触摸屏(HMI)实现工业机器人的仓储、码垛、视觉、打磨和装配作业。五个工作单元分布于六角形工作台的五个方位,还有一方安装人机交互触摸屏。五个工作单元既相互独立又集成在一起,通过人机交互触摸屏下发工作任务。

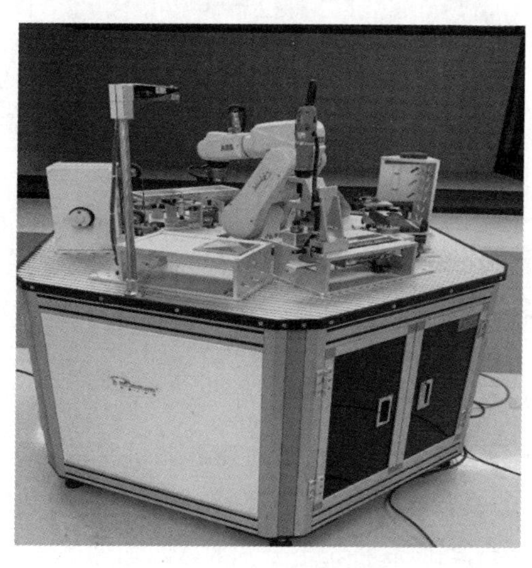

图 15-2-1　机器人设备

工业机器人应用系统采用六关节机器人,本体质量为 25 kg,产品负载能力为 3 kg(五轴向下时载重为 3 kg),臂展范围为 580 mm,重复定位精度高达±0.01 mm,是具有低投资、高产出优势的经济可靠之选,常用于装配、物料搬运等。系统基本技术参数如下:输入电源为 AC 220 VAC±10%,50 Hz;整机功率≤2 kW;安全保护措施包括过载、短路、漏电保护等功能。工业机器人应用系统的组成如图 15-2-2 所示。

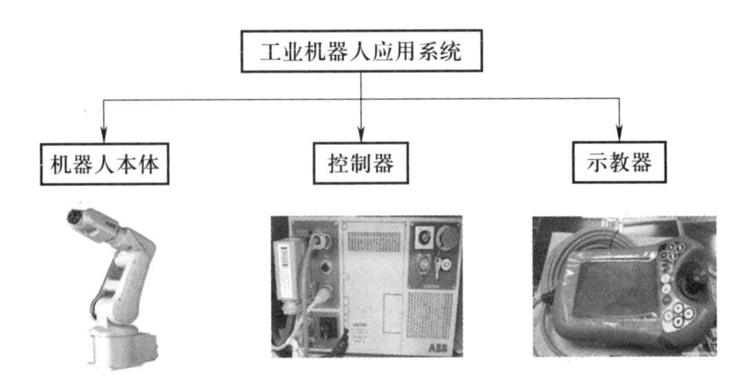

图 15-2-2　工业机器人应用系统的组成

2. 工业机器人应用系统工作单元的工艺设计

工业机器人应用系统工作单元的分布如图 15-2-3 所示，按逆时针方向依次为仓储、码垛、打磨、装配和视觉单元。

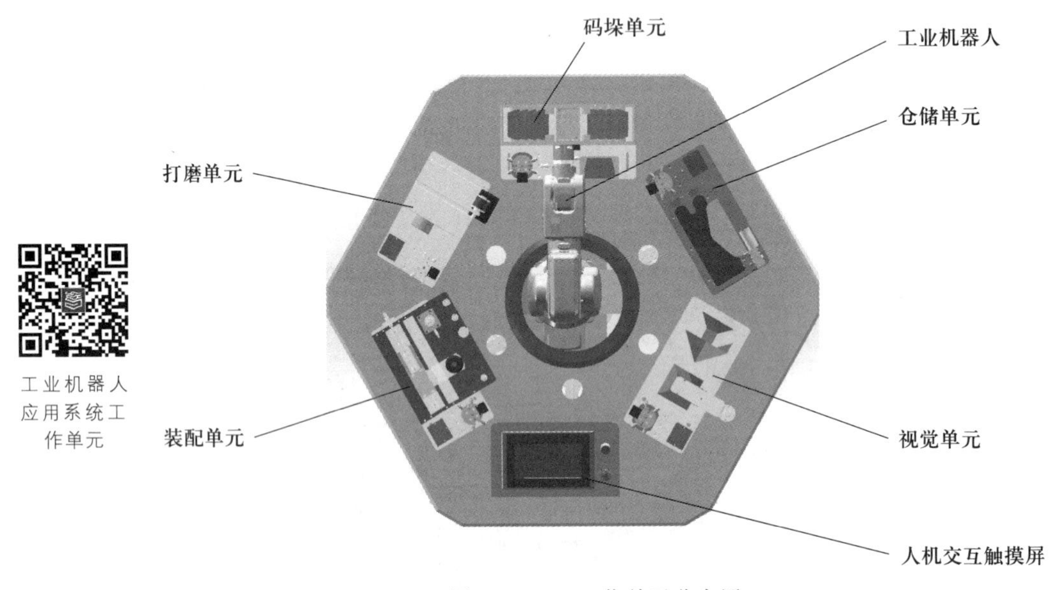

图 15-2-3　工作单元分布图

① 工业机器人仓储单元　工业机器人运动到仓储单元的初始位置，安装卡爪，从库区中下料夹取轮子放置到传送带上。传送带传送的轮子到光电开关检测区，根据检测信号上料，工业机器人卡爪夹取轮子，判断后将轮子分别放入对应库区，工业机器人放置卡爪，回到仓储单元的初始位置。

② 工业机器人码垛单元　机器人旋转到码垛单元的初始位置，安装吸盘，工业机器人从物料区吸住物料（每次摆放 8 块物料，物料可随机摆放），放置于正反面分拣区域，根据传感器信号判断后，工业机器人将物料分别放入左右两个码垛区。8 次判断之后，工业机器人在原位放置吸盘，回到码垛单元的初始位置。

③ 工业机器人打磨单元　工业机器人运动到打磨单元的初始位置，安装夹具，工业机器人从库区夹取物料然后进行打磨，打磨动作结束，工业机器人原位放置夹具，回到打磨单元的初始位置。

④ 工业机器人装配单元　工业机器人运动到装配单元的初始位置，安装夹具，传感器判断螺栓的情况，抓取螺栓放置到装配台，然后依次抓取轴承、挡圈、螺母并放置在装配台上，工业机器人夹具预紧螺母，再通过电动螺丝刀将其拧紧，工业机器人原位放置夹具，回到装配单元的初始位置。

⑤ 工业机器人视觉单元　工业机器人运动到视觉单元的初始位置，安装吸盘，由摄像头拍照后，视觉单元判断各块七巧板在库区的位置，吸盘依次吸取左侧七巧板并放置在右边的拼盘上，完成七巧板的拼图工序。工业机器人原位放置吸盘，回到视觉单元的初始位置。

对工业机器人应用系统工作单元进行工艺设计时，在主要单元功能都满足的条件之下，还需要考虑如可靠性、稳定性、扩展性、通用性和安全性等非功能性需求，最后实现系统的集成以及性能的良好发展。

3. 数据集成的 I/O 信号和应用流程设计

可编程控制器电气操控系统为中央操控中心，将可编程控制器与机器人的输入输出进行连接，使用 Profibus 现场总线，接受机器卡爪、位置传感器、工业机器人等传送的信号。

工业机器人应用系统的流程设计按各个工作单元设计，各工作单元又有其独立性，可以在制造执行系统的人机交互系统中进行工作单元的选择。如图 15-2-4 所示为工业机器人仓储单元的流程与程序设计。

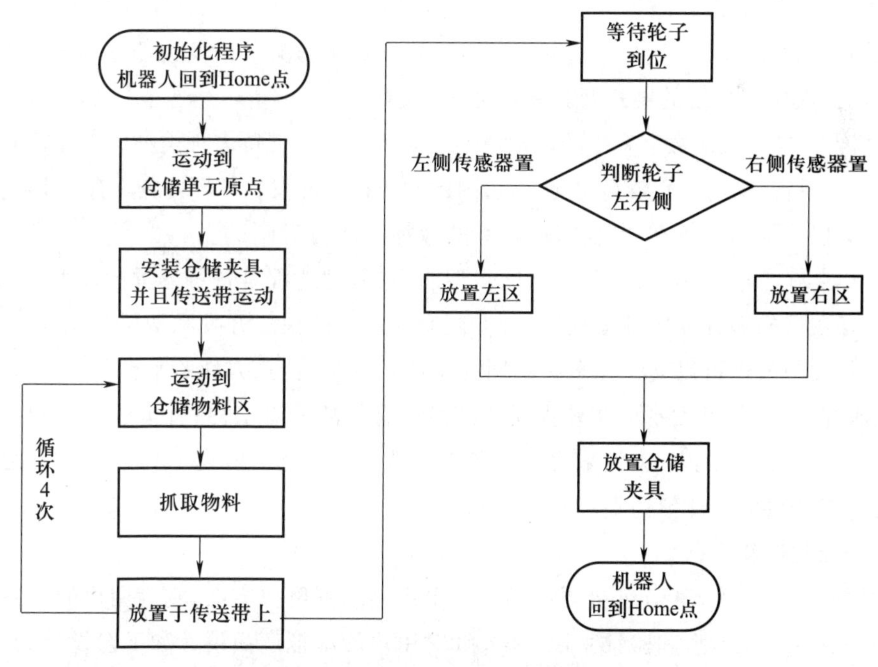

图 15-2-4　工业机器人仓储单元的流程与程序设计

4. 工业机器人应用系统操作流程

(1) 工业机器人刚开机后,如出现急停报警,将急停按钮全部旋起,解除工业机器人急停报警。

(2) 将工业机器人模式切换到手动模式,速度调整到20%以下,观察工业机器人回到安全位置点的过程中,会不会碰撞到周边的模块。

(3) 通过工业机器人示教器菜单,选择程序编辑器,进入程序界面,再单击调试,PP 移至 Main,程序会直接跳转到主程序,进入菜单程序界面。

(4) 执行主程序,机器人回到 Home 位置。

(5) 将机器人控制柜上的钥匙开关旋到自动模式,在示教器上确认模式后,显示此时的工业机器人速度默认为100%,进入工业机器人正常工作模式,在人机交互系统上发放工作任务。

15.3　数字孪生的虚拟模型设计

工业机器人应用系统数字孪生的虚拟模型对应物理实体的计算机模型,其建模设计按虚实对应的方式进行。

1. 工业机器人应用系统设备信息采集和软件环境

在进行虚拟仿真软件开发之前需要进行模型的制作,而设备的信息采集是模型制作的第一步。在采集设备信息的过程中,需要着重采集设备的细节信息,如工具的尺寸、作业模块的分布等。然后根据设备的信息进行等比例建模,同时可以将实地采集的图像作为模型贴图,增加真实感。可以使用厂家提供的模型,也可以根据测量以及说明书中的文件资料,确定工业机器人应用系统的结构及具体尺寸进行建模。

工业机器人应用系统数字孪生的虚拟模型面向多平台并支持多种类型的工业机器人与多种不同的工业设备,要求具有较高的逼真度,因此所选择的开发软件环境应具有如下特点:

① 可实现三维图形仿真功能开发,具有图像加速能力。

② 具有良好的造型环境,具备优秀的造型能力,造型过程具备可继承性和可重用性。

③ 具有较好的编程环境及编程接口,方便实现程序的快速开发和深层开发。

④ 所开发的程序可以支持在多种不同的操作系统上运行,方便跨平台移植。

综上所述,单一的开发平台和软件无法满足所有的功能需求,只有集成多种开发包的开发环境才能满足以上需求。本例采用三维建模软件 NX 与虚拟仿真工具 Unity 3D 结合开发的方式完成工业机器人虚拟仿真场景的开发。

(1) 三维建模软件 NX

NX 是西门子 PLM Software 公司出品的一个产品工程解决方案,它为用户的产品设计及加工过程提供数字化造型和验证手段。NX 针对用户的虚拟产品设计和工艺设计的需求,提供了经过实践验证的解决方案。NX 是一个交互式的 CAD/CAM/CAE(计算机辅助设计/计算机辅助制造/计算机辅助工程)系统,它功能强大,可以轻松实现各种复杂实体及造型的建构。它在诞生之初主要基于工作站,但随着个人计算机硬件的发展和个人用户的迅速增长,在个人计算机上的应用取得了迅猛的增长,已经成为制造业三维设计的一个主流应用。

(2) 虚拟仿真开发软件 Unity 3D

Unity 3D 支持主流建模软件所建模型的显示控制,自带物理引擎,可真实模拟物理现象。现有的建模软件具备成熟的造型系统,在实体建模上优势明显,如 NX、3ds Max 等。通过 NX 软件建立机器人模型、车间模型、工件和工具模型后,使用 3ds Max 对三维模型进行真实感渲染,并选用 Unity 3D 实现虚拟仿真程序开发。Unity 3D 具备分层级式综合开发环境,可对场景进行可视化编辑,能直接在场景中进行动态预览,完善的属性编辑器提供了丰富的属性编辑功能。Unity 3D具有诸多特性,主要有:

① 资源自动载入。开发项目所要用到的模型文件、各类软件包、视频、图片等资源都可以导入项目工程中。并可以实时更新资源数据,支持多种主流建模软件,例如 3ds Max、Maya、Cheetah3D 等。

② 支持多种渲染技术。Unity 3D 支持多种渲染技术,如反射贴图(Reflection Mapping)、视差贴图(Parallax Mapping)、凹凸贴图(Bump Mapping)、环境剔除(Screen Space Ambient Occlusion),并支持后处理(Post Processing)和渲染至纹理(Render-to-Texutre)的全屏渲染效果。使用的底层技术包括 OpenGL(Mac,Windows)、Direct3D(Windows)。

③ 脚本开发。开发过程中所使用的是基于.NET Framework 的脚本,可以选择 C#、JavaScript、Boo 等开发语言实现开发,并采用 MonoDevelop 作为脚本编辑平台。

④ 物理特效。支持 NVIDIA 的 PhysX 物理引擎,物体在虚拟世界中拥有速度、加速度、重力、摩擦力等属性设置,令物体在虚拟世界中也具备真实世界中的物理表达与反馈。

⑤ 辅助编辑系统。音效处理系统采用 OpenAL 程序库,视频采用 Theora 编码,系统还自带一些植被、树木、地面、天空盒、河流等模型,还带有地形编辑器。

2. 工业机器人应用系统三维模型的创建

工业机器人应用系统在建模的过程中,由于项目工程量较大、模型数量众多,为了确保模型之间的匹配度,且更便于管理,需要建立一定的规范,如命名、单位、轴心位置、材质贴图,而且统一的建模规范还能降低项目后期计算平台的计算压力。建模规范如下:

(1) 尽量以字母和数字对模型进行命名,避免使用汉字命名。因为以汉字命名,在模型实例化时容易出现延时,且在英文的操作系统中极易出现问题。另外,在命名时还要避免物体名称的长度超过 32 个字节。

(2) 在开始建模之前需要先确定模型的尺寸单位,保证所有模型单位统一。而模型的单位需要根据具体情况而定,一般在 Unity 3D 中的单位是 m,在三维建模软件 NX 中的单位是 mm,将模型由 NX 转到 Unity 3D 中,两者尺寸单位比为 1 000 : 1。

(3) 在搭建场景时,要确保不同模型的面与面之间的距离大于场景最大尺度的二千分之一。例如在一个长 1 km 的场景中,物体与地面间的距离不能小于 50 cm。如果模型之间的距离过近,会导致两个面出现交替闪烁的现象。

(4) 在建模过程中,要删除模型中多余的面,移除不必要的独立顶点,合并断开的顶点。

这样可以提高贴图的使用效率,降低场景中存在的面数,从而降低系统负担,提高运行速度。

(5)当一个模型占据很大一片空间时,可以考虑将它拆分为多个独立的模型,这样有利于后期的优化运算。

(6)将所有模型的初始坐标都设置在原点,轴心都设置在物体中心,便于模型的变换操作。

(7)工业机器人数字建模中,经过处理的虚拟模型文件庞大,加载缓慢,同时数据驱动中的数据传输与计算占用大量内存,对计算机的性能有一定的要求。在实际建模时,可通过选择工业机器人的材质,优化渲染内存,以及简化 C#代码编写的脚本,从而提升整个工业机器人数字建模的效果,保证真实效果的同时,减少计算机 GPU、CPU 的负担。

工业机器人应用系统三维模型的建立是实现工业机器人应用系统数字孪生的核心和前提,其模型的质量直接影响场景的真实性和系统的运行效率。该系统结构复杂、组件众多,因此采用功能强大、操作便捷的 NX 软件进行建模,建模过程中,模型的尺寸根据实际设备的尺寸而定。图 15-3-1 所示为工业机器人应用系统的建模流程,模型在导入 Unity 3D 前存在着信息冗杂以及网格模型三角面片数量级庞大等问题,需要提前在 NX 中进行优化处理,降低工业机器人零件模型的三角面片,例如以平面代替曲面、以多面体代替球体,从而降低计算机的内存消耗。在 NX 软件中将三维模型保存为.step 格式,由 Deep Exploration 转换成.fbx 格式,最终以.fbx 格式导入 Unity 3D。为了实现高程度的仿真,材质纹理需要采用与实际相符的属性,可在 Unity 3D 中修改材质、添加贴图完成。图 15-3-2 所示是由 NX 所建模型。

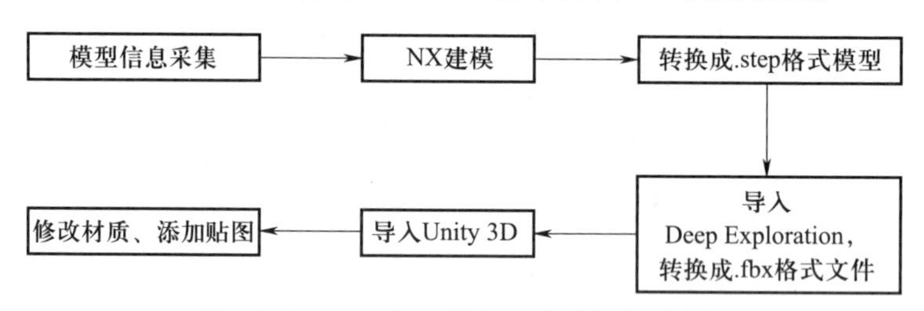

图 15-3-1 工业机器人应用系统建模流程

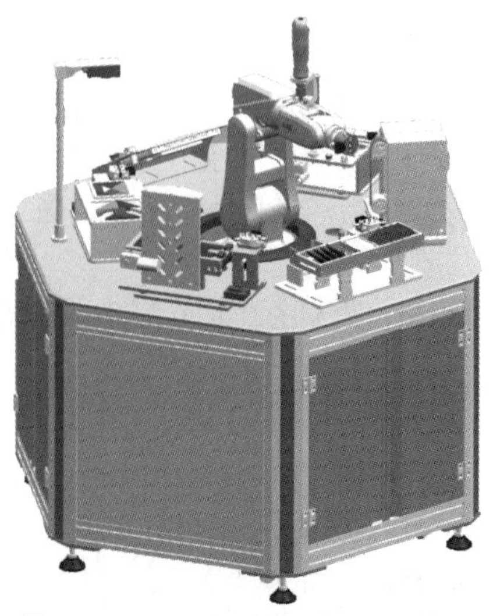

图 15-3-2 工业机器人应用系统模型

3. 工业机器人应用系统仿真场景的搭建

完整的虚拟模型不仅要包括模型的建立和逻辑的设计，还要搭建完善的仿真场景。工业机器人应用系统仿真场景比较简单，即为一个空旷的虚拟房间。为了增加操作环境的真实性，需要设置的元素有墙壁、窗户和灯光。本例中直接用 Unity 3D 软件来进行工业机器人应用系统仿真场景的搭建。

Unity 3D 提供了 6 种光照，每一种光照模拟的都是现实中的常见光照情况，表 15-3-1 中列出了光照种类。

表 15-3-1 Unity 3D 中常见的光照种类

光照种类	特点
平行光 (Directional Light)	平行光是 Unity 3D 中最常见的光照，原理和太阳光相似，光照方向恒定，不受位置和比例的影响，但方位会影响光线照射的方向。当平行光位置固定后，场景中所有物体的投影方向都相同
点光源 (Point Light)	点光源就像常见的电灯泡，光从一个球体的中心发出，向四周发散。这种光照强度会随着同光源距离的增加而衰减，其光照范围是以点光源为球心的球状空间，其直径可以经人工修改。一般通过修改其“范围(Range)”参数来控制光照范围
聚光源 (Spot Light)	聚光源是由一个点朝着一个方向发射束状光线，光线范围呈圆锥形，与生活中的手电筒相似。其照射光线的远近和照射的范围可以通过修改“点角度(Spot Angle)”和“范围(Range)”两个参数来设置

因为聚光源(Spot Light)和点光源(Point Light)相比于平行光(Directional Light)更占内存，所以本例主要选用平行光(Directional Light)作为整体光照种类。图 15-3-3 所示工业机器人是迄今最小的多用途机器人，质量仅为 25 kg，载重为 3 kg，工作范围达 580 mm，是具有低投资、高产出优势的经济可靠之选。

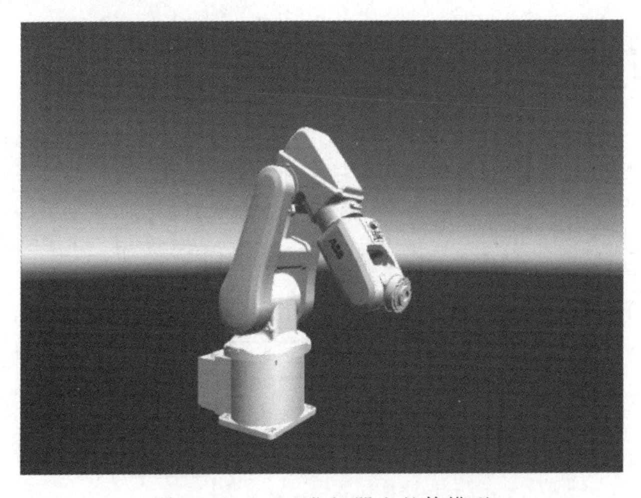

图 15-3-3 工业机器人整体模型

图 15-3-4 所示是工业机器人关节拆解模型，通过该图可以清楚地看到工业机器人的六个关节，机械臂的关节可以采用 Unity 3D 中的铰链关节(Hinge Joint)来实现，不过铰链关节具有局限性。铰链关节通过给定关节一个力以及一个关节要达到的转速来进行转动，通过给定铰链关节转动的最大值与最小值来使关节停止转动，也可以给铰链关节一个反方向的力来使其速度达到 0，从而实现停止转动的目的。为实现速度的瞬时变化，可以将铰链关节的质量属性(惯性属性)设置为 0，则速度的变化可以瞬间达到。虽然这样也可以实现类似机械臂中转动关节的效果，但是对此只能进行粗略仿真。在要求速度实时变化可控的情况下，例如在要求速度变化曲线与正弦曲线类似的情况下，铰链关节就无法达到要求了。

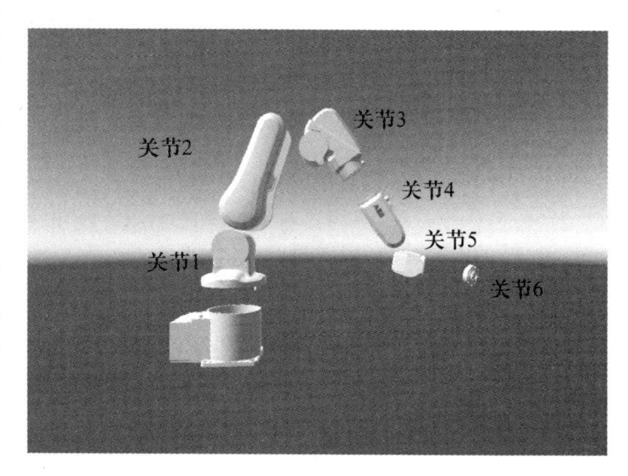

图 15-3-4 工业机器人关节拆解模型

一般机械臂的末端会随之前关节的转动而转动，这里采用父子关系实现这种父臂带动子臂转动的效果。采用这种方式的结果为：所有物体依次成父子关系排列。在 hierarchy 栏里排成一长串，可以通过直接在 hierarchy 栏中拖动或在脚本中实现父子关系，对拆分后的模型在 Unity 3D 里建立父子关系，对应于图 15-3-5 所示的工业机器人各关节及节点树状结构图。

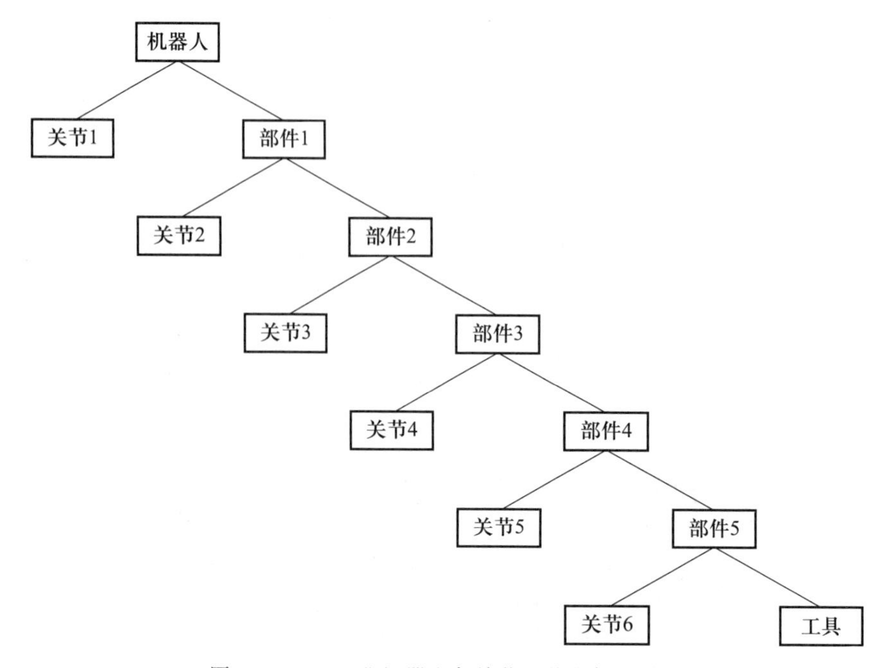

图 15-3-5 工业机器人各关节及节点树状结构

为了更好地方便学习，还建立了工业机器人的内部模型，如图 15-3-6 所示。从图中可以清楚地看到内部的传动装置。

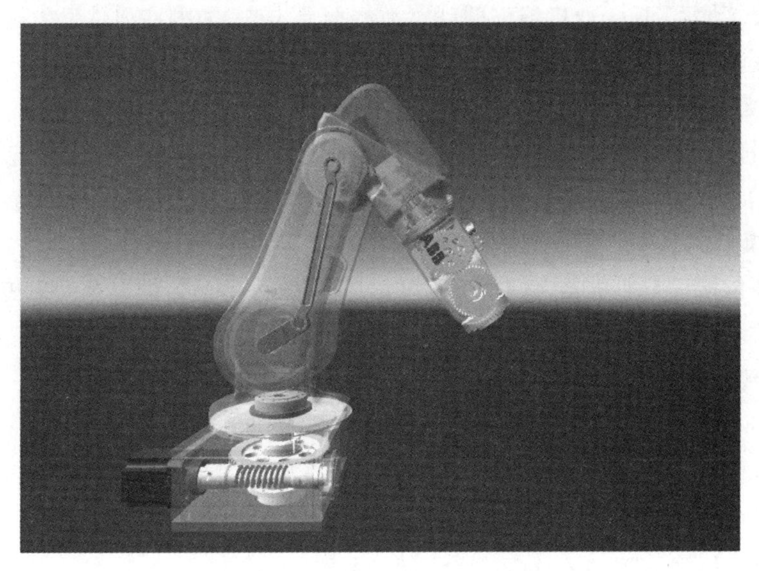

图 15-3-6　工业机器人内部模型

15.4　工业机器人数据的采集、传输与驱动

在 15.3 中介绍了如何完成模型的建立，本节介绍数据的采集、传输与驱动。首先介绍工业机器人应用系统的数据采集，然后实现连接。主要从以下四个方面进行介绍：采集哪些数据；采集这些数据的办法；如何进行数据驱动；数据传输过程中的处理优化。

1. 信息模型

根据工业机器人按照一定规则所采集到的数据可以建立工业机器人的信息模型，作为所采集数据的基本准则。数字孪生的机器人信息模型一定是基于工业机器人实际状况所建立的信息模型，按照真实、有效、完备的要求设计。

信息模型的参考架构采用 MTConnect(Machine Tool Connect)协议作为所建模型的标准架构。MTConnect 由美国机械制造技术协会(Association for Manufacturing Technology，简称 AMT)主导制订。因为强调安全性，故定义为单向通信协议，具有设备模型定义能力且提供机床设备标准参考模型，这一点是 MTConnect 协议的重要特点。MTConnect 协议因为采用了常用的互联网技术(如 http、xml)，使得即便是缺乏工业通信经验的软件工程师也可以编写相关的生产管理软件。所有的 MTConnect 文件都是由两部分组成的。首先是头信息(Header)，其次是具体描述信息。头信息主要是表述跟 MTConnect 相关的内容，如协议使用版本和时间之类的；具体描述信息就是对设备组件、数据流、错误和资产这四个根元素的详细阐述。

工业机器人应用系统的信息模型分为两种:静态模型和运动模型。首先,创建工业机器人的整体框架图,从而确立设备类型、设备的属性等,此类数据即为静态数据,根据静态数据建立静态模型。然后,把工业机器人的动态类型抽象出来,如哪些组件发生运动,采集动态数据,确立动态模型。主要内容如下:

① 静态模型

静态模型包含工业机器人的本体信息以及通用信息,主要分为基础信息、工作空间信息、本体信息等。

② 动态模型

动态模型包括了工业机器人的全部动态信息,可分为运动数据以及其他传感器信息,例如工业机器人六个关节的角度、温度、湿度等信息。

2. OPC 数据采集

OPC(OLE for Process Control)是用于过程控制的对象链接和嵌入(Object Linking and Embedding,简称 OLE)。对象链接和嵌入是 Windows 的基本早期构建块,允许应用程序在它们之间共享复杂的信息。OPC 的目标为消除自动化软件和硬件平台之间互操作性的障碍,为用户提供选择。

OPC 统一架构(Unified Architecture,简称 UA)是下一代的 OPC 标准,通过提供一个完整安全和可靠的跨平台架构来获取实时和历史数据和时间。OPC UA 基于 OPC 基金会提供的新一代技术,实现原始数据和预处理的信息从制造层级到生产计划或 ERP 层级的传输。通过 OPC UA,所有需要的信息在任何时间、任何地点对每个授权的应用和每个授权的人员都可用。这种功能独立于制造厂商的原始应用、编程语言和操作系统。OPC UA 是目前已经使用的 OPC 工业标准的补充,提供一些重要的特性,包括如平台独立性、扩展性、高可靠性和连接互联网的能力。OPC UA 不再依靠 DCOM,而是基于面向服务的架构(SOA),OPC UA 的使用更简便。OPC UA 服务器体系结构如图 15-4-1 所示。

应用程序接口(Application Programming Interface,简称 API)是一组定义、程序及协议的集合,通过 API 实现计算机软件之间的相互通信。API 的一个主要功能是提供通用功能集。程序员通过使用 API 函数开发应用程序,从而可以避免编写无用程序,以减轻编程任务。

OPC UA 通过客户端/服务器模式进行通信及数据采集。服务器定义地址空间,并对外提供接口。客户端通过 API 调用服务,与服务器进行通信,浏览地址空间,从而读写与订阅数据

3. 数据实时驱动与传输

数字孪生仿真建模的工业机器人状态监测一定要保证数据的及时性与准确性,在数据驱动模型时,保证动态模型展示效果,这就需要对数据进行实时驱动设计。同时,工业机器人的外观模型及渲染效果在 Unity 3D 中得到了完整加载,Unity 3D 软件的数据刷新是 30 帧/秒。数字孪生仿真建模对开发环境是有要求的,一般要求设备具有良好的图形处理能力、高速运算能力以及稳定的网络。

数据实时驱动系统使用 Mysql 数据库。根据当前能够采集的数据,在数据库中生成一

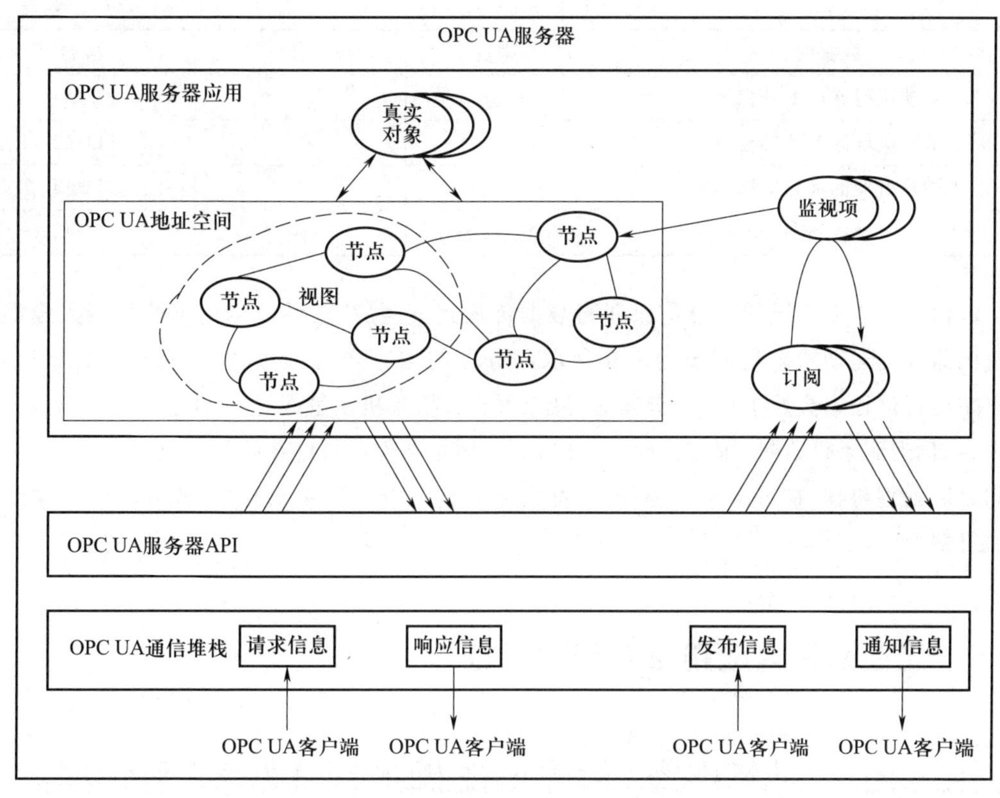

图 15-4-1　OPC UA 服务器体系结构

张数据表，以时间戳为索引，包含下列字段：设备名称，设备型号，设备编号，时间戳，J1 轴角度、J2 轴角度、J3 轴角度、J4 轴角度、J5 轴角度、J6 轴角度，末端执行器在 X、Y、Z 轴位置，末端执行器的世界坐标角度，设备状态等。表 15-4-1 为数据库字段信息表。

表 15-4-1　数据库字段信息表

数据项	字段	主键	数据类型
设备名称	Equip_Name	否	CHAR
设备型号	Equip_type	否	CHAR
设备编号	Equip_ID	否	CHAR
时间戳	Real_time	否	INT
J1 轴角度	J1Pos_angle	否	FLOAT
J2 轴角度	J2Pos_angle	否	FLOAT
J3 轴角度	J3Pos_angle	否	FLOAT
J4 轴角度	J4Pos_angle	否	FLOAT
J5 轴角度	J5Pos_angle	否	FLOAT
J6 轴角度	J6Pos_angle	否	FLOAT
末端执行器在 X 轴位置	Pos_x	否	FLOAT

续表

数据项	字段	主键	数据类型
末端执行器在 Y 轴位置	Pos_y	否	FLOAT
末端执行器在 Z 轴位置	Pos_z	否	FLOAT
末端执行器的世界坐标角度	Pos_angle	否	FLOAT
设备状态	Equip_state	否	FLOAT

数据实时驱动系统的核心是保证当数据传输到模型后，三维数字化工业机器人模型与工业机器人的运动状态是同步的。在获取服务器的响应之后，通过协程机制将数据返回。客户端运行过程中会发生掉帧、卡顿的现象，可通过协程机制解决这一问题。在代码运行过程中，一旦遇到条件语句，则先将此段代码挂起，满足条件后再继续执行。Unity3D 在 Update 语句之后处理协程，在每次执行协程时，都需要新建一个线程来执行，因此并不影响主线程的执行情况。

15.5 工业机器人应用系统仿真验证

随着工业机器人技术的发展，工业机器人已成为工业生产制造的重要部分，它可以承担更多的工作任务，承受更高的负载。高要求的工作任务会影响工业机器人的使用状况，故需要对工业机器人实施监测管理，从而实时反馈工业机器人的运行状态。相对于传统的传感器监测而言，数字孪生技术是在其基础上，将采集到的信号数据和当前工业机器人的运动状态结合起来，便于观测整个运动过程。工业机器人在工作状态下，其应用系统可以观察到信号信息，对应于仿真模型中的传感信息。通过对数字孪生技术中的数据进行分析，可完善“服务系统”，同时利用数字孪生仿真建模监测技术更加深入地了解当前工作中的工业机器人。

1. Process Simulate 的仿真验证

Process Simulate 软件是使用三维环境验证生产流程的数字化生产解决方案。Process Simulate 软件中的机器人功能，提供了一种融机器人和自动装置技术规划和验证为一体的虚拟环境，可以仿真现实环境中机器人的工作状况。它同时具备了逻辑驱动装置技术和集成的真实机器人仿真技术，并针对不同机器人有专门的示教器功能进行精确的离线编程，同时基于实际控制逻辑的事件驱动仿真使得虚拟调试成为可能，从而大大提高了机器人离线编程的效率和质量，大大减少了在真实环境中调试的时间和成本。如图 15-5-1所示为虚拟仿真工业机器人在 Process Simulate 中的三维视图。

将通过建模完成的虚拟仿真工业机器人导入 Process Simulate 中，设计虚拟仿真工业机器人的动作及运动控制，最后通过 OPC UA 技术实现虚拟仿真工业机器人与实体工业机器人的通信连接。虚拟仿真工业机器人在 Process Simulate 中主要实现以下功能：

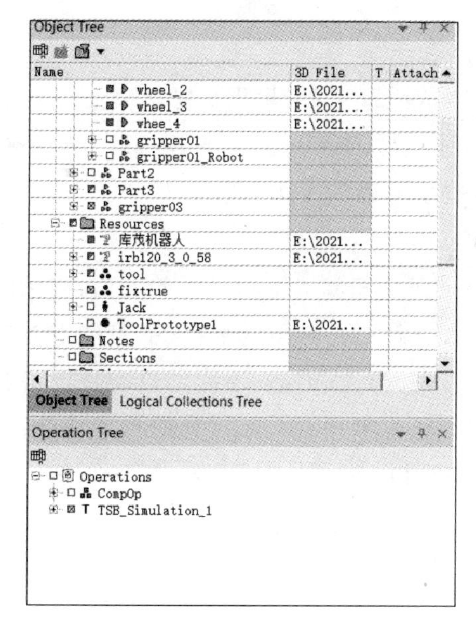

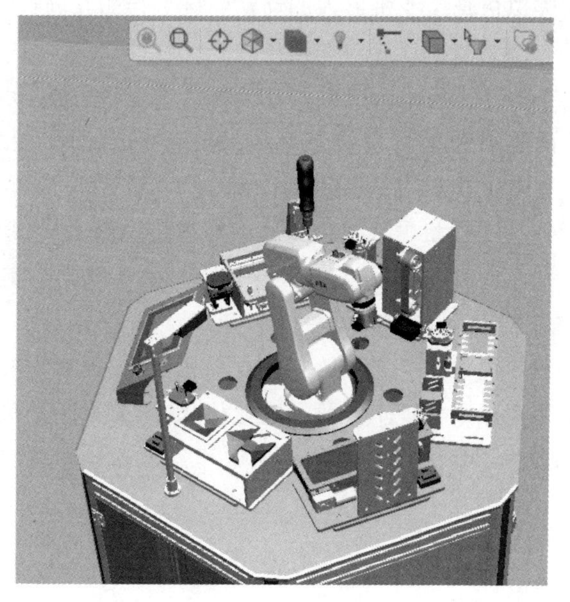

图 15-5-1　虚拟仿真工业机器人在 Process Simulate 中的三维视图

(1) 干涉检测

干涉检测功能可避免设备碰撞造成的严重损失。选择测试对象后，Process Simulate 可以自动监控和显示程序执行时实体工业机器人各个动作是否会发生干涉。

(2) 自动路径生成

自动路径生成是 Process Simulate 流程模拟中最节省时间的功能之一。该功能可以通过干涉检测，自动生成跟踪加工曲线所需的机器人路径，保证虚拟仿真工业机器人五道工序的连续性，为后续实体工业机器人与虚拟仿真工业机器人实时同步运动奠定路径基础。

(3) 支持多种工艺

Process Simulate 支持多种工艺虚拟仿真，如点焊、弧焊、激光焊、铆接、装配、包装、搬运、涂胶、抛光、喷涂、滚边等，与实体工业机器人五大工艺流程完美契合。

(4) 支持虚拟传感器

在各个工艺流程中设置虚拟传感器，减少信号传输时间，使虚拟仿真工业机器人在 Process Simulate 中实现现实自动化设计。

(5) 可达性验证

通过 Process Simulate 可以用来验证工业机器人或工件的可达性，确定是否可以到达所有位置。工业机器人平面验证和优化可在几分钟内完成。

(6) PLC 连接

Process Simulate 可以轻松地通过 OPC DA、OPC UA 服务器与实体工业机器人 PLC 通信。

(7) 机器人程序下载

通过虚拟仿真验证后，可以将实体工业机器人程序导出，并加载到工业机器人系统中，与虚拟仿真工业机器人的动作轨迹进行相互验证，保证虚拟仿真的真实性。

（8）节拍计算与优化

Process Simulate 可以在虚拟仿真环境中估算和生成生产节拍，根据虚拟仿真工业机器人的运动速度、工艺因素和外围设备的运行时间来估计节拍，然后通过对工业机器人轨迹的优化来优化节拍、提高效率。通过 RCS 接口，可以获得更精确的工作节拍。

2. 工业机器人应用系统的数据传输测试

在进行测试时，首先要保证虚拟仿真软件和实际的工业机器人保持良好的通信，本例中采用 KEPServerEX6 软件进行通信。KEPServerEX6 是一款先进的连接平台，主要用于为应用程序提供单一来源的工业自动化数据，通过连接、管理、监视和控制不同的自动化设备和应用程序来实现工业数据的通信，如图 15-5-2 所示。该连接平台具有严谨的技术特征，支持多达 250 种以上的通信协议，可连接到各种系统、装置和监控器。

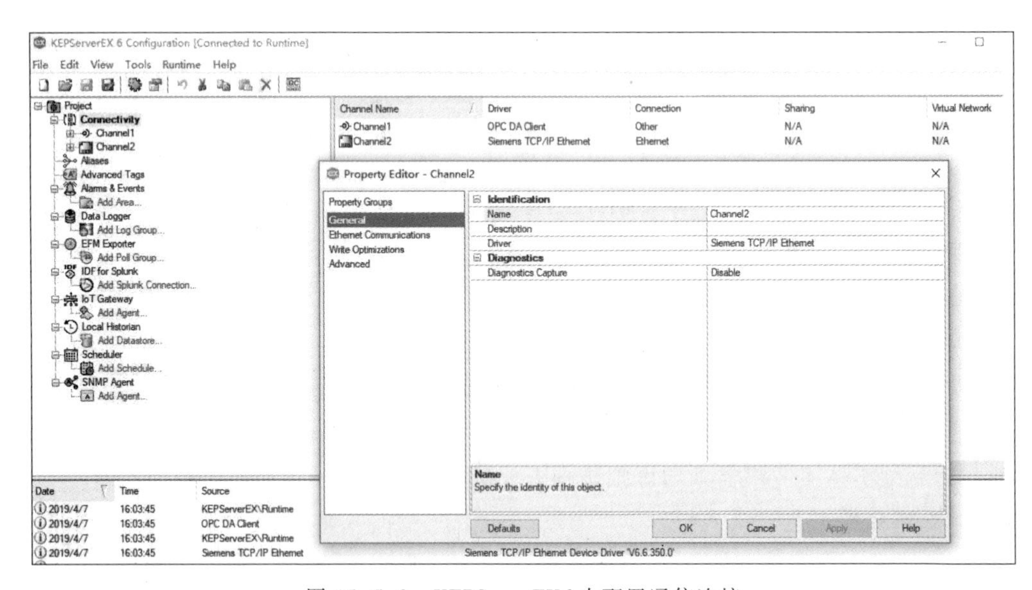

图 15-5-2　KEPServerEX6 中配置通信连接

如图 15-5-2 所示，在启动软件时，软件系统会进行一系列的初始化配置工作，保证虚拟仿真软件和控制工业机器人应用系统的物理设备 PLC 进行直接通信连接。

（1）虚拟仿真工业机器人与实体工业机器人运动同步性的测试

该工业机器人应用系统数字孪生的功能之一就是实现虚拟仿真工业机器人与实体工业机器人的同步运动，达到实时一致性，这是实现工业机器人应用系统数字孪生的重要一步。我们不但要实现虚拟仿真软件中的工业机器人和实体工业机器人各自独立运动，还要使两者在操作按钮的控制下达到同步运动，服务于高校的工业机器人教学和工业企业的虚拟调试等。测试内容为控制工业机器人运动的同时，观察虚拟仿真软件中的工业机器人是否同步运动。如果能够同步运动，则实现了预期的功能，否则进行问题的查找和修正。如图 15-5-3所示，工业机器人应用系统数字孪生中，虚拟仿真工业机器人与实体工业机器人信息物理融合同步工作。

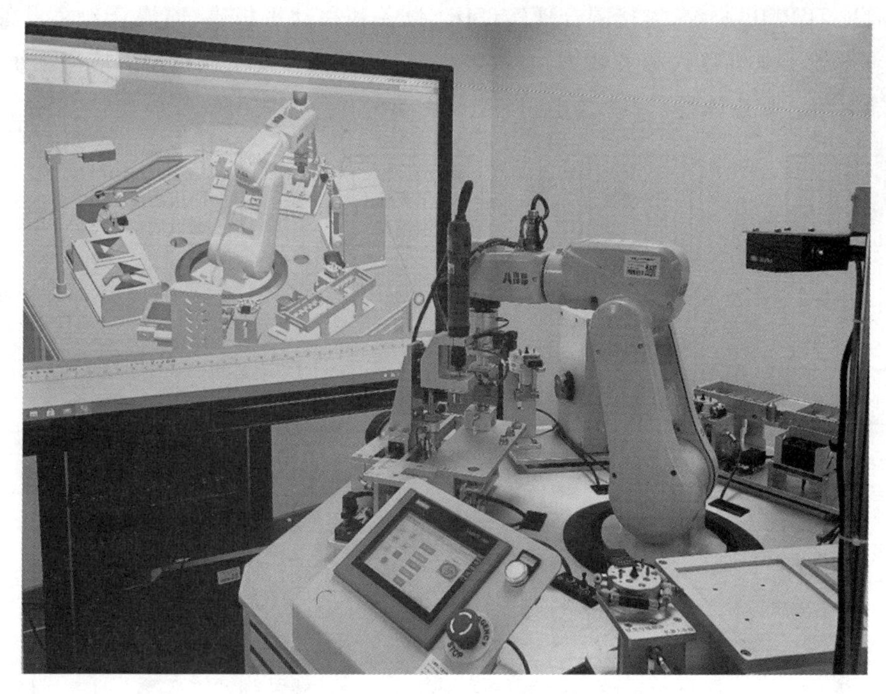

图 15-5-3　工业机器人应用系统数字孪生

（2）虚拟仿真工业机器人与实体工业机器人运动角度一致性测试

在测试完虚拟仿真工业机器人与实体工业机器人运动同步性之后，仅仅保证了两者能同步运动，但是无法确定运动过程中转过的角度是否一致。如果仅仅满足同步运动，但是两者的运动过程不完全一致，运行的轨迹各自独立，就达不到实时运动数字孪生的目的。因此需测试两者在运动过程中的运动角度是否一致。测试的具体内容为：当用工业机器人示教器来控制工业机器人运动时，记下工业机器人示教器上各个关节的实时角度，同时也记录下虚拟仿真软件中工业机器人的角度，对比两角度间是否一致。通过进行大量的测试之后发现两者的误差很小，可以看出关节 J1、J2、J3、J4、J5、J6 运动的角度基本上是相同的，两者间的细小差别是由软件制作时设定参数所导致的。

15.6　工业机器人应用系统数字孪生的实现

1. 总体技术路线

工业机器人应用系统数字孪生选取工业机器人应用系统作为研究对象，首先对其进行三维建模，建模对象包括工业机器人本体及其工艺流程零部件；接着对三维模型进行模型转换，将转换完成的模型导入 Unity 3D 中；然后通过 TIA Portal 软件进行组态，从而完成 OPC 连接与 PLC 的配置，采集工业机器人 PLC 中的相关数据，驱动虚拟仿真工业机器人运动，将采集的工业机器人的数据存储于 XML 文件中，由数据驱动虚拟仿真工业机器人实现同步运动;最后通过 TCP/IP 协议,连接混合现实(MR)设备和移动平板端,向混合现实设备端(后称 MR 端)发送工业机器人相关数据,多端数据同步协同,实现工业机器人应用系统的数字孪生,多端应用。其总体技术路线如图 15-6-1 所示。

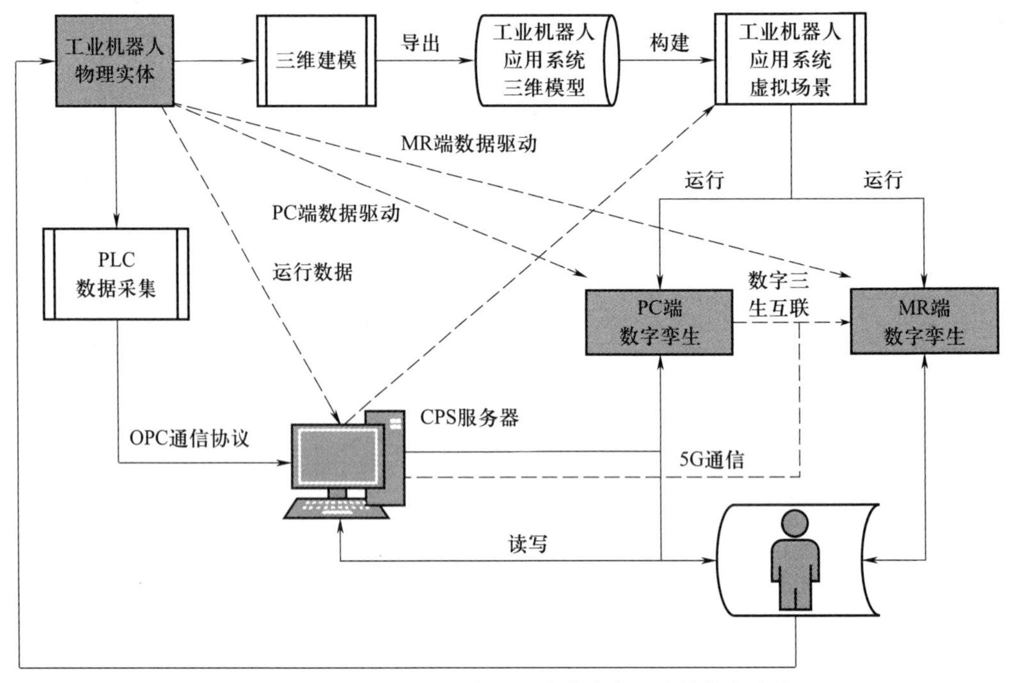

图 15-6-1　工业机器人应用系统数字孪生总体技术路线

2. 组态与数据传输

工业机器人应用系统数字孪生中,虚拟仿真工业机器人的运行数据全部来源于实体工业机器人,通过 Profinet 通信协议采集实体工业机器人 PLC 中的数据。计算机要获取 PLC 中的数据,需在 TIA Portal 软件中通过 OPC 服务器进行组态,计算机就可以访问 PLC 的数据块存储器。其组态过程如图 15-6-2 所示。

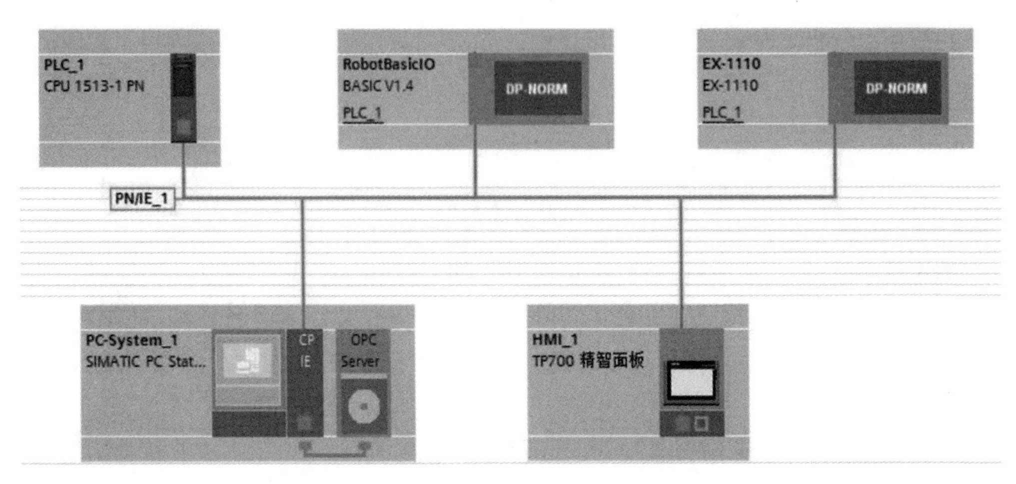

图 15-6-2　工业机器人 OPC 的组态数据连接

OPC 服务器数据访问包含发布订阅模式。订阅的具体过程是客户端向服务器发送订阅请求,服务器做出响应创建监控项,然后返回需要的数据信息。OPC 导出基于 OPC 基金会的可扩展标记语言(Extensible Markup Language,XML)模式,如图 15-6-3 所示,通过 XML 模式可以使用命令行方式导出 OPC 数据。整个工程导入或导出功能可以以一键方式集成至组态工具中。在后续的数据访问中,只需打开 OPC 客户端即可进行数据访问,实现离线人机交互功能。

XML 具有统一的标准语法,支持任何系统和产品使用,实体工业机器人的 PLC 中包含工业机器人完整的静态、动态数据信息,根据工业机器人需求创建信息模型。信息包括工业机器人本体信息和外围设备信息。工业机器人本体信息主要为工业机器人的运动信息,即工业机器人六个关节运动的角度、位置及动作轨迹等信息。外围设备信息则主要为各个应用单元的传感器、卡爪信息等。如图 15-6-4 所示为实体工业机器人六个关节的运动数据,每 200 ms 更新一次。

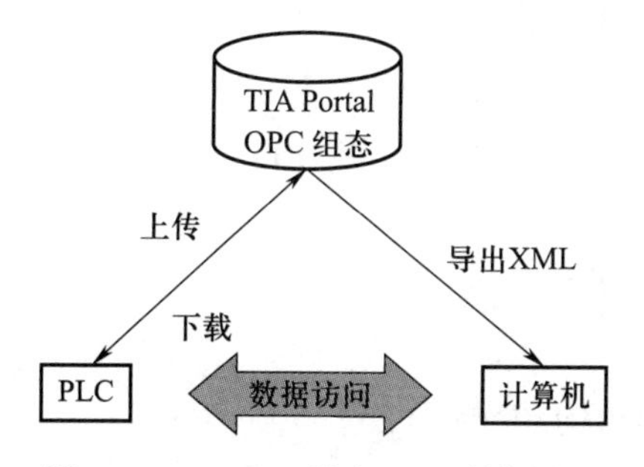

图 15-6-3　OPC 导出 XML 数据访问

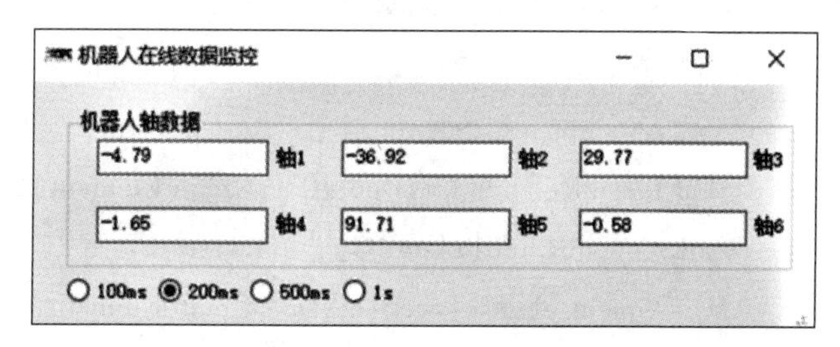

图 15-6-4　实体工业机器人六个关节轴运动数据

根据实体工业机器人各类信息创建统一的基于 XML 文件,之后只需实时读取 XML 文件便可直接进行信息物理融合。在 Unity 3D 脚本软件中新建项目,用来写入以及读取 XML 文件,并针对 XML 文件编写 XMLRead 脚本,使用 C#中 XML 文件与协同的方式,实现定时读取与数据处理,设定每 200 ms 读取一次,得到机器人六个关节轴的实时运动数据。之后添加 using system.XML;创建一个公用的类 RXML,使得程序能够使用此类;创建 XML 文件并将其实例化;创建 XML.document(表示 XML 文件。可使用此类在文档中加载、验证、编辑、添加和放置 XML 文件)、XMLDeclartion(初始化 XMLDeclaration 类的新实例);一个 XML 文件必须有一个根元素,因此需要创建根节点。创建 XML 文件的主要程序为:

```
Public void writeXML( )
{
//创建 XML 文件,并将其实例化
XMLDocument xDoc = new XMLDocument( );
//申明 XML 文件所需要的语法变量
XMLDeclaration declaration = xDoc.CreateXMLDeclaration("1.0","UTF-8","yes");
//用返回值去接收
```

```
XDoc.AppendChild(declaration);
//创建根节点,一个 XML 文件必须有一个根元素
XMLElement elem.CreateElement("OPCDatal");
//将根节点添加到 XML 文件
XDoc.AppendChild(elem);
}
```

由于 XMLElement 主要是针对节点的一些属性进行操作,所以需要在 XML 文件中添加子节点。将第一级子节点放置到根节点下;AppendChild() 方法在指定元素节点的最后一个子节点之后添加节点[AppendChild()方法通常与 document.createElement_x("div")或 document.getElementByIdx_x("id")函数同用,表示先创建然后再添加]。将工业机器人六关节轴节点添加为子节点的节点。增加节点中的数据,获取或设置指定该元素标签的起始位置到终止位置的全部文本内容。添加六关节轴节点的主要程序为:

```
XMLElement eleml_1=xDoc.xDoc.CreateElement("RobotDataRecord1_A1");
eleml.AppendChild(eleml_1);
XMLElement eleml_2=xDoc.xDoc.CreateElement("RobotDataRecord1_A2");
eleml.AppendChild(eleml_2);
XMLElement eleml_3=xDoc.xDoc.CreateElement("RobotDataRecord1_A3");
eleml.AppendChild(eleml_3);
XMLElement eleml_4=xDoc.xDoc.CreateElement("RobotDataRecord1_A4");
eleml.AppendChild(eleml_4);
XMLElement eleml_5=xDoc.xDoc.CreateElement("RobotDataRecord1_A5");
eleml.AppendChild(eleml_5);
XMLElement eleml_6=xDoc.xDoc.CreateElement("RobotDataRecord1_A6");
eleml.AppendChild(eleml_6);
```

元素和节点的区别在于元素是一个小范围的定义,含有完整信息的节点才是一个元素。但是一个节点不一定是一个元素,而一个元素一定是一个节点。要想实现虚拟仿真工业机器人与实体工业机器人实时同步运动,需要设置循环集合,使得虚拟仿真工业机器人能够连续读取 XML 文件中的数据。循环集合的主要程序为:

```
XMLDocument xDoc=new XMLDocument();
//实例化一个 XML 操作对象
XDoc.Load("Robot.XML");
//获取根节点
XMLNode node=xDoc.SelectSingleNode("OPCData1");
//获取节点的所有子节点
XMLNodeList nodeList=node.ChildNodes;
//循环集合
```

```
foreach(XMLNode xn in nodeList)
{
    String number=xn.InnerText;
    Console.WriteLine(number);
}
```

3. 驱动虚拟仿真工业机器人

在虚拟仿真场景中,定义好工业机器人各个关节轴的旋转中心坐标与模型零点的偏移值,得到PLC传输的数据后,程序会向虚拟仿真工业机器人发出指令,使用BroadcastMessage与SendMessage,执行绑定在场景中物体上的脚本中的方法,根据该数据,执行Unit插件中的命令transform.DOLocalRotate(Vector3 endValue, float duration),转动到相应的位置上去。对于有大幅度波动的转动关节轴,采用传统的四元数旋转方式进行精准的旋转,实现虚拟仿真工业机器人六个关节轴的数据驱动。

采用Unity 3D物理系统中的碰撞体功能实现工业机器人与各个工作单元的交互,检测机器人的六个关节轴是否接触到卡爪等工具,随后再检测工具是否接触到工作单元中的零件,并根据现实中工业机器人的实际情况做出相应的动作,比如抓取或放下零件等,实现一整套完整的操作流程。如图15-6-5所示,在六关节轴上的长方体是用于检测是否碰撞到卡爪的碰撞体,六个关节轴需具有刚体属性,从而触发碰撞体检测。

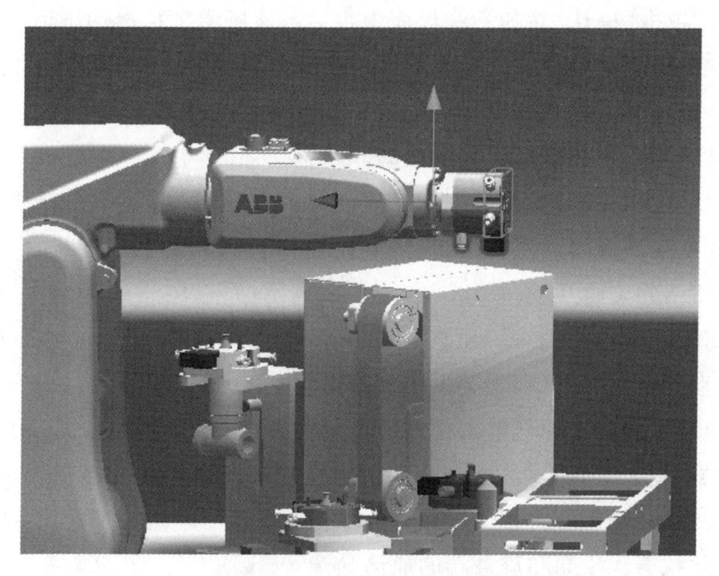

图15-6-5　设置检测碰撞体

数据驱动的过程如下:单击“开始”按钮后,系统自动读取XML文件,界面左上角为工业机器人六关节轴的数据面板,使虚拟仿真工业机器人实时接收运动数据,并将该数据显示于数据面板上。虚拟仿真工业机器人会根据运动数据自动判断是否与各关节轴的运动位置匹配,从而控制各个关节轴向目标角度和坐标运动,完成虚拟仿真工业机器人根据数据驱动相应动作的功能。具体动作包括工业机器人仓储、码垛、视觉、打磨和装配,如图15-6-6所示。

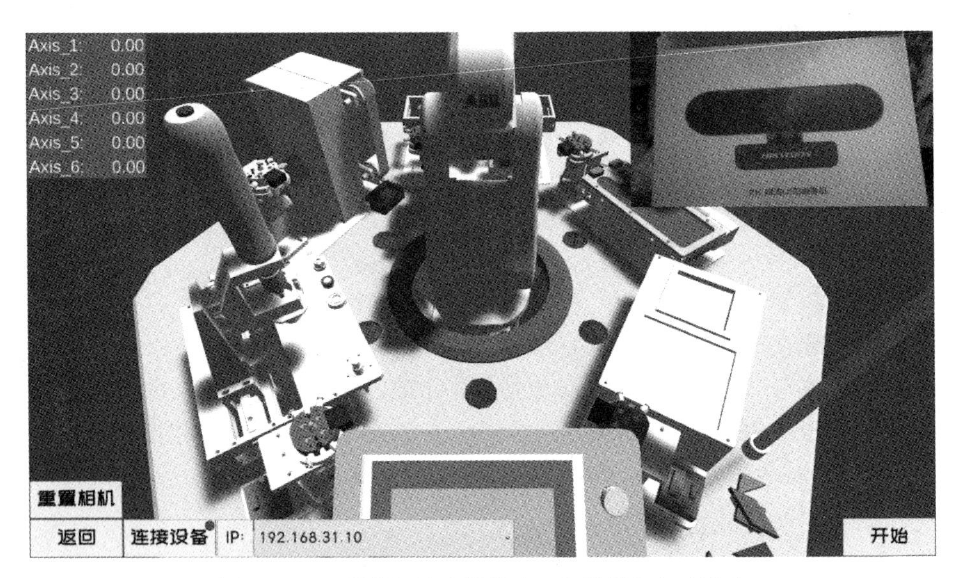

图 15-6-6　数据驱动虚拟仿真工业机器人实时运动

为了能在显示器中直观地对比虚拟仿真工业机器人与现实工业机器人的运动差异,引入了摄像头画面显示模块。该模块使用 Unity 3D 中的 WebCamera 实现。当用户单击界面中的摄像头图标时,程序会扫描设备所能调用的摄像头,用户可以在列表中选择需要的摄像头进行画面预览,单击“确认”按钮后主界面中将显示该摄像头拍摄的画面,图 15-6-6 右上角所示即为摄像头画面。用户单击摄像头画面或单击界面左下角的“重置相机”按钮,可以还原系统的网络摄像头组件状态。

4. 混合现实虚拟仿真工业机器人的驱动

通过混合现实(MR)技术可融合虚拟仿真环境和物理场景,从而在虚拟世界、现实世界和用户之间搭建交互反馈的信息回路,以增强用户体验的真实感。在新的可视化环境里物理和数字对象共存,并实时互动。

将在 Unity 3D 中制作好的虚拟仿真场景导入 MR 眼镜,MR 端通过空间定位的方式定位显示场景,其移动的距离、角度和现实中用户的移动距离、角度相一致,如图 15-6-7 所示,由设备的空间定位技术确定工业机器人模型的显示位置。在 UI 交互方面,MR 端软件采用单击 3D 按钮的方式作为交互方式。主要采用射线检测的方式,用户需将视线对准虚拟场景中需要进行交互的物体,在工业机器人工作台的左上方设置一个用于连接服务端软件的 3D 按钮,单击该按钮将执行 MR 端和服务端的通信操作。

MR 端和服务端的通信采用 Socket 方式,Socket 是应用层与 TCP/IP 协议通信的中间软件抽象层,它是一组接口。对用户而言,通过 Socket 组织数据,以使数据符合指定的协议。利用 Socket 方式读取 OPC 实时数据是当前跨平台实时数据交换的一种常用手段,它要求数据采集和传输具实时性及完整性,并能够解决操作系统和防火墙给 OPC 用户带来的困扰。而 Unity 3D 开发环境也支持 Socket 通信,Socket 客户端负责申请连接,服务端负责通过申请,完成连接。Socket 通信模型如图 15-6-8 所示。

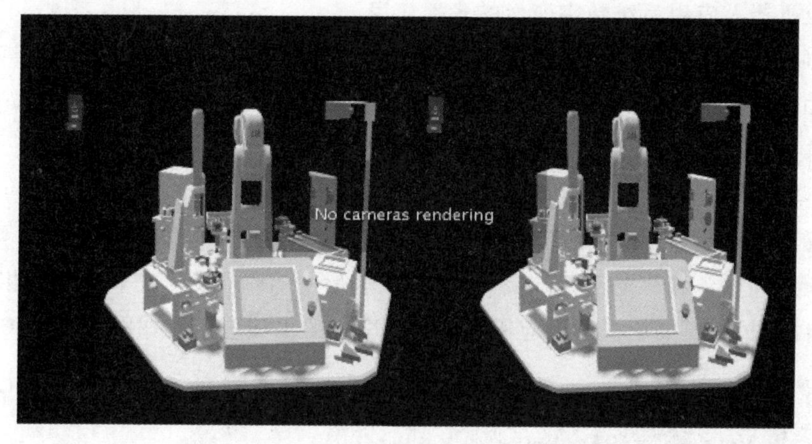

图 15-6-7　MR 端虚拟仿真工业机器人应用系统立体显示

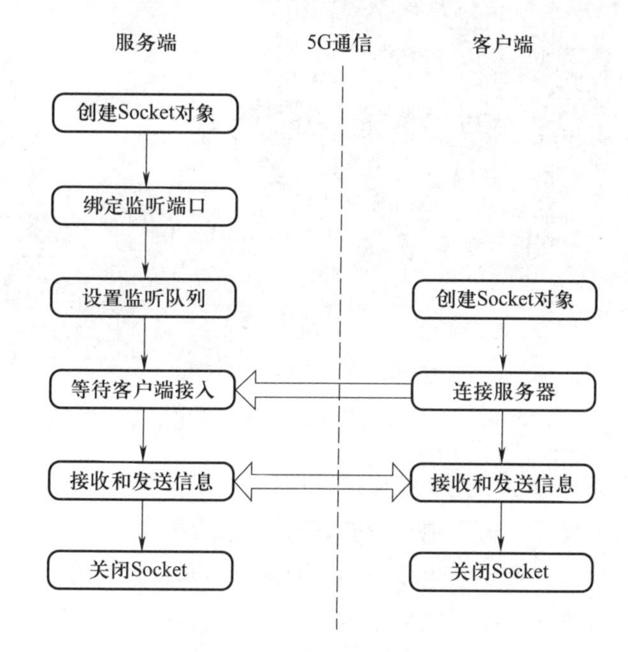

图 15-6-8　Socket 通信模型

实时运动场景左下方部分为软件的 MR 端应用连接组件。其中下拉框为本地监听 IP 的选择框,用户可以选择与 MR 端软件中预设的 IP 相对应的本地 IP 地址。在选择了 IP 的情况下单击“连接设备”按钮,开始执行 TCP 连接监听,直到 MR 设备连接成功或是用户再次单击“连接设备”按钮执行主动取消连接操作。在这一过程中,该按钮的角标将起到连接状态指示灯的功能,如图 15-6-9 所示。其中红灯表示未处于连接状态;黄灯表示已成功进入监听状态,等待 MR 设备的连接;绿灯表示已成功与 MR 设备连接,若设备处于连接状态,即可以进行数据的通信操作。

图 15-6-9　不同状态连接设备按钮

5. 工业机器人应用系统数字孪生的多端应用

通过5G通信技术，工业机器人应用系统的数字孪生实现了多端应用。按照总体设计框架，实现了工业机器人运行数据的获取与分析，Unity 3D中的虚拟仿真工业机器人的数据驱动，做到了物理与虚拟仿真工业机器人动作一致。在此基础上，增加了虚拟仿真工业机器人与各个工作单元的交互，实现了数字孪生。

在完成了PC端数字孪生的基本功能后，项目着手实现MR端的软件移植。通过TCP/IP协议连接MR设备和移动平板端，利用Socket通信向MR端发送工业机器人相关数据，多端数据同步协同，实现工业机器人应用系统数字孪生的多端应用。如图15-6-10所示。

工业机器人应用系统数字孪生多端应用

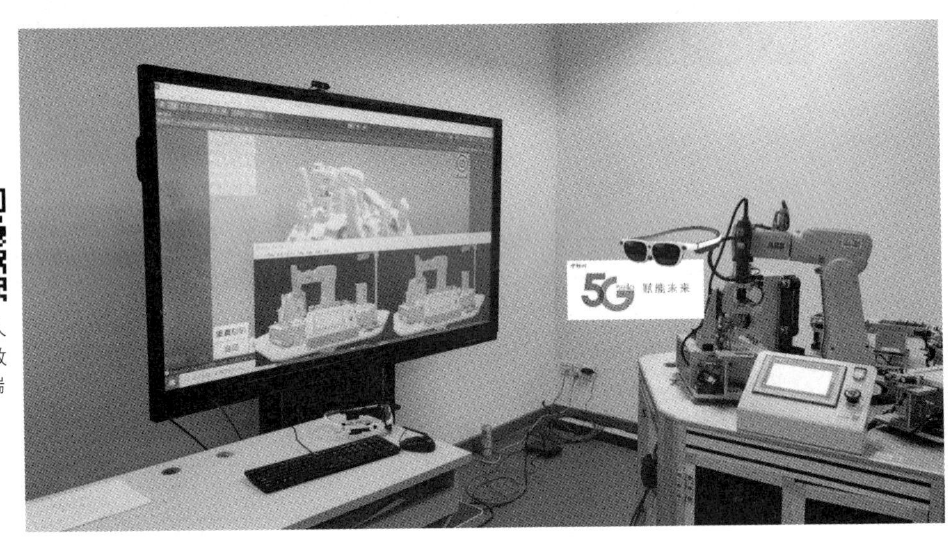

图15-6-10　工业机器人应用系统数字孪生实现多端应用

工业机器人应用系统数字孪生多端应用，可以在虚拟世界中对制造过程进行仿真验证。当在验证过程中出现问题时在模型中进行修正即可，然后再次进行仿真，确保工业机器人能正确完成任务目标。可以在数字孪生模型中方便地更新制造过程、进行分析和优化规划，直到产生满意的制造过程方案。基于数字孪生模型，设计人员和制造人员实现协同，设计方案和生产布局实现同步，这些都大大提高了制造业务的敏捷度和效率，帮助企业应对更加复杂的产品制造挑战。

15.7　工业机器人应用系统数字孪生应用的意义

工业机器人应用系统数字孪生的应用有三个技术创新点，分别为：工业机器人工作单元的集成，实时的信息传感和数据采集，信息物理融合的数字孪生多端应用。其技术的先进性体现在以下方面：在虚拟环境中对工业机器人运动过程中反馈的信息进行有效的调整，以便与实体工业机器人进行同步运动，更好地进行工业机器人的运动控制；在工业机器人程序正式应用于实体工业机器人运行前,为保证安全性,可对工业机器人运动进行程序仿真,通过在虚拟环境中的仿真完成对工业机器人程序的校验,检测所有可能发生的碰撞及其他错误,排除危险情况,从而节省更多的人力与物力;通过对工业机器人应用系统数字孪生的研发,为学校的工业机器人教学提供了一个新的模式,而且对工业机器人应用的科研工作提供了一个很好的解决方案。

工业机器人应用系统数字孪生实现了现实世界的物理系统与虚拟空间数字系统之间的交互与反馈,从而在产品的全生命周期内达到物理世界和虚拟世界之间的协调统一。通过基于数字孪生模型而进行的仿真、分析、决策、数据收集、存储、挖掘以及人工智能的应用,确保它与物理系统的适用性。智能制造系统的智能首先是指能感知、建模,然后才是分析、推理与预测。只有具有数字孪生模型对现实工业系统的准确模型化描述,智能制造系统才能在此基础上得到进一步落实,这就是数字孪生模型对智能制造的意义所在。通过信息物理融合,实现真实工业机器人与虚拟仿真工业机器人之间的实时通信,利用数字孪生模型进行虚拟调试,可以生成详细的作业指导书,并与生产设计全过程进行关联,应用于工业生产,如果发生任何变更,整个过程都会进行相应的更新,大大降低了工业生产成本,提高了生产系统的智能性,具有良好的应用价值和广阔前景。数字孪生技术在不断地快速演化,无论是对制造业的设计、制造还是服务都产生了巨大的推动作用。工业机器人应用系统数字孪生将提高工业机器人应用的整体技术水平,促进智能制造的发展,提高制造业的技术水平和质量。

结束语

一、 工程训练虚实结合新模式主要解决的教学问题

工程训练虚实结合新模式主要解决如下教学问题：

工程训练虚实结合模式的成果与意义

1. 工程训练实践教学模式单一性

传统工程训练大多采取教师现场讲授及操作演示，学生围观旁听的教学模式，引入虚拟仿真技术后采用虚实结合的实践教学新模式，设计层次递进的 CP-CSI 教学方法，构建了虚实结合的教学过程：预习+虚拟仿真实验+现场实践+虚拟仿真实验和考核评价。

2. 工程训练实践教学手段单一性

传统工程训练往往受到设备限制和场地限制，不宜进行大规模的教学，虚拟仿真的工程实践减少了设备投入，对场地的要求低，提高了工程训练的经济性，采用线上线下混合方式丰富了教学手段，基于翻转课堂的引导式教学激发了学生的学习兴趣，开放式的网络线上教学增加了教学资源的共享性。

3. 工程训练实践教学内容单一性

传统工程训练主要是普通车削、铣削、钳工等单元技术的操作训练，工程训练虚实结合的新模式以大工程为背景，将单元技术集成为制造系统工程实践，增加了现代工程技术的训练内容，将单元技术和制造系统进行耦合。随着教育国际化的发展和中国制造走向世界，增加了中英文实践教学，创新了工程训练的教学内容，培养了学生的国际化视野和国际工程能力。

工程训练虚实结合新模式解决教学问题的主要方法如下：

1. 创新了虚实结合的教学模式

针对工程训练实践中场地设备的不足和实践操作危险性的问题，将虚拟仿真技术融入工程训练，给工程训练教学带来了深刻的变化，改变了传统的大多采用实训的工程训练模式，创新了虚实结合的教学模式。依托课程建设和实践教学改革项目，团队自主开发了虚拟仿真工程训练系列教学软件，打造了智慧的虚拟仿真实训教室、沉浸式多通道虚拟仿真系统、全生命周期管理 PLM 云平台。结合虚实分段、虚实交替、虚实融合三种模式实现虚拟仿

真、实践教学与信息物理融合应用的"三位一体"无缝连接，学生沉浸于虚拟实训场景，反复进行训练，更好地增加了实践性，反复的训练更好地培养了学生精益求精、追求卓越的工匠精神，传统的工程训练与现代信息技术相融合，体现了新时代的工匠精神。

2. 设计了 CP-CSI 教学方法

通过研发工程训练信息物理系统（Cyber Physical Systems，简称 CPS），在虚拟信息空间建立对应的数字孪生；设计层次递进的 CP-CSI（Cyber Physical-Concept Skill Innovation）实践教学方法，大一学生可以通过信息物理融合的工程训练系统进行认知性的训练，参观工程训练实践环境以便更好地了解制造单元和制造系统；大二学生通过工程训练虚实结合的实践教学新模式进行操作技能训练，开展有实践教学目标任务的生产性实践，掌握生产操作技能，提高工程能力；大三、大四学生通过信息物理融合的数字孪生进行创新的工程训练，以创新或竞赛项目为载体，按照行业企业相关要求组织指导学生上岗实践，将所学的专业知识应用于多层次的生产实践工作中。信息物理融合数字孪生层次递进的 CP-CSI 实践教学方法贯穿于学生的大学教育，更好地培养学生的工程能力和创新能力。

3. 线上线下混合教学，培养国际化工程能力

利用互联网+虚拟现实技术把虚拟仿真融入在线网络课程，形成线上与线下混合的工程训练实践教学，坚持开放共享的理念，整合优质的理论和实验教学资源，将工程训练实践活动融入网络远程教学中。传统的工程训练内容是以单一的单元技术实践为主，虚实结合的工程训练实现了大工程背景的教学内容创新，将单元技术集成为制造系统工程实践，增加了现代工程技术的训练内容，对单元技术和制造系统进行耦合。随着教育的国际化和中国制造走向国际，增加了中英文实践教学内容，培养学生的国际化视野和国际工程能力。

4. 坚持"请进来""走出去"，提升教师教学能力

"请进来"主要是聘请行业企业专家参与工程训练教学，联合授课或开设讲座，带动教师教学能力提升。"走出去"主要是通过上海市教育委员会的四大计划，积极选派教师到国外参加研修，学习先进的虚拟仿真技术和工程实践教学方法，开拓教师视野、更新教学理念；另外还与国外著名公司成立虚拟仿真联合实验室，进行虚拟仿真软件的研发工作，教师参与研发，提高了虚拟仿真的技术能力；同时还组织教师到行业企业进行实践工作，提升自身的实践教学能力。

二、工程训练虚实结合新模式的创新点

1. 模式创新

将虚拟仿真技术融入工程训练，改变了传统的大多采用实训的工程训练模式，创建了工程训练虚实结合的新模式。尤其是对机床、钳工、激光、3D 打印、工业机器人等课程模块，首先进行虚拟仿真工程训练，而后进行实际设备的操作训练，将虚拟仿真与实际训练相结合，融合了虚实分段、虚实交替、虚实融合三种模式，实现虚拟仿真、实践教学与信息物理融合应

用的“三位一体”无缝连接，激发了学生的学习兴趣，极大地提高了学生的实践操作技能。而且虚拟仿真实践教学减少了操作的危险性，学生在虚拟仿真工程场景中反复操作实践，培养了工程素养及工程能力，并与实际的工程训练相结合增强学生的学习效果。

2. 技术创新

将现代信息化技术与传统工程知识进行整合，融入工匠精神，以工程素养和工程能力的培养为核心，构建栩栩如生的工程训练智能协同场景、智能交互的引导式教学和智能评价。信息物理融合技术创新了工程训练虚实结合的协同环境，将传统与现代进行融合，既保留传统的加工技术，又体现现代科技的发展，学生沉浸于虚拟实训场景，反复进行训练，更好地增加了实践性，反复的训练更好地培养了学生精益求精、追求卓越的工匠精神。将传统与现代技术相融合，将现代计算机集成制造技术与传统的工程制造相结合，体现了新时代的工匠精神和守正出新的创新精神。

3. 手段创新

利用互联网+ 虚拟现实技术，把虚拟仿真技术融入在线网络课程，形成线上与线下混合的工程训练实践教学，将虚拟仿真实践教学应用于在线课程平台，能充分发挥两者的优势。坚持开放共享的理念，整合优质的理论和实验教学资源，将工程训练实践活动融入网络远程教学中。虚拟仿真实践教学是学生理解理论知识并运用于实践的重要保证，有效解决了在线网络课程的实践教学问题，将作为在线课程的一个重要组成部分并开放共享服务于社会。

4. 内容创新

工程训练虚实结合的新模式实现了大工程背景的教学内容创新，改变了传统的以单一的单元技术实践为主的工程训练模式，将单元技术集成为制造系统工程实践，增加了现代工程技术的训练，将单元技术和制造系统进行耦合；随着教育国际化的发展和中国制造走向世界，增加了中英文实践教学，培养学生的国际化视野和国际工程能力。

工程训练虚实结合的新模式已成为学校工程训练实践教学的特色，虚拟与现实结合、传统与现代融合、线上与线下混合、单元与系统耦合成为工程训练实践教学的四个创新点和特色。

三、 工程训练虚实结合新模式的应用情况

根据我校教育信息化的规划，工程训练中心为适应新时代教育信息化的要求，将现代信息技术融入工程训练，形成了工程训练虚实结合的实践教学特色。

1. 覆盖面广，激发学习兴趣，学生工程实践能力明显提升

虚实结合的工程训练新模式实施以来，已在学校工、管、文、理等 45 个专业学生中进行实践，年均受益 2 500 余人，栩栩如生的虚拟实践环境激发了学生的学习兴趣，增强了学生的学习效果，在学生调查和座谈会上受到了学生的好评，学生沉浸在虚拟实训中，反复训练，使在真实环境中难以学习的知识得以掌握，工程实践能力明显提升。

2. 学生科技竞赛成效显著,屡创佳绩

工程训练虚实结合新模式实施以来,学生科技竞赛成效显著。学校依托工程训练中心成立了大学生科技创新社团,进行虚拟仿真和工程训练方面的大学生创新活动,近五年以来获国家和上海市大学生科技创新项目 20 项,在全国和上海市大学生工程实践与创新能力竞赛中屡创佳绩,在 2021 年 3 月举行的第十届上海市大学生工程训练综合能力竞赛中获特等奖 5 项,获奖总数名列前茅。

3. 科研反哺教学,产教融合,社会影响力进一步提升

成果实施期间,工程训练中心承担了教育部和上海市教学改革和课程建设虚拟仿真项目 8 项,发表教学和科研学术论文 20 篇,获得软件著作权 7 项,出版教材 1 本,获批科研经费 300 余万元,服务于上海与长三角地区并取得了较好的经济社会效益,科研反哺教学,产教融合拓展了工程实践教学的宽度和深度。另外还与国外著名公司成立虚拟仿真联合实验室,与上海航天技术研究院成立产教融合实践基地,社会影响力进一步提升。

4. 同行认可度高,推广应用作用明显

工程训练中心作为学校实践教学对外展示的窗口,虚实结合的新实践教学模式受到各级领导亲临指导,接待来自国家自然科学基金委员会、国务院学位委员会办公室、美国威斯康星大学、法国昂热大学、龙华科技大学、北京大学、大连理工大学等国内外组织部门及高校的 2 000 余人次参观交流,并在第 20 届海峡两岸应用型(技术与职业)高等教育学术研讨会上发表关于虚实结合新模式的主旨演讲,同行认可度高。参展了第 19 届和第 20 届的中国国际工业博览会,将虚实结合的新实践教学模式中的一些实践项目推广到其他高校应用,教学科研成果也应用于多家企业,推广应用作用明显。

世界上唯一不变的是变化本身,没有改变就不会有进步,在新科技产业革命的大背景下,新一代信息技术与教育实践的深度融合,正积极推进着工程实践教学的改革。相信工程训练虚实结合新模式的推广应用,终将推动工程实践教学的发展与进步,更好地适应高层次应用型人才对实践应用能力和创新能力培养的需求,为祖国的科技及经济建设培养生力军。

参考文献

[1] 丁晓东.上海市普通高等学校工程实践教学规程[M].北京:机械工业出版社, 2014.

[2] 高琪,黄瑞.基础工程训练项目集[M].北京:机械工业出版社, 2017.

[3] 李翠超, 凌芳.虚实结合的虚拟仿真技术在工程训练中的应用[J].实验室科学, 2015(2):128-131.

[4] 孙康宁,傅水根,梁延德,等.浅论工程实践教育中的问题、对策及通识教育属性[J].中国大学教学,2011(9):17-20.

[5] 陆顺寿,曹其新.新颖的创新实践场所——“实学创新工坊”建设[J]. 实验室研究与探索,2012,31(2):98-100,121.

[6] 蔡卫国.虚拟仿真技术在机械工程实验教学中的应用[J].实验技术与管理,2011,28(8):76-78,82.

[7] 郭桂苹,南岳松. 虚拟实验教学研究现状及问题分析[J]. 实验室科学,2010,13(5):175-178.

[8] 鄢彩霞,包昆锦,包伦,等.“两次循环、虚实结合”实践教学体系的创建及成效[J].实验技术与管理,2012,29 (12):145-148,151.

[9] 翟敬梅,徐晓,黄平,等.机械基础远程实验教学平台的设计与建设[J].实验技术与管理,2012,29(4):84-89.

[10] 严隽琪,秀敏,马登哲,等.虚拟制造的理论技术基础与实践[M].上海:上海交通大学出版社,2003.

[11] 朱文华,熊峰.虚拟现实技术与应用[M].北京:知识产权出版社,上海科学普及出版社, 2007.

[12] Research directions in virtual environments. Report of an NSF International Workshop [R].University North Carolina at Chapel Hill:Computer Graphics, 1992,26(3):153-177.

[13] 周祖德,陈幼平.虚拟现实与虚拟制造[M].武汉:湖北科学技术出版社,2005.

[14] 韦有双,杨湘龙,王飞.虚拟现实与系统仿真[M].北京:国防工业出版社,2004.

[15] 周前祥,姜世忠,姜国华.虚拟现实技术的研究现状与进展[J].计算机仿真,2003(7):1-4,93.

[16] 胡小梅,翟正军,蔡小斌.协同虚拟环境的通信体系结构研究[J].计算机工程与应用,2005,15(4),129-132.

[17] 柳祖国,李世其,李作清.增强现实技术的研究进展及应用[J].系统仿真学报,2003,15(2):222-225.

[18] 黄进, 韩冬奇, 陈毅能,等.混合现实中的人机交互综述[J].计算机辅助设计与图形学学报, 2016, 28(6):12:869-880.

[19] 钟正, 王俊, 吴砥,等.教育元宇宙的应用潜力与典型场景探析[J].开放教育研究,2022, 28(1):17-23.

[20] 朱文华,蔡宝,石坤举,等.虚实结合的减速器拆装的研究[J].实验室研究与探索.2017,36(11):98-102.

[21] 蔡宝,石坤举,朱文华.基于虚拟现实技术的车床仿真系统[J].计算机系统应用,2018,27(5):86-90.

[22] 阚亚雄.基于虚拟仿真技术的车床工艺教学系统研究[J].镇江高专学报,2020,33(3):39-42.

[23] 库祥臣,曹贝贝,张国庆.基于 OpenGL 的异形螺杆虚拟车床加工仿真系统研究[J].制造技术与机床,2017(5):74-77.

[24] 张新庄.基于 Unity3D 的车床虚拟仿真实训系统开发[J].数字技术与应用,2015(1):140.

[25] 周立波,李厚佳.虚拟数控车床切削仿真研究[J].机械设计与制造,2008(11):178-180.

[26] 程奂翀,杨润党,范秀敏.装配工位仿真中虚拟工具的研究与应用[J].中国机械工程,2007,18(9):2329-2333.

[27] 朱玉平,张学军,骆明霞.基于混合学习的车床教学探索与实践[J].实验室科学,2021,24(1):144-146,149.

[28] 蓝小红.虚拟仿真技术在“机械拆装”教学中的应用[J].无线互联科技.2021,18(10):135-136.

[29] 蔡宝,朱文华,孙张驰,等.虚拟现实技术在铣削加工实训教学中的应用[J].实验技术与管理,2020,37(1):137-140.

[30] 赵新伟,敖键,张俊敏,等.基于虚拟仿真技术的金工实践课程研究[J].高校实验室科学技术,2019(3):50-51.

[31] 卢民荣.基于“互联网+”虚拟技术的实验教学平台研究[J].计算机应用与软件,2017,34(10):129-135.

[32] 刘勉,张际平.虚拟现实视域下的未来课堂教学模式研究[J].中国电化教育,2018(5):30-37.

[33] 高帆,杨海亮,马廷庭,等.3D 打印技术概论[M].北京:机械工业出版社,2015.

[34] 曹明元.3D 打印快速成型技术[M].北京:机械工业出版社,2017.

[35] 杜志忠,陆军华.3D 打印技术[M].杭州:浙江大学出版社,2015.

[36] 卢秉恒, 李涤尘.增材制造(3D 打印)技术发展[J].机械制造与自动化, 2013,42

(04):1-4.

[37] 严剑刚, 吴镝, 刘赛."3D 打印技术"公选实践课程教学探讨[J].上海第二工业大学学报, 2018, 35(4):303-306.

[38] 周佳杰,肖莉莉.高职院校工业机器人虚拟仿真实训室建设[J].中阿科技论坛(中英文),2021(6):158-160.

[39] 张帆,朱雯静,杨勇,等.工业机器人的虚拟仿真实验教学研究[J].轻工科技,2021,37(8):142-144.

[40] 陈磊,张建荣,郭金妹.基于高职院校的工业机器人虚拟仿真实训课程的开发研究[J].科技与创新,2021(1):37-39.

[41] 夏中坚.工业机器人的虚拟仿真技术在信息化课程教学中的有效应用[J].南方农机,2021,52(10):148-149.

[42] 宋杰.基于 CDIO 理念的工业机器人虚拟仿真课程教学探索——以"马鞍型"焊缝焊接仿真为例[J].软件导刊(教育技术),2019,18(7):65-66.

[43] 鲁鹏,张有博,谷明信,等.基于 Robotstudio 的工业机器人虚拟仿真实验室的构建[J].机电技术,2015,38(4):152-155.

[44] 邓平.虚拟仿真技术在高职工业机器人专业实训教学中的应用研究[J].南方农机,2020,51(12):128.

[45] 张德田.高职院校工业机器人技术专业虚拟仿真实训室建设研究与实践[J].科技风,2020(15):181.

[46] 毛芳芳.竞赛机制下虚拟仿真技术在高职工业机器人课程教学中的应用研究[J].科技经济导刊,2020(23):96.

[47] 刘俊,杨振国,董文杰,等.基于 Unity3D&HTCvive 的工业机器人虚拟现实编程教学仿真系统的研究与开发[J].轻工科技.2018,34(8):93-95.

[48] 蔡宝,朱文华,顾鸿良,等.基于虚拟现实的工程实践教育探究[J].高教学刊,2021(3):84-87,91.

[49] 唐家富.试论城市垃圾的压缩处理[J].环境卫生工程, 1998, 6(1):20-22,36.

[50] 董涛, 吕传毅, 杨先海,等.城市生活垃圾中转站新型压缩装置的研究[J].山东理工大学学报(自然科学版),2003,17(2):12-14.

[51] 蒲明辉, 左朝永.城市生活垃圾压缩装置的研究现状及发展[J].装备制造技术,2007(10):108-109,118.

[52] 潘康华, 陆江峰, 邵兰英.MBD 技术的发展历程与展望[J].机械工业标准化与质量, 2013(2):15-17.

[53] 王凯, 许建新.飞机结构件三维模型工艺性优化技术研究[J].机械设计与制造,2015(8):178-181,185.

[54] 冯潼能, 王铮阳, 宋娅.MBD 技术在协同设计制造中的应用[J].航空制造技术,2010(18):64-67.

[55] Dimensioning and tolerancing - engineering drawing and related documentation practices.ASME Y14.5M:2009.

[56] DONG Yude, LIU Daxin, WANG Wanlong, et al. CAD Model-Based Intelligent inspection planning for coordinate measuring machines[J].Chinese Journal of Mechanical Engineering,2011,24(4):567-583.

[57] 周秋忠, 范玉青.MBD技术在飞机制造中的应用[J].航空维修与工程, 2008(3): 55-57.

[58] 林俊.制造工艺资源信息管理系统的研究[D].成都:四川大学,2008.

[59] 高星海.从基于模型的定义(MBD)到基于模型的企业(MBE)——模型驱动的架构:面向智能制造的新起点[J].智能制造, 2017(5):25-28.

[60] 顾鸿良,朱文华,蔡宝,等.面向工程训练的混合现实技术开发与应用[J].上海第二工业大学学报,2020,37(2):159-164.

[61] 蔡宝,朱文华,顾鸿良,等.基于虚拟现实技术的工厂布局和漫游系统[J].制造技术与机床,2019(3):136-139.

[62] 蔡宝,朱文华,顾鸿良,等.工程实践虚拟仿真实验平台建设[J].制造技术与机床, 2020(11):29-32.

[63] 严剑刚, 吴镝, 吴飞科,等.工程训练课程教学探讨[J].上海第二工业大学学报, 2018, 35(1):76-81.

[64] 陶飞,刘蔚然,张萌,等.数字孪生五维模型及十大领域应用[J].计算机集成制造系统, 2019,25(1):1-18.

[65] ZHANG Xuqian, ZHU Wenhua. Application framework of digital twin-driven product smart manufacturing system: a case study of aeroengine blade manufacturing[J]. International Journal of Advanced Robotic Systems,2019,16(5).

[66] 朱文华,史秋雨,蔡宝,等.基于RobotStudio的工业机器人工艺仿真平台设计[J].制造业自动化, 2020,42(12):28-31,89.

[67] 朱文华,陶涵,蔡宝,等.基于Process Simulate的工业机器人信息物理融合系统[J].制造技术与机床, 2022(2):9-13.

[68] 耿琦琦.基于数字孪生仿真建模的机器人状态监测技术研究[D].重庆: 重庆邮电大学, 2020.

[69] 林武材.大数据驱动的机器人信息物理融合系统的分析与设计方法[D].广州: 广东工业大学, 2017.

[70] NEGRI E, FUMAGALLI L, MACCHI M.A review of the roles of digital twin in CPS-based production systems[J].Procedia Manufacturing, 2017(11):939-948.

[71] YUN S, PARK J H, KIM W T.Data-centric middleware based digital twin platform for dependable cyber-physical systems: proceedings of the Ninth International Conference on Ubiquitous and Future Networks(ICUFN),July 1,2017[C].Milan:[s.n.],2017.

[72] 王新伟.基于 Kinect 的虚拟机器人组装系统设计研究[D].哈尔滨：哈尔滨工业大学，2016.

[73] 潘俊浩，卓勇，侯亮，等.一种基于 Unity3d 的工业机器人示教系统设计方法[J].组合机床与自动化加工技术，2017(7)：110-115.

[74] 陶飞，程颖，程江峰，等.数字孪生车间信息物理融合理论与技术[J].计算机集成制造系统，2017，23(8)：1603-1611.

[75] 刘志峰，陈伟，杨聪彬，等.基于数字孪生的零件智能制造车间调度云平台[J].计算机集成制造系统，2019,25(6):1444-1453.

[76] 宋鹏飞，和瑞林，苗金钟，等.基于 Solidworks 的工业机器人离线编程系统[J].制造业自动化，2013，35(9)：1-4.

[77] Leitner S H, Mahnke W. OPC UA-service-oriented architecture for industrial applications[J].

[78] 许紫晗.基于工业物联网的实验室设备监控系统的设计和实现[D].呼和浩特:内蒙古大学，2017.

[79] 熊伟杰.基于 OPC UA 的数字孪生车间数据集成研究[D].南京：南京航空航天大学，2021.

[80] 黄志锋，李笑，秦辉明.基于 Opengl 和 SolidWorks 的遥操作工程机器人建模与仿真[J].机械设计与制造，2012(12)：157-159.

[81] 周伟.基于虚拟现实的工业机器人仿真系统的研究与开发[D].杭州:浙江大学，2017.

[82] 高远，刘晓平，王刚，等.基于对偶四元数的机器人基坐标系标定方法研究[J].机电工程，2017，34(3)：310-314，320.

[83] Korpioksa, Martti.Cooperation between Unity and PLC ：comparison of different PLCs and OPC-servers[J].Seinäjoen ammattikorkeakoulu, 2014.

[84] KIM W, SUNG M.OPC-UA communication framework for PLC-based industrial IoT applications：poster abstract:Proceeding of the Second International Conference on Internet-of-Things Design and Implementation,April 18-21,2017[C].New York:[s.n.],2017.

[85] 刘喜平.XML 文档搜索中的查询处理技术研究[D].南昌：江西财经大学，2011.

[86] 潘湘飞.基于 Socket 通信的工业机器人监控系统研究[D].杭州：浙江工业大学，2018.

[87] 占宏，梁聪垣，杨辰光.基于混合现实的机器人遥操作实验平台[J].实验技术与管理，2021，38(8)：114-117.